2019

第壹拾柒辑

中国建筑史论汇刊

王贵祥 主编

贺从容 李菁 副主编

清华大学建筑学院主办

中国建筑工业出版社

内 容 简 介

《中国建筑史论汇刊》由清华大学建筑学院主办，以荟萃发表国内外中国建筑史研究论文为主旨。本辑为第壹拾柒辑，收录论文 12 篇，分为古代建筑制度研究、佛教建筑研究、古代城市研究、建筑文化研究以及英文论稿专栏，共 5 个栏目。

其中古代建筑制度研究成果包含 6 篇，分别为《中国古代超长木构殿堂建筑浅议》、《甘肃西夏石窟中的建筑画与中原建筑之比较》、《山西高平炎帝中庙碑刻、题记中的营建信息解读》、《明孝陵大金门勘察测绘分析与研究》、《宋金时期河南中北部地区墓葬仿木构建筑史料研究》与《明代北京朝天宫规制探讨》；佛教建筑研究收录有《慧崇塔建造年代研究》；古代城市研究本辑收录 3 篇，它们是《从佛阿拉到沈阳城：北亚多文化体系下的清初都城空间结构》、《唐长安城安仁坊内建筑格局分析》、《结合山水地形的元大都城市十字定位与中心区布局研究》；建筑文化研究收录的《规矩方圆　浮图万千——中国古代佛塔构图比例探析（下）》为上一辑研究的延续。另有 1 篇关于《营造法式》和《工程做法》研究的英文论稿。此外，还有清华大学最新的测绘成果一份：《山西高平炎帝中庙测绘图》。上述论文中有多篇是诸位作者在国家自然科学基金支持下的研究成果。

书中所选论文，均系各位作者悉心研究之新作，各为一家独到之言，虽或亦有与编者拙见未尽契合之处，但却均为诸位作者积年心血所成，各有独到创新之见，足以引起建筑史学同道探究学术之雅趣。本刊力图以学术标准为尺牍，凡赐稿本刊且具水平者，必将公正以待，以求学术有百家之争鸣、观点有独立之主张为宗旨。

Issue Abstract

The *Journal of Chinese Architecture History* (JCAH) is a scientific journal from the School of Architecture, Tsinghua University, that has been committed to publishing current thought and pioneering new ideas by Chinese and foreign authors on the history of Chinese architecture. This issue (vol. 17) contains 12 articles that can be divided according to research area: the traditional architectural system, Buddhist architecture, traditional cities and gardens, architectural culture, and the foreign language section.

Six papers discuss the traditional architectural system, "Elongated Timber-framed Halls in Traditional Chinese Architecture", "A Comparative Study of the Architectural Paintings in the Xi Xia Caves in Gansu and the Architecture in Central China", "Decoding the Information Found on Tablet and Stone Inscriptions about the Construction of the Middle Temple of Emperor Yan in Gaoping County, Shanxi Province", "Field Survey Documentation Research and Analysis: Da Jin (Great Jin) Gate of Xiao Mausoleum of Ming", "Wood-mimicry Architecture in Song and Jin Tombs in Central and Northern Henan Province", and "On the Original Design of the Palace of Venerating Heaven in Ming-dynasty Beijing". Next is one contribution to the study of Buddhist architecture, "The Construction Date of Huichong Pagoda". The section on the traditional cities and gardens includes three articles, "From Fo'ala to Shenyang: Multi-cultural Influences of North Asia on the Historical Urban Structure of Shenyang in the Early Qing Period", "The Architectural Set-up of An'ren Ward in Tang Chang'an", and "Looking at the Cross-shaped Location and Centralized Layout of Yuan Dadu Through the Lens of Beijing's Landscape and Terrain". Architectural culture is the theme of the next paper, "Rules of Square and Circle, Thousands of Different Pagodas: The Composition Ratio of Traditional Chinese Buddhist Pagodas (Part 2)". Additionally, there is one article in English in the foreign language section that discusses Chinese building standards exemplified by *Yingzao fashi* and *Gongcheng zuofa*, "Ernst Börschmann's *Chinesische Architektur* and Chinese Building Standards—A Race Lost by a Twist of Fate?". Finally, there is a field report of Yandi Middle Temple in Gaoping, Shanxi province.

This issue contains several studies supported by the National Natural Science Foundation of China (NSFC). The papers collected in the journal sum up the latest findings of the studies conducted by the authors, who voice their insightful personal ideas. Though they may not tally completely with the editors' opinion, they have invariably been conceived by the authors over years of hard work. With their respective original ideas, they will naturally kindle the interest of other researchers on architectural history. This journal strives to assess all contributions with the academic yardstick. Every contributor with a view will be treated fairly so that researchers may have opportunities to express views with our journal as the medium.

谨向对中国古代建筑研究与普及给予热心相助的华润雪花啤酒（中国）有限公司致以诚挚的谢意！

目　录

Table of Contents

古代建筑制度研究

中国古代超长木构殿堂建筑浅议[1]

王贵祥

（清华大学建筑学院）

摘要：本文尝试从木构建筑面广间数与长度尺寸的角度，对中国古代木构建筑中出现的超长殿堂建筑加以发掘与梳理。中国古代建筑以古人"适形"思想为基础，除了围合性、辅助性的廊庑或背屏式的楼阁式建筑外，一般位于主要轴线上的殿堂建筑，其面广与尺寸都是受到一定程度约束的。除了在帝王宫殿或佛教寺院建筑中曾经出现过面广为13开间的主殿之外，只有在历代帝王的太庙建筑中出现超过13开间的超长木构建筑。但秦汉时期可视为一个例外，无论是汉代的未央宫前殿、长乐宫前殿，还是秦代的咸阳宫阿房前殿，都可以称得上是超长木构殿堂建筑的实例。

关键词：主要殿堂，开间数，通面广，通进深，超长建筑

Abstract：The article explores the design of elongated halls in traditional Chinese wooden architecture, focusing on buildings with increased bay number and length. Based on the concept of *shixing* (moderation; proper form; adapted shape), the principle architecture located on the central axis was usually restricted in terms of bay number and size with the only exceptions being enclosing, auxiliary corridors or multi-storied (*louge*) buildings positioned at the back of the complex. Elongated main halls with thirteen or more bays were erected only at imperial palaces, imperially sponsored Buddhist temples, or imperial ancestral temples (*taimiao*) of emperors of successive dynasties. And yet, some early-period examples of front (not main) halls are exceptions to this rule. For example, the front halls of the Qin-dynasty Afang Palace in Xianyang and of the Han-dynasty Weiyang and Changle palaces, can be regarded as prime examples of elongated wooden hall architecture.

Keywords：main hall, bay number, building length, building width, elongated structure

一、中国古代建筑"适形"观念

早在春秋战国时期，古代中国人对于建筑的重要主张之一，就是"适形"。所谓"适形"，大致的意思是，建筑物不要建造得过于高耸，或过于宏大。《吕氏春秋》中有言："室大则多阴，台高则多阳；多阴则蹶，多阳则痿。此阴阳不适之患也。是故先王不处大室，不为高台。"[2]汉代大儒董仲舒云："高台多阳，广室多阴，远天地之和也，故圣人弗为，适中而已矣。"[3]《淮南子》中也提到了一个故事："鲁哀公为室而大，公宣子谏曰：'室大，众与人处则哗，少与人处则悲。愿公之适。'"[4]

---

❶ 本文获国家社科重点基金资助："《营造法式》研究与注疏"，项目批准号：17ZDA185。并获清华自主科研基金资助："《营造法式》研究与宋辽金建筑案例研究"，项目批准号：2017THZWYX05。

❷ 文献 [1]. [战国] 吕不韦 . 吕氏春秋 . 孟春纪第一 . 重己 .
❸ 文献 [1]. [汉] 董仲舒 . 春秋繁露 . 卷17. 循天之道第七十七 .
❹ 文献 [1]. [汉] 刘安 . 淮南子 . 卷18. 人间训 .

❶ 文献 [1]. [春秋] 李耳. 老子. 德经.

❷ 文献 [1]. 经部. 易类. 周易. 系辞上.

❸ [后晋] 刘昫, 等. 旧唐书. 卷22. 志第二. 礼仪二. 清乾隆武英殿刻本.

古代建筑所谓"适形"、"适中",在很大程度上,是与古代阴阳和合思想相关联的。如老子所言:"万物负阴而抱阳,冲气以为和。"❶《周易·系辞传》中也有类似的表述:"是故阖户谓之坤,辟户谓之乾,一阖一辟谓之变,往来不穷谓之通。"❷如果说,老子所言指的是事物的一般特征,《易传》中的这段话,显然是就建筑的空间形态而言:将房屋或院落的门户关闭起来,就是阴的状态,将这些门户打开,就是阳的状态。门户的一开一闭,造成了阴阳的往来变化,从而形成了阴气与阳气之间的通达、交泰与和合。这也是对老子"冲气以为和"的一种解释。

同样的思想,也会通过建筑物垂直方向的阴阳交泰加以表述,《旧唐书》有:"且柱为阴数,天实阳元,柱以阴气上升,天以阳和下降,固阴阳之交泰,乃天地之相承。"❸古代木构建筑通过柱子连接地面与屋顶的关系,地面阴气沿柱子上升,屋顶之上的阳气沿柱子向下延伸,从而形成一个阴阳交泰的室内环境。正是这一室内空间,成为古代中国人赖以栖居的基本模式。

从这样一个角度观察,古代中国建筑在建造形体上,不追求太大空间体量。否则,会形成"室大多阴"效果。而况,中国建筑以木结构、坡屋顶为主要特征,木构坡屋顶建筑在结构上,受到最大限制的是空间的进深长度。进深越大,覆盖室内的屋顶跨度越大,结构要求也越复杂。例如,需要有更粗拙的梁架,以承托巨大屋顶。随着屋顶跨度增大,屋顶高度也必然增大,随之而来的问题是,要有更为粗壮与高大的柱子,来与巨大的屋顶高度在形式上达成协调。

换言之,仅从木构建筑结构特征而言,中国古代建筑,很难建造进深尺度过于深远的建筑物。除了明堂之类集中式(方形、八角形或圆形平面)构图建筑之外,绝大部分建筑,特别是位于建筑组群中轴线上的殿堂建筑,多呈尺度适中、比例恰当的矩形平面。这样既可以保持较宽广的正面外观,又有适度进深空间。高度上也是一样,除了随着佛教的传入而形成的佛塔不会受传统阴阳交泰思想约束,而有向高耸发展的趋势之外,中国历史上大多数居住性、实用性建筑物,在高度发展上,都采取了相对比较低平的高度与适中的长宽体量。

当然,由于建筑物之门户辟阖与阴阳之气的交通流转,在大多数情况下对建筑物尺寸的限制,是相对于建筑物的进深方向而言的,在面广方向上的尺寸延伸,似乎不太会影响建筑物阴阳和合的空间效果。因此,很难得出一个结论:中国古代建筑,没有沿着某个方向延伸而形成某种超长形体建筑物的尝试。

二、辅助建筑中的超长现象

人们熟知的一座超长体量木构建筑实例,是日本京都佛寺莲华王院的正殿,称为"三十三间堂"(图1)。这样一座面广33间的木构殿堂建筑,

是现存已知面广最长的木构建筑实例
之一。这里需要提出的一个问题是，
中国古代历史上，是否也曾出现过这
种具有超多开间数，或超长尺寸的木
构建筑实例？

图1 日本京都三十三间堂
（李沁园 摄）

客观上讲，一些辅助建筑，如隋
唐时期的回廊院，连廊长度形成一个
进深不是很大、面广非常修长的建筑
形体。类似例子，还有较大建筑群主体建筑前部两侧的庑房，形体也可以
建造得很长。因为，只要建筑物进深不是很大，为其屋顶结构的实现提供
一个基本跨度许可，在理论上其纵向长度是可以无限延展的。史料中可以
见到长数十间、甚至百余间的围楼、庑房、朝房、环廊、仓廒等辅助性、
功能性建筑，可以印证这一推测。

事实上，古代建筑遗存及史料中透露出许多相关例证，如清故宫正
殿太和殿前："由熙和门入，绕廊而至贞度门，为一大院，东西两庑屋各
二十二间。……殿之后，东西两庑各三十间。"❶这里说的是主殿前后两
侧的庑房。

不止帝王宫殿如此，一些地方衙署两庑或两厢房屋，开间数也很多，
如《畿辅通志》中记录了清乾隆四年（1739年）完成的保阳学政公署："按
其旧制扩以新，见中堂五楹，则因乎旧。堂前两厢增三十三间，为六十六
间。"❷（图2）这里说的就是超长的厢房建筑。

主殿之前设置超长两庑（或两厢），可以举出明洪武三十年（1397年）
南京孔庙大成殿前两庑的例子："三十年，以国学孔子庙隘，命工部改作，
其制皆帝所规画。大成殿门各六楹，灵星门三，东西庑七十六楹，神厨库
皆八楹，宰牲所六楹。"❸这座孔庙前东西庑房有76间，即每侧庑房多达
38间（图3）。

类似情况还见于曲阜孔庙，据《山东通志》，其"大成殿，在杏坛北，
九间……两庑，在大成殿左右，各五十间。"❹实际上，这里所说"五十间"
可能是"四十间"之误，因为现存曲阜孔庙大成殿前两庑实为40间。在
雍正八年至清末，并没有发现曾经对殿前两庑进行大规模重建的记录，现
存建筑布局也没有可以设置50间庑房的空间。但至少可知，清代曲阜孔
庙大成殿前东西两庑数量已经达到40间之多，这与明初南京孔庙大成殿
前左右各38间庑房的格局十分接近。

再来看清代北京城朝阳门外东岳庙，据《钦定大清汇典》载："正殿七间，
两庑各三间，东西回廊阁三十六间。"❺这座东岳庙正殿仅七间，正殿前
两庑各三间，但连接正殿与两庑的回廊，东西各有36间。此外，其"后
殿五间，东西庑各三间，回廊各七间。三面环楼三十三间。"❻这里的庑
房或厢房并不很长，但正殿前回廊很长，每侧各有36间，后殿之后还有

中国古代超长木构殿堂建筑浅议

❶ 文献[2].[清]徐珂.
清稗类钞.宫苑类（公共
处所附）.三殿.

❷ 文献[1].史部.地理
类.都会郡县之属.畿辅
通志.卷108.碑.保阳学
政公署碑.

❸ [清]张廷玉,等.明
史.卷50.志第二十六.
礼四（吉礼四）.至圣先
师子孔庙祀.清乾隆武英
殿刻本.

❹ 文献[1].史部.地理
类.都会郡县之属.山东
通志.卷十一之六.

❺ 文献[1].史部.政书
类.通制之属.钦定大清
会典则例.卷126.工部.
营缮清吏司.规制.

❻ 文献[1].史部.政书
类.通制之属.钦定大清
会典.卷71.工部.营缮
清吏司.坛庙.东岳庙.

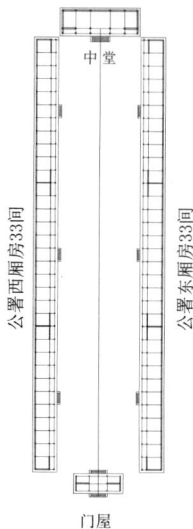

图2　保阳学政公署
平面示意图
（作者自绘）

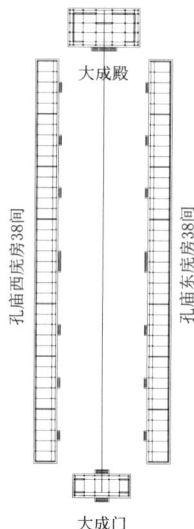

图3　明代南京孔庙
平面示意图
（作者自绘）

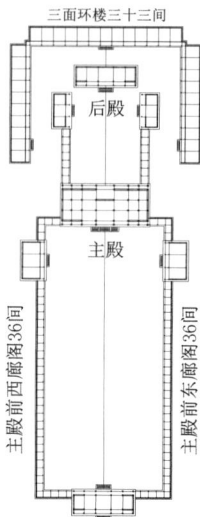

图4　清代北京朝阳门外
东岳庙平面示意图
（作者自绘）

❶ 文献 [1].史部.地理
类.都会郡县之属.[宋]
周淙.乾道临安志.卷2.
州境.楼.

❷ 文献 [1].史部.地理
类.杂记之属.[宋]孟元
老.东京梦华录.卷2.宣
德楼前省府宫宇.

❸ 文献 [2].[宋]王辟之.
渑水燕谈录.卷9.杂录.

一座后罩楼，楼三面环绕后殿，楼的平面长度有33间（图4）。

类似体量较长、位置却不十分重要的建筑，还可以列举出南宋临安城的"十三间楼"，据《乾道临安志》载："十三间楼，去钱塘门二里许。苏轼治杭日，多治事于此。"❶其实，北宋京师汴梁城内，也曾建有"十三间楼"，据《东京梦华录》载："景灵东宫南门大街以东，南则唐家金银铺，温州漆器什物铺，大相国寺，直至十三间楼，旧宋门。"❷当然，这些体量较长的楼房并非什么特别重要的建筑。这座十三间楼很可能自五代时就存在："周显德中，许京城民居起楼阁。大将军周景威先于宋门内临汴水建楼十三间，世宗嘉之，……今所谓十三间楼子者是也。"❸当然，这也是一座功能性建筑。

三、主要殿堂在长度上受到限制

然而，所有这些超长体量木构建筑无一例外都是一些诸如回廊、庑房、环楼之类的辅助建筑。其中绝难见到位于建筑群中轴线上的正殿、正堂、正厅，或住宅中的正房，以超长尺度方式建构。

现存所知最早的殿阁遗址，河南偃师二里头早商遗址一号宫殿基址，是一组由周围回廊环绕的殿堂建筑的遗址，回廊虽然绵延伸展得比较长，但其庭院内居中的殿堂，规模却仅为面广8开间、进深3开间。二里头遗址二号宫殿基址情况也是一样，由修长的东西两庑及南北庑房环绕出一个院落，院内中心靠后的位置上布置有主殿。这座主殿的平面规模为面广9间、进深3间。❹

❹ 刘庆柱.古都问道
[M].北京：中国社会科学
出版社，2015：242–243.

另外，从秦雍城遗址马家庄三号遗址的平面观察，虽然这是一个多少体现了古代"三朝五门"制度，包括了外朝、治朝、内朝和皋门、库门、雉门、应门、路门等系列空间的宫殿建筑群，但其外朝也只是一个东西面广34米、南北进深17米的殿堂建筑。而其内朝则以三座殿堂略呈"品"字形格局布置，三座殿堂规模大致相同，大约是面广22米、进深18米。❶可知，在中国古代建筑体系形成之初，在空间的建构上，是将沿中轴线布置的殿堂设定为一座座独立而体量适中的个体建筑，而非连续而绵长的空间与造型。

从古代营缮规则中也可以看出这一点。唐代《营缮令》规定："三品已上堂舍，不得过五间九架，厅厦两头门屋，不得过五间五架。五品已上堂舍，不得过五间七架，厅厦两头门屋，不得过三间两架，仍通作乌头大门，勋官各依本品。六品七品已下堂舍，不得过三间五架，门屋不得过一间两架。……又庶人所造堂舍，不得过三间四架，门屋一间两架，仍不得辄施装饰。"❷按照规定，任何人的堂舍厅房，都须遵守相应开间数量与屋架进深规则，逾越者视为僭越。

一般说来，帝王宫殿似乎不受这一规则约束。但鉴于中国古代建筑沿中轴线依序布置，位于中轴线上的主要殿堂，因有两侧廊庑及侧院约束，大约都会在面广长度延展上受到一定局限。这或也是古代殿堂很少有"长殿"之原因所在。

遍览中国古籍文献，几乎找不到用"长殿"这个词来描述宫殿或寺院的。偶然找到"长殿"一词，讨论的却是中土以外的奇闻轶事，明人文献中提到榜葛剌国（今孟加拉国）："其王之舍，皆砖灰瓷砌，高广殿宇，平顶白灰为之，内门三重，九间长殿，其柱皆黄铜包饰，雕琢花兽。左右长廊，内设明甲马队千余，外列巨汉，明盔明甲，执锋刃弓矢，威仪壮甚。"❸然而，这里所说的"长殿"，也不过才有9开间的长度。其殿前有"左右长廊"，格局与中土建筑有相类之处。在明人看来，九间大殿似乎已可以算得上是一座"长殿"了。

从宋《营造法式》规定中也可以看出这一特征。《营造法式》中有关一等材的应用范围："第一等：广九寸，厚六寸（以六分为一分。）右殿身九间至十一间则用之。"❹同样描述，也见于有关"柱"的规定。如《营造法式》有："十一间生高一尺，九间生高八寸，七间生高六寸，五间生高四寸，三间生高二寸。"❺也就是说，主要用于重要殿堂建筑的最高材等——一等材，应用范围为"九间至十一间"。柱高生起的范围是从3开间到11开间。也就是说，北宋时期位于中轴线上的殿堂建筑规模，最小者为3开间，最大者为11开间。同时可以知道，至少在《营造法式》撰写的北宋晚期，最高等级殿堂建筑通面广一般也控制在11开间。

通面广超过11间的主殿，在北宋时代至多可以达到13间。《营造法式》中多少透露了这方面的一点信息。其中，谈到角柱"生起"做法时提到：

❶ 刘庆柱. 古都问道 [M]. 北京：中国社会科学出版社，2015：126–127.

❷ [宋] 王溥. 唐会要. 卷31. 杂录. 清武英殿聚珍版丛书本.

❸ 文献 [1]. 子部. 杂家类. 杂编之属. [明] 陆楫. 古今说海. 卷20. 说选二十. 星槎胜览. 榜葛剌国.

❹ [宋] 李诫. 营造法式. 第四卷. 大木作制度一. 材. 清文渊阁四库全书本.

❺ [宋] 李诫. 营造法式. 第五卷. 大木作制度二. 柱. 清文渊阁四库全书本.

❶ [宋]李诫.营造法式.第五卷.大木作制度二.柱.清文渊阁四库全书本.

"若十三间殿堂则角柱比平柱生高一尺二寸，（平柱谓当心间两柱也。自平柱叠进向角，渐次生起，令势圆和。如逐间大小不同，即随宜加减。他皆仿此。）十一间生高一尺，九间生高八寸，七间生高六寸，五间生高四寸，三间生高二寸。" ❶

其实，位于中轴线上的殿堂，无论是 11 间还是 13 间，在宋代都是最高等级建筑，只能用于帝王宫殿，偶然也可能会出现在大型寺院中。这里将两者并列提出，说明在北宋时代可能建造过通面广为 13 间的大型殿堂，但因为其等级过高，即使曾经建造过，也是十分罕见的孤例。

这种辅助建筑较主殿建筑体量要长的做法，很可能在春秋战国时代已经开始，如《越绝记》所载战国时楚国贵族春申君宫院，就是这样一种布局模式："今宫者，春申君子假君宫也。前殿屋盖地东西十七丈五尺，南北十五丈七尺。堂高四丈十，霤高丈八尺。殿屋盖地东西十五丈，南北十丈二尺七寸。户霤高丈二尺。库东乡屋南北四十丈八尺，上下户各二；南乡屋东西六十四丈四尺，上户四，下户三；西乡屋南北四十二丈九尺，上户三，下户二；凡百四十九丈一尺。檐高五丈二尺。霤高二丈九尺。周一里二百四十一步。春申君所造。" ❷

❷ 文献 [1].史部.载记类.[汉]袁康.越绝书.卷 2.外传记吴地传.

春申君所造宫院周回 324.丈（1 里 241 步）

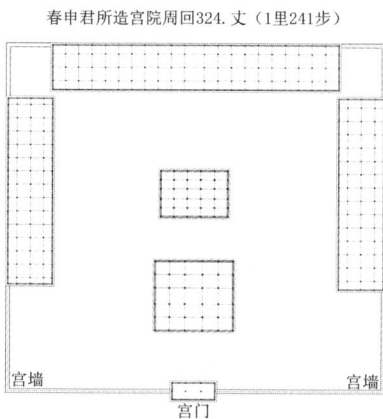

图 5　春申君宫院总平面示意图
（作者自绘）

位于中轴线上的主体建筑——前殿屋与殿屋，通面广分别为 17.5 丈与 15 丈，通进深分别是 15.7 丈与 10.27 丈，是两座尺度与比例正常的殿堂建筑。但位于中轴线后侧的南向屋，面广为 64.4 丈；位于中轴线两侧的东向屋与西向屋，通面广分别为 40.8 丈与 42.9 丈（图 5）。也就是说，这几座辅助建筑，包括大约相当于"后罩楼"的南向屋以及相当于东西两庑的东向屋与西向屋，都可以归在超长体量建筑范畴之内。

四、帝王宫殿及大型寺观正殿面广间数

向唐以前追溯，可以注意到皇家宫殿中最重要殿堂的通面广并非仅仅为 11 间，宋以前的一些朝代，最高等级殿堂是按照面广 13 间标准设置的。如隋炀帝建造的洛阳宫殿正殿："门内一百二十步有乾阳殿，殿基高九尺，从地至鸱尾高一百七十尺，十三间二十九架，三陛（一作阶）轩，文楹镂槛，栾栌百重，楶拱千构，云楣绣柱，华榱壁珰，穷轩甍之壮丽。" ❸ 这座开间为 13 间的乾阳殿，在唐代重修时，改名为乾元殿。

史料中还记载了隋唐时代这座巨大宫廷正殿的面广与进深尺寸："显

❸ [唐]杜宝.大业杂记.另见：文献 [1].子部.杂家类.杂纂之属.[元]陶宗仪.说郛.卷 110 上.[南宋]刘义庆.大业杂记.

庆元年（656 年）敕司农少卿田仁佐因旧余材修乾元殿，高一百二十尺，东西三百四十五尺，南北一百七十六尺。"❶ 唐乾元殿，虽然比隋乾阳殿要矮一些，但就原址而建，基本面广与进深应与乾阳殿一样，面广 13 间，约 34.5 丈，进深 29 架，约 17.6 丈。

唐以前皇家宫殿最重要殿堂面广为 13 间是比较常见的现象。南朝梁天监十二年（513 年）："辛巳，新作太极殿，改为十三间。"❷ 宋《景定建康志》中对这座南朝建筑做了进一步的说明："太极殿，建康宫内正殿也。晋初造，以十二间，象十二月。至梁武帝改制十三间，象闰焉。高八丈，长二十七丈，广十丈。"❸ 可知，南朝太极殿虽然也是 13 间面广，但其长宽高尺寸比隋唐洛阳宫正殿要小一些。

由此可知，将宫廷正殿设定为 13 间，用以象征一年有闰，即农历闰年 13 个月，是从南朝梁时开始的。这一传统一直影响到唐代。如唐西京南内兴庆宫中的主要殿堂也为 13 间："太和三年十月，敕修南内天同殿十三间，及勤政楼、明光楼。"❹

在唐代，不仅洛阳宫乾元殿为 13 间，长安南内兴庆宫天同殿为 13 间，甚至贞观二十一年（647 年），太宗在京师之外建造的离宫别馆，其主殿紫微殿也采用 13 间面广："及帝游幸，敕奉御王孝积，于显道门内，起紫微殿十三间，文甍重基，高敞宏壮，帝见之甚悦。"❺

除了皇家宫殿外，唐以前的佛寺建筑中，也曾出现面广 13 间的大殿，如《法苑珠林》中提到，隋开皇十五年（595 年）时："公发心造正北大殿一十三间，东西夹殿九间。……大殿以沈香帖遍，中安十三宝帐，并以金宝庄严。"❻《法苑珠林》中还提到东晋时期名僧道安曾命令其弟子翼法师在荆州的一座寺院内建有："大殿一十三间，惟两行柱通梁长五十五尺。栾栌重叠，国中京冠。"❼ 可知唐以前无论是皇家宫殿，还是佛寺道观，最高等级殿堂建筑可以达到通面广为 13 间的规模。

再往前追溯，可以注意到早期帝王宫殿正殿并不受晋之十二间或梁之十三间等具象征意味的开间长度限制。西汉长安城主要宫殿未央宫与长乐宫，面广尺寸都令人惊异地大："未央宫周回二十八里，前殿东西五十丈，深十五丈，高三十五丈。（前殿曰路寝，见诸侯群臣处也。）"❽ 其面广达到了汉尺 50 丈，这一面广长度较之南朝梁宫殿正殿面广 13 间长 27 丈的尺寸要大许多。因而，未央宫前殿面广开间数不会仅有 13 间。

从现代考古发掘观察，未央宫占地面积宏大，其长宽大约都有半个汉长安城的尺寸，故其周回 28 汉里是大致准确的。长乐宫实际占地尺寸与未央宫也差不多，两座宫殿之前殿遗址尚存。如未央前殿，以一汉尺为 0.234 米计❾，其殿东西面广折合 117 米。这一尺寸与考古发掘确认的台基遗址东西宽 200 米十分契合，两侧各有 41.5 米（折合汉尺约 18 丈）的余量。

据《三辅黄图》，长乐宫"前殿东西四十九丈七尺，两序中三十五丈，深十二丈。"❿ 长乐宫前殿面广 49.7 丈（合 116.3 米），其两序之间的主殿

❶ 文献 [1]. 史部. 政书类. 通制之属. 唐会要. [宋] 王溥. 卷 30. 洛阳宫.

❷ 文献 [1]. 史部. 正史类. [唐] 姚思廉. 梁书. 卷 2. 本纪第二. 武帝中.

❸ 文献 [1]. 史部. 地理类. 都会郡县之属. [宋] 周应合. 景定建康志. 卷 21. 城阙志二. 古宫殿.

❹ [宋] 王溥. 唐会要. 卷 30. 兴庆宫. 清武英殿聚珍版丛书本.

❺ [宋] 王钦若. 册府元龟. 卷 14. 帝王部. 都邑第二. 明刻初印本.

❻ [唐] 释道世. 法苑珠林. 卷 13. 敬佛灾第六. 感应缘. 四部丛刊景明万历本.

❼ [唐] 释道世. 法苑珠林. 卷 39. 伽蓝灾第三十六. 感应缘. 四部丛刊景明万历本.

❽ 文献 [1]. 史部. 地理类. 宫殿薄之属. 三辅黄图. 卷二. 汉宫.

❾ 刘敦桢. 中国古代建筑史 [M]. 北京：中国建筑工业出版社，1984：421. 附录三. 历代尺度简表.

❿ 文献 [1]. 史部. 地理类. 宫殿薄之属. 三辅黄图. 卷二. 汉宫.

殿身面广为 35 丈（合 81.9 米），殿进深约为 12 丈（合 28.08 米）。这是一座面广 81.9 米、进深 28.08 米的大殿，殿两侧对峙设置有两序，各为 7.35 丈（合 17.2 米）。若将两序想象为主殿两侧的庑房或朝房，这里的 7.35 丈当是长乐宫前殿之前两侧朝房的进深宽度。

史料记载中，未央前殿面广 50 丈，长乐前殿面广 49.7 丈，两者的面广相当接近。稍有不同的是，长乐前殿两侧有两序（两庑？两廊？），在空间上似乎更像一个用于生活起居的殿堂。未央前殿面广稍大，没有两序，更像一个礼仪性空间。当然，关于未央前殿高度的记载，笔者是存疑的，古人也是存疑的。关于这一问题，已有专文讨论，这里不再赘述。

无论如何，在中国古代木构建造的历史上，公元前 200 年左右的西汉长安城内两座宫殿的正殿，其面广长度采用的都是超长尺寸：未央前殿，东西面广达到了 50 丈（117 米）；长乐前殿，东西总面广为 49.7 丈（116.3 米），去除两序之后的殿身面广为 35 丈（81.9 米）。从开间数来看，若以每间平均间广为 2.5 丈左右计，且布置为奇数，则未央宫需有 19 间面广。若以汉尺较小、当心间及左右次间间广稍大一些考量，亦可能布置为 15—17 间平面。而两侧有两序的长乐宫前殿殿身部分，也可以布置为 15 间平面。至少可以由此推知，在两汉时期帝王宫殿的主要殿堂上，还没有出现以一年 12 个月或闰年 13 个月这种时间观念来象征性地定义其主殿的开间数。

从如上分析可知，西汉时代帝王宫殿主要殿堂并不受通面广为 13 间的限制。如果抛开史料记载与考古发掘不很清晰的东汉及魏晋时期不谈，则宫殿（以及后来的佛寺）中主要殿堂被控制在面广 13 间这一规模，应是南北朝以来的事情。

事实上，将一组建筑群的主殿设置为 12 间，很可能自西汉时代也已经出现，如北魏《水经注》："《汉武帝故事》曰：建章宫北有太液池，池中有渐台三十丈。……南有璧门三层，高三十余丈，中殿十二间，阶陛咸以玉为之。"❶ 可知，西汉建章宫内有一座主殿，就采用了面广 12 间的做法。

东晋十六国时的石赵，曾建华林苑，其中有大池，称为海："又为殿十二间于海中，……飞鸾殿十六间，以青石为基，珉石为础，镌刻莲花，内垂五色珠帘，缘以麒麟锦，楹柱皆金龙盘绕，以七宝饰之。"❷ 也就是说，华林苑中有两座殿堂，分别采用了 12 间与 16 间的模式。这种面广 12 间的做法甚至一直延续至元代，元大都内正门崇天门，就采用了 12 间的开间模式："正南曰崇天，十二间，五门。东西一百八十七尺，深五十五尺，高八十五尺。"❸ 这座宫城正门，很可能也是为了象征一年 12 个月而设置为 12 间的。但其东西面广仅为 187 尺的长度，在古代木构殿堂的记录中并不能算是很长的。

自南北朝时期始，帝王宫殿正殿一度就是以象征一年 12 个月的 12 来确定其殿堂开间数的，这一做法是从天子明堂空间概念出发而形成的。如

中国建筑史论汇刊·第壹拾柒辑

❶ 文献 [1]. 史部. 地理类. [北魏] 郦道元. 水经注. 卷 19. 渭水下.

❷ 文献 [2].[元] 纳新. 河朔访古记. 卷中.

❸ 文献 [2].[元] 陶宗仪. 南村辍耕录. 卷 21. 宫阙制度.

南朝宋："孝武大明五年立明堂，其墙宇规范，拟同太庙，唯十二间，以应期数。……梁武即位之后，移宋时太极殿以为明堂，无室，十二间。"❶至少在南朝时，明堂为一字排开的十二间殿，一度成为定制："堂制，但作大殿屋十二间，以应一周之数，其余烦杂，一皆除之。"❷ 直至梁天监十二年（513年）："辛巳，新作太极殿，改为十三间。"❸ 如上所述，这里的13间，象征了一年有闰。

很可能自南北朝时起，大型寺院或道宫内的主殿，其通面广规模控制在13间已经成为一个惯例。除了梁武帝建康太极殿、隋炀帝洛阳乾阳殿、唐太宗九成宫紫微殿、唐高宗洛阳乾元殿、唐玄宗兴庆宫天同殿外，自南北朝时期始的一些佛寺正殿，甚至三门殿，也采用了13间的规制。

隋文帝时："开皇十五年，黔州刺史田宗显至寺礼拜，像即放光。公发心造正北大殿一十三间，东西夹殿九间。"❹ 另在南北朝时期的荆州河东寺："大殿一十三间，惟两行柱通梁长五十五尺。栾栌重叠，国中京冠。即弥天释道安使弟子翼法师之所造也。"❺

唐代释神英游五台山，见到一座法华院："前有三门一十三间，内门两畔，有行宫道场，是文殊普贤仪仗。"❻ 当然，释神英所见，有可能是一座具有佛教神话意味的化寺，但重要的殿堂包括门殿有13间的规模，很可能在隋唐时代是十分常见的。

唐人撰写的道经中提到："凡天尊殿，或三间五间，七间九间，十一间，或十三间，皆大小在时，装严任力，徘徊四注。"❼ 在唐时人看来，道教宫观中的主殿，一般控制在3、5、7、9、11乃至13间。这种间数的设置在当时的佛教寺院中应该也是一样的。说明自两汉以后、宋代以前，面广13间的殿堂似乎已经成为位于宫殿或寺观建筑群之中轴线上最重要殿堂的极限长度了。

是否我们可以得出一个结论：在中国古代史上，自南北朝时期始，位于建筑群中轴线上的主要殿堂一般都是面广为3、5、7、9、11，最高为13间的殿堂。或者说，通面广为13间，是古代木构殿堂建筑之极限长度？

事实上，从现在已知的史料来看，自北宋之后无论帝王宫殿还是佛寺、道宫中的高等级殿堂，再没有出现过面广13间的建造实例。偏安一隅的南宋自不待言，同时代的辽、金宫殿与寺观中，也未建造过面广13间的大型殿堂。元大都大内正殿大明殿的面广仅为11间。明代南京与北京故宫的正殿奉天殿，规模是比较大的，如北京故宫奉天殿，据《明世宗实录》第470卷中所载，奉天殿"原旧广三十丈,深十五丈云。"以1明尺约为0.32米计，其通面广达到了96米，而其通进深则为48米，也是一座规模与尺度十分宏大的木构殿堂。但这座在尺寸上几乎与汉代未央宫前殿接近的大型木构殿堂，其殿身面广仅为9开间，副阶（下檐周围廊）面广为11间。也就是说，尽管尺度宏大，在面广间数的设置上，与现存明清故宫主殿太

❶ ［唐］李延寿.北史.卷60.列传第四十八.宇文贵（子忻 恺）传.清乾隆武英殿刻本.

❷ 文献[1].［宋］郑樵.通志略.礼略第一.吉礼上.郊天.明堂.

❸ 文献[1].史部.正史类.［唐］姚思廉.梁书.卷2.本纪第二.武帝中.

❹ ［唐］释道世.法苑珠林.卷13.敬佛灾第六.感应缘.四部丛刊景明万历本.

❺ ［唐］释道世.法苑珠林.卷39.伽蓝灾第三十六.感应缘.四部丛刊景明万历本.

❻ ［宋］赞宁.大宋高僧传.感通篇第六之四.唐五台山法华院神英传.大正新修大藏经本.

❼ 文献[2].［唐］金明七真.洞玄灵宝三洞奉道科戒营始.卷1.置观品四.

国古代超长木构殿堂建筑浅议

和殿（其通面广约为 64 米，通进深约为 37 米，殿身广 9 间，前檐廊面广 11 间）是一致的。

五、宗庙——与宫殿寺观迥异的殿堂建筑

然而，在中国古代建筑的历史上，有一种建筑类型，其主要殿堂面广长度有可能突破南北朝以来确立的面广 13 间，甚至突破面广可能为 15 间的西汉未央宫、长乐宫等最高等级建筑的间数规模。这类建筑，就是历代帝王宗庙大殿。

宗庙，是古代中国最为古老的建筑类型之一。《尚书》中已有了关于宗庙建筑的讨论："社稷宗庙，罔不祇肃。"❶ 其意是说，在社稷（坛）与宗庙这种神圣场所，必须肃穆，不得有任何轻慢之举。据《礼记》："建国之神位，右社稷，而左宗庙。"❷《周礼·考工记》中，有关王城规划之"左祖右社"的规划规制是与儒家所提倡的自周代至春秋战国以来的礼制规范相一致的。

宗庙，同时也是等级最高的建筑类型之一。《礼记》中有："君子将营宫室。宗庙为先，厩库为次，居室为后。"❸ 宗庙是一个具有准宗教意味的神圣场所，具有某种神秘性与权威性："宗庙之威，而不可安也。宗庙之器，可用也而不可便其利也。所以交于神明者，不可同于所安乐之义也。"❹ 这里已经明确指出，宗庙是具有交通神明之功能的准宗教场所。

宗庙建筑不仅要肃穆严正，还必须合乎各自的等级。鲁庄公二十四年，庄公因将自己父亲的宗庙——桓宫大加装饰，丹桓宫之楹，并刻其桷，遭到了儒士们的批评："礼，天子之桷，斫之礲之，加密石焉。诸侯之桷，斫之礲之。大夫斫之。士斫本。刻桷，非正也。夫人，所以崇宗庙也，取非礼与非正而加之于宗庙，以饰夫人，非正也。"❺ 庄公对于其父桓公之庙，加之以天子才能享有的装饰，其实是非礼的做法，也是对宗庙的不敬之举。

此外，还有一点需要特别指出的是，凡建造宗庙之所，绝非一般民众聚居之邑，当是王者所居之都，因为："凡邑有宗庙先君之主，曰都，无曰邑。邑曰筑，都曰城。"❻ 所谓"先君之主"，是指王者之先祖的神位。而有其神位，则亦当有王者之宫廷。因而，宗庙一般都是与王者的宫殿在一起的。也就是说，有宗庙的地方，也是具有政治权威的地方，故称为"都"。这也暗示了宗庙所具有的准宗教权威性与王者所具有的世俗权威性，在"都"这个地方，找到了结合点。换言之，具有准宗教意味的宗庙建筑，与具有王权的宫殿建筑一样，都是传统中国社会中高等级的，甚至是最高等级的建筑类型。

纵观自先秦至明清的历代建筑历史，宗庙建筑都居于中国古代建筑体系中的最高等级系列，也往往被布置在最重要的位置上。然而，我们对早期宗庙建筑的形式并不十分了解。

❶ 文献 [1]. 经部·书类.[宋] 金履祥. 尚书表注. 卷上. 商书. 太甲上第五.

❷ 文献 [1]. 礼记. 祭义第二十四.

❸ 文献 [1]. 礼记. 曲礼下第二.

❹ 文献 [1]. 经部. 礼类. 礼记之属.[汉] 郑玄, 注.[唐] 孔颖达, 疏. 礼记注疏. 卷 26. 郊特牲.

❺ 文献 [1]. 春秋穀梁传. 庄公. 庄公二十四年.

❻ 文献 [1]. 春秋左传. 庄公. 庄公二十八年. 传.

1. 先秦时期五室式（方形？）宗庙大殿形式

关于先秦时期宗庙建筑，史料中难见相关描述。只是在有后世人注疏的《礼记正义》中提到一点："宗庙路寝，制如明堂。" ❶可知，先秦时期的宗庙、路寝、明堂，在建筑的形式与制度上，很可能是十分接近的。这里还进一步讨论了天子之路寝的形式与尺度："路寝虽制似明堂，其室不敢逾庙，其实宽大矣。故《多士》传云：'天子堂广九雉，三分其广，以二为内，五分其内，以一为高。东房、西房、北堂各三雉。'是其阔得容殡也。或可殡在中央土室之前，近西，在金室之东，不必要在堂檐之下。" ❷

由此似可推知，儒生们理解的先秦宗庙、路寝、明堂，很可能是按照金木水火土五行，分为东、西、北、南、中五室，中央称土室，西方称金室，如此等等。而其堂平面，疑为方形，长宽各为9雉，中央土室及东房（木室）、西房（金室）、北堂（水室）被布置在室内，故虽各有3雉，室内的进深约为6雉（三分其广，以二为内）。中央土室之南，似为一个前廊，进深亦为3雉。若以古人之一雉的长度为一丈计，则这里的宗庙、路寝、明堂，应该有各为9丈见方的规模。其文中所提到的"堂高"，似仍指大殿台基的高度，如古人之"堂高三尺"之意。其高为进深的1/5，即高1.12丈。

当然，历史上这些注疏者，多是从文字到文字，关于实际尺寸与造型，从这些描述中很难得出结论。但由此推知，先秦时代的宗庙、路寝、明堂，在形式与规模上大致接近，且这三类建筑大致可以按照五行方位划分为五室的方形平面，这一可能性是存在的。

《后汉书》中提到了汉代宗庙："说者以为古宗庙前制庙，后制寝，以象人之居前有朝，后有寝也。" ❸也就是说，东汉人认为自古以来的宗庙，大约都象征了生人所居之前朝后寝的制度。因此，宗庙也分为前庙、后寝的格局。如此，则这时的宗庙，很可能是一个有前庙、后寝布局的建筑群。

2. 南朝宋一字排开16间太庙大殿

然而，到了两晋南北朝时期，无论是太庙还是明堂，在建筑形式上都出现了巨大的变化。晋孝武帝太元十六年（391年）："始改作太庙殿，正室十四间，东西储各一间，合十六间，栋高八丈四尺。……及新庙成，神主还室，又设脯醢之奠。" ❹这显然是一座一字排开为16间的大型殿堂。

关于这座太庙殿，《宋书》中也有描述："孝武皇帝太元十六年，改作太庙，殿正室十六间，东西储各一间，合十八间。栋高八丈四尺，堂基长三十九丈一尺，广十丈一尺。堂集方石，庭以砖。" ❺从时间上看，这里的太庙大殿，指的仍然是东晋建康太庙大殿，只是南朝宋时有可能继续沿用。从文字中可知，这是一座平面为长方形的殿堂建筑，大殿基座通面广39.1丈，通进深10.1丈，殿身脊栋距离台基顶面的高度为8.4丈。

❶ 文献 [1].[汉] 郑玄，注.[唐] 孔颖达，疏.礼记正义.卷31.明堂位第十四.疏.

❷ 文献 [1].[汉] 郑玄，注.[唐] 孔颖达，疏.礼记正义.卷31.明堂位第十四.疏.

❸ [南朝宋] 范晔.后汉书.志第九.祭祀下.宗庙.百衲本景宋绍熙刻本.

❹ 文献 [1].史部.正史类.[唐] 房玄龄，等.晋书.卷14.志第四.礼一.

❺ 文献 [1].史部.正史类.[南朝梁] 沈约.宋书.卷16.志第六.礼三.

关于这座大殿开间数,文献中似有一些矛盾。一说,正室14间,加东西储共16间。一说,正室16间,加东西储共18间。但从文献写作时间来看,《宋书》是南朝梁时人所撰写,而《晋书》则是唐代人写的,可知《宋书》的作者距离这座太庙建筑建造的时间比较近,其记载也可能比较接近历史的真实。

以这座太庙面广16间,加东西储共18间来看,可以将东西储看作主殿两侧的挟屋。以1晋尺为0.245米计,则太庙面广16间,东西各有挟屋1间,放置在一个长39.1丈(合95.795米)、宽10.1丈(合24.745米)的台基之上。

基于这样一个尺寸,可以将这座大殿想象为每间2.1丈(约合5.15米),殿身通面广33.6丈(合82.32米)。挟屋为贮藏间,面积稍大,每间面阔2.5丈(约合6.13米)。殿身与挟屋总面广为38.6丈(合94.57米)。这可以被看作一座超长体量的木构殿堂(图6~图8)。

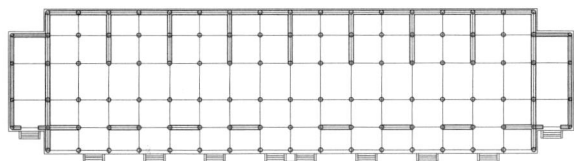

图6 南朝宋太庙18开间大殿平面示意图
(作者自绘)

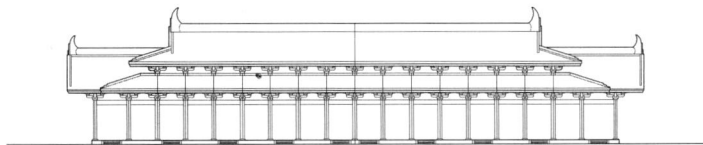

图7 南朝宋太庙18开间大殿立面示意图
(作者自绘)

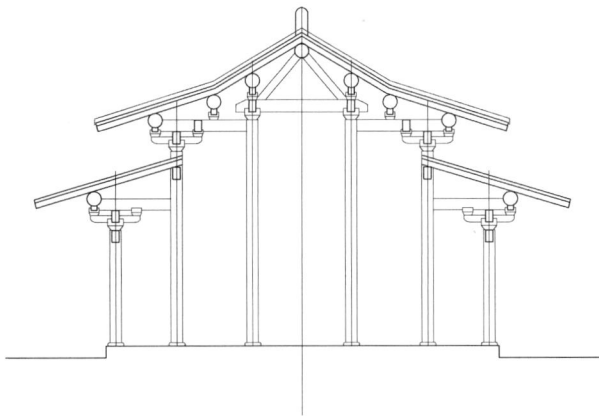

图8 南朝宋太庙大殿剖面示意图
(作者自绘)

所余长度为 0.5 丈,故在台基每侧留出 0.25 丈(合 0.613 米),作为阶沿。若以每侧阶沿各留 0.25 丈计,则这座太庙的进深约为 9.6 丈(合 23.52 米)。而以其栋高 8.4 丈(合 20.58 米)推算,进深 9.6 丈的可能性还是很大的。当然,两侧用于储藏的挟屋,应该是比较低的,对于其高度,可以从具体的原状探究中做出一个推测。

南朝宋大明六年(462 年),有司奏曰:"周书云,清庙明堂路寝同制。"❶ 并引用了晋侍中裴頠的观点:"庙宇之制,理据未分,直可为殿,以崇严祀。其余杂碎,一皆除之。参详郑玄之注,差有准据;裴頠之奏,窃谓可安。国学之南,地实丙巳,爽垲平畅,足以营建。其墙宇规范,宜拟则太庙,唯十有二间,以应期数。"❷ 也就是说,南朝时的宗庙(太庙),是一座一字排开 16(或 18)间的矩形大殿。故南朝宋明堂,也拟采用这种一字形平面,只是开间仅为 12 间。换言之,东晋时代宗庙大殿形式,影响到了南朝宋时明堂建筑形式。

❶ 文献 [1]. 史部 . 正史类 . [南朝梁] 沈约 . 宋书 . 卷 16. 志第六 . 礼三 .

❷ 文献 [1]. 史部 . 正史类 . [南朝梁] 沈约 . 宋书 . 卷 16. 志第六 . 礼三 .

3. 自唐代以来太庙建筑之变迁

1)唐代太庙制度

初唐与盛唐太庙建筑,因史料记录较少,不甚明确。进入中晚唐以后,有关太庙制度在史料中渐渐明晰起来。唐光启元年(885 年):"修奉太庙使宰相郑延昌奏:'太庙大殿十一室,二十三间,十一架,功绩至大,兼宗庙制度有数,难为损益。'"❸ 可知,按照唐代的制度,皇家的太庙大殿,应该是一座面广有 23 间,进深有 11 架的大型超长木构殿堂。其中,23 间主殿被分隔为 11 个室内空间,这显然是按照昭穆制度,如以高祖之神主,奉居于中央一室,两侧则左昭右穆,各为 5 室。有可能是供奉始祖的第一室为 3 开间,以下依序布置,各为五室,每室为 2 开间,一字排开共 23 间的平面格局(图 9 ~ 图 11)。

❸ [宋] 王溥 . 唐会要 . 卷 17. 祭器议 . 清武英殿聚珍版丛书本 .

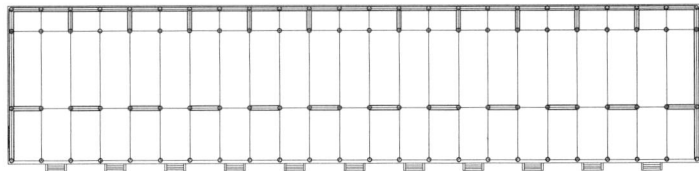

图 9 唐代太庙面广 23 开间大殿平面示意图
(作者自绘)

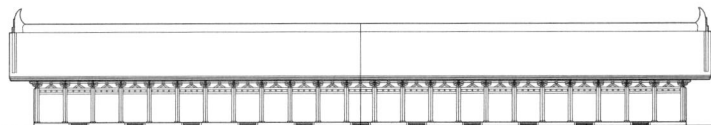

图 10 唐代太庙面广 23 开间大殿立面示意图
(作者自绘)

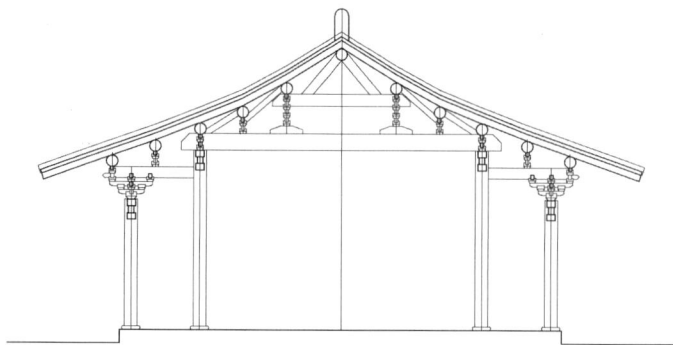

图 11　唐代太庙进深 11 架大殿剖面示意图
（作者自绘）

❶ [清]董诰，等.全唐文.卷816.殷盈孙.修宗庙议.清嘉庆内府刻本.

❷ [清]董诰，等.全唐文.卷816.殷盈孙.修宗庙议.清嘉庆内府刻本.

❸ [后晋]刘昫，等.旧唐书.卷19下.本纪第十九下.僖宗.清乾隆武英殿刻本.

❹ [元]脱脱，等.宋史.卷106.志第五十九.礼九（吉礼九）.宗庙之制.清乾隆武英殿刻本.

❺ [元]脱脱，等.宋史.卷106.志第五十九.礼九（吉礼九）.宗庙之制.清乾隆武英殿刻本.

❻ [元]脱脱，等.宋史.卷106.志第五十九.礼九（吉礼九）.宗庙之制.清乾隆武英殿刻本.

《全唐文》中收入了唐人撰写的《修宗庙议》："太庙制度，历代参详，皆符典经，难议损益。谨按旧制，十一室二十三间十一架。垣墉广袤之度，堂室浅深之规，阶陛等级之差，栋宇崇低之则，前古所谓奢不能侈，俭不能逾者也。"❶ 这里叙述的是唐代人所认知的太庙建筑制度。

实际上，按照作者的说法，当时的情况是："今以朝廷帑藏方虚，费用稍广。须资变礼，将务从宜。"❷ 其结果是在原为 5 开间的少府监大厅的基础上，向左右拓展为 11 室而成的。《旧唐书》记载了这件事情："延昌请权以少府监大厅为太庙。太庙凡十一室，二十三间，间十一架，今监五间，请添造成十一间，以备十一室之数。"❸ 这座以少府监大厅为基础扩建的太庙大殿，虽然也具备了 11 间的标准，但实际的间数是否也达到了 23 间，未可知。

2）宋代有关太庙间数的讨论

北宋时有关太庙室数与间数，出现一些不同意见。太宗太平兴国二年（977 年），有司言："唐制，长安太庙，凡九庙，同殿异室。其制：二十一间皆四柱，东西夹室各一，前后面各三阶，东西各二侧阶。本朝太庙四室，室三间。今太祖升祔，共成五室，请依长安之制，东西留夹室外，余十间分为五室，室二间。"❹ 太宗采纳了这一意见。可知，北宋太庙最早的平面格局为东西 12 间（含两夹室），其中，位于中间的 10 间，分为 5 室，每室为 2 间。

仁宗康定元年（1040 年），直秘阁赵希言又奏曰："太庙自来有寝无庙，因堂为室，东西十六间，内十四间为七室，两首各一夹室。按礼，天子七庙，亲庙五、祧庙二。据古则僖、顺二神当迁。国家道观佛寺，并建别殿，奉安神御，岂若每主为一庙一寝。或前立一庙，以今十六间为寝，更立一祧庙，逐室各题庙号。"❺ 也就是说，他主张将北宋太庙改为东西 16 间（含两夹室），则可以使中央 14 间，分为 7 室，仍然为每室 2 间。

仁宗嘉祐年间，由于"仁宗将祔庙，修奉太庙使蔡襄上八室图，为十八间。"❻ 这时的北宋太庙，应是中间 16 间，分为 8 室，两侧各有一间

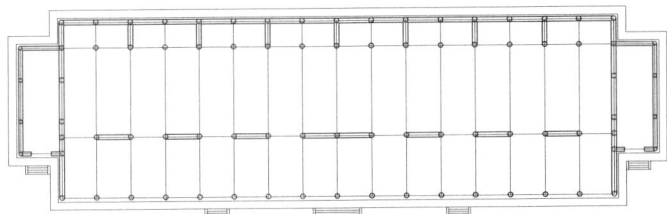

图 12　宋仁宗嘉祐年间面广 18 间太庙大殿平面示意图

（作者自绘）

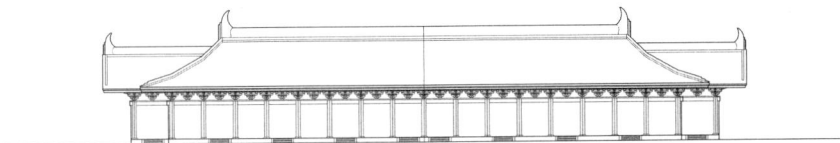

图 13　宋仁宗嘉祐年间面广 18 间太庙大殿立面示意图

（作者自绘）

夹室，共 18 间（图 12，图 13）。由此可知，随着新的一位皇帝临近大限，即将祔庙，朝臣们在太庙的开间数与堂室数上的主张，就会出现一些变化。

此后的北宋历代，每当新帝祔庙，围绕太庙室数仍然有所争论。争论的焦点，主要集中在究竟是七室、八室还是九室的问题上。也就是说，是否在原有太庙的基础上，进一步增加间数。徽宗崇宁二年（1103 年）："乃命铎为修奉使，增太庙殿为十室。"❶ 这一做法，大体上恢复到了唐代太庙的规制，即中设 10 室，两侧各有一夹室。如果每室为 2 间，则 10 室为 20 间，加两夹室，共有 22 间。这里也存在一种可能，即像唐代一样，将始祖庙室定为 3 间，其余 9 室为 2 间，则 10 室共 21 间，再加东西两夹室，共 23 间。从前文中提到继北宋而立的金代太庙亦为 23 间反推，北宋崇宁太庙，很有可能也采用了中央 10 室加东西两夹室，形成一字形 23 间超长平面格局。至于太庙进深，文中没有提到，或仍参考唐代制度，将其进深推测为 11 架。

3）金代汴梁太庙

《金史》中提到了金代汴梁城内太庙建筑的情况："汴京之庙，在宫南驰道之东。殿规，一屋四注，限其北为神室，其前为通廊。东西二十六楹，为间二十有五，每间为一室。庙端各虚一间为夹室，中二十三间为十一室。从西三间为一室，为始祖庙，祔德帝、安帝、献祖、昭祖、景祖祧主五，余皆两间为一室。"❷

从上下文看，这里记载的是金代帝室在其南京汴梁所设的太庙。这一太庙在制度上是否承续了北宋帝室旧日汴梁太庙的做法？亦未可知。但这里的建筑形式却表达得十分清晰。整座太庙大殿为一字形平面，殿东西 25 间。其中作为供奉历代帝王神主的"室"有 23 间，分为 11 室。西侧三间为始祖之室，室内附有 5 位先祖（祧主）的神位。自此向东的 10 室，

❶ ［元］脱脱，等 . 宋史 . 卷 106. 志第五十九 . 礼九（吉礼九）. 宗庙之制 . 清乾隆武英殿刻本 .

❷ ［元］脱脱，等 . 金史 . 卷 30. 志第十一 . 礼三 . 百衲本景印元至正刊本 .

则各有 2 间，依先后之序布置之。不同于唐代制度的是，在这 23 间、11 室的一字平面两端，还各布置了一间夹室。由此可知，这座太庙殿的通面广为 25 间。

从《金史》的记录中还可以知道，这是一座四阿（庑殿）顶的超长结构建筑。殿的前檐，是一个通廊，通廊以内，再细分为 25 间，其内供奉历代皇帝的神主。《金史》中进一步描述说："每室门一、牖一，门在左，牖在右，皆南向。石室之龛于各室之西壁，东向。其始祖之龛六，南向者五、东向者一，其二其三俱二龛，余皆一室一龛，总十八龛。"❶ 这是室内的布置情况，即在每室室内的西壁上嵌有供奉神主的石制龛室，主要龛室的方位是坐西朝东。唯将所附祧主的神龛，以坐北向南的方式布置。

这座太庙是藏历代神主之所，具体的祭祀仪式，还是按照古代昭穆制度进行的："祭日出主于北墉下，南向。禘祫则并出主，始祖东向，群主依昭穆南北相向，东西序列。"❷ 也就是说，祭祀时，将始祖之神位按照坐西朝东的方式布置，其余 10 位帝王神位，则按昭穆制度，在东西轴线的两侧，各按南北向布置。其义是与古代祭祀之昭穆制度相合。

《金史》中进一步给出了太庙殿室外的情况："室户外之通廊，殿阶二级，列陛三，前井亭二。外作重垣四缭，南东西皆有门。内垣之隅有楼，南门五阔，余皆三。中垣之外东北，册宝殿也，太常官一人季视其封缄，谓之点宝。内垣之南曰大次，东南为神庖。庙门翼两庑，各二十有五楹，为斋郎执事之次。西南垣外，则庙署也。神门列戟各二十有四，植以木锜。"❸ 可知大殿被布置在一个二层的殿基之上，殿基之前设有左、中、右三组登殿踏阶（陛）。殿前有两座井亭，其功能除了供祭祀及洒扫用水之外，亦当有防火之功用。

殿四周有垣墙环绕，从行文推测，似有三重墙垣，为内垣、中垣、外垣。内垣的四隅有楼，内垣之三面设门。南门似为 5 间，东西二门，各为 3 间。内垣之外，在东南侧有神庖，是准备祭祀牺牲的场所。庙门之前有两庑，每庑的通面广都有 25 间之长。两庑是执事之所。西南侧则为庙署，是管理太庙之官吏的办公场所。中垣之外的东北方向，还有一座册宝殿，是为朝中主管祭祀礼仪的太常官检视之所。三座神门之外，都各列有二十四戟及木锜，以示威严（图 14 ~ 图 16）。

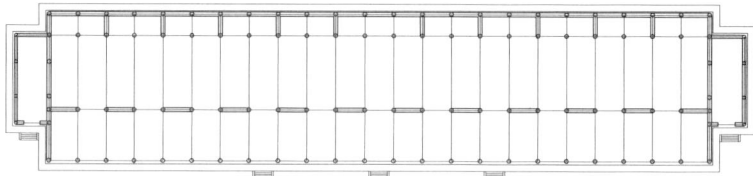

图 14　金代太庙面广 25 开间大殿平面示意图
（作者自绘）

❶ ［元］脱脱，等.金史.卷30.志第十一.礼三.百衲本景印元至正刊本.

❷ ［元］脱脱，等.金史.卷30.志第十一.礼三.百衲本景印元至正刊本.

❸ ［元］脱脱，等.金史.卷30.志第十一.礼三.百衲本景印元至正刊本.

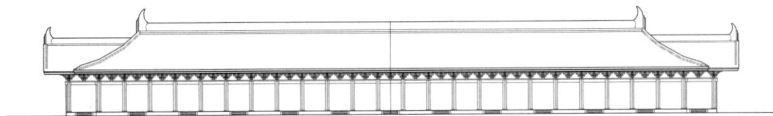

图15　金代太庙面广25开间大殿立面示意图
（作者自绘）

无论是唐代所建一字形23间太庙大殿，还是金代所建一字形25间太庙大殿，虽然未必是历代都遵循的规制，但却说明，重视祖先崇拜的中国古代帝王，在太庙正殿的建设中采用了超长平面的建筑形式。由于太庙属最高等级建筑类型，故其结构当为四阿（庑殿）顶木构殿堂。也就是说，唐代与金代的太庙正殿采用了超长形式的木构殿堂建筑结构与造型。

4）元代大都太庙

元代建都于燕京，称大都。元至元十八年（1281年）有大臣提出："除正殿、寝殿、正门、东西门已建外，东西六庙不须更造，余依太常寺新图建之。遂分为前庙、后寝，庙分七室。"❶元代太庙于至元二十一年（1284年）建成。这座新作于大都的太庙之形制大约为："前庙后寝，正殿东西七间，南北五间。内分七室。殿陛二成、三阶。中曰泰阶，西曰西阶，东曰阼阶。寝殿东西五间，南北三间。环以宫城，四隅重屋号角楼。正南、正东、正西宫门三。门各五门。皆号神门。殿下道直东西神门，曰横街。直南门，曰通街。览之。通街两旁井二，皆覆以亭。宫城外，缭以崇垣。"❷

据《明史》的描述："元世祖建宗庙于燕京，以太祖居中，为不迁之祖。至泰定中，为七世十室。"❸也就是说，在元泰定年间（1324—1327年），元代帝王的太庙设有10室。但是，这里没有提到太庙的开间数量。

至治元年（1321年），朝廷内部关于太庙的制度又发生了争论，太常院臣子力陈历代太庙制度："前代庙室，多寡不同。晋则兄弟同为一室。正室增为十四间，东西各一间。唐九庙，后增为十一室。宋增室至十八，东西夹室各一间，以藏祧主。……世祖所建前庙后寝，往岁寝殿灾。请以今殿为寝，别作前庙十五间。中三间通为一室，以奉太祖神主。余以次为室，

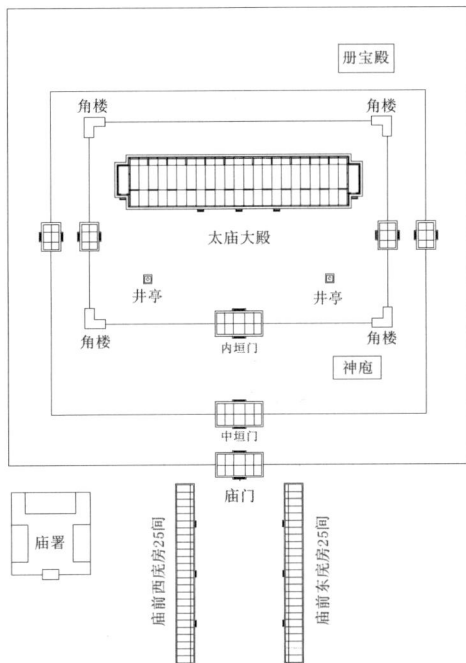

图16　金代太庙总平面示意图
（作者自绘）

中国古代超长木构殿堂建筑浅议

❶ 文献 [1]. 史部 . 正史类 . [明] 宋濂 . 元史 . 卷74. 祭祀志第二十五 . 祭祀三 . 宗庙上 .

❷ 文献 [1]. 史部 . 正史类 . [明] 宋濂 . 元史 . 卷74. 祭祀志第二十五 . 祭祀三 . 宗庙上 .

❸ [清] 张廷玉，等 . 明史 . 卷51. 志第二十七 . 礼五（吉礼五）. 宗庙之制 . 清乾隆武英殿刻本 .

❶ 文献[1].史部.正史类.[明]宋濂.元史.卷74.祭祀志第二十五.祭祀三.宗庙上.

❷ 文献[1].史部.正史类.[明]宋濂.元史.卷74.祭祀志第二十五.祭祀三.宗庙上.

❸ [清]张廷玉,等.明史.卷51.志第二十七.礼五(吉礼五).宗庙之制.清乾隆武英殿刻本.

❹ [清]张廷玉,等.明史.卷51.志第二十七.礼五(吉礼五).宗庙之制.清乾隆武英殿刻本.

❺ [清]张廷玉,等.明史.卷51.志第二十七.礼五(吉礼五).宗庙之制.清乾隆武英殿刻本.

❻ 文献[1].史部.政书类.通制之属.钦定大清会典则例.卷126.工部.营缮清吏司.规制.

庶几情文得宜。谨上太常庙制,制曰善。"❶说明至治年间的太庙,虽然仍保持了前庙后寝的做法,但太庙主殿的通面广已经改为15间。

新建的元代帝室太庙:"别建大殿一十五间于今庙前,用今庙为寝殿。中三间通为一室,余十间各为一室。东西两旁际墙各留一间,以为夹室。室皆东西横阔二丈,南北入深六间,每间二丈。宫城南展后,凿新井二于殿南,作亭。东南隅、西南隅角楼。南神门、东西神门、馔幕殿、省馔殿、献官百执事斋室、中南门、齐班厅、雅乐库、神厨、祠祭等局,皆南徙。建大次殿三间于宫城之西北,东西棂星门亦南徙。东西棂星门之内,卤簿房四所,通五十间。"❷说明元代时的太庙之前殿,仍然采用了通面阔为15间之超长形式的平面格局。

5)明清时代的北京太庙

明初南京太庙的大致形式是:"明初作四亲庙于宫城东南,各为一庙。皇高祖居中,皇曾祖东第一,皇祖西第一,皇考东第二,皆南向。每庙中室奉神主。东西两夹室,旁两庑。三门,门设二十四戟。外为都宫。正门之南斋次,其西馔次,俱五间,北向。门之东,神厨五间,西向。其南宰牲池一,南向。"❸宗庙形式大约为坐北朝南之主殿有4室,左右设两夹室,当为6室。庙前左右设两庑。其前设三门,门前设置代表建筑等级的24戟。这里的"三门",有可能是横置的三座门,而非佛寺中所称之寺前"三门"(即山门)。

由此可知,明代初立宗庙,就采用了一正两庑式院落空间形式。故明洪武八年(1375年):"改建太庙。前正殿,后寝殿。殿翼皆有两庑。寝殿九间,间一室,奉藏神主,为同堂异室之制。九年十月,新太庙成。……成祖迁都,建庙如南京制。"❹可知明初在诸多方面,都采取了制度重建的方法,太庙制度亦无例外。之前历代一字形超长平面太庙,这时被改为前殿后寝、殿两侧设两庑、其前设门之四合院落的做法。寝殿为9开间,每间为一室。

明嘉靖十三年(1534年):"诸臣议于太庙南,左为三昭庙,与文祖世室而四,右为三穆庙。群庙各深十六丈有奇,而世室寝稍崇,纵横深广,与群庙等。列庙总门与太庙戟门相并,列庙后垣与太庙祧庙后墙相并。具图进。"❺这依然是一个在太庙前正殿、后寝殿之基本格局的前部,设置两厢左昭右穆之东西配殿的做法。换言之,明代再也没有出现沿着一字形平面格局不断扩展建筑长度的太庙形式。太庙正殿之后的寝殿面广,始终为9开间,之前的正殿开间数,从现存清代太庙正殿为11开间格局反推,疑亦为11开间。

明代太庙没有建成超长平面格局,或也受其所处之紫禁城前左侧的位置所限。如嘉靖九年(1530年),嘉靖帝希望扩展太庙建筑,臣子们纷纷进言,如尚书夏言奏曰:"太庙两傍,隙地无几,宗庙重事,始谋宜慎。……太庙地势有限,恐不能容,……非独筋力不逮,而日力亦有不给。"❻也就是说，明代以及继之而起的清代的北京太庙，大体上保持了一个前朝后寝、殿两侧设两庑、主殿通面阔不超过大内主殿的四合院落式格局。除了明初在太庙建筑制度上的一些创新之外，更重要的原因之一，是其所处的位置无法随着新殁而祔庙之帝王神主的增加，而做简单的东西横向拓展。

换言之，至明代以后，随着太庙制度的改变及用地空间的局限，再也难见如唐代或金代太庙那样一字排开，通面阔可达 23 间甚或 25 间的大型超长木构殿堂建筑了。

众所周知的是，现存唯一保存完好的帝王太庙建筑群，是清代北京紫禁城前东侧的太庙建筑群。这很可能是一组沿袭了明代北京太庙建筑组群与空间规制的建筑群。《钦定大清会典则例》中记录了这组建筑群的详细情况，这里可以对其主要殿堂情况加以分析。清代北京（很可能是承续了明代北京）太庙主要殿堂分为前、中、后三殿："前殿十有一间，重檐，阶三成，绕以石阑。五出陛，一成均四级，二成均五级，三成中十有一级，左右九级。东西庑各十有五间，阶均八级。"❶ 可知清代北京太庙前殿通面广为 11 间，坐落在一个三重的台基之上。

前殿之后为中殿与后殿："中殿九间，后殿九间，两庑各十间。"❷ 此外，即是神库、神厨、奉祠署、治牲房、宰牲亭、井亭、燎炉等，以及缭垣、重门、戟门等。

显然，以规模论之，清代北京太庙建筑群，应该不比唐代拟建太庙或金代汴京太庙的规模小，如其按照前、中、后殿布置的主要殿堂，有 28 间之多。但是，在规制上，其中最长的前殿与紫禁城正殿太和殿相同，仅有 11 间，中殿与后殿仅有 9 间，这种布置已属我们所常见的宫殿主要殿堂的规制。

六、史上的一个特例——秦咸阳宫阿房前殿

除了历代帝王的宗庙、太庙之正殿建筑之外，自南北朝以来，凡位于建筑组群中轴线上的主要殿堂建筑，其面广开间数大体上保持了一个较为稳定的状态。如自南朝梁开始，帝王宫廷正殿太极殿就采用了 13 开间的做法。这一做法延续到隋代洛阳宫殿的正殿乾阳殿，以及其后的唐高宗时代在乾阳殿旧基上所建的唐代洛阳宫正殿乾元殿。这两座殿堂，都采用了通面广为 13 间的规模，其通面广有 345 尺之长。而同时代的唐代大明宫正殿含元殿，以及大明宫的另外一座大殿麟德殿，都仅有通面广 11 开间的规模。

唐以后的历代帝王宫殿正衙，再也未见面广超过 11 开间的做法。但在面广长度上，明代北京紫禁城正殿奉天殿，虽然仅有 11 开间，却采用了面广 30 丈、进深 15 丈的规模。❸ 这一面广长度，与隋唐两代洛阳宫正殿之通面广 345 尺的尺寸，已经十分接近，也堪称历代宫殿建筑正衙中规

❶ 文献 [1]．史部．政书类．通制之属．钦定大清会典则例．卷 126．工部．营缮清吏司．规制．

❷ 文献 [1]．史部．政书类．通制之属．钦定大清会典则例．卷 126．工部．营缮清吏司．规制．

❸ 明世宗实录．卷 470．奉天殿："原旧广三十丈，深十五丈云。"转引自：刘畅．北京紫禁城 [M]．北京：清华大学出版社，2009：113。

模较大者了。但因其开间数的限制，这一长度，大约也是历代宫殿正衙建筑中面广长度较为突出者之一了。

然而，在历代帝王宫殿之主殿建筑中，却有一个例外值得关注，这就是著名的秦代咸阳上林苑朝宫前殿阿房宫殿。据《史记》，秦始皇三十五年："始皇以为咸阳人多，先王之宫廷小。……乃营作朝宫渭南上林苑中。先作前殿阿房，东西五百步，南北五十丈，上可以坐万人，下可以建五丈旗。周驰为阁道，自殿下直抵南山，表南山之巅以为阙。"**❶**

❶ 文献 [1]. 史部. 正史类. [汉] 司马迁. 史记. 卷六. 秦始皇本纪第六.

据考古发掘，秦朝宫前殿阿房宫确有遗址发现。现存一座长方形夯土台基，实际探测台基的长度为 1320 米，宽度为 420 米（图 17），折合秦尺：东西长 570 余丈，南北宽 180 余丈。还有一说，台基残址东西长 1270 米，南北宽 426 米，台基顶面距离周围现状地面高度为 7~9 米（约为秦代的 3.9 丈）。这似乎比文献中所描述的长 500 步、宽 50 丈的殿基尺度要大出许多。

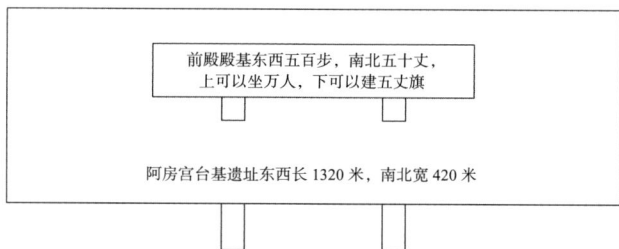

```
┌─────────────────────────────────────────┐
│   ┌───────────────────────────────┐       │
│   │ 前殿殿基东西五百步，南北五十丈，     │       │
│   │ 上可以坐万人，下可以建五丈旗        │       │
│   └───────────────────────────────┘       │
│                                           │
│   阿房宫台基遗址东西长 1320 米，南北宽 420 米  │
│                                           │
└─────────────────────────────────────────┘
```

图 17　秦朝宫前殿阿房基址及平面尺度示意
（作者自绘）

可以将这个长度接近 600 丈、宽约 180 丈、高度约为 4 丈（如果考虑到台座表层比较容易受到自然与人为的剥蚀，其原始高度应接近 5 丈）的秦代夯土台基遗址，想象成秦代朝宫前殿阿房宫的基座。而且，由于这一台座为东西长、南北宽，呈坐北朝南之势，与文献中记载的坐北朝南的前殿阿房宫是一致的。再将前殿阿房的长宽尺寸放在这一台座之上，两者的尺寸是十分匹配的。

由此推知，在这样一个巨大的夯土台基之上，建造一座东西长 500 步、南北宽 50 丈的大型木构殿堂，两者在造型、结构乃至尺度逻辑上，是相互契合的。也就是说，生活时代去秦不远的司马迁，对于这座巨型殿堂之尺寸的记载应该是可信的。

正是基于这样一种可信性，笔者有理由相信，秦始皇曾经在自己的都城咸阳建造了一座东西通面广长度达到了 500 步（以秦代一尺为 0.231 米推算，约折合为 693 米）、南北通进深长度达到了 50 丈（约折合为 115.5 米）的宫殿。显然，这座建筑无论在通面广长度上，还是在通进深宽度上，都可以称得上历史之最。也就是说，秦始皇咸阳宫阿房前殿，是中国历史上曾经设计或建造过的布置在组群中轴线上的面广与进深尺寸最大的木构殿堂建筑。毫无疑问，这座阿房前殿，不仅是中国历史上通面广最长的、也是通进深最深的、超尺度的木构殿堂建筑。

当然，这是一座超尺度的大型木构建筑，从其面广与进深的尺寸推算，如果将其作为一座独立的完整结构体来设计与建造，在当时的技术条件下，几乎是难以成功的。在笔者的另外一篇研究文字中，笔者发现了其面广长度 500 步，可以折合为当时的 300 丈，从而使其面广尺寸与进深尺寸 50 丈之间，建立起了某种联系，即阿房前殿通面广为其通进深的 6 倍。

以战国时代渐渐兴起的阴阳五行与五德终始学说来看，周为火德，秦以水德而代之。又据《周易》的说法，则天一为水，地六成之，可知数字 6 象征了水德。因而，在崇尚水德的秦代，数字 6 具有了特别重要的意义：秦始皇登基甫尔，即昭示天下："方今水德之始，改年始朝贺，皆自十月朔。衣服、旄旌、节旗，皆上（尚）黑。数以六为纪符，法冠皆六寸，而舆六尺。六尺为步，乘六马。"❶

正是基于这样一种分析，笔者将这座超尺度的建筑理解为由 6 座分别为面广 50 丈、进深 50 丈的木构殿堂并列一排而成的一个大型组合式殿堂。尽管 50 丈依然是一个超长的尺度，但这样尺寸的单体，按照向中心辐辏的结构模式，在当时的技术条件下是有可能建造成功的（图18，图 19）。

当然，若将这座超尺度的大型殿堂，分解为 6 个各自独立的结构体，每一结构体的面广和进深都为 50 丈，折合约 115.5 米，其依然算得上是中国历史上面广尺寸最大的木构单体殿堂建筑。如以尺度巨大而闻名于史的隋代洛阳宫乾阳殿（或唐代洛阳宫乾元殿）的面广为 345 尺，以隋开皇尺 1 尺为 0.294 米计，则其通面广为 101.43 米，而其进深为 176 尺，折合约 51.74 米。显然，比秦咸阳宫阿房前殿 6 座独立结构体中的每一座都要小一些。换言之，中国古代木构建造史上，无论在通面广尺寸上，还是通进深尺寸上，真正称得上是超长抑或超宽的木构殿堂建筑，则非秦始皇时代的咸阳宫阿房前殿莫属了。

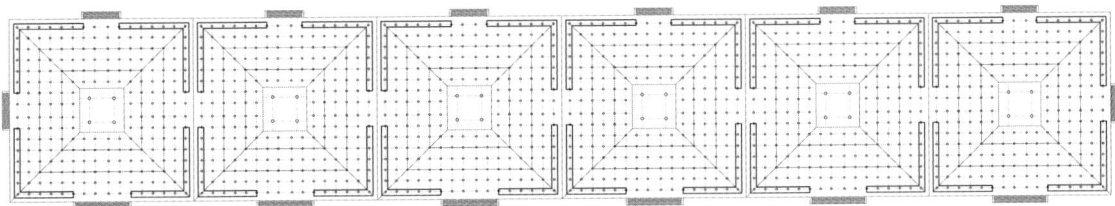

图 18　阿房前殿想象平面（每一结构体为 15 间）
（作者自绘）

图 19　阿房前殿正立面外观推想
（作者自绘）

❶　文献 [1]. 史部 . 正史类 . [汉] 司马迁 . 史记 . 卷六 . 秦始皇本纪第六 .

如果将阿房前殿看作一座独立的木构殿堂，则其通面广长度为500步（合秦尺为300丈，约693米），其通进深宽度为50丈（约115.5米）。而若将其看作是由6座独立结构体组合而成的木构殿堂，则每一座结构独立体的通面广与通进深，都为50丈（约115.5米）。无论是通面广693米，还是通面广115.5米，这座木构殿堂都可以称得上是中国古代木构殿堂建筑所采用过的通面广尺寸之首，亦堪称中国古代超长木构殿堂之最。

参考文献

[1] 文渊阁四库全书（电子版）[DB].上海：上海人民出版社，1999.

[2] 刘俊文.中国基本古籍库（电子版）[DB].合肥：黄山书社，2006.

甘肃西夏石窟中的建筑画与中原建筑之比较

孙毅华

（敦煌研究院）

摘要： 西夏是一个曾称雄于西北近两百年的党项民族王朝，它先与北宋、辽抗衡，后与南宋、金鼎立。西夏的历史文化是中国历史研究中的重要篇章，西夏建筑史亦是中国古代建筑史的重要一环，然而西夏建筑几乎都在蒙古军队血洗都城中化为灰烬，仅存一些砖石佛塔。虽然近年经过大量的考古发掘，得到一些西夏建筑的历史信息，但对木构建筑的研究还远远不够。西夏王朝为弘扬佛教，在其统治区域内的甘肃境内开凿了多座石窟寺，塑绘佛像壁画，因此现在仍可以在这些石窟中看到少量的西夏建筑画，这些建筑画为研究西夏的建筑历史文化提供了直观形象，成为了解西夏木构建筑唯一的图像资料。从这些建筑画中可以看出，西夏木构建筑吸收了大量其他民族的文化，特别是汉民族文化，这些西夏建筑画中的多文化的建筑形式与同时期的中原寺院建筑相呼应，亦与壁画、传世书画、绘画理论记述中所表现的中原木构建筑相似，通过比较这些证据，本文试图证明西夏时期是中国古代建筑历史的一个分水岭，因为西夏木构建筑的形式表现出了从早期建筑风格（唐宋）到晚期（元明清）的过渡和转折。

关键词：石窟，西夏，西夏建筑，建筑画

Abstract：The Xi（Western）Xia state was a regional kingdom established by the Tangut people that existed in northwestern China for nearly two hundred years（1038-1227）. China back then was divided first between the Tanguts, the Northern Song（960-1127）, and the Liao（907-1125）, and then between the Tanguts, the Southern Song（1127-1279）, and the Jin（1115-1234）. The history and culture of the Tangut empire is an essential part of Chinese history studies, and the history of Tangut architecture is indispensable to the study of Chinese architectural history. Tangut buildings, except for a few brick and stone pagodas, were burned to ashes during the Mongol conquest. Although, in recent years, some historical information about Tangut architecture has been uncovered through archeological excavations, the Tangut timber-framed buildings still have been inadequately studied. Buddhist murals that have survived in the caves opened by Tangut people in Gansu province facilitate the visualization of the Tangut architectural culture and history. These architectural paintings are perhaps the only extant visual material for studying Tangut timber architecture. They tell us that a large number of elements from other ethnic cultures, especially the Han, were incorporated into Tangut timber architecture. The depiction of these "intercultural" elements is in line with contemporary evidence from Central China, for example, found in actual monastery buildings, representations in mural and scroll paintings, and textual records of painting theory. By comparing all the evidence, the paper concludes that the Tangut period was a watershed in pre-modern Chinese architecture history, as the form of Tangut timber architecture demonstrates the transition from the early period（Tang to Song, 7th-13th centuries）to the late period（Yuan to Qing, 13th-19th centuries）.

Keywords：cave chapels, Xi Xia dynasty, Tangut architecture, architectural painting

一、前言

　　甘肃的河西走廊自古就是古丝绸之路上一条重要的交通要道，在这条道路上，同时也汇聚了多样的文化，其中源于印度的佛教文化在这里留下了鲜明的足迹。佛教石窟中的壁画艺术融汇东西南北，为今人研究中古时期的历史提供了直观的图像资料，其中西夏石窟中的建筑图像，则为已消失近千年的西夏木构建筑实物提供了不可多得的形象资料。

　　西夏是一个曾经称雄于西北近两百年的党项民族王朝，它先与北宋、辽抗衡，后与南宋、金鼎立。西夏的历史文化是中国历史研究中的重要篇章，其建筑史也是中国古建筑历史研究中不可缺少的一篇，但却在蒙古军队的铁蹄下遭到灭绝性的摧毁，特别是西夏时期的木构建筑，在血洗都城中化为灰烬，只留存一些残砖断瓦与石柱础被埋于灰烬中，默默记述着西夏王朝曾经的辉煌历史。

　　西夏党项族能征善战，曾用武力征服了中国西北部辽阔的地域，辖境约为今宁夏全部、甘肃大部、陕西北部、青海东部和内蒙古部分地区，面积约 83 万平方公里，占当时北宋国土的三分之一左右，并于 11 世纪初（1038 年）在今宁夏银川市（当时称兴庆府）建立了一个新的封建王国——西夏国。公元 1127 年，西夏陷落于蒙古的铁骑之下。为报复西夏军队的顽强抵抗，蒙古军队对西夏实施灭绝性的摧毁，他们不但血洗都城，还将积聚近两百年的宫殿、史册付之一炬，致使西夏历史湮没。然而西夏历史对于 11 至 13 世纪的中国历史研究而言是不可或缺的重要一章，且西夏文化有其独到的一面。西夏早在立国前夕就创立自己的文字，即后世所见到的西夏文。其统治者在注重党项文化传统的同时，积极吸收其他民族文化，特别是汉族和藏族文化。境内汉文、西夏文、藏文并行。西夏统治者既提倡儒学，又弘扬佛教，是一个佛教王国，其境内大量兴建佛寺与佛塔。现在宁夏仍保留许多佛塔，而木构的佛寺及大量的宫殿民居却都毁于元军复仇的焚毁中，没有留存下来，成为西夏建筑的一个重要缺憾。

　　近年来通过大量的考古发掘，得到一些西夏建筑的历史信息，但对木构建筑的研究还远不够。西夏王朝为弘扬佛教，在其统治区域内开凿石窟，塑绘佛像壁画，因此在甘肃的西夏石窟中保存了少量的西夏建筑画，为研究西夏的建筑历史文化提供了直观形象，成为了解西夏建筑唯一的图像资料。从西夏建筑画中可以看出其吸收了大量的其他民族文化，特别是汉民族文化因素，它们与同时期的中原寺院建筑及壁画、传世书画、绘画理论记述一起，证明了西夏时期是中国建筑历史从唐宋向元明清过渡与转折的时期。

二、甘肃境内的西夏石窟与建筑画

　　甘肃境内保存有多座石窟，其中的西夏石窟是为弘扬佛教而开凿的。保存了西夏建筑画的甘肃石窟主要有：敦煌莫高窟、瓜州榆林窟、瓜州东千佛洞、肃南文殊山石窟、肃北五个庙石窟。其中莫高窟中没有完整的建筑图像，只有一些建筑彩绘图案，而在一座木构天棚上，却有一幅唯一保存在木构件上的彩绘。其他石窟内，保存完整的壁画为研究缺失的西夏文明提供了直观的图像资料，是中国中古时期历史文化灿烂辉煌的一章，其中的建筑画更是在实物缺失的情形下研究中国古代建筑史不可或缺的重要资料。

敦煌莫高窟、瓜州榆林窟、瓜州东千佛洞同属于敦煌石窟群，敦煌石窟的开凿截止至宋真宗咸平五年（1002 年）。由于党项人攻取了西北重镇凉州（今武威），截断了宋朝与西域的商道。敦煌的历史年表中记载，敦煌于 1036 年隶属于西夏王朝。当 1002 年西夏截断河西走廊通道之后，统治敦煌的归义军节度使曹氏家族与中原王朝联系就中断了，道路阻隔带来的经济拮据使石窟壁画艺术创造也进入衰颓时期，程式化的绘画形式充斥石窟，单一的千佛或菩萨形象板滞，色调清冷。

西夏统治者对佛教的尊崇，使莫高窟得以维护并继续营建，限于莫高窟在唐代就已将崖壁空间开凿殆尽，无法再进行新的造窟活动，因而就涂抹前代洞窟，重绘壁画。当时榆林窟（现存石窟 42 座）亦由敦煌僧团管理，曹氏家族即在其间开窟造像。西夏接续前代在榆林窟新开凿 7 个规模较大的石窟，接着又在距榆林窟不远的东千佛洞新开凿石窟 4 座。从现在保存的 8 座石窟的内容看，东千佛洞石窟的开凿始于西夏，以后陆续有元、清在此开凿。

西夏壁画中的建筑画不多，在莫高窟少有精彩之作，有少量改绘早期两坡窟顶上的椽望装饰，绘制逼真，包括脊檩、檐檩、望板，全部有彩画装饰。其中在第 233 窟有一个西夏修建的木顶棚，柱子、斗栱、枋子上绘有彩绘，是稀有的西夏木建筑彩绘实物（图 1）。榆林窟壁画中的建筑画主要表现在第 3 窟中，且形式多样，有大型寺院、佛塔、水榭，以及群山之间隐出的楼台亭阁、神仙洞府、田家农舍等（图 2）。东千佛洞第 7 窟内有一幅表现建筑组群的壁画（图 3）。肃南文殊山石窟距离敦煌 400 多公里，在一北凉石窟内保存有建筑画，是西夏时期重新绘制的寺院建筑（图 4），肃北五个庙石窟位于敦煌母亲河——党河的上游，距离敦煌约 100 公里，现存的壁画都是利用北周石窟改绘，可惜被烟火熏黑，大多只隐约可见，只有少部分可以看清（图 5）。

图 1 敦煌莫高窟第 233 窟天棚柱子与栱底彩画（西夏）

（孙儒僩，孙毅华 . 敦煌石窟全集·石窟建筑卷 [M]. 香港：商务印书馆，2003：144 图 .）

图 2 瓜州榆林窟第 3 窟建筑图（西夏）

（孙儒僩，孙毅华 . 敦煌石窟全集·石窟建筑卷 [M]. 香港：商务印书馆，2003：252 图 .）

图 3 瓜州东千佛洞第 7 窟建筑图（西夏）

（孙志军提供）

图 4　肃南文殊山石窟第 3 窟建
　　筑图（西夏）
　　　　（孙志军提供）

图 5　肃北五个庙石窟第 3 窟建筑图（西夏）
　　　　　　（屈涛提供）

三、西夏壁画中的建筑形式与中原建筑比较

西夏时期的这些画幅与河西地区石窟中保存的唐、五代、宋的绘画风格截然不同，建筑形象也不同于以上各时代，却与中原地区保存的一些宋、辽、金建筑形式有许多相似之处。建筑画的总体形象与山西繁峙的岩山寺金代（1115—1140 年）壁画风格相似，壁画里一些具体的图像如榆林窟第 3 窟中的十字平面佛殿，和建于宋皇祐四年（1052 年）的河北正定隆兴寺摩尼殿建筑实物十分相似，金代岩山寺壁画里也绘有十字平面佛殿，而十字平面的二层楼阁则是对十字平面佛殿的发展，这是西夏与中原加强了文化交流与联系，在寺院建筑上受中原影响的反映。人们甚至怀疑这几座石窟内的壁画出自中原画师之手，也不无道理，因为它的形式的确很新颖独特，与敦煌上千年流传的形式相去甚远，而与中原宋、辽、金流行的画风相近。

可以看出，西夏壁画中的建筑画在形式上受到中原宋、辽、金时期界画的影响。从自北凉到五代、宋的敦煌壁画中可以看出中国绘画中建筑画的演变轨迹。在宋代，西夏阻隔了敦煌与中原的交通，造成敦煌石窟艺术的衰退，而宋代正是我国古代绘画的鼎盛时期，也是界画发展的高峰期，这首先得力于统治阶级的喜好与参与，宋太祖时皇家画院就有相当的规模。宋徽宗《瑞鹤图》中的屋顶就画得神采奕奕。这时不仅绘画成就高，且有绘画理论书籍传世。宋代郭若虚在《图画见闻志》中总结性地议论前代当今："画木屋者，折算无亏，笔画匀壮，深远透空，一去百斜。如隋唐五代以前，泊国初郭忠恕、王世元之流，画楼阁多见四角，其斗栱逐铺作为之，向背分明，不失绳墨。今之画者，多用直尺，一就界画，分层斗栱，笔迹繁杂，无壮丽闲雅之意。"❶ 从对唐至宋的敦煌壁画与西夏建筑画的比较中就可以看到这些变化，如盛唐第 172 窟、五代第 61 窟、宋代第 454 窟的建筑画"斗栱逐铺作为之，向背分明，不失绳墨。"（图 6～图 8）西夏建筑画"分层斗栱，笔迹繁杂，无壮丽闲雅之意。"（图 9）

❶　文献 [1]：10—11.

图 6　莫高窟第 172 窟斗栱（盛唐）
（孙儒僩，孙毅华.敦煌石窟全集·建筑画卷 [M].
香港：商务印书馆，2001：169 图）

图 7　莫高窟第 61 窟大殿斗栱（五代）
（孙儒僩，孙毅华.敦煌石窟全集·建筑画卷 [M].香港：
商务印书馆，2001：274 图）

图 8　莫高窟第 454 窟斗栱（宋代）
（孙儒僩，孙毅华.敦煌石窟全集·建筑画
卷 [M].香港：商务印书馆，2001.273 图）

图 9　榆林窟第 3 窟斗栱（西夏）
（孙儒僩，孙毅华.敦煌石窟全集·建筑画卷 [M].香港：
商务印书馆，2001.248 图）

西夏壁画中的建筑形象与中原保留的宋辽金建筑实物有许多相似之处，于是可以凭借壁画中的形象佐证一些实物建筑原本的样貌。

甘肃石窟中的西夏建筑画特征与中原现存前后时代相近的建筑实物可类比的有：建于宋代的河北正定隆兴寺摩尼殿（1052 年）、辽代的蓟县独乐寺观音阁（984 年）、山西繁峙岩山寺金代壁画（1158 年）、河北正定广惠寺华塔（花塔）（1161—1185 年）。其相似之处分别是：十字脊屋顶、擎檐柱、抱柱枋、花塔（华塔）等，以下将逐一说明。

1. 十字脊屋顶

在敦煌石窟的榆林窟第 3 窟中可以看到两种形式，一是寺院山门为十字平面四面出厦形式，二是寺院配殿起重楼、下层为十字平面四面出厦形式（图 10，图 11）。中原的实物有河北正定隆兴寺宋代摩尼殿，该殿为十字平面四面出厦（图 12），壁画有山西繁峙岩山寺金代壁画（图 13）。

图 10　榆林窟第 3 窟十字平面山门（西夏）
（孙儒僩，孙毅华 . 敦煌石窟全集·建筑画卷 [M].
香港：商务印书馆，2001：249 图）

图 11　榆林窟第 3 窟十字平面
楼阁（西夏）
（孙儒僩，孙毅华 . 敦煌石窟全集·建筑
画卷 [M]. 香港：商务印书馆，2001：252 图）

图 12　河北正定宋代隆兴寺摩尼殿（宋代）
（作者自摄）

图 13　山西繁峙岩山寺壁画（金代）
（品丰，苏庆 . 历代寺观壁画艺术·第 1 辑·繁峙
岩山寺壁画 [M]. 重庆：重庆出版社，2001：43 图）

2. 擎檐柱

在敦煌石窟的榆林窟第 3 窟壁画南北壁中铺的两幅大型经变画中，大殿"出檐甚远"的檐下及南壁寺院前廊的重檐山门的下层屋檐下，都清晰地绘出擎檐柱，擎檐柱比檐柱细，下部紧靠在台基上的栏杆转角望柱里侧。正是由于出檐大，在檐下角梁上支顶一根较细的立柱以防止檐角向下倾圮，而较细的立柱在视觉上对建筑立面亦影响不大（图 14，图 15）。

中原地区的实物有天津蓟县的独乐寺观音阁。在唐代大佛光寺被发现之前，独乐寺观音阁"盖我国木建筑中已发现之最古老者……乾隆十八年（1753 年）'于寺内东偏……建立座落，并于寺前改立栅栏照壁，巍然改观'……乾隆重修于寺上最大之更动，除平面布置外，厥唯观音阁四角檐下所加柱，及若干部分'清式化'。阁出檐甚远，七百余年，已向下倾圮，故四角柱之增加，为必要之补救法，阁之得以保存，唯此是赖。"❶（图

❶ 文献 [2]：46.

图 14　榆林窟第 3 窟
大殿擎檐柱（西夏）
（敦煌研究院陈列中心提供）

图 15　榆林窟第 3 窟
山门擎檐柱（西夏）
（敦煌研究院陈列中心提供）

图 16　天津蓟县辽代独乐寺
观音阁
（作者自摄）

16），现在独乐寺观音阁下的四根擎檐柱经梁思成大师的认定后，就被定性为是清代新增加的，若当时梁先生能看到榆林窟的这些壁画，可能未必会认定为清代增加。现在既然可以清晰地看到西夏壁画中的擎檐柱图像，是否可以重新判断观音阁下的擎檐柱是在辽代修建时本就有的，只因年代久远，于乾隆维修时又更换了新的擎檐柱而已？

3. 抱柱枋

抱柱枋在《营造法式》中不见记载，实物见于独乐寺观音阁的柱两边，抱柱枋有矩形、六边形、八边形等多种形式（图 17，图 18），而在梁思成先生的《蓟县独乐寺观音阁山门考》中，对于抱柱枋的存在只字未提，只写道："观音阁柱与山门柱形制相同，亦《营造法式》所谓直柱者也。山门诸柱，原物较少，而观音阁殆因不易撤换，故皆（？）原物"。❶ 此处的问号，说明梁思成先生不能确定观音阁的柱枋等构件是否为辽代原物。通过对敦煌石窟壁画的仔细察看，可以肯定抱柱枋在中唐既已出现，具体表现在榆林窟第 25 窟（图 19），肃南文殊山石窟第 3 窟壁画中同样清晰

❶ 文献 [2]：74.

图 17　天津蓟县独乐寺观音阁矩形抱柱枋
（赵智慧提供）

图 18　天津蓟县独乐寺观音阁
八边形抱柱枋
（赵智慧提供）

图19　榆林窟第25窟抱
柱枋（中唐）
（敦煌研究院陈列中心提供）

图20　肃南文殊山石窟
第3窟抱柱枋（西夏）
（孙志军提供）

图21　山西繁峙岩山寺壁画（金代）
（品丰，苏庆.历代寺观壁画艺术·第1辑·繁峙岩山寺
壁画[M].重庆：重庆出版社，2001：7图）

地表现了抱柱枋形式（图20）。对比中原寺院壁画，有山西繁峙金代岩山寺壁画（创建于金正隆三年1158年）与此相似，也可以看到抱柱枋形式（图21）。另外要说明的是，敦煌保存的西夏天棚柱子为八棱柱形式，现存的四座宋代窟檐也均为八棱柱式。榆林窟第3窟壁画中的柱子绘四条线，上面有明显收分，也应该理解为八棱柱形式。肃南文殊山石窟第3窟大殿柱子绘有六条线，其中四条线直通到顶，旁边两条线与枋相连，可以理解为柱子为八棱柱，两边为抱柱枋。繁峙岩山寺壁画中的柱子绘四条线，两条长的为直柱，两边既为抱柱枋。

4. 花塔（华塔）

花塔实则为华塔，因表现《华严经》的内容而称为"华塔"，又因为塔刹形式犹如粗大的花蕾，故而民间就形象地称其为"花塔"。如今在莫高窟保存的一座宋代土塔即为花塔形式，在瓜州榆林窟西夏壁画中也有一幅绘有花塔形象。

莫高窟附近的一条山沟即成城湾保存有一座宋代花塔，由土坯与泥塑结合建造而成，整座塔分为塔基、塔身、塔顶三部分。塔基由三层须弥座台基构成，层层收进。塔身收分较大，八个面分为四正面和四斜面。正面在西面辟一圆券门，内有小方室，室内四壁及穹顶上均有壁画（后因有人居住，壁画全部被烟熏黑而无法辨识）。另外三面是圆券形假门，门周围浮塑有各种装饰：门旁是束莲形的八棱柱，门上作三叶形门楣，门侧有上升的双龙共同捧着门楣上的一个火焰宝珠，呈双龙戏珠形式。四斜面粗看素白无华，经过查找历史图像及保护维修后发现原有天王塑像，塑像身后彩绘背光、祥云、花草等。在八个面的棱角处，浮塑出小八边形柱即古代的八棱柱，下有莲花柱础，上有阑额，柱顶浮塑出一斗三升形式的叶状斗栱，卷草形补间，斗上用替木承托柱头枋，枋上装饰混脚、仰莲及叠涩而出的塔檐。塔顶为八边斜坡形，上有八条脊，在脊的顶端是八面仰覆莲须弥座，座上塑出七重莲花，形成一个巨大的花蕾。每个莲瓣尖上有一座小塔，七重莲瓣之上更作一大方塔。现存的塔刹已残，只剩大方塔的下部和指向苍穹的光秃秃的木刹杆（图22）。在2007年对花塔进行保护维修的过程中，发现了大量的彩绘痕迹，据此进行了复原性绘图，得到一张彩绘的花塔图，使华塔成为名副其实的花塔（图23）。

在榆林窟第3窟西夏壁画中的一幅涅槃经变下是一座大幅绘制的花塔，塔身高耸，呈多重"亞"字形平面形式，塔顶的塔刹有四层交错的莲花花蕾，层层莲瓣上有一小塔，花蕾中间有一大屋顶的单层塔，与莫高窟的花塔实物相似。在塔顶四隅各有一座小塔，中心在巨大的莲花花蕾上以一个大塔结束，形成四塔拱卫、五塔并峙的宗教造型，象征佛及诸神所在的须弥山（图24）。

中原地区保存的花塔有河北正定广惠寺花塔，现存之花塔当为金代大定年（1161—1189年）重修后的遗物（图25）。塔形平面为八边形，斜边位置上有四个扁六边形的小塔，塔顶花蕾由层层不同的兽首、狮、象、佛、菩萨等立于莲瓣上组成，其上也有小屋，塔刹顶是高高耸起的八脊拱卫八角伞盖，其上再以宝珠结束。另一座花塔是保存在河北涞水县的庆华寺花塔，关于其年代，有说辽代，亦有金代之说，塔身为八角形平面，粗大的花蕾塔刹由八层小佛龛构成。

以上四座花塔的时代为宋、（辽）金、西夏，尽管塔身形式不太相似，但粗大的花蕾塔刹上的小塔、小屋、小佛龛都表明了对华严经的解读，有很多相似之处，也可以从中看出这一时期花塔建筑的流行对敦煌地区的影响。

图22　莫高窟宋代花塔
（作者自摄）

图23　修复后根据彩绘痕迹作的复原图
（毛嘉民　绘）

图24　榆林窟第3窟花塔（西夏）
（孙儒僩，孙毅华．敦煌石窟全集·建筑画卷 [M]．
香港：商务印书馆，2001：262图）

此外，现今保存在北京门头沟灵岳寺的大雄宝殿，是一座辽代建筑，檐下柱子的做法为：在普拍枋下有双重阑额，阑额之间的立旌之间还有装饰（图26）。

而在莫高窟一座晚唐窟檐及四座宋代窟檐中，有四座是双重阑额形式，中间竖立旌，立旌之间装板，但却没有在双重阑额之上再置普拍枋（图27，图28）。从肃南文殊山石窟第3窟壁画中大殿檐下的做法看，出现一种介于中原实例与莫高窟两者之间的形式，即柱头上有普拍枋，普拍枋下竖立旌，立旌下有阑额，立旌之间的装饰与北京门头沟灵岳寺的辽代建筑相似。柱头旁边有抱柱枋（参见前文独乐寺图片）（图29），可以看出莫高窟唐宋窟檐保存了较多的古风。而在中原地区，时代越晚，装饰的成分越大，这些因素也影响到与中原连接的西夏地区，因而在偏僻的河西石窟中留下了中原的影响。

图25　河北正定金代广惠寺花塔
（作者自摄）

图26　房山门头沟灵岳寺大雄宝殿（辽代）
（赵令杰提供）

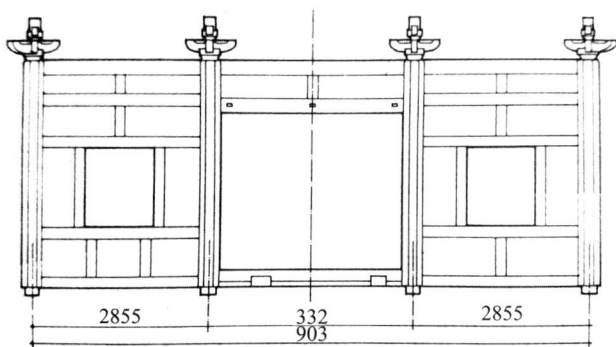

图27　莫高窟第196窟窟檐（宋代）
（萧默.敦煌建筑研究[M].北京：机械工业出版社，2003：图187）

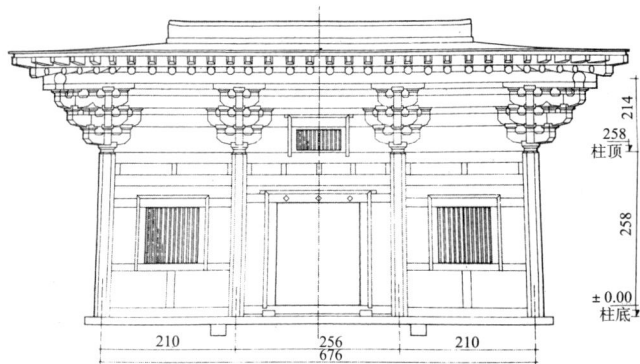

图28　莫高窟第427窟窟檐（宋代）
（萧默.敦煌建筑研究[M].北京：机械工业出版社，2003：图188.）

图29　肃南文殊山第3窟大殿檐下细部
（西夏）
（孙志军提供）

四、结语

敦煌石窟的开凿至今已经历 1650 年之久，自南北朝到隋唐，再到宋辽金、西夏元明清。由于时间久远，在我国留存的隋唐之前的木构建筑实物很少。尽管现在通过大量的考古发掘，发现了一些早期建筑遗迹，但也只是一些房屋基址。有关隋唐之前至南北朝时期的建筑全貌，除了历史文献有少量记载，最直观的资料就是古代壁画中留存的图像。由于早期建筑实物的匮乏，曾经有专家对壁画中早期建筑形象的真实性提出过置疑，因此将文献资料和考古发掘资料与石窟壁画进行对比研究，就可以逐步还原一些建筑历史上曾经发生的演变。

随着一次次文物普查工作的开展，逐渐发现中原大地上散落在乡间深处的建筑实物，并进行了大量的研究，出版的图像也为石窟壁画与中原建筑的对比研究提供了佐证。由此，关于石窟壁画中建筑形象的可靠性研究，又增加了一条途径。通过同时期的建筑实物，又可以反证壁画的绘制时代，证明石窟壁画的形象当源自当时的建筑实物，同时也可以结合文献、壁画、建筑实物，研究中国古建筑中一些细节的发展演变，本文就试图通过偏居河西的甘肃西夏壁画来为中原的宋辽金建筑提供一些可靠的图像资料，使一些早期无法解决的模糊认识得以更新，还原为数不多的古建筑的本来面貌。

最后在此感谢在美国学习的周真如同学的热心帮助！

参考文献

[1] [宋] 郭若虚 . 图画见闻志 [M]. 北京：人民美术出版社，1964.

[2] 梁思成 . 梁思成文集·第一卷 [M]. 北京：中国建筑工业出版社，1982.

山西高平炎帝中庙碑刻、题记中的营建信息解读 ❶

贾　珺

（清华大学建筑学院）

摘要：山西高平相传为神农炎帝故里，历史上建造过许多祭祀建筑。城北下台村（现中庙村）的炎帝中庙尚存山门、前殿、后殿、文昌楼等历史建筑以及十余处碑刻、题记。本文在现场调查和测绘的基础上，梳理相关碑刻、题记，解读其中的营建信息，在此基础上对其历史沿革作出初步的探析。

关键词：高平，炎帝中庙，碑刻，营建信息，历史沿革，《营造法式》

Abstract：The middle temple of emperor Yan is one of several sacrificial buildings dedicated to this legendary ruler of pre-dynastic China that were built in Gaoping county, Shanxi province. The extant historical architecture includes a front gate（ *shanmen* ），front hall, back hall, and Wenchanglou. Additionally, more than ten historical tablets and stones with inscriptions have survived. Based on building survey and textural research, the author analyzes the information related to temple construction and suggests a chronology of temple building activities.

Keywords：Gaoping, middle temple of emperor Yan, stone tablet, information about construction, chronology, *Yingzao fashi*

一、引言

高平位于山西省东南部，始建于春秋时期，拥有两千多年的历史，境内尚存大量佛寺、道观和各种祠庙。此地相传是神农炎帝的故里，有神农城、神农井等遗迹，后世在此建炎帝陵，历代在县境内外修造了几十座祀奉炎帝的祠庙，具有鲜明的地域文化特色。

高平所建炎帝庙中，以上、中、下三庙地位最为重要。但对于此三庙具体所指，方志中有不同说法。顺治《高平县志》卷二"建置志·坛庙"载："神农庙：一在羊头山，曰上庙，为神农尝五谷之处，上有五谷畦遗迹；一在换马镇东南，曰中庙，有神农遗冢，有司春秋致祭；一在东关，曰下庙，近改祭于此。" ❷ 乾隆《高平县志》卷七"坛庙"的记载大致相同："神农庙有三，一在羊头山，曰上庙，为神农尝五谷处；一再换马岭，曰中庙，有神农卢墓，有司春秋致祭；一在东关，曰下庙，近改祭于此。" ❸ 同治《高平县志》卷三"祠祀"载："曰神农庙四：一羊头山，为高庙，昔神农尝五谷处；一换马岭，为上庙，神农虚冢存焉；一下太村，为中庙；一东关，为

❶ 本文为国家社会科学基金重大项目"《营造法式》研究与注疏"（项目批准号 17ZDA185）和清华大学自主课题"《营造法式》与宋辽金建筑案例研究"（项目批准号 2017THZWYX05）相关成果。

❷ 文献 [1]，卷 2.
❸ 文献 [2]，卷 7.

下庙，为最古。而团池、故关、焦河诸庙不与焉。"❶ 光绪《续高平县志》卷四"坛庙"的记载与同治《高平县志》相同："神农庙四：一羊头山，为高庙；一换马岭，为上庙；一下太村，为中庙；一东关，为下庙。"❷

以上所提及的四座炎帝庙（神农庙）中，位于羊头山、换马岭（镇）和县城东关的三庙均已毁失，惟城北下台（太）村（现已更名为中庙村）尚存一座炎帝中庙，保留较多历史建筑，且有若干碑刻、题记可以辨别。

2017年6月清华大学建筑学院师生对炎帝中庙进行测绘，同时对相关碑刻、题记进行采集、整理，并通过辨析和解读，从中提炼与庙宇营造相关的历史信息，为未来进一步的建筑研究提供参考。

❶ 文献[3]，卷3.

❷ 文献[4]，卷4.

二、现状

这座炎帝中庙经过长期演变，形成前后两个部分，分居两层台地上。前部原有建筑已全部毁失，在旧址上重建较为简易的砖砌戏台和东西配房。后部的历史建筑保存较好，并在近年得到维修（图1）。

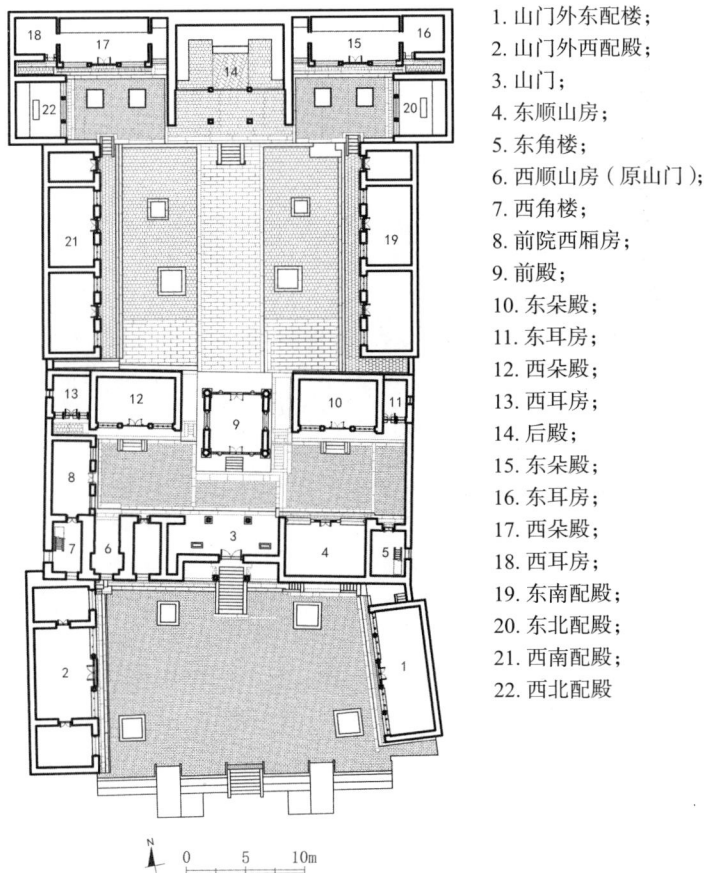

1. 山门外东配楼；
2. 山门外西配殿；
3. 山门；
4. 东顺山房；
5. 东角楼；
6. 西顺山房（原山门）；
7. 西角楼；
8. 前院西厢房；
9. 前殿；
10. 东朵殿；
11. 东耳房；
12. 西朵殿；
13. 西耳房；
14. 后殿；
15. 东朵殿；
16. 东耳房；
17. 西朵殿；
18. 西耳房；
19. 东南配殿；
20. 东北配殿；
21. 西南配殿；
22. 西北配殿

图1　炎帝中庙现存历史建筑总平面图
（清华大学建筑学院提供）

后部山门前的台地比前部台地高 1.1 米, 东侧为二层五间配楼 (图 2), 西侧为五间配殿, 均采用硬山屋顶, 屋脊两端有明显生起, 前檐柱采用石柱。

图 2　山门外东配楼
（作者自摄）

山门 (图 3) 位于台地北侧正中位置, 三间; 屋顶安装琉璃屋脊; 明间两侧的前后檐柱均为石柱, 位置并未对齐; 柱础雕刻狮子与寿字图案; 额枋上施斗栱, 平身科采用斜栱形式。

图 3　山门南立面
（作者自摄）

山门两侧设东西顺山房、东西角楼各一座。东顺山房三间, 较为规整; 西顺山房平面以隔墙划分为不规则的三部分, 西侧一间开设拱券门洞。山门与东西顺山房的屋顶连为一体, 其间以垂脊分为三段。东西角楼均为二层, 单间悬山顶, 内设楼梯。

山门内分设两进院落。前院形状狭长, 中央为一座单间歇山前殿 (图 4), 坐落在较高的台基上, 四角角柱有明显侧脚, 南北立面在角柱之间插入两根柱径较细的檐柱, 表现出类似三间殿的形象, 柱上施通长的大阑额。阑额上施补间铺作与转角铺作各二朵，均为五铺作斗栱。补间铺作坐斗为花瓣形，第一跳华栱呈假昂形状，第二跳为真正的下昂，要头亦斜出作昂形，里跳转为双杪形式。转角铺作由昂之上以木雕力士承托老角梁。补间铺作的昂尾和要头后尾插入垂柱，柱上承枋，枋上设四跳斗栱，层层叠加，彼此串联，在殿内构成一个八角形的藻井，中央一根垂莲柱凌空而立。此殿现被称为"太子殿"，因为没有使用任何梁栿，又称"无梁殿"（图5）。

图4　前殿北立面
（作者自摄）

图5　前殿藻井仰视
（作者自摄）

　　前殿左右两侧设悬山顶东西朵殿各三间、硬山顶东西耳房各一间。

　　后院宽 21.95 米，进深 19.39 米，轮廓接近方形。院北中央为三间后殿（图 6），悬山屋顶，前廊进深两步架，檐下施五踩双昂斗栱（图 7），平身科采用斜栱形式。屋身进深六架，雀替雕饰精美，梁枋绘制彩画。此殿现称"元祖殿"，殿内新塑炎帝像。

图6　后殿南立面
（作者自摄）

图7　后殿前檐斗栱
（作者自摄）

后殿左右设东西悬山朵殿各三间、东西硬山耳房各一间。后院东西各设配殿两座，一为七间（图8），一为三间，均为硬山屋顶。目前东朵殿为药王殿，西朵殿为先蚕殿，三间东北配殿为关帝殿，三间西北配殿为娘娘殿（图9）。

图8　后院东南配殿
（作者自摄）

图9　后院西北配殿
（作者自摄）

炎帝中庙现存建筑形制反映了不同的时代特征，其中前殿明显年代较早，而其余殿宇均属明清时期。同时庙内还保存着十几处碑刻、题记，对于梳理其营建历史具有重要价值。

三、元代

炎帝中庙的始建年代已经不可考。对此庙中所存清代康熙九年（1670年）殷基隆撰写的《重修炎帝庙并各祠殿碑记》称："吾泫有上中下三庙，在换马者为上，在县治东关者为下，而余乡则其中也。奉敕建立，其来远矣，而创兴之始杳不可考，重修则于至元之年。"宣统三年（1911年）孟伯谦所撰《重修炎帝庙暨村中诸神殿碑记》亦称："本邑北界羊头山有高庙，城东关有下庙，下台村建庙，未知创自何代，称为中庙。"目前关于此庙可见的最早的文字记录始于元代。

后殿与东西朵殿屋身下面的台基连为一体，在正面束腰位置嵌有六块石板，上面分别以线刻或减地平钑方式雕刻花草、禽鸟、人物图案，其中牡丹、荷花形象与《营造法式》彩画作插图颇为相近（图10、图11）。在东起第一块石板的东侧有一行题记："至正四年岁次甲申后二月廿五日记"，证明此台基砌筑于元顺帝至正四年（1344年）。

在前殿东内壁嵌有一块石碑（图12），题为《创建神农太子祠并子孙殿志》，刻立于至正二十一年（1361年），落款为"长平乡贡进士宋士常撰"，正文曰："羊头山故有神农氏祠，环山居民岁时奉祀，有祈则应。山之南

图10 后殿台基石板雕刻图案之一
（作者自摄）

图11 后殿台基石板雕刻图案之二
（夏雨妍、郭宇齐摹绘）

里曰下太，直乾方之爽垲，自昔乃立原庙。里人王德诚于至正乙未岁俶工兴役，仍构两室于正殿西偏之隙地，像设于中，从俗尚也。初德诚年艾而无嗣，考室之后相继举二子。及德诚殁，妻杜氏慨然曰：'吾夫曩以有愿，为神立祠，神之降佑亦多矣，继所天志，以答神佑，功曷敢后。'遂于室内叠甓为供台，并赘其地，外则伐石为基。其子孙殿之像，德诚独设；其太子祠神像则里人赞力，而魏仲达者，功居半焉。厥功高成，寔辛丑之春也，欲纪其岁月于石，乃属笔于余。呜呼，完哉，继自今敢告里人，承继有常时，毋远毋衰，克诚克敬，永终不替，则神之聪明正直，依我民以扬其灵，信乎，如在其上，如在左右矣。其毋作神羞，自取天尊。"

图 12 《创建神农太子祠并子孙殿志》碑
（赵寿堂 摄）

由其文可知，至正十五年乙未（1355年）下太里人王德诚在正殿西偏的空地构筑两室，分别为子孙殿和太子祠，并在子孙殿内塑造神像。王德诚去世后，其妻杜氏又捐资在室内叠造供台，在室外加筑石台基，此善举得到同里人的赞助，于至正二十一年辛丑（1361年）春季完工。

目前前殿被文物部门定为元代建筑，除了考量其形制之外，此碑是重要依据之一。但碑刻属于可移动文物，且碑文中的信息似与这座前殿无直接关联。此殿造型与高平二郎庙中的金代戏台颇有相似之处，位置亦同，原本很可能也是一座戏台。从某些构件特征判断，其始建年代不排除更早的可能性，尚待进一步的探究。

四、明代

后殿前廊东侧现存一块残缺的嵌壁碑，其碑文曰：

维大明国山西泽州高平县丰溢乡下太村古有敕封神农炎帝庙，缺少献台。今本村王希孟纠同王万全、张天赐、李希，会请四十余人打造石碑七张，重轻易牵，此为碑记。

计开：大庙下献台一张，大圣仙姑三张，义勇武安王一张，药王
殿一张，高煤祠一张

为首惟那：王万全 王希孟 张天赐 李希 僧人净勋

出钱人名：王希凤……

万历十二年仲秋吉日永□碑记　石匠李荒

这是一份为庙内诸殿捐献供台（献台）的记录，年代为明代万历十二年（1584 年）。此碑提及当时庙内五座殿宇的名称：大庙（正殿）、大圣仙姑殿、义勇武安王殿、药王殿和高禖❶祠。其中义勇武安王即关公；高禖又称"郊禖"，是主管婚姻与生育的民间神灵。

❶ 此处碑文误作"煤"字。

今后院西北配殿（娘娘殿）中尚存一张旧石供桌（图 13），但没有发现年代标记。

图 13　后院西北配殿现存石供桌
（作者自摄）

在现存山门西顺山房内有一道拱券（图 14），南面拱门已被封砌，其上嵌有石匾，题"炎帝中庙"四个楷书大字（图 15），上款为"大明天启二年岁壬戌春仲月吉日立"。内壁左右各嵌一碑，与石匾同时刻立于天启

图 14　西顺山房拱券门洞北侧
（作者自摄）

图15 "炎帝中庙"石匾
（作者自摄）

二年（1622年）。东碑记载："维大国山西泽州高平县丰溢乡上都中太南里下太村敕封炎帝中庙，三门损坏，仝老来会，纠领重修，刊名于石。"西碑刻有捐施者姓名。

这三处刻石证明当时此庙山门位于目前山门西顺山房位置，设有砖砌拱门，并在天启二年重修过一次。

五、清代

清代炎帝中庙留下了较多的修造记录。

在现存后院东北配殿（关帝殿）南内壁嵌有康熙元年（1662年）《重修关圣帝君庙碑记》（图16），其文曰："圣帝之忠肝义胆、奇勋伟绩，炳诸天壤，载在史册者，未可一二数也。其究身殉王事，以义气忠烈获归正果，声灵赫濯，福善祸淫，凡通邑大都以及穷乡僻壤，无不肖像而钦祀之。

图16 康熙元年《重修关圣帝君庙碑记》
（作者自摄）

余乡庙有圣贤殿,考其所建,昉于元至正年间,及余之身,三百有余岁矣。以神农氏居中,遂设神殿于主祠之东,基不满丈,庙仅两楹,岁时致祭者拜不容膝,咸俯伏院中。余目击而有憾焉,因竭绵力扩其基址,增其间架,俾诸善众得入室而礼拜之。事虽鼎新,然地址有限,亦稍稍扩充,非若大殿广厦有辉煌巍焕之观也,土木之费有何敢赘诸石。"落款为"邑庠生殷基隆暨男廪生埏、庠生斑立 住持僧人普修 木工冯四端 泥水匠李时运 石工郭志旺"。

此碑说明原关帝殿名为圣贤殿,仅有二间,规模狭小,祭祀典礼无法在室内举行,只能在院子里叩拜。这次工程对殿宇进行扩建,能够容纳更多的人进入室内,但受到用地限制,只能稍稍扩充。

康熙五年(1666年)廪生余蜀慕所撰《重修高禖祠并太尉殿碑记》载:"炎帝庙高禖祠仅两楹,跪不容膝,即二人亦肩相摩焉,有住持僧普修慨然曰:'高禖神之祠可以如是隘乎?'爰化社首殷基隆等,暨一乡善士捐金鸠工,扩两楹为三楹,并将神像金妆,又重振太尉殿二所,亦将二神之像而金妆焉。由是祠殿焕然一新,见一乡之人好善乐施之足多也,略为记。"文末注明三位工匠姓名:"木匠冯光秀 瓦匠李眷廉 丹青邵国明"。此处所云之高禖祠和太尉殿具体位置不详。

在后殿台基元代所刻石板上有一处康熙八年(1669年)所刻的《重修石台记》,直接覆压在原来的图纹之上,颇显突兀。其文曰:"前以石台毁坏,今修殿之后,重新修理。本村施主五班社首暨领合村,住持普修,石匠姬自元。"在束腰立柱上又有两处"王俞施石"的题记,字迹与《重修石台记》相同,应为同一时期所刻,证明当年对台基重新进行修砌。

康熙九年(1670年)此庙有一次较大规模的重修工程,后殿前廊东内壁《重修炎帝庙并各祠殿碑记》(图17)记载:

> 稽古圣人继天立极,各有造于世,而丰功伟绩,利赖无穷,莫有逾于炎帝之农事开先者矣。《语》云:"食者民之天",盖民非食无以为生,食非谷无以为藉。当帝之时,茹毛饮血,黍稷稻粱之属虽天植之以颐养斯人,而隐而弗辨,孰知有稼穑之维宝哉。帝亲尝百草,迺得其味于天造晦冥之初,是帝之德在养生立命,而帝之功在亿万斯年也,其神要矣,其祀正矣。

> 吾泫有上中下三庙,在换马者为上,在县治东关者为下,而余乡则其中也。奉敕建立,其来远矣,而创兴之始杳不可考,重修则于至元之年,及余之身三百余载,不独风雨倾圮,彩泽弗耀,而根基墙壁,俱系乱石土坯。目击其状者,皆有狭小前人之意,更新之举,每议不果。

> 岁值戊申六七月之间,雨泽愆期,乡人向余而言,曰今者旱魃为虐,元旸滋甚,远近居民之祷雨者几遍山川坛社而弗应,秋成其无望乎?吾侪士民曷不就本庙而虔告焉?爰同耆众,斋肃从事,不崇朝而

图 17 康熙九年《重修炎帝庙并各祠殿碑记》
（作者自摄）

滂沱沾足，越旬日复祷复应，又越旬日亦然。自夏徂秋，祷者三而应者三。余曰："天下有感而遂通如此其速者乎？庙为神之所栖，重新之议不决于畴昔者，不可不断之于今日也。"金曰唯唯。

　　因量力捐赀，鸠工庀材，墙壁栋宇一概更易，而蚕神、药王二殿并舞楼相继补葺，焕彩争辉，不徒肃一时之报享，寔以壮奕世之观瞻。其工始于戊申十月初六日，竣于庚戌四月初八日。余因援笔而为之记，使后之人览而指之曰："某也，革故；某也，鼎新。"则其事传而其人之姓氏亦与俱传矣，遂立其名于壁之右。

此碑亦为殷基隆所撰，文末注明"本庙住持经理僧人普修"。碑文强调此庙日久破旧，但祈祷灵验，故而于康熙七年戊申（1668 年）十月至九年庚戌（1670 年）四月予以全面修缮。文中特别提到蚕神殿、药王殿和舞楼（戏台）。同年还留下一块《重修炎帝庙并各祠殿布施碑记》，注明"玉工姬自元、郭朝运镌"。

乾隆五十二年（1787 年）再次对关帝殿进行修理，殷曰序所撰《重修关圣帝君庙碑记》称："关圣帝君之庙，由来旧矣，不必通都大邑始知骏奔而在庙，即属蕞尔小邑，亦莫不祀事而孔明，非谓屡为改观以侈盛也。概以秉烛达旦，心中思汉者良笃；忠心赤胆，眼角无曹者情深，观其精忠贯日月，英灵振古今，其为国忘身，亘古以来，殆蔑以加矣。兹者吾族目睹庙貌之倾圮，心伤殿宇之崔嵬，不有以修葺之，则神圣将奚以妥，人心何以得安？爰集同族，量力捐赀，仍其旧制，重为修葺。此功告竣，寔堪耀人耳目，扩人意想矣。但所费虽云不奢，而赀力尽出自吾族，但见焕然改观，昭然共睹，一时咸乐其盛焉。"文末注明："住持僧人定悮"和"石工李全有镌"。

道光五年至十年（1825—1830年）古庙迎来一次更大规模的改建工程。道光十年（1830年）张鹏翼所撰《重修大庙并立合村堂阁殿宇表颂碑记》（图18）载：

> 尝闻检阅夫真经，首曰敬天地，次言祀神明，盖以天覆地载，生成万物，其所当敬者，不待言矣。厥维神明丰功伟绩，庇荫苍生，敢不竭诚尽礼以祀乎？

> 村北大庙乃合村龙脉托落之地，群神汇聚之所，凡在村中者，家不拘贫富，人无论穷通，其兴衰祸福、吉凶。上而炎帝正殿瓦坏渗漏，左右神殿以及东西禅仓库厨俱为损坏，若不及时重修补葺，必至尽行倾圮，乡者殷日序等触目警心，夙夜踌躇，因而会同合社维首公议修理，不使废坠。无奈村小力微，量难成事，邀请在外贸易者，各给缘簿一本，四方劝捐募化，多寡不等。既而又因庙之门水不合，局度不展，曾经高明堪舆指示，言将大门移修于中而开，正门不但星宫合格，而且体统壮观。将戏台移修于南，不独局度宽，而且观瞻肃。庙地不足，增置赵姓中地二亩五分，以成方圆。又创修西厅房五间，戏房六楹，游廊十间，前后修理工费浩大，外域乐输之项并村人捐敛之资同盘合算，不能完工，故将庙中古柏一株伐卖，方可毕事。

> 斯事也，固众社首同心协力，鸠工庀材，殚思毕虑，踊跃向前，然而经管账目，区分银钱，不惜心力，乃底厥成，监生王子玺、王秉疆功独甚焉，兴工始于乙酉岁二月二十日，告竣于庚寅岁七月二十一日，因而勒碑记事。自今之后，凡我村中外城乐输资财之仁人善士，同享丰恒裕足、福寿康宁，其功德可垂万世不没矣。是以为表颂云尔。

这篇碑文所包含的信息十分丰富。当时炎帝中庙有大门、正殿、左右神殿、东西禅房、仓库、戏台等建筑，多已颓败，亟待修理。同时又经风水师指点，认为原来的山门位置较为局促，为此集资大加整修，并增购庙南赵氏一块土地，将旧戏台南移，将山门移到中央，又在山门外建造五间西厅、六间戏房和十间游廊。工程始于道光五年乙酉（1825年）二月，结束于道光十

图18　道光十年《重修大庙并立合村堂阁殿宇表颂碑记》

（作者自摄）

图 19 宣统三年《重修炎帝庙暨村中诸神殿碑记》
（作者自摄）

❶ 这座戏台指的显然不是现存的前殿。

年庚寅（1830 年）七月，其间因经费不足，将庙内一株古柏砍伐出售。

由碑文和现存建筑推断，之前山门一直位于今西顺山房位置，而今山门位置应为旧戏台❶所在，此次改建将戏台移到前部台地南侧，而在原戏台所在的正中位置另建一座山门，旧山门变为西顺山房，又添建西角楼，屋顶与原拱门之间有明显错位。碑文末尾附有"住持僧普麟、徒通全"之名，以及参与工匠姓名："丹青秦铭、刘天宝，木匠魏宣，泥水匠李顺良，石匠张钧，铁笔郭顺"。

值得注意的是，从万历十二年（1584 年）残碑首次出现僧人法号开始，之后多座石碑都记录了住持僧人之名。由此可见，此庙虽是一座非佛教系统的祀宇，但明清时期主要由僧人进行管理。

清朝灭亡前的光绪三十一年（1905 年）至宣统三年（1911 年），炎帝中庙再次重修。孟伯谦所撰《重修炎帝庙暨村中诸神殿碑记》（图 19）记载：

神农炎帝为万民生成之主，开百代稼穑之源，凡在井里，皆蒙其息，悉属农氓，均沾其泽。与夫日中为市，交易各得，福世利民，厥德懋哉。

是以本邑北界羊头山有高庙，城东关有下庙，下台村建庙，未知创自何代，称为中庙。况东西殿诸神皆有功于世道者，第年远代湮，迭经先维首重为修整，非止一次，兼营造外院文昌楼、西禅房以及东西游廊、戏台各几楹，想其间鸠工庇材非易易也。又越数十年，风雨倾圮，坍塌累坏，不惟本庙殿宇、禅堂不堪入目，凡村中诸神殿皆触目不恻，坐视难忍。

当经维首等皆集大庙，会同商议蓄积工资，立意兴筑补葺，述其先事，奈工程浩大，经费不继，除在村里属劝输外，有村人诸位在外省贸易者，各处募化资财若干两，始充此工费用。若非神功之广大，无远弗届；何人心之乐输，不约而同哉。视其旧制，非徒耀宏图以壮观瞻；睹其新模，聊妥神位以崇祀典矣。

是役也，于光绪二十一年孟夏月兴工，宣统三年孟秋月告竣。余系邻里近村，亲见众维首夙夜经营，不辞劳瘁，勤苦之情，岂忍湮没，所以不揣固陋，爰弁数语，载在贞珉，以襄盛事不朽云尔。

由碑文可知，此庙以山门为界，分为前后院，山门前新建文昌楼（即今东配楼）和西禅房（即今西配殿），外院最南为戏台，两侧有东西游廊。现在戏台和游廊原物均已不存，通过采访当地老人，可以证实碑文所载格局完全属实。

本次调查未见民国时期碑刻和题记。庙内保存年代最晚的一碑为2016年所立的《炎帝中庙塑像暨土地庙修复募捐碑记》，记录了2015—2016年神农镇中庙村（即原下台村）村民集资重修炎帝中庙的经过。

庙内还有一些石碑与炎帝中庙无关，系从别处移来，本文略过不提。

六、结语

以上为高平炎帝中庙现存碑刻、题记所展示的主要营造信息。相比本地的开化寺、游仙寺、定林寺等佛寺而言，此庙的相关文字记录偏少，不能完整呈现其建造的历史脉络，尚待结合其他手段，对其沿革演变情况作进一步的探析。目前已知的这些信息虽然零散，但对于其建筑的年代判定、形制分析和炎帝文化研究仍有重要意义，故而草撰于此，以备续考。

就已知信息判断，此庙是现存民间炎帝崇拜及相关神灵祭祀的重要例证，建筑格局演变较为特殊，其前殿木构及后殿台基石刻可与《营造法式》相印证，历史价值显著，未可轻视。

（附记：清华大学建筑学院于2017年6月对高平游仙寺进行全面测绘与调查，带队教师为王南、贾珺，研究生为徐扬、赵寿堂、杨安琪、祁盈，本科生为2014级25名同学。本文在写作过程中得到刘畅先生和徐怡涛先生的指点，特此致谢。）

参考文献

[1] [清]范绳祖,修.[清]庞太朴,纂.(顺治)高平县志.清代顺治十五年刊本.

[2] [清]傅德宜,修.[清]戴纯,等,纂.(乾隆)高平县志.清代乾隆三十九年刊本.

[3] [清]龙汝霖,纂修.(同治)高平县志.清代同治六年刊本.

[4] [清]陈学富,庆钟,修.[清]李廷一,等,纂.(光绪)续高平县志.清代乾隆三十九年刊本.

[5] [清]觉罗石麟,等,修.山西通志.清代乾隆年间文渊阁四库全书本.

[6] 凤凰出版社.中国地方志集成•山西府县志辑(36)[M].南京:凤凰出版社,2005.

[7] 常书铭.三晋石刻大全•晋城高平市卷[M].太原:山西出版集团•三晋出版社,2011.

[8] 《高平金石志》编撰委员会.高平金石志[M].北京:中华书局,2004.

附录　高平炎帝中庙营建历史沿革

编号	朝代	年号	公元纪年	工程	出处
1	元代	至正四年	1344	砌筑后殿台基	后殿基座石刻题记
2		至正十五年至二十一年	1355—1361	在正殿西偏空地建子孙殿、太子祠，塑造神像，砌筑供台、台基	《创建神农太子祠并子孙殿志》
3	明代	万历十二年	1584	捐献供台七张	捐施残碑
4		天启二年	1622	重修山门	"炎帝中庙"石匾《重修三门碑》
5	清代	康熙元年	1661	扩建关帝殿（圣贤殿）	《重修关圣帝君庙碑记》
6		康熙五年	1666	扩建高禖祠，重修太尉殿，重装神像	《重修高禖祠并太尉殿碑记》
7		康熙七年至九年	1668—1670	重修全庙及蚕神殿、药王殿、舞楼	《重修炎帝庙并各祠殿碑记》
8		康熙八年	1669	重修后殿台基	《重修石台记》
9		乾隆五十二年	1787	重修关帝殿	《重修关圣帝君庙碑记》
10		道光十年	1830	重修全庙，移建山门、戏台，建西厅五间、游廊十间	《重修大庙并立合村堂阁殿宇表颂碑记》
11		宣统三年	1911	重修全庙，建文昌楼、西禅房	《重修炎帝庙暨村中诸神殿碑记》

明孝陵大金门勘察测绘
分析与研究 [1]

白　颖　陈建刚 [2]　邓　峰 [3]　周菊萍 [4]

（东南大学建筑学院）

摘要：明初是地面的砖拱券建筑大量出现的时期，宫殿陵墓大量使用了砖砌拱门。本文对明初砖券建筑的重要实例——南京明孝陵大金门进行了测绘调查，在此基础上对明初砖券的结构与构造进行了分析，并根据文献、实例与现场痕迹推测了大金门已经损毁的屋顶形制与构造。在与其他同期实例对比的基础上，本文总结了明初门式砖券的特征。

关键词：大金门，砖拱券，明孝陵，砖石建筑

Abstract：Buildings with brick vault structure bloomed at the beginning of the Ming dynasty and were widely used as imperial palace or mausoleum gates. Da Jin（Great Jin）Gate of Xiao Mausoleum in Nanjing is an important example of this structural type. Through field investigation and survey and through the comparison with other relevant examples, the authors analyze the structure and construction of this building and make conjectures about the roof which is already destroyed. The article then suggests a set of basic characteristics for gate buildings with brick vault structure in the early Ming dynasty.

Keywords：Da Jin Gate, brick vault, Xiao Mausoleum of Ming, brick masonry architecture

一、历史沿革与现状概述

1. 历史沿革

大金门是世界文化遗产、全国重点文物保护单位南京明孝陵外红墙的正门，位于陵区东南，门南向，两旁红墙围合着整个陵区，"沿山周围缭垣"，除了大金门之外，还开有王门、西红门、后红门、东西黑门等 [5]，现地面已无遗迹。

明孝陵是明太祖朱元璋和皇后马氏的陵墓，自洪武十四年（1381 年）开始营建，参与建陵工匠总数高达数万。次年皇后马氏去世，入葬孝陵玄宫。因马皇后谥号是"孝慈"，陵墓被命名为"孝陵"。洪武三十一年（1398 年），朱元璋病逝，当年入葬孝陵。建文（1399—1402 年）、永乐（1403—1424 年）年间局部工程仍在进行。

明孝陵大金门始建于明永乐九年（1411 年）[6]，在明代前期的文献中，大金门的名称为孝陵

---

[1] 本研究受"城市与建筑遗产保护教育部重点实验室"开放课题"宋代军事建筑遗迹价值研究"和国家自然科学基金项目"以申遗城墙为对象的中国明清城墙建设研究"（51508085）资助。

[2] 作者单位：东南大学建筑设计研究院有限公司。

[3] 作者单位：东南大学建筑设计研究院有限公司。

[4] 作者单位：中山陵园管理局文物处。

[5] 参见：王其亨 . 中国建筑艺术全集 7·明代陵墓建筑 [M]. 北京：中国建筑工业出版社，2000: 17.

[6] "永乐九年春正月乙酉，建孝陵门如大祀坛南天门之制。"参见：李时勉，等 . 明太宗实录 [M]. 卷 112. 台北：中央研究院历史语言研究所，1962：1434.

门、红券门、正红门、大红门等，在明末崇祯十四年（1641年）的禁约碑中，最早出现"大金门"的说法❶，在之后的游记或者地方志文献中便一直沿用大金门的名称。

明孝陵建成后，永乐十八年，朱棣将都城迁往北京。因对太祖陵寝的尊崇，明朝迁都北京之后，仍时常对其进行维护修缮。清朝入关之初即定明朝帝陵的祭祀与管理制度，康熙、乾隆也都曾亲谒孝陵，但明孝陵仍不可避免地残破衰败下来。至清末太平天国战争时，因处于两军交锋地，明孝陵更是破坏严重。民国初年的大金门，屋面已经被毁，接近今日的外观。1949年之前，战争时曾将大金门当作掩体，建筑顶部被挖1.5米见方的大洞。根据1958年的文物普查资料，20世纪50年代末大金门损毁严重，拱顶破损多处，已露顶见天，雨水渗漏，城砖摇摇欲坠，顶上长满杂草杂木。

1964—2004年，大金门历经5次修缮，其中3次是因屋顶漏水。历次修缮中，砌砖修补了中券门拱顶，顶部用水泥封顶，砖石砌块间用石灰砂浆嵌缝。

2. 现状概述

大金门南向，平面呈长方形，面阔约26.66米，进深约8.09米；现总高约9米，为砖拱券结构。有券门三洞，中门较高，左右两侧门较低。墙体下部为石质须弥座，高约1.72米。须弥座以上为砖砌墙身，自下而上向内收分，墙顶高度6.63米，墙面原红色抹灰已不存；墙顶部为五层石质冰盘挑檐。角部为四根石质角梁挑出。屋面瓦作与出檐部分已毁，檐口以上经多次修整，现为类似四棱台的形式，四面斜坡为砌石坎凿而成，顶部平面现为水泥抹面（图1，图2）。

2013年，因大金门出现漏雨等问题，中山陵园管理局委托东南大学对大金门进行测绘调查。同年10月，笔者所在团队对大金门进行了手工测绘；2015年6月，用三维扫描仪对大金门进行了扫描，并结合扫描进行了一些现场的细部测量，期间还进行了多次补充调查。结合两次的测绘数据和多次调查情况，本文将对大金门的形制特征进行分析。

---

❶ "弘治八年九月，南京守备司礼监太监陈祖生奏魏国公徐俌，每承命孝陵至祭，皆红券门并金门，陵门之右门入至殿内行礼，事属僭踰，宜令改正。"参见：[明]礼部志稿[DB/OL]. 卷八十一. 遣祭官由门 // 文渊阁《四库全书》电子版. 上海人民出版社，迪志文化出版有限公司，1999。此处按照叙述的顺序，"红券门"应为孝陵正门的名称，"金门"应为现在所称的文武方门。"金门"最早出现在明皇陵的记载中，明皇陵是明代最早建造的帝陵，其内皇城的正门便称为"金门"。从皇陵到孝陵，陵墓制度发生了很大的变化，然而模仿宫殿的五门制度却被继承了下来。因此，在明代文献中出现的孝陵"金门"应为孝陵陵宫的正门。至于明末神宫监所立禁约碑中，提到"大金门"的说法（"大金门王道等处，遇有枯槁树木，或雷火□□伤损，务要以时补栽，枯木即行移运。仍具疏奏闻。"），应该是因红券门与"金门"形制类似而规模更大，所出现的比较随意的称法。《中国建筑艺术全集7·明代陵墓建筑》一书，亦认为"陵宫入口称为金门或文武方门"。参见：王其亨. 中国建筑艺术全集7·明代陵墓建筑[M]. 北京：中国建筑工业出版社，2000。

图 1 大金门外观
（作者自摄）

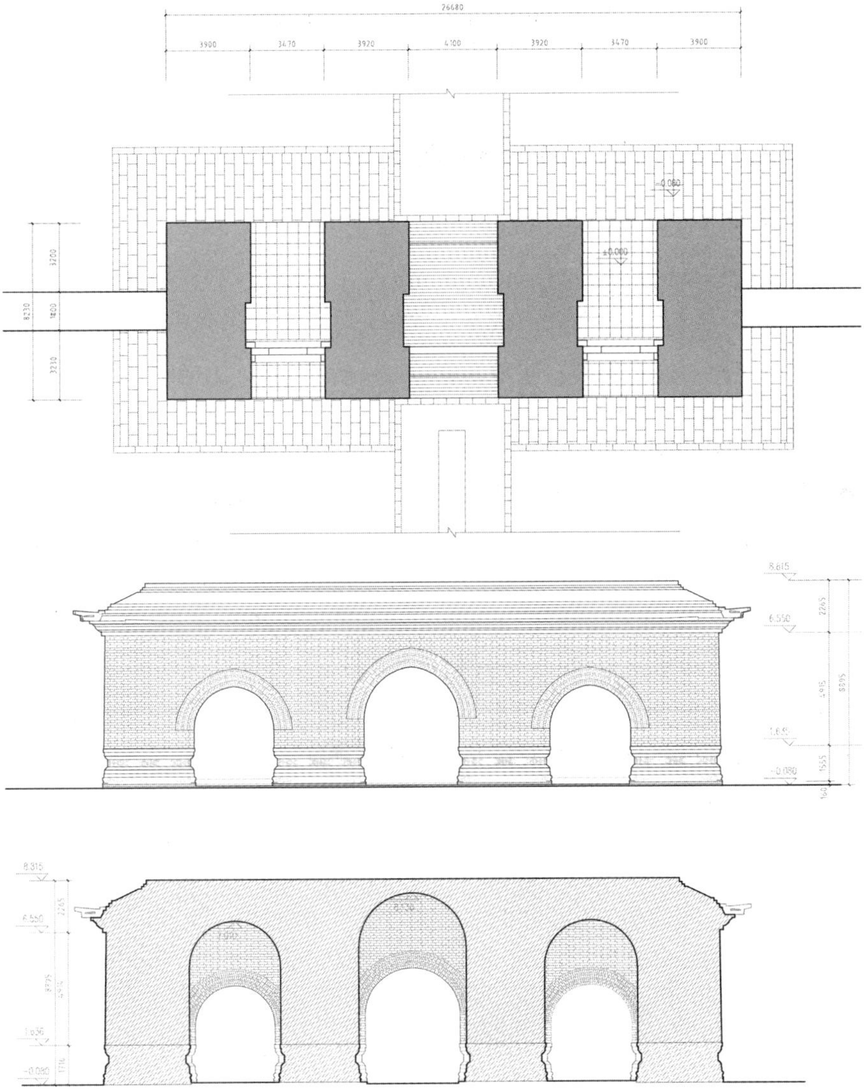

图 2 大金门测绘图（由上至下依次为：平面、立面、纵剖面）
（大金门修缮项目组绘）

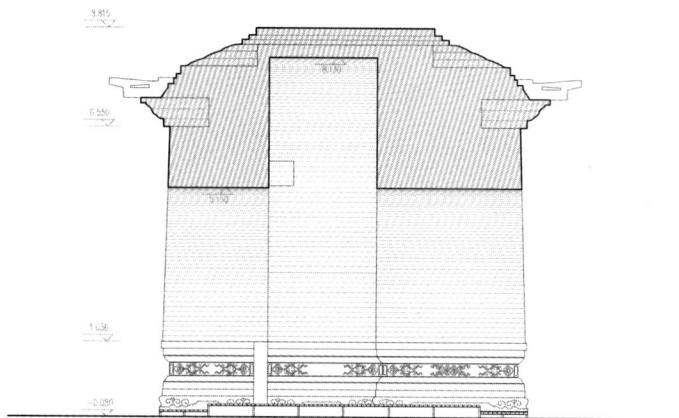

图2　大金门测绘图（横剖面）（续）
（大金门修缮项目组绘）

二、建筑形制调查与分析

1. 须弥座

大金门墙基的石须弥座，体现出明初官式的特点，无壸门而以束腰为中心，上下枭混方涩和圭脚组成整个须弥座。大金门须弥座与南京午门须弥座及北京故宫太和殿须弥座为同种材质，均为灰白色的石灰石，应为明初官式建筑通用。

大金门须弥座有两层上枋、两层下枋，做法比较简洁。上下枋和上下枭部位均无雕刻，唯一有雕刻装饰的部位是束腰。束腰部位转角刻出内有海棠线脚的竖向线条，心内两端和中心部位为比较简洁的卷草纹样。与同时期的明官式须弥座相比，大金门须弥座的线脚形式与北京太和殿及南京残存的午门、东华门、西安门等明初官式须弥座比较类似，但唯有大金门是上下枋均有两重的形式，武当山玉虚宫的须弥座层数关系与大金门接近，但线脚形式有较大差别（图3）。束腰部位的雕刻，大金门与南京午门最为接近，卷草花纹的形式相对于北京太和殿须弥座和武当山明初须弥座来说更为写实与自由。

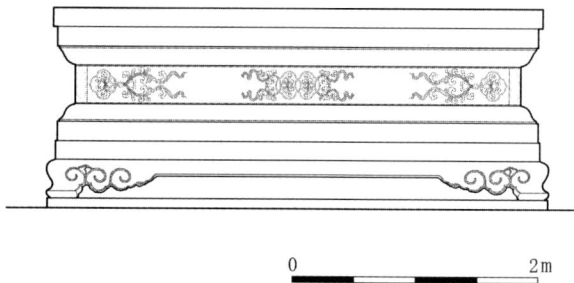

0　　　　　　　　　　2m

图3　明孝陵大金门须弥座
（大金门修缮项目组绘）

2. 砖拱券

1）券形

大金门为砖拱券门。拱券结构流行于明初的陵寝、寺观山门建筑中，还出现了使用拱券结构的无梁殿建筑。

大金门的主体结构由三组并列的纵向筒拱组成，券与券之间以砖砌墙体承载拱券的侧推力。每组拱券亦由三个同向的纵向筒拱相接而成，根据三维扫描的精确分析，券形均为三券三伏的双圆心券。拱高 / 拱跨的取值几乎都在 0.52—0.54 之间，均值为 0.53（图 4，表 1）。

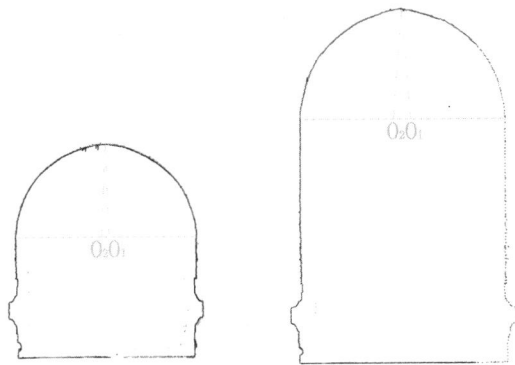

图 4　基于点云的大金门拱券券形分析（中门南券与中券）

（作者自绘）

表 1　大金门拱券测绘数据

		矢高（毫米）	拱跨（毫米）	矢高 / 拱跨
西门洞	南	1868.2	3538.7	0.53
	中	2179.6	4025.5	0.54
	北	1867.9	3553.6	0.53
中门洞	南	2203.7	4181.2	0.53
	中	2544.6	4730.3	0.54
	北	2173.5	4201.1	0.52
东门洞	南	1873.2	3353.9	0.56
	中	2179.0	4018.1	0.54
	北	1862.4	3558.7	0.52

按照《营造算例》，清官式拱券的拱高与拱跨比为 0.55。矢高的加大，是拱券施工经验积累的结果。❶ 拱高与拱跨比为 0.5 的半圆拱为汉代以后砖砌筒拱结构长期运用的基本形式，一直延续到明初。根据王其亨先生的研究，"除了明初的皇陵、孝陵和少数藩王坟，自永乐朝以后，明代官式

❶ "拱券的技术难题最主要的是变形问题，在砌筑时候，拱券上部未经负荷，下部又有券胎承托，拱券没有变形，在拱券砌筑完成后，拆去了券胎，拱券自行承重，砌体经过挤压，使券体产生变形。这样半圆券就会产生矢高的降低，券脚向外的变形。为了避免这种现象，匠师在砌筑前就把原定矢高加大，匠师称之为升拱。"参见：张家骥. 拱券升拱的传统定制与做法规则口诀 [J]. 古建园林技术，1987（3）：55-58。

❶ 王其亨. 双心圆: 清代拱券券形的基本形式 [J]. 古建园林技术, 2013 (1): 3–12.

建筑拱券结构如拱门、神功圣德碑亭（包括永乐初添建的孝陵碑亭）、方城、明楼、地宫及拱桥等，均普遍采用双心券。"❶

　　大金门建造于明永乐年间，采用的是高跨比约为 0.53 的筒拱。矢高的有意识抬高，说明明初对于拱券受力原理已经有了一定的了解，并且在施工方面也已经积累了一定的经验（表 2）。

表 2　明初拱券门实例（单位: 米）

实例名称	建造年代	面阔	进深	总高	门洞	中门宽度
孝陵大金门	明永乐	26.66	8.09	残高 10.2	三孔拱券	4.10
十三陵大红门	明永乐	37.85	11.75		三孔拱券	5.37/5.05
武当山玉虚宫宫门	明永乐	17.93	7.975	9.42	三孔拱券	3.53
南京大报恩寺金刚殿（山门）	明永乐 - 宣德	24.2	11.24	9.95	三孔拱券	—

　　大金门三个券门的中门较大，高 5.24 米，宽 4.10 米，左右侧门较小，高 4.40 米，宽 3.47 米。门道的拱券前后也分为三组，纵拱前后相连，中间拱跨度较宽，高度也高于前后拱。拱券间的侧推力直接落在三个门洞之间的墙墩上（图 5）。

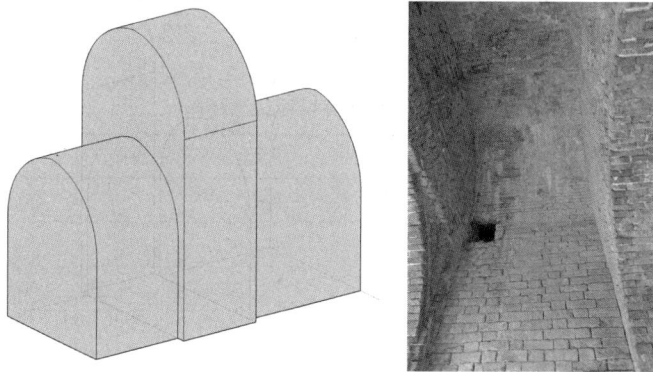

图 5　大金门拱券组合示意图
（作者自绘、自摄）

2）墙体

　　墙体下部为石砌须弥座，上部为砖墙，大金门墙体的外侧有明显的收分。由三维扫描点云测量，大金门四面砖墙收分现状并不相同。西面与南面自下而上收分明显，大约在 1/44—1/60 之间；东面与北面收分较小，墙体与地面夹角接近 90°。考虑到内部拱券并无倾斜或变形，因此判断墙体并无明显的整体变形，大金门南北墙体收分的差异更有可能是施工误差导致，误差的数值大约在 4—6 厘米之间。

根据不同标高平面切片的测量，各面的平均收分数值如表3所示，面阔与进深两方向外墙面并无明显的收分差异，四个面的收分值的平均数为1/66。

表3　大金门不同标高处的平面尺寸与平均收分计算（平面尺寸单位：毫米）

（以须弥座顶为0.00标高）	0.00米	1.00米	2.00米	3.00米	4.00米	总差值	收分值
进深东	8201.5	8109.1	8065.8	8074.1	8066.5		1/59.3
差值		92.4	43.3	−8.3	7.6	135	
进深西	8201.5	8171.4	8162.4	8114.3	8110.7		1/88.1
差值		30.1	9	48.1	3.6	90.8	
面阔北	26611.3	26601.3	26598.9	26573.4	26451.2		1/50
差值		10	2.4	25.5	122.2	160.1	
面阔南	26611.3	26523.3	26525.5	26504.6	26492.5		1/67.3
差值		88	−2.2	20.9	12.1	118.8	

3）材料与构造

大金门使用了砖、石材料，内部填灰，主体部分为砖砌成，粘结材料为白色石灰灰浆。墙体采用一顺一丁扁砌，向内收分，最上一层砖全部为丁砌。墙身用砖尺寸为385（~415）毫米×185（~195）毫米×105（~110）毫米，券砖和墙顶丁砌的砖高度和宽度小，长度略长，尺寸为440毫米×165毫米×80（~85）毫米（图6）。

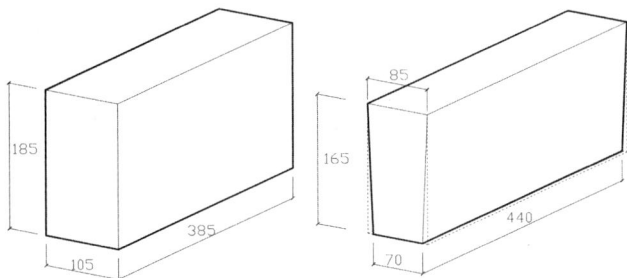

图6　大金门砖材料（左为砌墙砖材料，右为券砖材料）
（作者自绘）

券的构造为三券三伏，券砖为楔形，表面经过加工，一头大一头小，大头宽约85毫米，小头宽约70毫米，无论券伏均为丁面向外。

最外层伏砖及券砖与外墙表面齐平，最内层伏砖与券砖向内凹入约80毫米，中间层的伏砖与外墙表面齐平，券砖下部砍削与最内层伏砖齐平，上部与外墙齐平，最内层伏砖间隔有突出的砖榫头，用于挂券脸砖，砖榫头做成燕尾榫的形状，防止券脸砖的滑脱（图7~图9）。

图 7　券砖细部照片（左为楔形券砖，右为挂券脸砖的砖樁）

（作者自摄）

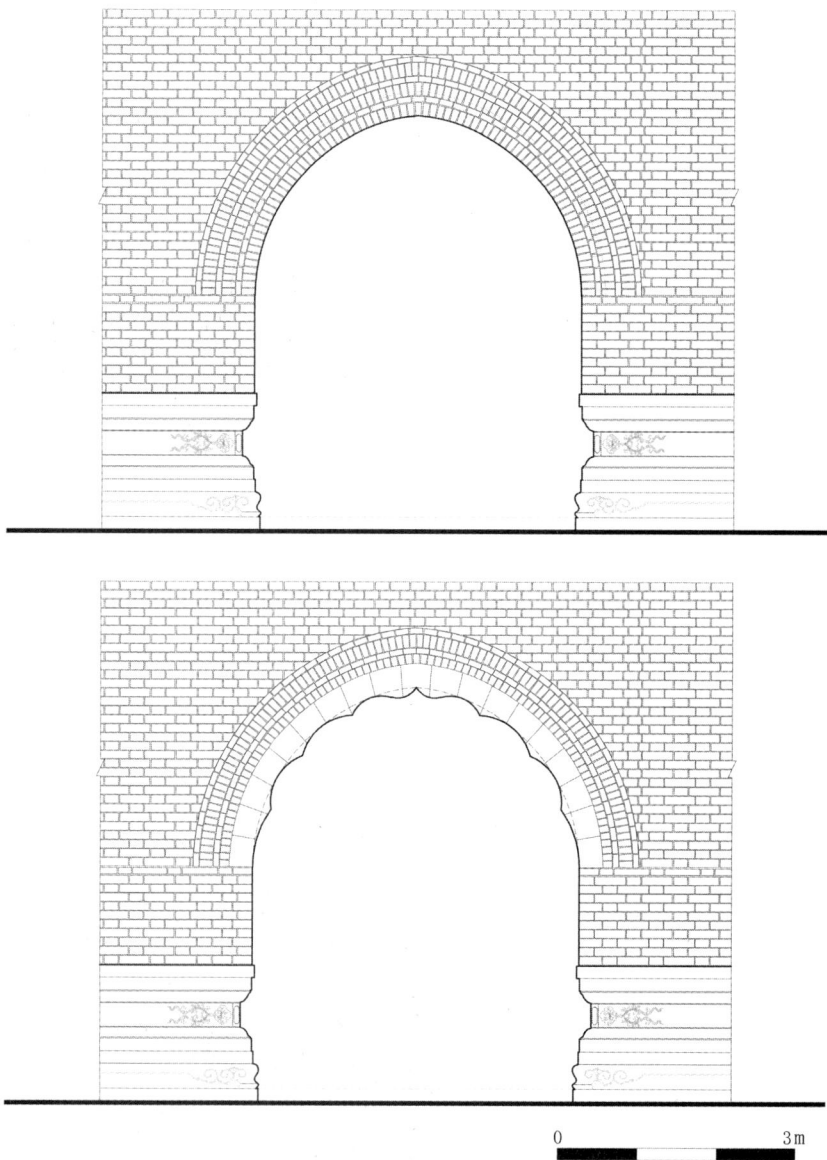

0　　　　　　　　3m

图 8　拱券砌法（上）与券脸复原（下）

（作者自绘）

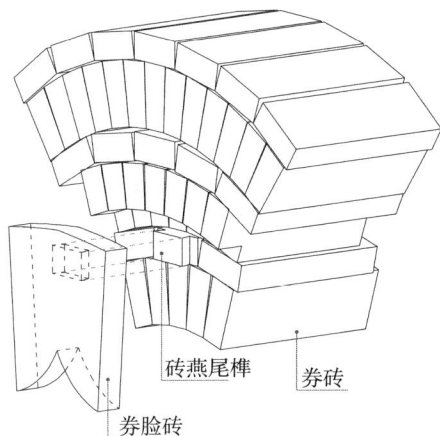

图9　券脸砖安装构造
（作者自绘）

3. 门道

大金门的大门安装在从外向内第一二道拱券交接处，向内开启。大金门内的木门，在1910年的照片上就已缺失，地面和墙体上安装门扇的位置还留有装门的痕迹。为了装门的边界整齐，第一道拱券的须弥座在内转角处改用角石，角石底部装有石质门槛，两端有门砧石压在门槛下部，上有原来安装门轴的洞口，门槛两边为后代整修的方砖铺地。对应的上部墙体，还留有安装鸡栖木的洞口。在门内须弥座上，有150毫米见方的洞口，应为原插门闩的位置。东、西、中三个券洞第一道拱券的内表面，在砖券上都砍凿出了方形的内凹轮廓，顶部与拱券门洞顶部平齐，两侧与券脚下部的墙体相齐，似乎与门扇位置有关（图10）。

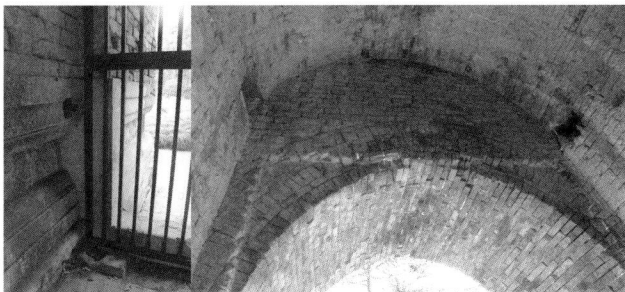

图10　门道内装门的痕迹
（作者自摄）

4. 角梁与檐口

大金门檐口为冰盘檐出挑，线脚分五层，由三层石块错缝拼成，材质与须弥座相同，为石灰石。总高度约为650毫米，转角部位随着檐口起翘厚度加大。除去转角部位的局部缺失以外，整圈冰盘檐保存较为完整（图11）。

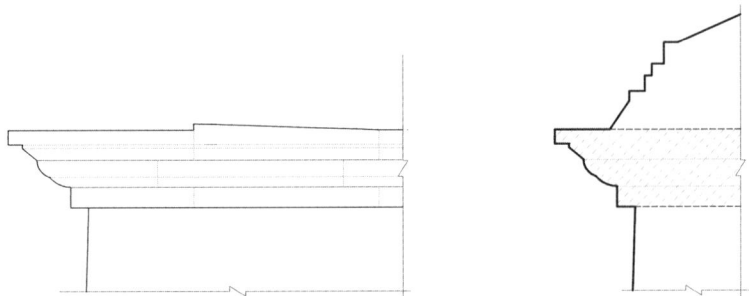

图 11　冰盘檐测绘图
（作者自绘）

檐口上方转角处设置四根石质角梁，材质与檐口及须弥座相同，为石灰石。石质角梁向外出挑部分仿明官式木构的老仔角梁形式，以整根石材雕成，仔角梁头雕有套兽榫（西南角梁套兽榫还保存完整）。角梁后尾宽度增大，并伸入屋顶砌体内部。出挑部位老角梁和仔角梁之间开有楔形的卯口。四角角梁从檐口向外出挑长度大约为 890 毫米，套兽榫长度大约为 100 毫米（图 12 ）。

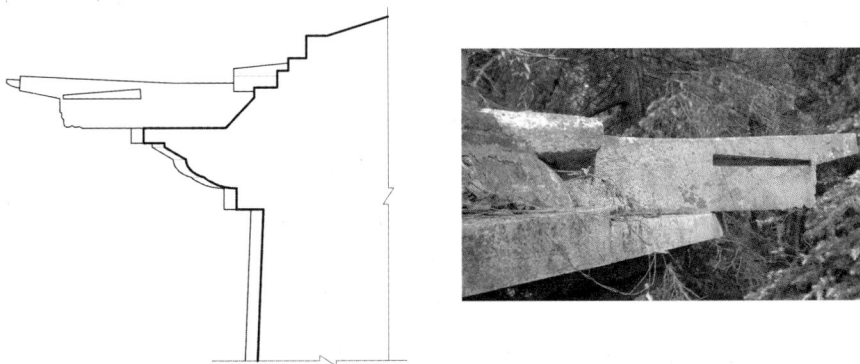

图 12　角梁大样（左为 45° 方向角梁正投影，右为东北角梁）
（作者自绘、自摄）

现大金门檐口以上部位，为砖与石砌筑的层层退进的棱台形式，下段为尺寸较大的明砖，中部为外表砍成粗糙斜面的石材，根据材料尺寸、加工与堆砌的方式推测，应当大部分为明代原物。四角角梁后尾插入棱台内，与角梁后尾同高的周圈，以一皮砖竖起斜贴于棱台底部四周，与上部层叠的构造不同。按照位置推测，此位置应为琉璃檐椽与飞椽的位置，屋面损毁后，椽子也散失，因此椽后尾插入屋顶结构的部位有了空隙，后代整修时便用斜向立砌的砖将其封堵（图 13 ）。

参照大金门檐口部位现有的遗迹以及武当山明初案例，可以推测出檐口各部件的形式及构造方式。

根据武当山的案例，明初的砖券门檐口部位的檐椽、飞椽与望砖均为分开烧造的构件，修造时再搭接安装在一起。大金门现四角角梁保存较为

图 13　屋面与檐口
（作者自摄）

完整，老角梁顶部开有梯形槽口，外小内大，应为安放角部檐椽上望砖的位置。四角各边的第一块望砖一边搭在檐椽上，一边塞入老角梁的槽口内。武当山诸多明初砖门与琉璃焚帛炉角梁上也都有类似形状的槽口，且槽口内安装的望砖也为外薄内厚的形式，这样的构造既模仿木构的檐口构件的比例关系，同时又适应砖材料的特点。

大金门檐口部位接近老角梁处，冰盘檐最上层石板高度明显变厚，尽管石块已不完整，但四角都能看到这种趋势，转角部位的石板至角梁处约升高 145 毫米。这说明转角部位的椽子有起翘，屋角也随之翘起。

琉璃檐椽因长度较短，重量较大，如在檐口部位倾斜向下很容易下滑。武当山玉虚宫宫门的檐椽设为水平向，在保证稳定性的同时，也能取得比较好的檐口出挑效果。武当山诸宫门飞椽头均有明显的卷杀，椽子之间都有外表为绿琉璃的砖制闸挡板，飞椽望板上部为砖制瓦口板，彼此之间以砖榫卯相连。

综合以上现状与相关明初砖券门的情况，可以推断，大金门的檐口原本安装了琉璃椽望，其构造如图 14 所示。

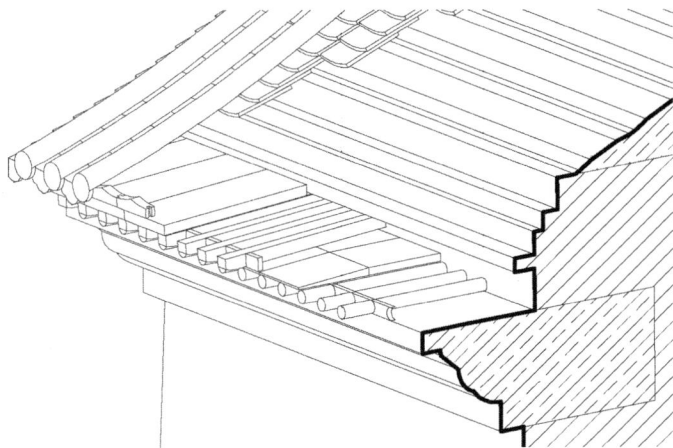

图 14　大金门檐口构造复原图
（唐文文、梁源、白颖　绘）

5. 屋顶形制分析

关于大金门的屋顶形式，主要有三种说法，一为重檐，见于《金陵古迹名胜影集》，朱偰在大金门照片下的文字说明中写道"前为大金门，门黄屋重檐，朱扉三道，系孝陵正门。今存门阁。"❶ 二为单檐庑殿顶，见于王其亨所编的《中国建筑艺术全集 7·明代陵墓建筑》❷，大红门"上覆单檐黄琉璃庑殿顶"。三为单檐歇山顶，见国家文物局明孝陵的世界遗产档案，"大金门原为单檐歇山顶，覆黄色琉璃瓦，用绿色琉璃椽子。"❸ 此外，还有接近城台上立木构的形式。❹

现大金门建筑屋顶部分已不完整，1910 年的照片中所反映的状况与今日的接近。从建筑遗存本身的情况判断，庑殿顶与歇山顶的可能性都存在，但重檐的可能性不大。

明代帝陵一改前朝制度，在营建孝陵之前，明太祖已在凤阳和盱眙为其父与祖父建造过皇陵与祖陵。皇陵和祖陵的某些制度直接为孝陵所继承。孝陵大金门制度就来源于皇陵与祖陵的外垣的正门。皇陵外垣的北门，即"正红门"，根据《中都志》所载"皇陵总图"为单檐庑殿顶形式。❺

《明太宗实录》❻记载，孝陵大金门为仿大祀坛南天门制度所建。南京大祀坛的南天门已无存，北京天坛的南天门在嘉靖改制后也已不存。但南天门作为大祀坛正门，为等级最高的庑殿顶的可能性较大。

与明孝陵大金门最具可比性的建筑是明十三陵的大红门，二者同为明代皇帝陵园正门，年代相距不远，且根据文献记载十三陵为仿孝陵所建。十三陵大红门历经多次修缮，现为黄琉璃单檐庑殿顶。❼孝陵大金门从等级上看，应该与同属永乐时期的十三陵大红门及天坛南天门相同，用单檐庑殿顶的可能性较大。

按照棱台体的斜度，可以得出屋面中端的大致斜度，檐口与顶部在此基础上稍作增减，得出屋面的曲线。屋面高跨比大约为 1 ： 3.15。

按照明代规制，大金门屋面琉璃瓦应使用最高等级的黄色琉璃瓦。关于琉璃椽的色彩，参照《明孝陵陵宫门址发掘简报》❽，1998 年在孝陵陵宫门处发掘出绿色琉璃椽子多件。黄绿间用是明清官式用色的规制，明十三陵之长陵、定陵门均为绿琉璃椽黄瓦，因此大金门椽子色彩应为绿色。

❶ 朱偰. 金陵古迹名胜影集 [M]. 北京：中华书局，2006：42.

❷ 文献 [1].

❸ 20 世纪 60 年代，有关单位曾对大金门屋顶进行清理，根据清理后的结构判断，大金门原来是单檐歇山顶，覆黄色琉璃瓦，用绿色琉璃椽子。参见：臧卓美. 世界文化遗产丛书·明孝陵·建筑卷 [M]. 南京：东南大学出版社，2008：68.

❹ 1911 年，从日本归来的学习过美术的石源，绘制了一些明孝陵残迹图，石源根据自己的理解绘制了大金门和四方城的复原图，将大金门画成了类似城门的形式，下为券洞，砖砌体作为城台，顶部架颇具地方色彩的单檐歇山顶的木构，但未指出任何的复原依据。见：石源. 明太祖孝陵图. 东南大学建筑学院图书馆藏，1911.

❺ 潘谷西. 中国古代建筑史·元、明建筑 [M]. 北京：中国建筑工业出版社，2001：188.

❻ 李时勉，等. 明太宗实录 [M]. 台北：中央研究院历史语言研究所，1962.

❼ 关于十三陵大红门的屋顶形式，后代的民间文献和图像有多种说法，然根据清代与民国关于十三陵修缮工程的文献，尽管可能有修补，大门屋顶形式并未变更，1935 年十三陵大红门的照片仍为庑殿顶的残状。现存十三陵大红门与孝陵大金门在其他形制上略有不同，如墙下无须弥座，檐口五层石质冰盘檐出挑，上部无椽，四角仅有木质老角梁，出檐较小等。但这并不影响大金门与大红门在标志等级的屋顶形制上的一致。从拱券的结构形式看，十三陵大红门与孝陵大金门也最为接近。

❽ 南京大学历史系，南京大学文化与自然遗产研究所，中山陵园管理局. 南京明孝陵国家考古遗址公园考古计划（2010-2020）[R].2010：附件 1.

三、结语

本文通过对大金门的勘察测绘，总结了明初砖拱券建筑大金门的结构特点，根据残留的痕迹，分析了大金门现已残缺不全部位的构造做法。

砖拱券大量用于地面官式建筑始于明初，明代南京和中都的城门、皇城宫城各门、陵寝和祭祀建筑群的门（如孝陵大金门和大祀坛南天门）、寺庙山门（明初大报恩寺金刚殿），普遍都使用砖拱券结构，随着迁都北京，拱券也普遍用于北京及武当山的明初官式建筑和皇家工程中。砖券门在功能逻辑上与城门类似，提供门道和安装门的空间，而不需要通敞的室内空间，同时具备一定的防御性和布局上的礼仪性。明初盛行的砖拱券建筑工程，在时间上和技术上都有一致性，明孝陵的拱券技术很可能受到造城的影响。❶

在明初的拱券门中，拱券的组合形式大致分为两种，一种是与大金门类似的同一个门洞前后三券同向相接的形式，北京十三陵的大红门也是同样的形式；一种是武当山诸券门的形式，同一门洞的前后三个券中，中券与前后两券的方向垂直，如武当山玉虚宫、遇真宫诸砖券门。两种形式的建筑都建造于明永乐初年，可视作地面建筑拱券结构初始时期的不同尝试。而从结构的合理性来说，第二种即武当山门券的做法更为合理。中券是前后三个门洞中宽度最宽的，进深最小的，进深方向的长度保证门扇的宽度即可，宽度往往大于进深。采用第一种形式，拱券跨度大，起拱高度高；第二种形式，拱券跨度小，起拱的高度也因此更低，相对来说是比较节约材料，但施工难度稍大的做法（图 15）。

大金门是明初官式拱券门的重要案例，是北京明十三陵大红门的蓝本，体现了明初拱券门的早期技术特征，对于研究明初砖拱券技术的来源和发展有重要的意义。

❶ 龚恺. 明代无梁殿 [D]. 南京: 南京工学院, 1989: 14.

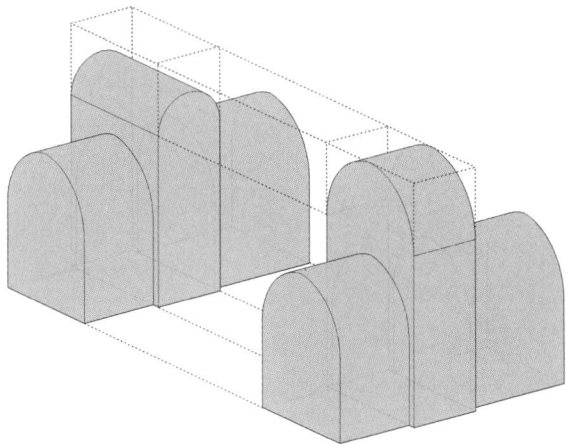

图 15　两种拱券门形式比较（左为武当山式，右为大金门式）

（作者自绘）

（本文的写作得益于与贾亭立、陈涛的讨论，唐文文、李阳、梁欣婷、陆浩、吴钢等同学参与了三维扫描、手工测绘与图纸绘制，唐文文、梁源参与了本文插图的绘制工作，特此致谢。）

参考文献

[1] 王其亨．中国建筑艺术全集 7·明代陵墓建筑 [M]．北京：中国建筑工业出版社，2000．

[2] 潘谷西．中国古代建筑史·元、明建筑 [M]．北京：中国建筑工业出版社，2001．

[3] 龚恺．明代无梁殿 [D]．南京：南京工学院，1989．

[4] 王其亨．双心圆：清代拱券券形的基本形式 [J]．古建园林技术，2013（1）：3-12．

[5] 张家骧．拱券升拱的传统定制与做法规则口诀 [J]．古建园林技术，1987（3）：55-58．

宋金时期河南中北部地区墓葬仿木构建筑史料研究 [1]

俞莉娜

（早稻田大学理工学术院）

摘要：河南中北部地区近年发现了丰富的宋金时期仿木构砖室墓遗存，其仿木营造复杂、对地面木构信息的模仿表达细致。本文以现有已公开发表的墓葬材料为基础，结合笔者实地调研成果，对这批墓葬中仿木构建筑史料所反映的时代特点、与地面木构建筑的模拟转换关系进行讨论。本文首先立足于考古类型学的基本方法，就北宋至金代河南中北部地区墓葬仿木构建筑史料所体现的大木作、小木作及构造做法等形制进行了时代演变分期的探讨。通过对 25 例标尺实例的形制排比，将此地区宋金时期墓葬仿木构建筑史料分为北宋绍圣以前（960—1094 年）、北宋绍圣至金明昌时期（1094—1189 年）、金明昌至金末（1189—1234 年）三期。分别代表了河南中北部地区墓葬仿木构建筑的雏形阶段、发展变化阶段以及衰落阶段。在分期结论的基础上，结合河南中北部地区宋金木构建筑遗存，就地下墓葬仿木构与地面木构在不同时期内的形制"转译"关系进行探讨。通过对比总铺作次序、补间铺作、扶壁栱、昂型、耍头型等斗栱细部形制，本文认为，在墓葬仿木构建筑史料对木构建筑形制的模仿关系方面，可以分为北宋哲宗以前、北宋哲、徽宗时期、金初至金末三个阶段。

关键词：河南中北部，宋金时期，墓葬仿木构建筑史料，类型学分期

Abstract：A large number of tombs with sophisticated wood-mimicry (*fangmugou*) dating to the Song and Jin dynasties was excavated in central and northern Henan province. Based on the information of twenty-five tombs published in archaeological reports, the paper explores the changes of wood-imitating tomb architecture that have occurred over time in the area, and suggests a three-stage division for timber structure, joinery, and brick production techniques of the Song and Jin wood-mimicry (theory of archaeological typology). The three stages are the period before the emperor Zhezong of the Northern Song, the reigns of the emperors Zhezong and Huizong of the Northern Song, and the early to the late Jin Dynasty. The paper then analyses the relationship between the wood-mimicry and the actual wooden buildings aboveground, and discusses the transformational mechanism behind the material change (from wood to brick), focusing on the characteristics of bracketing (*dougong*).

Keywords：central and northern Henan province, Song and Jin dynasties, wood-mimicry tomb architecture, three-stage typology

一、缘起

"墓葬仿木构建筑史料"，指墓葬中对地面木构建筑空间布局或单体形制的表现，包括立体的模仿和平面的刻绘，通常将之称为"仿木构"。由于本研究强调其作为解释和探究研究中国古

---

❶ 本文得到国家自然科学基金"中国古代墓葬中所见仿木构建筑史料研究"（编号：51478005）支持。

代建筑发展演变历程的价值，因此本文称其为"仿木构建筑史料"。

中国墓葬中进行仿木营建的行为自西汉起即已出现，此后历代墓葬中，均不同程度地体现出对地面木构建筑营建方式的摹仿。从整体情况来看，汉代墓葬以仿木构随葬品和墓室石质仿木构装饰为主；魏晋南北朝及隋唐时期，墓葬中以仿木构壁画装饰为主流，少见有砖石制仿木构装饰；晚唐五代，中原北方地区砖制墓葬中开始出现流行使用仿木构筑物的现象。发展至宋金时期，仿木营造的现象更为广泛地见于中原北方地区的平民墓葬中，且较唐末五代时期墓葬中的仿木营造更为复杂、对地面木构的模仿表达更为细致。

河南中北部地区地理环境以盆地、平原为主，包括今河南省郑州、洛阳、开封、许昌、三门峡、济源、焦作、新乡、安阳等地级市的管辖范围。从历史政区来看，河南中北部地区北宋时期属京畿路、京西北路、河北西路管辖（图1）。北宋东京开封府及西京河南府（今洛阳市）均在此区域内，为北宋的政治、经济核心区域。境内其他府、州级别建置有孟州（治今孟州）、郑州（治今郑州）、颍昌府（治今许昌）、怀州（治今沁阳）、卫州（治今汲县）、相州（治今安阳）。至金代以后，此地区属南京路、河东南路、河北西路管辖，金代中央政府虽已迁离河南，但此地区仍为金朝经济文化的发达区域。境内府、州级别建置有开封府（治今开封）、河南府（治今洛阳）、嵩州（治今嵩县）、陕州（治今三门峡）、钧州（治今禹县）、许州（治今许昌）、怀州（治今沁阳）、孟州（治今孟州）。

❶ 宿白.白沙宋墓（2版）[M].北京：文物出版社，2002.

❷ 郑州市文物考古研究所.郑州宋金壁画墓[M].北京：科学出版社，2005.

❸ 河南省文物局.安阳韩琦家族墓地[M].北京：科学出版社，2012.

❹ 徐苹芳.宋元明时代的墓葬[M]//中国大百科全书编辑委员会，考古学编辑委员会.中国大百科全书·考古卷.北京：中国大百科全书出版社，1986：489.

❺ 秦大树.宋元明考古[M].北京：文物出版社，2004.

❻ 陈朝云.我国北方宋代砖室墓的类型和分期[J].郑州大学学报（哲学社会科学版），1994（6）：75-79.

❼ 杨远.河南北宋壁画墓的分期研究[J].考古与文物，2003（3）：85-90.

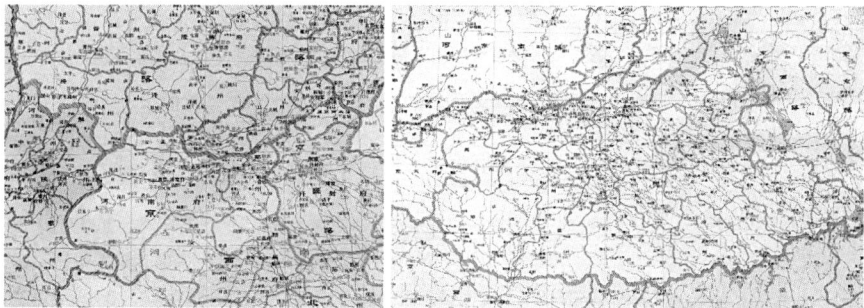

（a）北宋政和元年（1111年）政区图　　　　（b）金大定二十九年（1189年）政区图

图1　河南中北部地区北宋、金代历史地图
（谭其骧.中国历史地图集·第六册[M].北京：中国地图出版社，1982.）

1949年后，河南中北部地区发掘出土了数量丰富的宋金仿木构墓葬。截至2016年1月，河南中北部地区已知的仿木构墓葬为76座，其中纪年宋墓18座、纪年金墓8座。除出版有《白沙宋墓》❶、《郑州宋金壁画墓》❷、《安阳韩琦家族墓地》❸三部考古报告外，该区发掘出土的大部分仿木构墓葬均以考古简报的形式报道（图2）。

徐苹芳❹、秦大树❺、陈朝云❻、杨远❼等学者对于河南地区的宋金墓葬，从墓葬形制、装饰题材、装饰布局等方面进行了考古类型学的分析

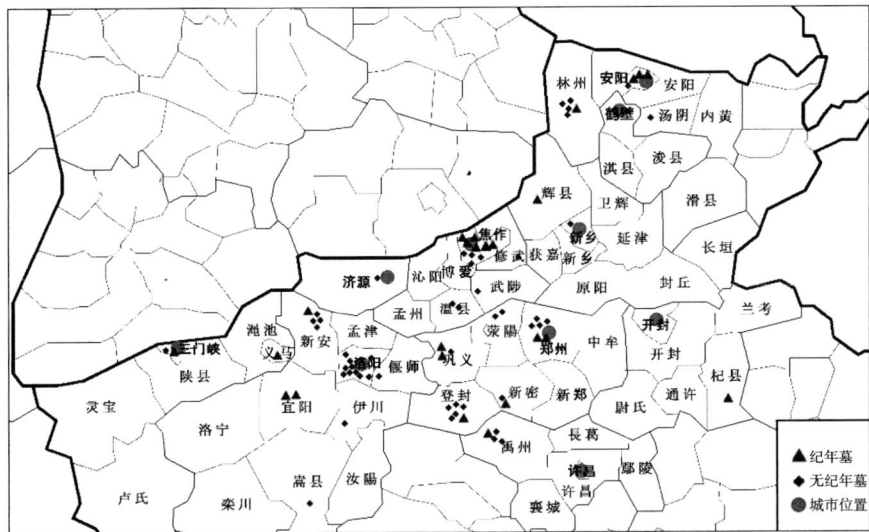

图 2　河南中北部地区仿木构墓葬分布图（截至 2017 年 1 月）

（作者自绘）

与研究，并结合中原北方其他地区的宋金墓葬，讨论河南地区墓葬的地区特点和与周边地区的影响关系。此外，前述宿白《白沙宋墓》一书，在对禹州白沙镇三座仿木构宋墓进行详细的形制描述基础上，利用大量的篇幅对墓葬中所见仿木构砖雕进行考证研究。书中特别关注了墓中所见仿木构形制与年代相近的北宋营造官书《营造法式》中规定形制的对比，从大木作形制、小木作形制、瓦作、彩画作等方面进行了详细的分析比较，这一极具前瞻性的研究为本文提供了重要思路。在建筑史研究方面，王敏以该地区仿木构墓葬材料为旁证，进行了地面木构建筑形制分期的讨论。[1] 此外，由于地下墓葬中保留有丰富的建筑彩画信息，也有利用墓葬材料进行的建筑彩画研究。[2]

纵观既往研究，在考古类型学的研究中，其形式划分和时代分期中，对墓葬中仿木构建筑史料多侧重于对仿木斗栱之总铺作次序、仿木门窗形式、格眼纹饰等形制点的阐述。对墓葬仿木构建筑史料细部形制特点和构造形式则关注不足。此外，仿木构建筑史料作为特殊质地的构筑物，同地面木构建筑的模拟转换关系尚未得到明确的梳理，而此步骤是利用仿木构建筑史料探讨地面木构形制的前提。因此，本研究旨在建构河南中北部宋金时期丰富的墓葬仿木构建筑史料的时空框架，从而展现墓葬仿木构建筑史料所反映的时代变迁，并从仿木构建筑史料所反映的年代特征来对各地区无纪年宋金墓葬进行断代尝试。在此基础上，结合地面砖塔所见的仿木构建筑，探讨仿木构建筑针对木构的"模拟"程度所体现的时代变迁，从而更为深入地认识砖制仿木营造技术以及地面木构建筑形制变化的过程，进而窥探形式背后所蕴含的历史动因。

[1]　王敏 . 河南宋金元寺庙建筑分期研究 [D]. 北京：北京大学，2011.

[2]　李路珂 .《营造法式》彩画研究 [M]. 南京：东南大学出版社，2011；李若水 . 中国北方宋金仿木构砖室壁画墓中的建筑壁画 [D]. 北京：北京大学，2010。

本文主要采用类型学方法 ❶ 对宋金砖墓中所见仿木构建筑相关大木作形制、小木作形制以及构造做法样式进行分类、分期研究。在史料处理方面，以带有明确纪年的墓葬（墓志、买地券、墨书等）作为类型学研究的主要对象，并以年代范围可以大致确定的墓葬 ❷ 作为辅助材料。此外，本文将在比较建筑史的视角下，着眼于同一时期内不同材质建造物之间的模拟转换关系。

二、河南中北部宋金时期墓葬仿木构
建筑史料形制分期

本文选择纪年明确、保存状况良好、信息记录完整的 24 座宋金时期墓葬为标尺实例，在仿木构大木作、仿木构小木作以及仿木构构造做法三个方面进行形制排比，根据形制的演变状况形成分期结论（详见文后附表）。

1. 仿木构大木作的形制分期

1）总铺作次序

北宋仁宗至和三年（1056 年）及以前，平民墓葬仿木构斗栱均为把头绞项作形式，仅咸平三年（1000 年）元德李后陵墓室中见有使用四铺作单昂的做法。北宋神宗熙宁至哲宗元祐年间（1068—1094 年），平民墓葬中开始使用四铺作单杪斗栱，同时也并存有把头绞项作的形式，官员墓如安阳韩琦墓首见五铺作斗栱的使用。北宋哲宗绍圣至北宋末期徽宗宣和年间（1094—1125 年），仿木构砖室墓中斗栱形式趋于复杂，出现五铺作双杪、五铺作单杪单昂形式的斗栱，至宣和年间出现有六铺作双杪单下昂的斗栱形式。同时仍并存有四铺作单杪、四铺作单昂、四铺作斗口跳及把头绞项作的斗栱形式。金代标尺实例中，不见有五铺作及以

❶ 考古类型学方法已被用于探讨中国古代建筑发展脉络的相关问题。徐怡涛（徐怡涛. 长治、晋城地区的五代、宋、金寺庙建筑 [D]. 北京：北京大学，2003.）、徐新云（徐新云. 临汾、运城地区的宋金元寺庙建筑 [D]. 北京：北京大学，2009.）、王书林（王书林. 四川宋元汉式寺庙建筑 [D]. 北京：北京大学，2009.）、王敏（王敏. 河南宋金元寺庙建筑分期研究 [D]. 北京：北京大学，2011.）、崔金泽（崔金泽. 河北省中南部地区明以前寺庙建筑研究 [D]. 北京：北京大学，2012.）等利用考古类型学方法，就山西东南部、山西西南部、四川地区、河南地区、河北中南部地区的古建筑遗存，进行了分期研究，从而探讨特定区域古建筑的时代特点及不同区域古建筑样式与技术的交流与影响。在此基础上，徐怡涛在《文物建筑形制年代学研究原理与单体建筑断代方法》（徐怡涛. 文物建筑形制年代学研究原理与单体建筑断代方法 [M]// 王贵祥，贺从容. 中国建筑史论汇刊·第贰辑. 北京：清华大学出版社，2009：487-494.）一文中就考古类型学方法如何用来探讨中国古代建筑这一特定遗存的相关问题作了归纳和总结，并在此基础上探讨如何利用这种方法对单体建筑进行断代。

❷ 年代范围大致可以确定的墓葬分为两类，一类为出土有钱币的墓葬，其钱币年代的下限可作为墓葬建造年代的上限；另一类为与纪年墓同处一个家族墓地的墓葬，可以通过埋藏顺序确定无纪年墓葬的年代上下限。

上纪年实例，仅见有四铺作单昂、四铺作单杪、四铺作单杪出斜栱的斗栱布置形式，金晚期宣宗贞祐年间的纪年实例墓室斗栱仅表现为楢头承枋的简略做法。由此看来，墓葬中仿木构斗栱，经历了"简单-复杂-简单"的演变过程。

2）补间铺作

北宋神宗熙宁（960—1068年）以前，仿木构砖室墓仅见有圆形和方形两种平面形式，或不做补间铺作，或壁面出补间铺作一朵，斗栱朵当距离较大，墓门则出补间斗栱一朵。北宋神宗熙宁至徽宗大观年间（1068—1110年），方形墓室见有使用补间两朵的现象，六角形和八角形平面开始流行，其中六角形墓室仅见于白沙M1后室，用补间斗栱一朵，八角形墓葬均不做补间铺作，墓门仍做一朵补间。北宋徽宗大观至北宋末宣和年间（1110—1125年），八角形墓室出现使用补间斗栱的情况，并见有使用两朵补间斗栱的现象（焦作小尚政和三年墓），此外，宋末宣和年间出现墓门使用两朵甚至两朵以上补间铺作的现象（新安石寺李村宋四郎及其家族墓）。

3）扶壁栱

墓室仿木构扶壁栱见有泥道单栱和泥道重栱两种主要形式。北宋哲宗绍圣（960—1094年）以前，墓室仿木构斗栱均使用扶壁单栱的形式，而此形式的壁栱做法在宋金仿木构砖室墓中一直有所延续。神宗年间起，墓室仿木构斗栱开始出现使用扶壁重栱的形式，但北宋墓中除白沙M1后室顶部斗栱做出完整的泥道栱及泥道慢栱以外，其余扶壁重栱实例均为泥道慢栱连栱交隐（或于泥道栱上绘出慢栱形象）的做法。金世宗大定时期起，纪年墓葬中见有墓室斗栱使用完整的泥道重栱表现，并一直延续至金宣宗崇庆年间（1161—1213年）。

4）令栱泥道栱长度比较

北宋哲宗绍圣（960—1094年）以前，墓葬仿木构横栱均为浅浮雕于壁面，四铺作及以上斗栱令栱均不突出，令栱同扶壁栱的混同表现，尚未形成成熟的令栱形式。神宗年间（1067—1085年）的安阳韩琦墓中，首见有成熟的跳头令栱做法，而平民墓中直至哲宗绍圣年间（1094—1098年）才出现成熟令栱，此时期令栱短于或等于泥道栱长。北宋大观至金宣宗崇庆年间（1110—1213年），跳头令栱以长于泥道栱为主流形制，并见有令栱与泥道栱等长的做法，并少见有在令栱位置做出翼型栱的现象。

5）昂

该地区仿木构砖室墓中，最早用昂的实例见于真宗咸平三年（1000年）的元德李后陵，昂型不明。平民墓至北宋哲宗绍圣年间（1094—1098年）才见有使用仿木构昂，其中北宋绍圣四年（1097年）登封黑山沟墓和白沙墓群为琴面昂中起棱、昂底平直的形式，宋末宣和八年（1126年）新安石寺李村宋四郎墓及其家族墓使用下卷昂的形式。金代仅见有焦作电厂金墓一例使用昂的纪年墓实例（1189年），为琴面昂形式。

6）耍头

北宋哲宗绍圣（960—1094年）以前，该地区墓葬仿木构耍头见有直截式、批竹斜杀式及栱头型三种，其中以批竹斜杀式为主流形制。绍圣至金晚期宣宗崇庆年间（1094—1213年），该地区仿木构耍头以蚂蚱头型耍头为主流形制，少见有内颤型蚂蚱头及楷头等形制。

7）普拍枋

北宋神宗元祐（960—1086年）以前，该地区墓葬内并存有不出普拍枋和于栌斗斗欹位置出普拍枋的做法，元祐至金晚期宣宗崇庆年间（1086—1213年），仿木构墓葬中均于柱头表现出普拍枋。

8）仿木构大木作形制分期结论（图3，图4）

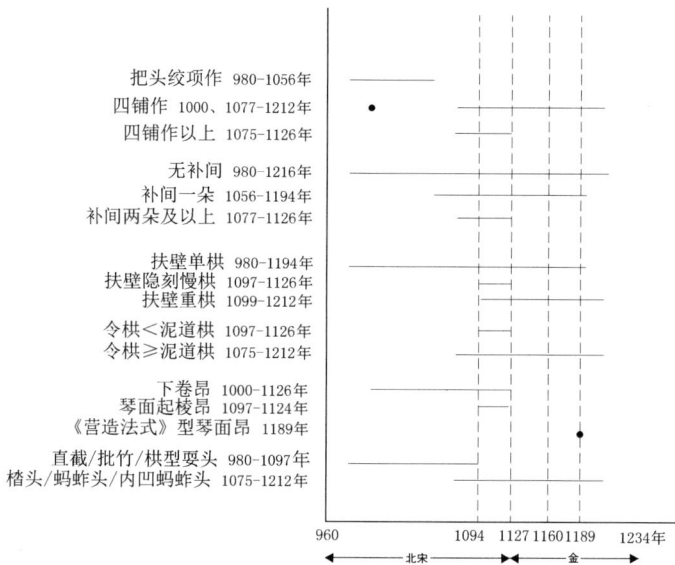

中国建筑史论汇刊·第壹拾柒辑

把头绞项作 980-1056年
四铺作 1000、1077-1212年
四铺作以上 1075-1126年

无补间 980-1216年
补间一朵 1056-1194年
补间两朵及以上 1077-1126年

扶壁单栱 980-1194年
扶壁隐刻慢栱 1097-1126年
扶壁重栱 1099-1212年

令栱＜泥道栱 1097-1126年
令栱≥泥道栱 1075-1212年

下卷昂 1000-1126年
琴面起棱昂 1097-1124年
《营造法式》型琴面昂 1189年

直截/批竹/栱型耍头 980-1097年
楷头/蚂蚱头/内凹蚂蚱头 1075-1212年

960   1094 1127 1160 1189   1234年
←——北宋——→←———金———→

图3　河南中北部地区仿木构大木作形制排比

第一期：北宋初至北宋哲宗绍圣元年以前（960—1094年）

该期的典型形制为，平民墓中仿木构斗栱以把头绞项作及四铺作为主流形制，贵族及官员墓至迟在神宗时期开始使用五铺作。补间斗栱不发达，不做或只出一朵。扶壁栱以泥道单栱为主流形制，仿木构斗栱中不见有成熟令栱的表现。该期仿木构斗栱仅元德李后陵墓室及安阳韩琦墓墓门见有使用昂，平民墓中均不见使用昂的实例。耍头并存直截式、批竹式和栱头型几种做法。仿木构壁柱柱头以不做普拍枋为主流做法。

第二期：北宋绍圣元年至北宋末（1094—1127年）

该期的典型形制为，仿木构斗栱出跳增多，出现五铺作双杪、五铺作单杪单昂、六铺作双杪单下昂等斗栱形制，同时并存有第一期的简单形式。补间斗栱较上一期流行，四边形墓室流行每边做出两朵补间铺作的做法，六边形、八边形墓室也开始出现使用补间斗栱，与上一期墓门只做一朵补间不同，该期出现墓门使用两朵甚至多朵补间斗栱的情况。扶壁栱以泥道单栱上承素方隐刻重栱为主流形制。仿木构斗栱出现了成熟的令栱做法，见有令栱与泥道栱长度比由小变大的发展过程，但第一期不成熟的令栱做法仍然存在。普遍见有使用仿木构昂，昂型以琴

	典型实例	补间铺作	扶壁栱	昂型	要头型
I期（960—1094年）	元德李后陵，1000年　郑州南关外宋墓，1056年 安阳韩琦墓，1075年	方/1朵　圆/无	泥道单栱承素方		批竹型 直截型 栱型
II期（1094—1127年）	登封黑山沟，1097年　新安宋四郎墓，1126年	六边/无　八边/无 方/2朵	泥道单栱承素方隐刻慢栱	批竹昂 琴面起棱昂	楷头型
III期（1127—1189年）	焦作电厂金墓，1189年	六边/1朵　八边/1朵 方边/1朵　八边/无	泥道重栱枋	下卷昂 《营造法式》型琴面昂　琴面起棱昂	蚂蚱头型I 蚂蚱头型II
IV期（1189—1234年）	宜阳一中金墓，1194年　义马南郊金墓，1232年				

图例：● 斗栱一朵

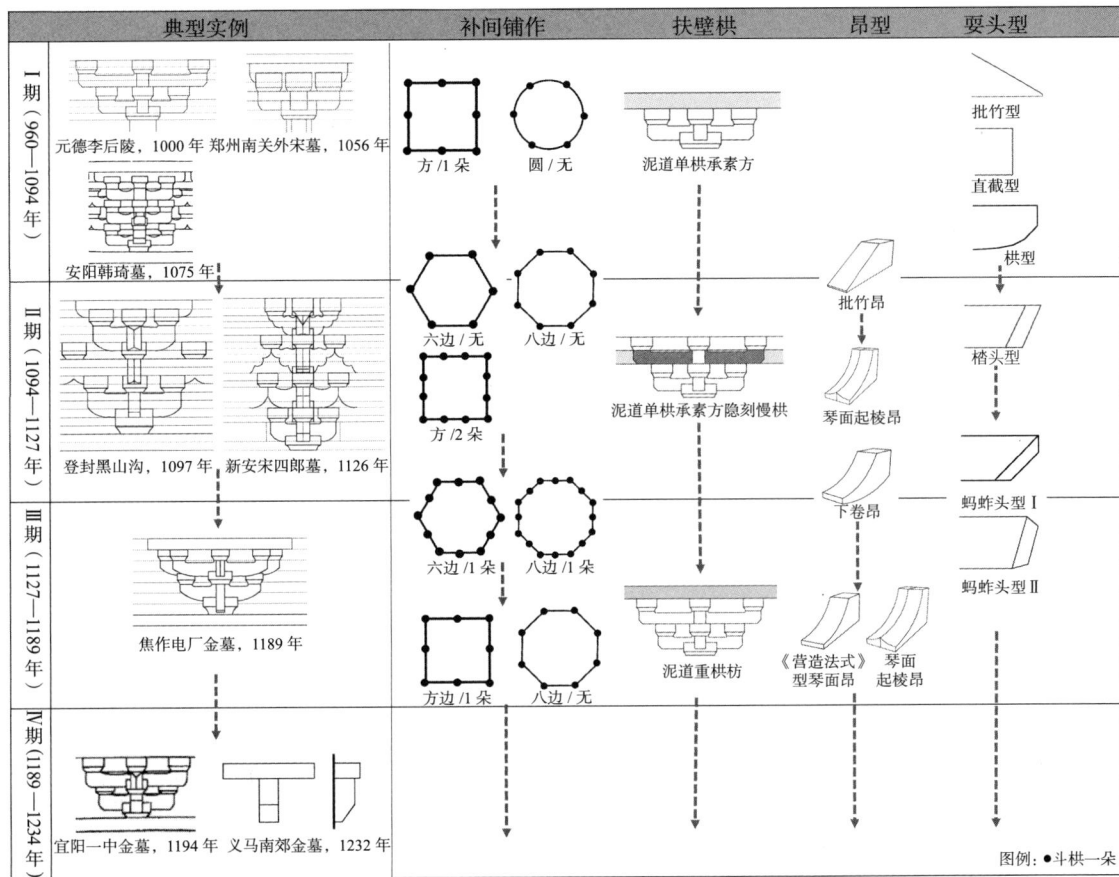

图4　仿木构大木作史料分期表

面起棱、底部平直为主流形制，同时见有下卷昂、上卷起棱式昂的做法。要头以蚂蚱头为主流形制。柱顶普遍做出普拍枋。

第三期：金初至金世宗大定二十九年（1127—1189年）

前段为金初至金海陵王正隆六年（1127—1161年），仅见有金皇统三年林县赵处砖雕壁画墓一例纪年墓，且该墓仅见有使用仿木构门窗，并未使用仿木构斗栱。金代前期该地区少见有仿木构墓葬的情况可能同该地区在"靖康之变"后仍处于宋金交战的前线这一历史背景有关，金代前期该地区经济文化应遭到了较为严重的破坏，一般民众不具备建造复杂仿木构墓葬的经济实力。然而，考古材料本身存在一定的偶然性，其反映面貌并非是此类材料在特定时空范围内的本来情况。因此，不能武断地认为该地区在此时期内不存在墓葬使用仿木构大木作的情况，且从第四期反映的面貌来看，该地区金代墓葬仿木构史料见有对北宋仿木构史料的继承，金代前期应存在延续北宋后期的墓葬仿木构史料做法。

后段为金世宗大定元年至金世宗大定二十九年（1161—1189年），典型形制为，纪年仿木构斗栱见有四铺作单杪和四铺作单昂的做法，并见有出斜栱的现象。补间斗栱流行每边一朵。扶壁栱为泥道重栱的形式。令栱长于泥道栱。仿木构昂为琴面下昂的做法。要头并存蚂蚱头和蚂蚱头内颤的形制。柱顶做出仿木构普拍枋。

第四期：金大定二十九年至金末（1189—1234年）

此期仿木构斗栱仅见有四铺作单杪的做法，金代晚期见有仅出楷头的对斗栱之简略表达。补间斗栱退化，不使用仿木构昂。仿木构大木作呈现了整体退化的形态。

2. 仿木构小木作的形制分期

1）假门形制

北宋徽宗崇宁（960—1102年）以前，该地区仿木构假门类型仅见有版门一种，且仿木构版门形制一直延续至金末贞祐年间（1213—1217年）。北宋崇宁年间起见有在抱框内镶嵌格子门门扇的做法，崇宁四年（1105年）焦作梁全本墓和政和三年（1113年）焦作冀闰墓格子门门扇均单腰串造，至北宋宣和八年（1126年）新安宋四郎及其家族墓，格子门则开始使用双腰串造，并且此两墓出现了同墓中并存版门和格子门的现象。金大定年间起，见有壁面做多扇格子门并列，门扇外仅做边程，不做立颊和门额的做法。

2）假窗形制

北宋徽宗政和（960—1111年）以前，该地区仿木构假窗并存有破子棂窗、版棂窗以及方形花窗的形制。北宋政和至北宋末（1111—1127年），流行同一墓室并存破子棂窗和方形或长方形花窗的做法。金代纪年墓中，仅见有破子棂窗和版棂窗的表现，不见有方形花窗的做法，并以破子棂窗为主流形制。

3）格眼形式

北宋徽宗宣和（960—1119年）以前，仿木构门窗格眼形式以简单几何纹样为主，见有四直方格纹、龟背纹、四斜毬纹等。北宋宣和年间（1119—1125年）开始见有复杂几何格眼纹样，如斜串胜纹、斜串胜嵌亚口纹、四斜方格纹嵌满天星等，金大定二十九年（1189年）焦作电厂墓也使用了复杂的几何纹样。金章宗明昌年间（1190—1196年）又见有简单几何格眼纹样。

4）门窗位置及组合

北宋徽宗（960—1100年）以前，墓室以正壁布置"一门二窗"的装饰为主流形制。部分以壁画装饰为主的多边形墓葬，则仅在正壁装饰假门。北宋徽宗时起，开始见有在墓室中布置多处"一门二窗"装饰的做法，标尺实例如宜阳张家堡宋墓及新安宋四郎墓为此形制之典型实例。金代中期起，开始出现墓室多壁面布置假门的做法，其他墓壁装饰比例下降。

5）仿木构小木作形制分期结论（图5，图6）

第一期：北宋初至北宋元符元年以前（960—1098年）

典型形制为，仿木构假门均为版门形式，仿木构假窗见有方形花窗和棂窗的做法，花窗格眼图案为简单几何图案。❶ 就门窗组合而言，此段仿木构墓室中流行一门二窗的布置形式（假门多位于墓室正壁），部分地区

❶ 该期标尺实例中仅见有使用方形花窗的做法，但参考绘画等图像材料，可知版门和棂窗的组合在唐代已经十分流行于建筑立面之上。参考晚唐以来的仿木构墓葬材料，可知破子棂窗和版棂窗的形制自晚唐以来便已在该地区墓葬中出现（如河南新乡荣军休养院唐墓、河南新乡宝山西路唐墓、河南伊川后晋孙璠墓等）。同时元德李后陵墓室假窗窗框内部用平砖顺砌若干层，似是表现版棂窗的形式。因此可以认为河南中北部地区在北宋早中期的墓葬中存在使用破子棂窗和版棂窗的现象。

72

中国建筑史论汇刊·第壹拾柒辑

墓葬墓室仅见有仿木构假门，不见假窗的表现。

第二期：北宋哲宗元符元年至北宋末（1098—1127 年）

典型形制为，出现在版门门框内使用格子门门扇的做法，格子门形制见有从单腰串造向双腰串造转变的现象。仿木构假窗流行使用破子棂窗和版棂窗，同时尚偶见有此前方形花窗的做法，出现了复杂几何纹样构成的格眼形式。就门窗组合而言，由于多边形墓室的出现，此段出现对上段一门二窗布置方式的打破，流行在同一墓室中布置多处假门和假窗的做法，墓室其余壁面

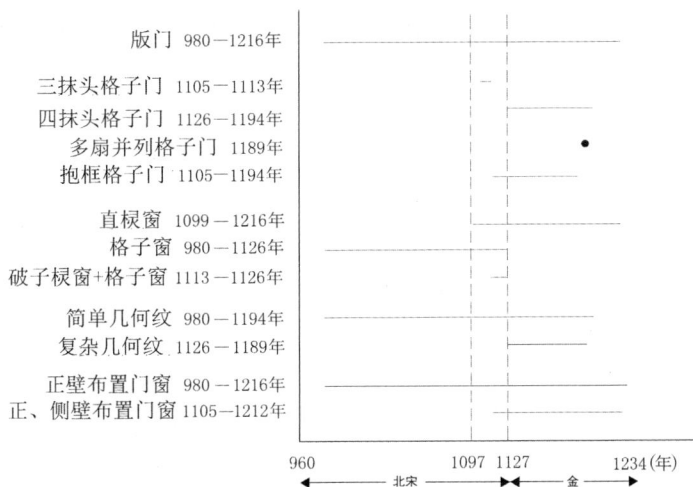

图 5　河南中北部地区仿木构小木作形制排比

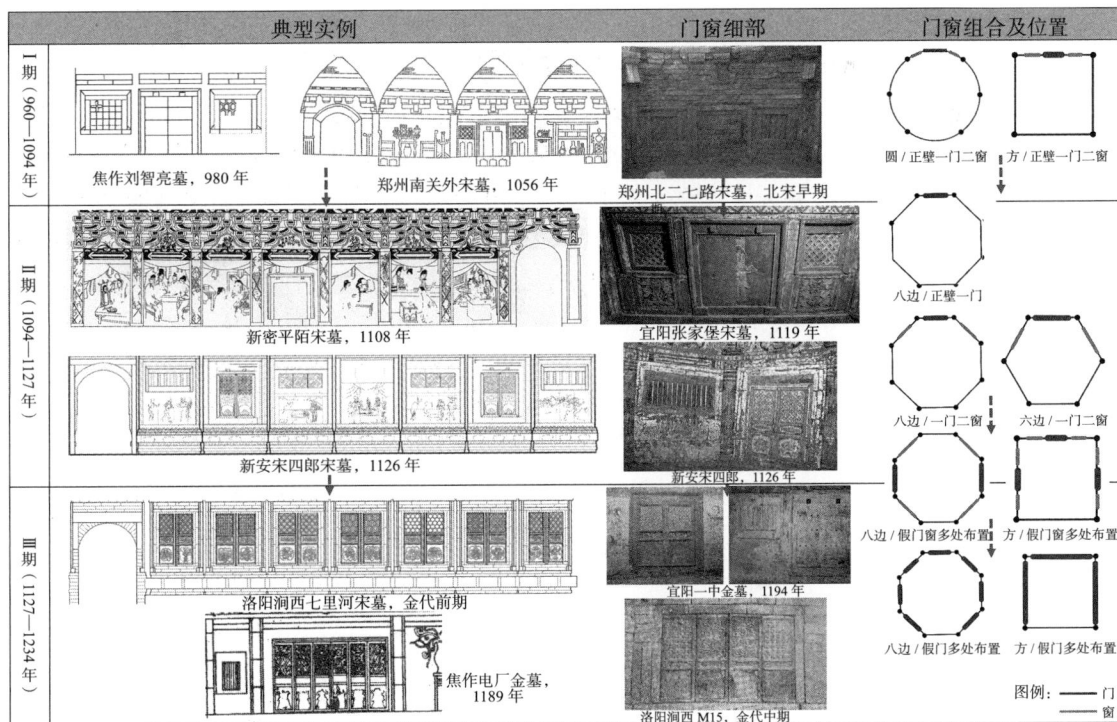

图 6　河南中北部仿木构小木作史料分期表

装饰相对比例减小。如宣和八年新安宋四郎及其家族墓，见有同一墓室中并存使用版门和格子门、破子棂窗和花窗的情况。

第三期：金初至金末（1127—1234年）

此期的典型形制为，仿木构假门并存版门和格子门的形制，金大定时见有墓室壁面多扇格子门并列砌筑，外侧仅做边程的现象。仿木构假窗不见花窗的使用，以破子棂窗为主流形制，少见使用版棂窗的做法。就门窗组合而言，该期延续了第一期后段墓室布置多处假门和假窗的做法，金大定时期还见有墓室整壁布置多扇格子门的情况，也同时见有同一墓室中并存多种假门形式的现象。

3. 仿木构构造做法的形制分期（图7，图8）

1）斗类构件加工

北宋哲宗绍圣（960—1094年）以前，仿木构斗栱中斗类构件均为条砖加工而成，各类斗类构件均为同高，以叠砌两砖为主流形制，通常为上一皮砖表现斗耳，下一皮砖表现斗平及斗欹。自绍圣四年（1097年）登封黑山沟宋墓起，开始流行斗类构件高度不同的现象，表现为栌斗高度较其余斗类增加一砖，此现象一直在此地延续至金末崇庆年间（1212—1213年）。元符二年（1099年）禹县白沙M1后室上方小斗栱开始见有模制斗类构件的做法，此后至宋末宣和年间，模制斗多见于一些小型仿木构斗栱之上，如墓门斗栱和墓室腰檐斗栱等。金大定二十九年（1189年）焦作电厂金墓中见有墓室斗栱也使用预制斗的现象，此后几例金代标尺实例则延续了砖块叠砌的斗类构件做法。

2）横栱类构件加工

北宋哲宗元符（960—1098年）以前，仿木构横栱类构件以条砖叠砌为主要加工方式，其中北宋早中期元德李后陵及郑州南关墓横栱高两砖，哲宗时登封黑山沟墓出现横栱高三砖的现象，同时此时期内少见有将条砖侧砖立砌加工横栱的做法，这两种加工方式一直延续至金晚期崇庆年间

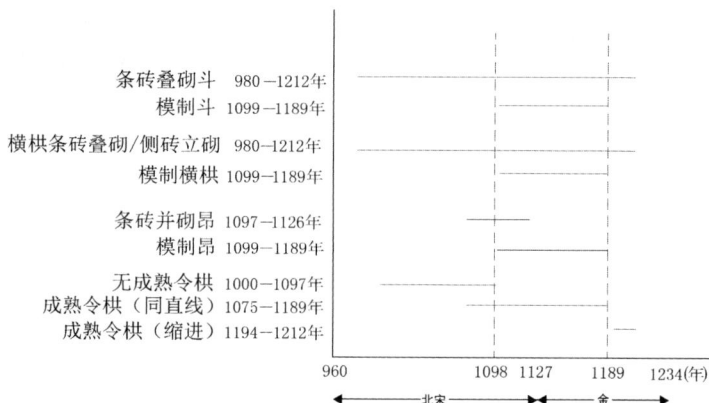

图7　河南中北部地区仿木构构造做法排比

（1212—1213年）。北宋哲宗元符二年（1099年）禹县白沙M1后室上部小斗栱中见有横栱使用预制砖的做法。至宋末宣和八年（1126年）新安宋四郎及其家族墓，仿木构横栱并存有使用条砖侧砖立砌以及模制横栱的加工方式。金大定二十九年（1189年）焦作电厂金墓则见有墓室横栱均使用模制构件的现象。

3）昂类构件加工

北宋徽宗宣和（960—1119年）以前，仿木构墓葬中的昂类构件，均为两块条砖并砌加工而成。宣和年间宋四郎家族墓墓门斗栱首见预制昂构件，此墓昂底华头子后斫出折角扣住栌斗，昂嘴平出。金大定二十九年（1189年）焦作电厂金墓也使用预制昂构件，此墓昂身平出，昂嘴大幅度倾斜向下。

4）横栱布置方式

北宋哲宗元符（960—1098年）以前，仿木构斗栱中扶壁栱及各跳头斗栱均浅浮雕于壁面，跳头斗栱不较扶壁栱更为突出，因此，此时期内并不见有表现成熟的令栱，甚至存在扶壁栱上散斗斗耳包住上方令栱的现象。❶ 元符二年（1099年）禹县白沙M1首见跳头横栱较扶壁栱更为突出壁面的现象，跳头横栱与出跳构件对应、与跳头同处于一条垂直线上，扶壁栱上散斗对跳头横栱采取避让。至金明昌年间（1190—1196年），横栱布置又出现细微变化，即跳头横栱较扶壁栱更为突出壁面，但跳头横栱较出跳构件更为缩进，不与跳头处于同一条垂直线上。

❶ 这种横栱布置在标尺实例元德李后陵、安阳天禧镇宋墓及禹县白沙M3（三者均为四铺作斗栱）中表现为上部横栱长于下部横栱的现象，形象同扶壁出重栱类似，本文将此类形制中的上部横栱仍认定为是令栱的表现。而登封黑山沟宋墓中扶壁表现为泥道重栱（隐刻泥道慢栱）的形象，扶壁栱上所表现的令栱短于泥道栱栱长，为泥道慢栱上散斗斗耳扣住，应是一种过渡做法的表现。

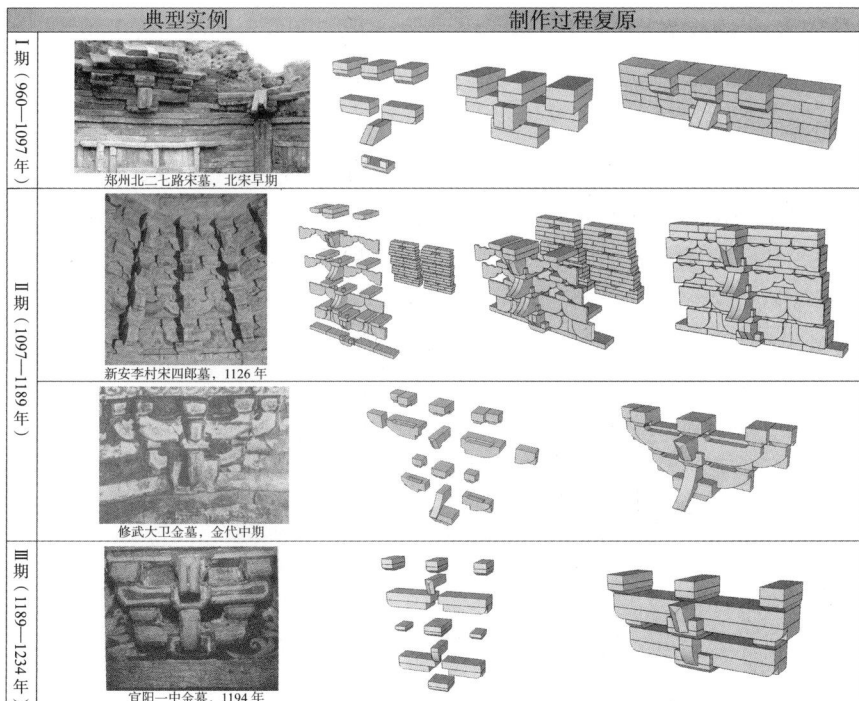

	典型实例	制作过程复原
I 期（960—1097年）	郑州北二七路宋墓，北宋早期	
II 期（1097—1189年）	新安李村宋四郎墓，1126年	
	修武大卫金墓，金代中期	
III 期（1189—1234年）	宜阳一中金墓，1194年	

图8 河南中北部仿木构构造做法分期表

宋金时期河南中北部地区墓葬仿木构建筑史料研究

5）仿木构史料构造做法分期结论

第一期：北宋初至北宋元符元年以前（960—1098年）

该期仿木构建筑史料的构件构造设计与加工受到了砖制材料的限制，各类构件以普通条砖为基础进行设计加工。仿木构斗以两块条砖叠砌加工而成为主流形制，栌斗、齐心斗及散斗为同一尺寸。仿木构横栱以两条砖叠砌加工而成为主流形制。仿木构假昂为两砖并砌斫成（以登封黑山沟宋墓为例，1094年）。仿木构横栱均浅浮雕于壁面，跳头横栱不突出，整体呈现扁平化形态。壁柱加工方式以条砖并列立砌为主流形制，同时鲜见有条砖叠砌做法。

第二期：北宋哲宗元符元年至金世宗大定二十九年（1098—1189年）

该期的显著变化为预制构件制作技术的出现和流行。预制斗、横栱、昂及耍头构件在北宋末期徽宗时期开始出现，出现之初与传统条砖加工手法并行存在。同时，此期也出现了真正意义上的跳头横栱，出跳横栱并与跳头处于同一垂直线上，改变了此前跳头横栱与扶壁栱混同的不成熟做法。金大定时期，预制技术达到成熟，墓葬见有实行高度预制加工的现象，除斗栱构件以外，壁柱、仿木构门窗构件也采用预制加工。

第三期：金大定二十九年至金末（1189—1234年）

该期的典型形制为，仿木构斗、横栱类构件又见有非预制的砖块叠砌或立砌的做法。仿木构横栱布置虽然延续上一期跳头横栱较扶壁栱突出的做法，但出现了跳头横栱较跳头更为缩进的情况。壁柱加工延续上期末段使用预制砖叠砌的加工形式。可见，此期仿木构构件又回归非预制的设计加工形式，较上期末段似有所退化。

4. 总体分期结论（图9）

综合河南中北部地区宋金时期墓葬仿木构建筑史料的大木作形制、小木作形制及构造做法的分期结论，发现三者的分期结论体现了较为一致的面貌，共同体现了此地区墓葬仿木构建筑史料演变的时代规律，大体可分为三期：

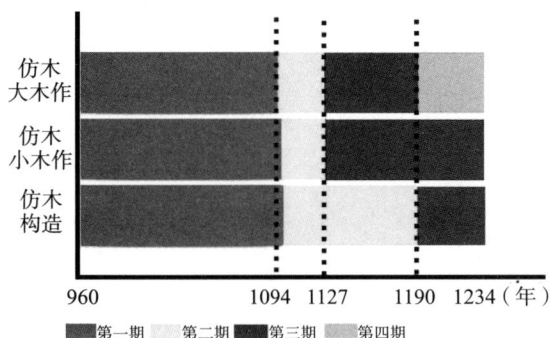

图9　河南中北部墓葬仿木构建筑史料总体分期图

第一期：北宋初至北宋哲宗绍圣元年以前（960—1094年）

该期的典型形制特征为，就仿木构大木作而言，斗栱样式简单，平民墓仅见有把头绞项作和四铺作两种形式，贵族官员墓于神宗时期开始使用五铺作。补间斗栱不发达，柱间至多出一朵，扶壁作单栱承枋。横栱表现平面化，不见有成熟令栱的表现。斗栱不流行出昂。要头并存见有批竹、直截和栱头等形式。柱顶不做普拍枋或普拍枋出于栌斗斗欹之间。就仿木构小木作而言，仿木构假门流行版门的形式，假窗流行棱窗和方形花窗的形式，格眼图案为简单几何纹样，墓室中流行一门二窗的门窗组合，版门多布置于墓室正壁。就仿木构史料构造做法而言，构件制作受到砖材的限制，各类构件均由普通条砖加工而成。仿木构斗及横栱均流行两砖叠砌的加工形式，横栱还见有将条砖侧砖立砌的做法。壁柱以条砖并列立砌为主要加工方式，并存有条砖叠砌的做法。

该期仿木构建筑史料形制特征及加工构造方式均较为简单朴素，应处于该地区墓葬仿木构发展的雏形期。

第二期：北宋哲宗绍圣元年至金世宗大定二十九年（1094—1189年），分为前后两段：

前段为北宋哲宗绍圣元年至北宋末（1094—1127年），仿木构大木作表现出整体复杂化的现象，四铺作单杪及单昂斗栱得到了广泛使用，同时出现五铺作单杪单昂及六铺作双杪单昂的斗栱形式。补间斗栱较上一期流行，斗栱朵当距离缩小，墓门及四边形墓室开始流行使用两朵补间斗栱，六边形及八边形墓室也开始出现使用补间斗栱的情况。扶壁栱开始流行泥道单栱承素方并隐刻慢栱的做法。斗栱实现立体化，出现了成熟的跳头横栱，改变了此前扶壁栱和令栱混同的现象，令栱与泥道栱长度比存在由小至大的发展过程。斗栱用昂较上一期普遍，昂型以平出的琴面起棱昂为主流形制，也见有下卷昂的形制。要头以蚂蚱头型为主。柱顶普遍使用普拍枋。就仿木构小木作而言，假门除延续上一期的版门形制外，还出现有在抱框内做出格子门门扇的形式，假窗流行破子棂窗，由于多边形墓室的发达，门窗组合打破上一期一门二窗的形式，出现壁面布置多处门窗的现象。格眼形式较上一期复杂，出现复杂的几何纹样。仿木构构造技术较上一期明显发展，预制技术在此期出现和发展，墓葬中普遍见有预制构件和条砖加工构件并存的现象。

后段为金初至金世宗大定二十九年（1127—1189年）。金代初年该地区在特殊的历史背景下，对仿木构墓葬的建造行为较北宋晚期有所减少，自金大定时期起又见有带有复杂仿木构的纪年墓葬实例，且从仿木构形制来看，明显存在对北宋晚期墓葬的继承。此阶段与前段相比主要的变化有，斗栱出现了使用斜栱的现象，见有昂面不起棱的琴面下昂和蚂蚱头内颛型要头的形制，扶壁流行泥道重栱承枋，令栱长于泥道栱，补间铺作不如此前发达。墓室仍见有布置多处门窗的现象，门窗比例占整体墓壁装饰较前段更多，出现了壁面多扇格子门并列的形式。仿木构构件预制化较前段更为成熟，金大定时期出现了构件整体预制化的墓葬实例。

从第一期至第二期的转变来看，自北宋哲宗时期起所反映出的仿木构建筑的显著发展，同北宋晚期商品经济的繁荣和商人阶层的发展有关。前辈学者已经指出，北宋中期起仿木构砖室墓在平民中普及，本文所用纪年墓葬材料，墓主身份也以乡绅、地主及商人为主流。在当时所流行的奢侈消费观的影响下❶，这些拥有巨额资本的平民群体，力图通过营建装饰复杂的墓葬以达到对先人供奉、永葆家族兴盛的目的，墓葬装饰中所流行的墓主人像、戏曲、孝行等题材类型，与仿木构建筑史料同时呈现出复杂化的特征，因此可以推测，正是在北宋晚期发展出的这种墓葬装饰需求，刺激了仿木构建筑史料营建技术的发展。宋金之交时期，河南中北部作为交战前线，人口流动频繁，社会生产遭到破坏❷，该地区仿木构墓葬数量一度减少。继金熙宗"宋金议和"后，海陵王又主张实施汉化政策，因朝代变更而经济凋敝的中原北方地区实现了社会生产的稳定，也使得各地居民对于新政权产生普遍认同感❸，从而继承北宋晚期传统，以为家族延续祈福为目的重新开始营建装饰复杂的仿木构墓葬。至金世宗时开始经济兴盛，农业及手工业高度繁荣，至章宗时达到了金代经济的鼎盛时期❹，这一历史背景可以解释此地区墓葬仿木构建筑在金中期时体现出的又一发展高峰。

---

❶ 程颐《论十事札子》曾批判了北宋中期以来婚丧的奢侈习俗："古者冠婚丧祭，车服器用，等差分别，莫敢逾僭，故财用易给，而民有恒心。今礼制未修，奢靡相尚，卿士大夫之家莫能中礼，而商贩之类或逾王公……"参见：[宋]程颢，程颐，著.朱熹，辑.河南程氏文集[M].六安求我斋本，清同治十年。北宋徽宗年间曾颁布针对婚嫁丧葬奢侈消费的禁令，如《宋会要辑稿》刑法二之七五条记载，宣和元年（1119年）臣僚奏言："士俗民风，故习犹在，昏丧之礼，务为僭奢。"宋徽宗则要求地方长官重视这类婚丧活动中的奢僭行为。参见：[清]徐松.宋会要辑稿[M].北京：中华书局，1957。可见北宋晚期，士庶墓葬的营建已没有等级的限制，墓葬营建和丧葬活动以追求奢侈为风气。

❷ 《三朝北盟会编》卷一〇三，建炎元年五月六日记载金兵南下时两河地区"田野三时之务，所至一空，祖宗七世之遗，厥存无几"，参见：[宋]徐梦莘.三朝北盟会编[M].上海：上海古籍出版社，1987。金天会年间，刘豫领导的伪齐政权占据黄河故道以南的陕西、河南地区，金史卷一〇五《范拱传》载其统治期间"刑法严急，吏贪缘为暴，民久罹兵革，益穷困，陷罪者众，境内苦之。"参见：[元]脱脱.金史[M].北京：中华书局，1975。此外，北宋灭亡后河南中北部及山西南部地区人民因不堪金人掠夺压迫，组织了"八字军"、"红巾军"等起义军，活动于太行、河东一带。这些因素使得金代初年河南中北部、山西南部地区生产凋敝、社会混乱动荡。

❸ 金熙宗在议和后为了实现社会稳定，采用了文治的治国思想，《金史》卷四《熙宗纪》载："太平之世，当尚文物，自古致治，皆由是也。"并注重消除民族间的对立，"四海之内，皆朕臣子，若分别待之，岂能致一。谚不有乎，'疑人易使，使人勿疑'。自今本国及诸色人，量才通用之。"海陵王继承熙宗的治世思想，实行一系列经济制度改革，进一步恢复和发展北方生产。《金史》卷四六《食货志》载："熙宗、海陵之世，风气日开，兼务远略，君臣讲求财用之制，切切然以为先务。"参见：[元]脱脱.金史[M].北京：中华书局，1975。

❹ 《金史》卷八《世宗纪》载："世宗久典外郡，明祸乱之故，知吏制之得失。即位五载，而南北讲好，与民休息。……当此之时，群臣守职，上下相安，家给人足，仓廪有余，……号称'小尧舜'……"。卷十二《章宗纪》载"章宗在位二十年，承世宗治平日久，宇内小康"。卷一〇九《许古传》载"世宗、章宗之隆，府库充实，天下富庶。"参见：[元]脱脱.金史[M].北京：中华书局，1975。

总之，该期河南中北部地区墓葬仿木构从仿木类型、形制复杂程度、构件加工方式等角度来看，除金初至金世宗大定这一时段内存在着短暂衰落的现象，均较上一期更为复杂。因此，这一期为该区域墓葬仿木构的发展成熟期。

第三期：金章宗明昌元年至金末（1190—1234年）

该期较上一期的主要变化为，仿木构斗栱形制又趋于简单，仅见有四铺作单杪斗栱，至金末时见有仅出楂头的对斗栱的简略表达。补间斗栱不如上一期发达，仅做一朵或不做。仿木构小木作仍延续了上期的特征，但不见有格子门多扇并列的做法。仿木构构造做法回归了以条砖加工为主的构造方式，构件预制化程度较上一期降低。

总体而言，该期墓葬仿木构建筑史料体现了退化的趋势，可以认为是该地区墓葬仿木构发展的衰落期。

三、墓葬仿木构建筑史料与地面史料的关系

1.墓葬仿木构建筑史料与砖塔仿木构建筑史料的关系（图10~图12）

地面所见古塔材料是除地下墓葬以外，另一类以砖石作为主要建筑材料的建筑物。自中唐时起，地面砖石塔开始见有仿木构建筑装饰，前人研究中也见有认为墓葬中仿木构建筑的流行是由砖石塔仿木构技术影响而来的观点。❶ 宋金时期地面砖石塔与地下墓葬同样出现了较为复杂的仿木构装饰，仿木构建筑史料包括仿木构大木作、仿木构小木作、仿木构屋檐等部分。河南中北部地区同时保存了丰富的宋金时期仿木构砖塔遗存。纪年北宋砖塔遗构有尉氏兴国寺塔（宋太平兴国年间，976—984年）、开封佑国寺塔（宋皇祐元年，1049年）、登封释迦佛塔（宋元祐二年，1087年）、唐河泗州塔（宋绍圣二年，1095年）、修武胜果寺塔（宋绍圣三年，1096年）、永城崇法寺塔（绍圣二年至五年，1095—1098年）、原阳玲珑塔（崇宁四年，1105年）等，纪年金塔遗构有登封端禅师塔（大定八年，1168年）、沁阳天宁寺三圣塔（大定十一年，1171年）、洛阳白马寺齐云塔（大定十五年，1175年）、登封崇公禅师塔（大安元年，1209年）等。北宋哲宗以前，地面砖塔所见仿木构斗栱以做出五铺作双出杪形式的斗栱为绝对主流。具体形态为，每面出斗栱多朵，栌斗内出华栱两跳，扶壁做泥道单栱，第一跳华栱上出连栱交隐的瓜子栱或素方一层，第二跳华栱上或置替木承檐，或直接承托仿木构屋檐。仿木构斗栱构造做法也以条砖加工方式为主流，斗类构件多以两块或三块砖叠砌而成，华栱多由两块条砖并砌斫成，扶壁与第一跳头横栱或由条砖侧砖立砌斫成，或由三块条砖叠砌而成。塔上所见仿木构小木作则以版门与方形破子棂窗及花格窗的组合为主流形制。北宋哲、徽二朝，砖塔所见仿木构建筑出现明显的形制变化，主要体现为斗栱开始用昂、跳头令栱的出现、要头的普遍使用等。典型如河南登封少林

❶ 宿白.白沙宋墓（2版）[M].北京：文物出版社，2002.

（a）登封净藏禅师塔（746 年）
（作者自摄）

（b）伊川后晋孙璠墓（940 年）
（四川大学历史文化学院考古系，等．洛阳伊川后晋孙璠墓发掘简报 [J]．文物，2007（6）：9–15．）

（c）郑州南关外宋墓（1056 年）
（四川大学历史文化学院考古系，等．洛阳伊川后晋孙璠墓发掘简报 [J]．文物，2007（6）：9–15．）

（d）巩义元德李后陵（1000 年）
（河南省文化局文物工作队第一队．郑州南关外北宋砖室墓 [J]．文物参考资料，1958（5）：52–54．）

（e）开封佑国寺塔（1049 年）
（陈豪提供）

图 10　河南晚唐五代及北宋中前期地下及地面仿木构斗栱实例

（a）登封少林寺释迦塔（1087 年）
（作者自摄）

（b）登封黑山沟宋墓（1097 年）
（郑州市文物考古研究所．郑州宋金壁画墓 [M]．北京：科学出版社，2005．）

图 11　河南中北部北宋哲宗时期地面与地下仿木构斗栱形制对比

（a）登封少林寺悟公禅师塔（金代❶）
（作者自摄）

（b）焦作电厂金墓（1189 年）
（焦作市文物工作队．焦作电厂金墓发掘简报 [J]．中原文物，1990（4）：99–103．）

图 12　河南中北部金代地面与地下仿木构斗栱形制对比

❶　少林寺悟公禅师塔因塔铭不存，纪年已不可考，本文根据其细部形制及塔林中所处位置，推断年代为金代。

寺西塔院释迦塔（北宋元祐二年，1087 年），一层斗栱为四铺作单昂形式，扶壁为泥道单栱，昂为琴面起棱平出昂形式，其上出楂头型要头，其上承端头卷杀的替木。泥道栱上出叠涩条砖两层，不见令栱的表现。永城崇法寺塔（北宋绍圣年间建）见有塔身出四铺作单杪的斗栱形式，但此四铺作斗栱形态，仅仅是将此前流行之五铺作双出杪斗栱之第二跳华栱换为要头。金代以后地面砖塔仿木构呈现退化趋势，沁阳天宁寺三圣塔（金大定十一年，1171 年）及洛阳白马寺齐云塔（金大定十五年，1175 年）均只用把头绞项作仿木构斗栱。登封少林寺塔林所见几例金代墓塔，仅悟公禅师塔一例做四铺作单杪斗栱，其余两例均只在塔身做出仿木构门窗。但值得注意的是，少林寺塔林金代墓塔中出现格子门的表现，为北宋地面仿木构塔中所不见的形制。

就仿木构大木作的发展历程来看，北宋哲宗以前，地面与地下仿木构建筑史料在仿木构建筑形制上体现出两种不同的营造思路。地面仿木构所流行之五铺作出双杪的斗栱形态在地下墓葬中均不得见，墓葬则以采用四铺作或把头绞项作的斗栱形式为主流，因此总体来看墓葬中仿木构斗栱形态较砖石塔更为扁平化，塔上斗栱所采用的突出塔身的跳头横栱，不见于墓葬斗栱之上。但追溯砖塔及墓葬仿木构营造的起源，河南中北部地区晚唐至五代时期墓葬和砖塔均以使用把头绞项作仿木构斗栱为主流。由此可以推测，河南地区北宋砖塔仿木构斗栱形制较唐代砖塔有了显著变化，而墓葬仿木构则更多地继承了晚唐五代墓葬的形式。北宋哲宗时期，墓葬与砖塔均体现出了在仿木构营造方面的显著变化，假昂及要头开始普遍流行，元祐二年少林寺释迦塔所见四铺作单昂的斗栱形态，与绍圣年间登封黑山沟宋墓所表现的斗栱形象接近。金代以后，登封悟公禅师塔所见补间一朵、四铺作单栱、蚂蚱头要头、令栱长于泥道栱等斗栱形制，与金中期焦作电厂金墓等墓葬仿木构斗栱形制如出一辙。

就仿木构小木作形制而言，北宋时期地面砖塔塔身以做出破子棂窗及格子窗为主流形制，此现象与地下墓葬的流行现象可以对应。仿木构格子门在墓葬中于北宋徽宗时期开始流行，金代之后则成为墓葬中主要的假门形式，登封几座金代墓塔所见塔身使用格子门的做法也验证了格子门形式在仿木构营造中的流行地位。

就仿木构构造做法而言，北宋哲宗以前，地下与地面仿木构构造做法十分相似，均为依赖条砖进行加工的构造形式，如仿木构斗为条砖叠砌形成，仿木构横栱为条砖叠砌或侧砖立砌加工而成，垂直壁面构件由两块条砖并砌制成。北宋晚期，地下墓葬中逐渐发展出使用预制斗栱构件的现象，地面砖塔中则仍总体保留了条砖加工的传统做法。金代之后，砖塔和砖墓中均体现出了高度化使用预制构件的现象（如登封悟公禅师塔及焦作电厂金墓）。

2. 仿木构斗栱与地面木构斗栱的比较

王敏《河南宋金元寺庙建筑分期研究》❶一文梳理河南地区宋金元时期木构建筑遗存实例，综合考量铺作对称性、扶壁栱、跳头横栱、昂型、栌斗形制、耍头形制、替木形制等，将斗栱形制分为北宋徽宗崇宁以前、北宋大观至元世祖至元年间、元成宗、武宗时期、元仁宗以后四期。本部分将利用其第一、第二期之分期结论，探讨河南地区仿木构斗栱史料与地面木构斗栱形制的关系。

表1总结了河南宋金及元代初期纪年木构建筑斗栱形制。

表1 河南宋金及元代初期纪年木构建筑斗栱形制排比表

建筑名称	纪年❷	总铺作次序	补间斗栱	跳头横栱	令栱-泥道栱	扶壁栱	昂型	耍头形制	普拍枋
济源济渎庙寝殿	开宝六年（976年）	五铺作双杪	1朵	偷	<	单	琴面起棱	蚂蚱头	有
登封少林寺初祖庵大殿	宣和六年（1124年）	五铺作单杪单昂	当心2朵；次1朵	计心单栱	>	重	《营造法式》型琴面	蚂蚱头	无
济源奉先观三清殿	大定二十四年（1184年）	五铺作单杪单昂	当心2朵；次1朵	计心单栱	>	重	《营造法式》型琴面	蚂蚱头	无
济源大明寺大殿	金至蒙元时期（1260年以前）	五铺作单杪单昂	当心2朵；次1朵	计心单栱	>	重	《营造法式》型琴面	蚂蚱头	有
博爱成汤庙大殿	元贞元年（1295年）	四铺作单昂	当心2朵；次1朵	—	>	重	《营造法式》型琴面	蚂蚱头	大额

1）总铺作次序

河南地区宋金时期寺庙建筑斗栱形制以五铺作为主流，北宋早期济渎庙寝宫使用五铺作双杪形制，宋末及金代几例建筑均使用五铺作单杪单昂的形制，元代初期出现斗栱形制的退化，开始使用四铺作斗栱，且建筑后檐使用简单的把头绞项作斗栱形式。

河南中北部地区墓葬仿木构斗栱形制在北宋哲宗以前只见有四铺作及把头绞项作的简单形式，与地面木构遗存斗栱形制有差异。而北宋中前期地面砖塔仿木构斗栱则流行使用五铺作双出杪的形式，与济渎庙寝宫的斗栱做法一致。由此推测地面与地下仿木构斗栱的形制差异同仿木构建筑的自身功能有关，地下墓葬由于受到士庶住宅不得使用四铺作以上斗栱的等级限制，因此采用了简单的斗栱形式。❸而地面砖塔由于是寺院建筑的一部分，可以采用四铺作以上的复杂斗栱形式。

北宋哲宗以后墓葬仿木构斗栱脱离了北宋中前期所颁布的禁令，并在技术进步的推动下，

---

❶ 王敏. 河南宋金元寺庙建筑分期研究 [D]. 北京：北京大学，2011.

❷ 表中建筑共存纪年根据王敏《河南宋金元寺庙建筑分期研究》一文确定。

❸ 《宋史》卷一百五十三《舆服志》五《士庶人服》条："景祐三年诏：屋宇非邸店、楼阁临街市之虞，毋得为四铺作、闹斗八。……非宫室寺观毋得彩绘栋宇。"同书卷一百五十四《舆服志》六《臣庶宫室制度》条："凡臣庶家不得施重栱、藻井及五色文采为饰，仍不得四铺作、飞檐。"参见：[元]脱脱，等. 宋史 [M]. 北京：中华书局，1985。

出现了更为复杂的斗栱形制，表现出了明显的追求复杂斗栱形式的仿木构建筑特征。虽然木构实例中至北宋末期才见有单杪单昂的斗栱实例，但参考墓葬中在北宋哲宗时期起此类斗栱形式就占据了绝对主流，可知单杪单昂的斗栱做法应在北宋中期就已流行于地面建筑之中。此外，四铺作单昂斗栱在木构实例中于元代初期博爱成汤庙大殿中始见。而地下墓葬中早在北宋早期元德李后陵墓室中就有表现，平民墓葬则始见于北宋晚期白沙M3，元祐年间少林寺释迦塔也出现此类斗栱形式，由此推测四铺作单昂的斗栱形式早已在地面建筑中出现，但由于所留存遗构实例多为寺庙组群中的主体建筑，所用斗栱等级偏高，而元代则出现斗栱形式弱化的趋势，四铺作单昂形式才使用于寺庙建筑正殿之上。

2）补间斗栱

河南地区北宋初期济渎庙寝殿正、背立面使用补间一朵，山面不用补间。至北宋晚期初祖庵大殿，正、背立面当心使用补间两朵、次间使用补间一朵，山面则使用一朵补间铺作，可见补间斗栱的明显增多。此后直至元初，建筑正立面补间斗栱的布置延续了当心两朵、次间一朵的传统。

北宋晚期墓葬中所见补间斗栱增加的现象，同地面木构的发展进程一致。但北宋哲宗元符年间白沙M1前室即出现了南壁补间两朵、东西壁补间一朵的情形，可推测补间两朵的做法在北宋中期左右即已在该地区流行。金代墓葬补间斗栱形式与地面木构相异，推测可能是墓葬仿木构制作减省化的结果。

3）横栱做法

此地区木构遗存的斗栱构造，可见从宋初偷心至宋末计心重栱的发展过程。金代以后，计心重栱成为绝对主流的形制。根据前文的分析，可知用砖材做出成熟的跳头横栱需要相对复杂的施工技术，由此也能解释跳头横栱在墓葬仿木构中所反映出的相对于地面木构建筑的滞后性。计心重栱形制在金初墓葬里的出现也强调了这一形制在地面木构中的流行。然而这一形制在仿木构营建中的昙花一现也进一步说明了跳头横栱的加工困难性。

河南地区宋初济渎庙寝殿令栱较泥道栱为短，至宋末初祖庵大殿令栱则长于泥道栱，此后该形制一直延续至元初。墓葬中在徽宗初期表现出令栱与泥道栱长度比由小变大的发展过程，与木构几乎同步体现，金代墓葬延续北宋末年的令栱长于泥道栱的形制，也体现了墓葬与木构现象的一致性。

就扶壁栱形制来看，宋初济渎庙寝殿使用扶壁单栱承枋，至宋末初祖庵大殿扶壁使用泥道重栱，此后该形制一直延续至元初。哲宗时期墓葬仿木构中体现了从扶壁单栱至扶壁重栱的变化过程，与地面木构斗栱几乎同步。金代墓葬中所流行的扶壁重栱做法，也与地面木构的流行形制一致。

4）昂型

河南宋初济渎庙寝宫角铺作由昂使用琴面起棱的形式，至宋末宣和年间初祖庵大殿则开始使用与《营造法式》规定相符的琴面昂形式，此昂型为金代济源奉先观三清殿及济源大明寺大殿所继承，至元初成汤庙大殿，琴面起棱式昂又开始流行。墓葬仿木构斗栱在北宋哲、徽时期流行琴面起棱昂型，与济渎庙寝宫的昂型一致，可见这类昂型北宋一代始终在河南地区流行。同时并存有批竹昂的形式，应是旧形制延续的表现。宋末金初墓葬中还并存见有若干下卷昂的实例，虽不见相应木构遗存实例，但推测此昂型也并存于同时期地面建筑中。金代墓葬中以琴面起棱昂为主流，偶见有《营造法式》型琴面昂的实例，由此可知在宋末于地面木构中流行起来的《营造法式》型琴面昂于金代传播至地下墓葬之中，但由于此昂型用砖块加工困难，起棱式昂仍然占据主流。

5）耍头形制

河南北宋至元初的木构实例，均反映出斗栱使用蚂蚱头型耍头的做法，足以体现出这一耍头形制的主流地位。在墓葬仿木构中，宋初至哲宗以前，墓室耍头除元德李后陵墓室斜下抹斜式耍头与蚂蚱头造型类似之外，其余实例多采用批竹斜杀、栱型和直截型的耍头形制，延续了唐代木构及仿木构中所使用的主流耍头形制。北宋哲宗起，墓葬中开始流行蚂蚱头的耍头形制，此后直至金晚期一直是墓葬仿木构耍头形制的主流，期间偶见有蚂蚱头内颤及昂型耍头的形制。

6）小结（表2）

表2　河南中北部地区部分斗栱形制时间差对比表（单位：年）

形制	木构出现时间（不晚于）	墓葬仿木构出现时间（不晚于）	遗构时间差
五铺作斗栱	976	1075（官员墓）/1094（平民墓）	99/118
铺作用昂	976	1000（贵族墓）/1094（平民墓）	24/118
令栱＞泥道栱	1124	1108	−16
泥道重栱	1124	1099	−25
琴面起棱昂	976	1094	118
《营造法式》型琴面昂	1124	1189	65
蚂蚱头	976	1094	118

通过上文对部分斗栱形制的分析，可以总结出河南中北部地区地下墓葬与地面木构斗栱形制的对比分期（图13）。

第一期为北宋哲宗以前（960—1085年）。该期墓室仿木构斗栱模仿程度较低。具体表现为，不做出成熟的跳头横栱、横栱栱瓣做生硬直线、仿木构斗不做斗耳等现象。整体而言，斗栱体现出平面化的特征。但该期

	砖室墓实例	砖塔实例	木构实例	昂型	要头形制
I期（960—1085年）	元德李后陵，1000年 郑州南关外宋墓，1056年	开封佑国寺塔，1042年	济源济渎庙寝殿，976年	琴面起棱昂，济渎庙寝殿 批竹型，元德李后陵 批竹型，郑州二七北路墓	蚂蚱头，济渎庙寝殿
II期（1085—1127年）	白沙M1，1009年 新密平陌宋墓，1108年	登封少林寺释迦塔，1087年	《营造法式》，1102年 登封少林寺初祖庵大殿，1125年	琴面起棱型，登封黑山沟 琴面型，《营造法式》 下卷型，新安李村M2 《营造法式》琴面型初祖庵大殿	蚂蚱头，白沙M1 蚂蚱头，《营造法式》 蚂蚱头，白沙M1 蚂蚱头，宋四郎墓 蚂蚱头，初祖庵
III期（1127—1234年）	洛阳七里河墓，金中前 修武大卫金墓，金中	少林寺塔林金塔	济源奉仙三清殿，1184年 济源大明寺大殿，1260年前	下卷型，七里河 《营造法式》琴面型，涧西M15 《营造法式》琴面型，济源奉仙观 《营造法式》琴面型，济源大明寺 琴面起棱，伊川墓	内凹蚂蚱头，三门峡崤山西路 蚂蚱头，奉仙观 蚂蚱头，宜阳一中 蚂蚱头，大明寺

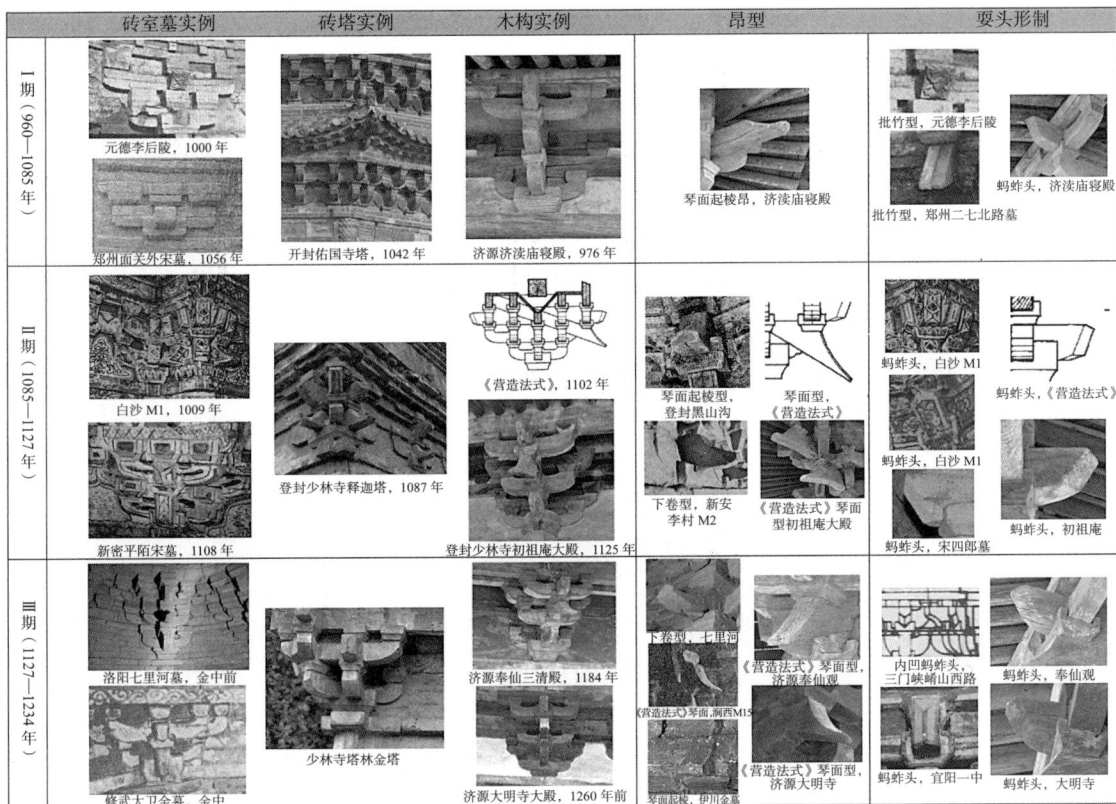

图13　河南中北部地区宋金时期仿木构及木构斗栱形制对比

仿木构斗栱所反映的部分细部形制见有对地面相应木构形制的模仿，如要头、普拍枋及补间斗栱的布置等。该期墓室仿木构斗栱形式简单，推测在房屋建造等级限制令的背景下，墓室仿木构体现了对地面住宅建筑样式的模仿。

第二期为北宋哲宗至北宋末（1085—1127年）。该期墓室仿木构模仿程度明显增高。斗栱形象立体化，出现了成熟的跳头横栱，华栱出跳更为明显。构件加工更为精致，表现为栱瓣使用柔和曲线处理、普遍出现使用斗耳等。

该期出现了五铺作及以上的斗栱形式，仿木构斗栱中所反映的形制信息更为丰富。地下仿木构斗栱中在此阶段所反映的补间斗栱增加、蚂蚱头要头的流行、扶壁重栱的出现、令栱增长等变化，与地面木构建筑中所反映的变化过程一致。同时，由于河南地区在北宋开宝至宣和的150年间不见有木构实例遗存，地下墓葬中所体现扶壁重栱、令栱长于泥道栱等早于木构出现的斗栱形制可以补足对地面木构形制时代变化的认识。

第三期为金初至金晚期（1127—1234年）。由于模制技术的推广，金中前期河南中北部地区墓葬仿木构斗栱形态体现出了一致的面貌，墓葬仿木构对地面木构的模仿形式趋于成熟。此阶段所体现出的扶壁重栱、令栱长于泥道栱、蚂蚱头要头、《营造法式》型琴面昂等形制，与地面木构建筑流行形制相符。斗栱形制继承北宋晚期做法的现象，在墓葬和木构中也存在一致性。金中后期河南地区墓葬仿木构体现出了明显的衰落趋势，其形制较地面木构建筑对应性减弱。

由此可见，因构造技术不成熟和等级限制等原因，北宋晚期以前墓葬所见仿木构斗栱尚无法反映地面高等级寺庙建筑的斗栱样式。北宋哲宗至金大定约 1 世纪的时段，为此地区墓葬仿木营建的鼎盛时期，仿木斗栱也与地面所存寺庙木构斗栱形态接近，一些构件细部形态的变化，也存在与地面木构的同步发展。从史料价值的方面来看，此时段内的墓葬仿木构斗栱，可以作为探讨地面斗栱样式和技术发展的佐证材料。特别值得一提的是，徽宗崇宁三年刊行的《营造法式》一书，其大木作制度中所见蚂蚱头、琴面昂、扶壁重栱等形式，早在哲宗时期的仿木构墓葬中就有出现，此现象可以作为此书"本地根源说"的编纂背景的证据之一。

四、结语

本文通过对典型纪年实例的分析，将河南中北部地区宋金时期墓葬仿木构史料的发展演变分为三期，第一期为北宋哲宗绍圣（960—1094 年）以前，墓葬仿木构建筑史料整体表现简略，但贵族及官员墓中所使用仿木构较平民墓更为复杂，总体而言，此期为该地区的发展雏形期。第二期为北宋哲宗绍圣至金大定二十九年（1094—1189 年），该期墓葬仿木构整体复杂化，实例也体现出了不同形制的并存，仿木构加工方式更为精致、出现了模制构件的使用，为该地区的发展变化期。第三期为金章宗明昌元年至金末（1189—1234 年），仿木构建筑史料体现出了明显的衰落趋势，形制再一次趋于简单。

通过与地面木构斗栱遗存的对比，本文认为，河南中北部地区宋金墓葬仿木构斗栱与地面木构斗栱的对比关系方面，体现出三个时段的变化。北宋哲宗以前，仿木构斗栱在技术条件及等级限令的限制下，对于木构的模仿程度较低；北宋晚期哲宗、徽宗时期，仿木构的模仿程度显著增高，其所体现的形制变化也与木构斗栱的形制变化几乎同期；金代仿木构斗栱的形象仍基本反映了地面木构斗栱的主流形制，特别是《营造法式》"大木作制度"中所规定的斗栱形制，在地下墓葬中得到突出表现。

墓葬仿木构建筑史料不仅自身含有丰富的时空信息，可作为探讨地区墓葬时代演变、营墓手工业发展的重要史料。其所包含的仿制信息，还可作为补充、佐证地区木构建筑形制发展的重要材料，从而对地区木构建筑技术发展有更为深入的认识。仿木构墓葬作为特殊的地下文化遗产，应该得到足够的关注和重视。

附表　河南中北部地区宋金墓葬仿木构建筑尺度标尺史料形制排比表

名称	纪年	平面形制	仿木构大木作形制							仿木构小木作形制			仿木构造特征			资料来源
			总铺作次序[1]	补间铺作	扶壁拱[2]	令一泥[3]	昂[4]	耍头[5]	普拍枋	假门类型[6]	假窗类型[7]	门窗位置[8]	斗类加工	拱类加工[9]	横拱布置[10]	
河南焦作北宋刘亮亮智亮砖雕墓	太平兴国五年（980年）	圆	把	1	单	一	一	直、批	有	版	格	正	叠砌	立砌	一	中原文物，2012/6
河南巩义北宋元德李后陵	咸平三年（1000年）	圆	四/昂	0	单	＞	不详	批	无	不详	格	正	叠砌	叠砌	混合型	华夏考古，1988/3
河南郑州北宋南关砖雕墓	至和三年（1056年）	方	把	1	单	一	一	批、拱	无	版	格	正	叠砌	叠砌	一	文物参考资料，1958/5
河南安阳韩琦墓	熙宁八年（1075年）	圆	五/拱+昂	1	重/隐	二	不详	楂	有	一	一	一	叠砌	叠砌	成熟Ⅰ型	考古，2012/6
河南安阳天禧镇北宋壁画墓	熙宁十年（1077年）	方	四/拱	2	单	＞	一	不详	有	不详	一	不详	叠砌	叠砌	混合型	文参，1954/8
河南巩义北宋魏王赵頵砖雕墓	元祐八年（1093年）	方	把	不详	不详	不详	不详	不详	有	一	一	一	不详	不详	不详	中原文物，1997/4
河南登封黑山沟北宋李守贵砖雕壁画墓	绍圣四年（1097年）	八边	五/拱+昂	0	重/隐	＜	琴棱	蚂	有	版	一	正	叠砌	叠砌	混合型	文物，2001/10
河南禹县白沙北宋砖雕壁画墓M1	元符二年（1099年）	前方后六边	墓门:五/拱+昂；墓室:四/昂；后室墓顶:五/拱+昂	1；2（南壁），1；1	重；单；重	＜,后室补间三；三；＜	琴棱；琴棱；琴棱	蚂；蚂；蚂	有	一；一；版	一；一；棂	一；正；正	叠砌；叠砌；模	叠砌；叠砌；模	成熟Ⅰ型；成熟Ⅰ型；成熟Ⅰ型	白沙宋墓，2002
河南焦作北宋梁全砖雕墓	崇宁四年（1105年）	八边	四/昂；五/2秒	0	单	不详	不详	蚂	有	格/三	棂	正、侧	不详	不详	不详	中原文物，2007/5

续表

名称	纪年	平面形制	总铺作次序[1]	补间铺作	扶壁拱[2]	令—泥[3]	昂[4]	要头[5]	普拍枋	假门类型[6]	假窗类型[7]	门窗位置[8]	斗类加工	拱类加工[9]	横拱布置[10]	资料来源
河南新密平陌北宋壁画墓	大观二年（1108年）	八边	四/拱	0	重/隐	>	—	蚂	有	版	—	正	叠砌	叠砌	成熟I型	文物，1998/12
河南安阳新安庄北宋砖雕墓M44	大观三年（1109年）	八边	墓门：四/拱	2	重/隐	=	—	蚂	有	无	—	—	叠砌	叠砌	不详	考古，1994/10
河南焦作小尚北宋冀闰砖雕壁画墓	政和三年（1113年）	八边	墓室：斗	1	—	—	—	—	有	不详	棂	正	不详	不详	不详	文物世界，2009/9
			下檐：把	2	单	—	—	蚂	有	格/三	棂、格	正、侧	叠砌	立砌	—	
河南杞县陈子岗北宋郑郭砖雕墓	政和四年（1115年）	圆	上檐：把	0	单	—	—	拱	有	—	—	—	叠砌	叠砌	—	
河南宜阳张家堡砖雕壁画墓	政和九年（1119年）	方	五/2拱	不详	单	=	—	蚂	不详	版	不详	不详	叠砌	叠砌	不详	开封考古发现与研究，1998
河南禹县白沙砖雕壁画墓M2	元符三年—宣和六年（1099—1124年）	六边	四/拱	2	单	=	琴棱	蚂	有	版	格	正、侧	叠砌	叠砌	成熟I型	洛阳日报，2016/1/18
			墓门：五/拱+昂	1	单	=	琴棱	蚂	有	版	棂	正	叠砌	叠砌	成熟I型	白沙宋墓，2002
河南禹县白沙砖雕壁画墓M3	元符三年—宣和六年（1099—1124年）	六边	墓室：四/拱	0	单	=	琴棱	蚂	有	—	棂	—	叠砌	叠砌	成熟I型	
			墓门：四/拱	1	单	=	琴棱	蚂	有	版	棂	正	叠砌	叠砌	混合型	白沙宋墓，2002
河南新安石寺李村北宋末四郎砖雕壁画墓	宣和八年（1126年）	八边	墓室：四/昂	0	单	>	—	蚂	有	—	—	正、侧	叠砌	叠砌	混合型	
			墓门：四/拱	2	单	<	下卷	蚂	有	版	—	正、侧	模	立砌、模	成熟I型	故宫博物院院刊，2016/1
			墓室：六/拱+2昂	1	单	翼型拱	下卷	蚂	有	格/四	—	—	立砌、模	立砌、模	成熟I型	
河南新安石寺李村砖雕壁画墓M2	宣和年间	八边	四/昂	3	单	>	下卷	蚂	有	—	棂、格	—	模	模	成熟I型	洛阳市古代艺术博物馆馆藏
			五/拱+昂	1	单	翼型拱	下卷	蚂	有	版、格/四	棂、格	正、侧	立砌、模	叠砌	成熟I型	

续表

名称	纪年	仿木构大木作形制								仿木构小木作形制			仿木构构造特征			资料来源
		平面形制	总铺作次序[1]	补间铺作	扶壁拱[2]	令-泥[3]	昂[4]	耍头[5]	普拍枋	假门类型[6]	假窗类型[7]	门窗位置[8]	斗类加工	拱类加工[9]	横拱布置[10]	
河南林县金代赵处庄砖雕壁画墓	皇统三年（1143年）	八边	无	—	—	—	—	—	—	版	棂	正、侧	—	—	—	华夏考古，1998/2
河南三门峡市崤山西路金代砖雕壁画墓M1	大定七年（1167年）	八边	四/拱	0	单	二	—	蚂/凹	有	版	—	每壁	不详	不详	不详	华夏考古，1993/4
河南焦作电厂金代砖雕壁画墓	大定二十九年（1189年）	八边	柱:四/拱;补:四/昂	1	重	>	法琴	蚂	有	格/四	棂	正、侧	模	模	成熟I型	中原文物，1990/4
河南宜阳一中金代砖雕壁画墓LYXM1	明昌五年（1194年）	方	四/拱	1	单	>	—	蚂	有	版、格/四	棂	正、侧	叠砌	叠砌	成熟II型	中原文物，2008/4
河南辉县百泉金代砖雕墓	崇庆元年（1212年）	八边	四/拱	0	重	二	—	棓	有	版	棂	正、侧	叠砌	立砌	成熟II型	考古，1987/10
河南义马南郑M156金代砖雕墓	贞祐四年（1216年）	方	棓	1	—	—	—	—	—	版	—	正	不详	不详	不详	华夏考古，1993/4

注：
1. 把头-把头绞项作；斗-斗口跳；四/杪-四铺作单杪；四/昂-四铺作单昂；五/2杪-五铺作双杪；五/杪+昂-五铺作单杪单昂；六/杪-六铺作单杪双昂；六/杪+2昂-六铺作单杪双昂；棓-棓头。
2. 单-扶壁单栱承枋；重-隐-扶壁重栱隐刻慢栱；重-扶壁重栱承枋。
3. >-令栱长于泥道栱；二-令栱等于泥道栱；<-令栱短于泥道栱。
4. 琴棱-琴面起棱昂；下卷-下卷昂；《营造法式》型琴面昂。
5. 直-直截；批-批竹；栱-栱型；法琴-琴面昂；蚂-蚂蚱头；凹-内凹型蚂蚱头。
6. 版-版门；格-格子门；格/四-四抹头格子门；版/四-四抹头格子门。
7. 棂-棂子窗；格-格子窗。
8. 正-正壁；侧-侧壁。
9. 叠砌-条砖叠砌做法；立砌-条砖立砌做法；模-模砖做法。
10. 混合型-无成熟令栱，令栱与扶壁栱混同做法；成熟I型-成熟令栱做法，令栱与跳头同直线；成熟II型-成熟令栱做法，令栱较跳头缩进。

明代北京朝天宫规制探讨

李纬文

（巴黎索邦大学）

摘要：朝天宫曾经雄峙在北京阜成门内，是明代京师宫观之首。整组建筑建成于 1433 年，在天启年间的一场大火中化为灰烬，文献中描述它的笔墨极少。然而朝天宫毁后，其基址尺度却长久地留在了西城街巷中。根据碑文记载，这座皇家道场模仿了南京朝天宫的规制。依靠至今尚存的南京朝天宫及其文献记载，再参考北京金元时期的皇家道场天长观（长春宫），我们得以在朝天宫遗留下的基址上描绘它曾经的规制，并一窥皇家敕建宫观规制传承中的逻辑。

关键词：朝天宫，道教宫观，南北两京，敕建，规制模仿

Abstract：Once dominating the western wards, Chaotiangong or Palace of Venerating Heaven was at the leading Taoist temple in the Ming capital of Beijing. The complex was built in 1433 but burnt down to ashes after 193 years in the Tianqi reign period without leaving many literary records. However, Chaotiangong had put its stamp on the urban fabric surrounding the temple. From a stele inscription we can also know that it imitated a temple with the same name that has survived in parts in Nanjing, the first capital of the Ming dynasty. Through further comparison with imperial Taoist temples of previous dynasties such as Tianchangguan or Temple of Long-lasting Heaven of the Jin and Yuan, we can make conjectures about the original design and layout of the Beijing Chaotiangong. This then allows us to suggest basic characteristics of the spatial logic and conventional form of imperial Taoist temple architecture.

Keywords：Chaotiangong, Taoist temples, northern an southern Ming capitals, imperially commissioned construction, reproduction of design

一、看不见的朝天宫

北京朝天宫，可能是这座城市历史上曾经存在过的规模最大的敕建寺观。其冠绝首善的形制、皇家道场的地位、诡异叵测的毁灭、周回数里的遗骸，以及在北京民间童谣传说中的一席之地，都让人不免对它当年的胜景心生遐思。然而如此一座巨观，留在历史记载中的痕迹又是如此之有限，让人琢磨不透。

如今的北京朝天宫片瓦无存，对这一建筑群的历史沿革，《帝京景物略》的记载最为人们所熟知。据《帝京景物略》记载，朝天宫创建于明代宣德年间，宣德八年（1433 年）完工。成化十七年（1481 年）修缮。天启六年六月二十日（1626 年 7 月 13 日）夜，朝天宫各处突然同时起火，随即烧为平地："有异状，无火而延，十三殿齐火，不以次第及，烬不移刻，无所存遗" ❶，而附近民居则未被延烧。《明史》则记载朝天宫火灾的日期为天启六年五月癸亥，即五月二十二日（1626 年 6 月 15 日），与《帝京景物略》并不一致。

---

❶ 刘侗，于奕正. 帝京景物略 [M]. 北京：北京古籍出版社，1983：185.

《帝京景物略》中还提供了朝天宫规制的简要介绍："建三清殿,以奉上清、太清、玉清;建通明殿,以奉上帝;建普济、景德、总制、宝藏、佑圣、靖应、崇真、文昌、玄应九殿,以奉诸神……。"❶ 文中总共出现了朝天宫十一座殿宇的牌额,再加上"东西……具服殿"❷,共十三座主要建筑。而其后文中提到朝天宫火灾时亦称"十三殿齐火"。《帝京景物略》的这段介绍显然参考了成化年间的"御制重修朝天宫碑"碑文,但略有改动。原碑文则更为详细地提到了朝天宫一些附属建筑的情况:"……又万岁、东西具服殿以伺驾幸之所。祠堂各二,钟楼鼓楼二,碑井亭五,紫虚、朝天、玄都门二(三?),并蓬莱真境牌楼。他若道录司、斋堂、方丈、诸羽流栖息,厨浴、仓库、厢房,通数千间。神座阶道以石,周围垣墙以土。"❸ 然而,无论是《帝京景物略》还是"御制重修朝天宫碑",都并未介绍这些殿宇的尺度或排布格局。大众遂演绎《帝京景物略》的说法,往往认为朝天宫中轴线上有十三重殿宇。

尽管朝天宫一夕被毁,但其巨大的遗骸仍在今北京市西城区阜成门内一带的城市街道肌理中留下了难以磨灭的痕迹。这一残留痕迹主要包括一处尺度巨大的回字形格局的街巷框架,和从这一框架南端中点向今阜成门内大街延伸的两条相互扭结的小街。这些街巷及其名称可以让我们对曾经存在于明代的朝天宫的"四至"进行大致的定位:朝天宫整体(回字形框架的外圈)南至今安平巷[《乾隆京城全图》(以下简称乾隆图)❹ 称回子营胡同]一线;西至今福绥境(乾隆图称半壁街)一线;东至今庆丰胡同(乾隆图称回子营)一线;北至较为模糊,约在今北京市文物保护单位玉皇阁南界一线。朝天宫中路主体院落(回字形框架的内圈)南约至今小茶叶胡同西延线;西至今西廊下胡同一线;东至今东廊下胡同一线;北至今大玉胡同(乾隆图称下坡儿)一线。整组地盘由今中廊下胡同一线纵向一分为二,并向南由今宫门口西岔、宫门口东岔两条并行胡同接入今阜成门内大街(图1)。直至21世纪最初几年,这一组街巷框架仍相当完整。随着近年来城市的变迁,目前该格局的北部已经渐次被现代建设压占,南部则处于北京市阜成门内大街保护区内。

借助北京市地图、历史航拍图与谷歌地球等地图工具,我们可以测得,朝天宫所留下的巨大回字形框架的外圈东西宽302米左右,南北长475米左右;其内圈东西宽165米左右,南北长335米左右(均以街道内缘为准);从外圈南端至今阜成门内大街距离301米左右。若以1明尺≈0.317米换算,外圈为95.27丈×149.84丈,内圈为52.05丈×105.68丈,外圈南端距离

❶ 刘侗,于奕正.帝京景物略[M].北京:北京古籍出版社,1983:185.

❷ 同上。

❸ 沈榜.宛署杂记[M].北京:北京古籍出版社,1980:196.

❹ 本文中参考和引用的《乾隆京城全图》均为日本东洋文库藏本。电子化图像链接:http://dsr.nii.ac.jp/toyobunko/II-11-D-802/

图 1　1959 年北京朝天宫地区街巷格局
（作者基于北京市测绘设计研究院历史航拍图绘制）

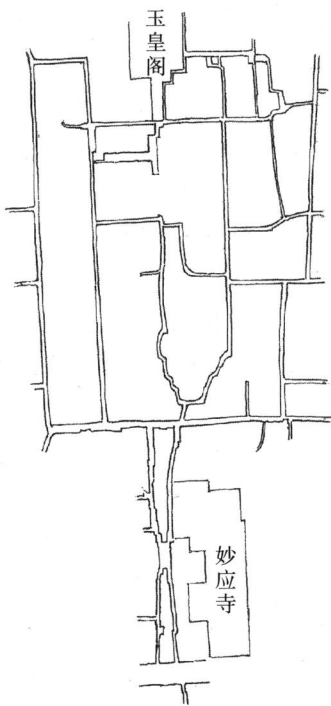

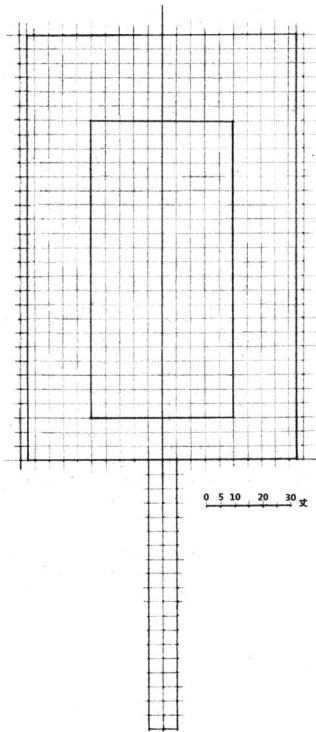

图 2　北京朝天宫的基址设计理
想状态推测图
（作者自绘）

大街 94.95 丈。通过取整，则可推测明代北京朝天宫的设计尺度为外垣墙 95 丈 × 150 丈；中央院落 50 丈 × 105 丈；宫门前甬道长 95 丈（图 2）。这一规模，足以令北京任何其他寺观相形见绌。

从朝天宫留下的这个回字形地盘框架来看，明确出现在"御制重修朝天宫碑"和《帝京景物略》中的十一座"以奉诸神"的殿宇似应集中于回字形框架的内圈，其他附属建筑则位于两圈之间，以形成两个边路以及前导空间。然而朝天宫虽大，也无法将十几座大殿依次布置在其中轴线上，历代皇家道场亦无此规制。参考明代皇家寺观的常见格局，我们基本可以确定，这十一座在碑文等记载中具名的殿宇，曾在朝天宫回字形框架的内圈位置上构成一组廊院建筑群。但这一廊院到底是如何布局，十一座殿宇又是如何排布？仅仅依靠北京朝天宫自身留下的文献已经难以深入探究。要想进一步解答这些问题，需要一探明代朝天宫的来龙去脉。

二、蓝本：南京朝天宫

在"御制朝天宫新建碑"中，明宣宗（1425—1435 年在位）已经指出了在北京建造朝天宫的渊源："南京洪武初建朝天宫于皇城之西，以奉上帝，以展祈报。北京肇创之初，盖制未备，比命有司，祗循令典，得吉卜于都城之内西北隅，遂仿南京之规，创建宫宇，靓深元爽，百物咸具……。"[1] 由此可知，北京朝天宫必定在某种程度上体现并演绎了南京朝天宫的规制。

❶　沈榜．宛署杂记 [M]．北京：北京古籍出版社，1980：196.

南京朝天宫并非起于白地，它兴建于历代皆有建置的金陵冶城山丘陵。南朝时此地已有总明观，宋代先后称天庆观与祥符宫。元时此地已为一大胜景，根据虞集（1272—1348年）在其《飞龙亭记》中的记载，其时山顶一亭名冶亭，元文宗（1328—1332年在位）未登基时常到此亭游憩。迨文宗登基后，"所谓冶亭者，既名飞龙，加饰楹桷，置御榻其中，重复而谨视之。别作亭其下，仍曰冶亭……"。❶ 冶城山南坡的皇家道场元初称玄妙观，到元季加额为大元兴永寿宫，三门、大殿、后殿等建筑已规模大备。明太祖（1368—1398年在位）创建朝天宫时，即是在其基础上恢廓而成。

南京朝天宫自创建以来，历经多次修缮、大小灾毁和修复，委曲留存至今。目前规模，便是清同治年间修复的结果。此次修复之后，南京朝天宫改变功能成为文庙，故而在诸多方面已不再是明代皇家道场的原貌，但总体格局尚可参考。其现状大成殿台基一侧，有明代大学士商辂（1414—1486年）撰文的"奉敕重建朝天宫碑"，镌于成化十五年（1479年），记载了于天顺五年（1461年）遭遇火灾的南京朝天宫历经六载修复完成的情况。在南京朝天宫重建之后两年，明宪宗又着手修缮北京朝天宫，一南一北留下了时间非常接近的两座重修碑。

"奉敕重建朝天宫碑"对南京朝天宫规制的记载，相比"御制重修朝天宫碑"对北京朝天宫的记载要详细，恰好使我们可以找寻两者的承袭关系。根据商辂的碑文，"旧冶城山顶，有飞龙亭遗址，新建黑绿琉璃两副檐殿三间，奏改为万岁殿。山前，前三清宝殿七间，以奉三清圣像。后建大通明宝殿七间，参奉玉皇圣像。前神君殿五间。又前，中山门三间，外山门三间，东、西小门二间。门之北，左、右经阁二，碑亭二，钟、鼓各一。东，景德、普济、显应三殿；西，宝藏、总制、威灵三殿，皆绿琉璃缘边，通脊吻兽。廊庑八十四间。又东，道录司、斋堂、神厨、真官堂；西，下公庙、神库、仓房、土地堂。山后，全真堂，东、西方丈，两旁弘化、育真二角门，周围墙垣。宫之前，牌楼二，南扁朝天宫，北蓬莱真境。是役也，规制悉遵于旧，而仑奂有加于前……"。❷

从这段碑文可以看出，元文宗留下的冶城飞龙亭基址在成化时期的这次朝天宫重建中被纳入工程范围，改造为万岁殿一座三间。明人乔宇（1464—1531年）在其《游冶城山记》中提到过此殿："殿后有亭，黄其垣，据高阜之巅……高皇尝于此更衣"❸，可知飞龙亭改为万岁殿是因为此处曾于洪武年间充作明太祖朱元璋的具服殿，而更改牌额后其规制似未大变，仍是亭式。至于朝天宫主体各殿，其中三清、通明、景德、普济、宝藏、总制等六座殿宇的名称与北京朝天宫成化重修碑中提到的部分殿宇名称完全相符。而葛寅亮（1570—1646年）《金陵玄观志》正文中记载的侧殿名则有所不同，东廊为威灵、景德、三官；西廊为显化、宝藏、四圣，当是明代后期又有更改。得益于这段记载中提到的方位，我们可以判断，在两

朝天宫规制探讨

❶ 虞集.道园学古录 [R].卷三十七//钦定四库全书荟要.卷一万六千三百六十四.吉林：吉林出版集团，2005.

❷ 葛寅亮.金陵玄观志 [M].卷一.南京：南京出版社，2011.

❸ 同上.

京朝天宫曾经名称相同的这六座殿宇中，位于各自中轴线上的，仅有三清、通明两座而已，其余诸殿则为庑廊连接的门殿和偏殿。至此，关于北京朝天宫"十三重殿宇"的想象可以终结了。以南京朝天宫今日状态推测，其初建时，矗立在廊院中央的只有三清殿一座建筑，通明殿则在廊院北端。

除此之外，商辂的碑文以及葛寅亮的《金陵玄观志》还描述了众多宫门、楼阁等附属建筑的相对位置和楹数，以及东西两路的建置情况。但必须考虑的是，南京朝天宫是一处山地建筑群，且前临秦淮河，用地相对逼仄。虽然其主体殿堂因循敕建规制，形成一系列较为规整的空间，但其规划不可避免地要依据山形地貌而做出调适。例如乔宇的《游冶城山记》中提到，跨过两重山门之后，要"从修廊九曲而入"，才能到达"台殿崇峻"[❶]的中心院落。所谓"修廊九曲"，应是指连接山门与廊院这段地势落差的曲折登山道。

所幸有《金陵玄观志》中所载的凌大德绘制的一组朝天宫图，才使得我们免于继续在各种惜字如金的记载中猜测这组建筑在明代的状态（图3）。据此图，可以绘制出南京朝天宫中心院落的原状格局，并为进一步推演北京朝天宫的平面设计与规制创造条件（图4）。

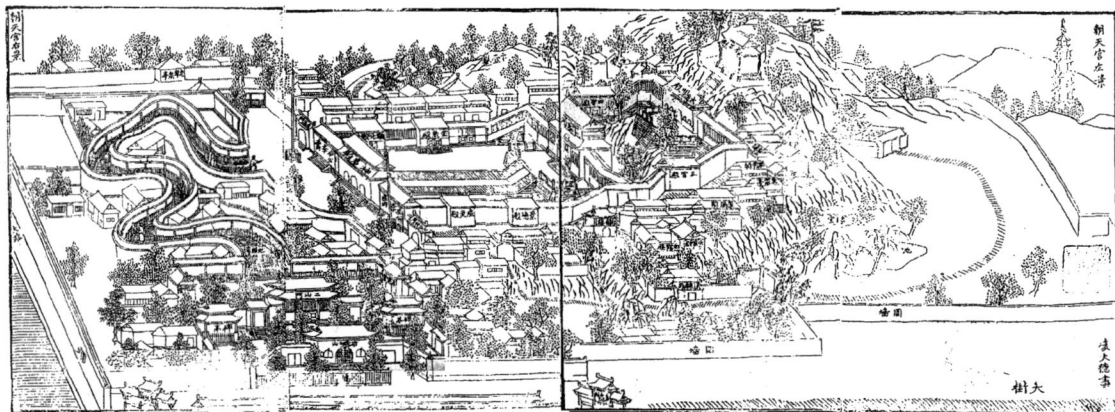

图3 凌大德朝天宫图
（文献 [2]. 卷一 .）

今天的南京朝天宫规制已无法与碑文中的记载完全匹配，尤其是其前导空间朝向、曲廊以及分布在东西边路、冶城山后的建置已经极大改变或消失。但其重门、庑廊、前后两座大殿的格局并未改变。目前其主体院落外轮廓东西宽约78米，合24.6丈，从今大成门一线至后殿崇圣殿一线庑廊外轮廓南北长约173米，合54.6丈。可以猜测，朝天宫初创之时，其主体院落的设计尺度或许是25丈×55丈。而按上文的推算，北京朝天宫主体院落的设计尺度，50丈×105丈，约略是其四倍。如明宪宗所言，南京朝天宫已然是"规模宏敞，视他观宇特异"[❷]，则北京朝天宫之盛大，可证不虚。

这也可以算是明成祖营建北京时"悉如金陵之制，而宏敞过之"原则的一种延续。

❶ 葛寅亮 . 金陵玄观志 [M]. 卷一 . 南京：南京出版社，2011.

❷ 沈榜 . 宛署杂记 [M]. 北京：北京古籍出版社，1980：196.

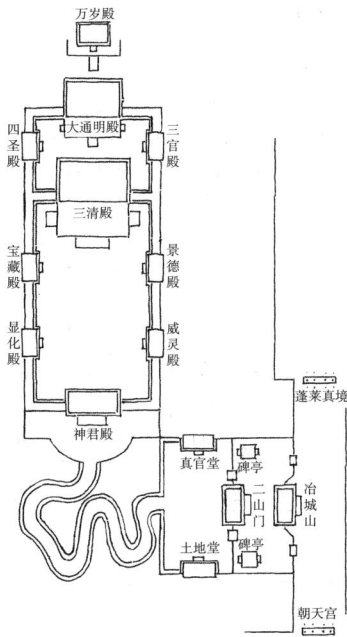

图 4　明代南京朝天宫主体部分平面格局复原图
（作者自绘）

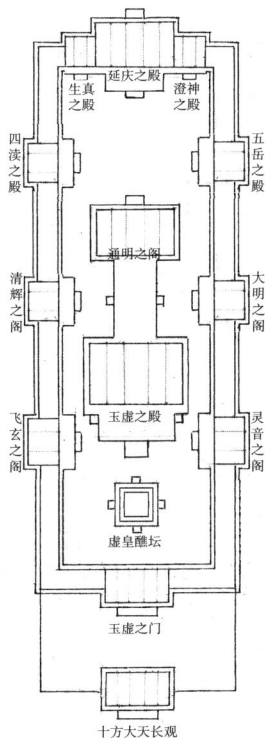

图 5　金中都十方大天长观主体部分平面格局复原图
（作者自绘）

三、前朝蓝本：金中都天长观

可以看出，明代两京朝天宫的规划之间确实存在一种跨越空间的联系。如果换一个视角，历代的皇家道场是否也因循着某种类似的格局，以至于可以形成一条跨越时间的脉络呢？想要回答这个问题，需要对我国的道教宫观建筑进行一场全面的考察。本文暂且不走得太远，只在时间上略略回溯，观察离北京朝天宫不远处另一座著名道场的情况。

今天的北京白云观是这座城市中最负盛名的道教宫观。不过在元代，它还只是大都长春宫建筑群的东路建筑，后因长春真人丘处机仙蜕入土于此而逐渐兴盛。而大都长春宫整体则又坐落在金中都天长观的基础上。现存的元代文献没有提供有关长春宫规制的详细描写，但在明代文献《正统道藏》中，收录有金代"中都十方大天长观重修碑"碑文一篇，对这组建筑当时的规制有详细的介绍："前三门榜曰十方大天长观，中三门曰玉虚之门，设虚皇醮坛三级，中大殿曰玉虚，以奉三清，次有阁曰通明，以奉昊天上帝，次有殿曰延庆，以奉元辰众像。翼于其东者，有殿曰澄神，翼于其西者，有殿曰生真，以奉六位元辰。东有钟阁曰灵音，兼奉玉皇上帝、虚无玉帝，次有阁曰大明，以奉太阳帝君，次有殿曰五岳，以奉诸岳帝暨长白山兴国灵应王；西阁曰飞玄，以秘道藏，兼奉三天宝君，次有阁曰清辉，以奉太阴星君，次有殿曰四渎，以奉江河淮济之神。洞房两庑暨方丈凡百六十楹有奇。"❶

这段金代"中都十方大天长观重修碑"叙述的次序与南京"奉敕重建朝天宫碑"的叙述颇有类似之处，都是先叙中轴线上诸殿，再及两庑殿堂楼宇，从前至后渐次深入。由此推断，这座天长观的中央院落也是一座廊院，不计玉虚之门，廊院中排布三座主要建筑：玉虚殿、通明阁和延庆殿。延庆殿在廊院尽端，两侧配有趏殿或耳殿，东为澄神殿，西为生真殿。庑廊两侧各连接三座殿阁，东灵音阁、大明阁、五岳殿；西飞玄阁、清辉阁、四渎殿。其中，中轴线上玉虚殿、通明阁供奉主神的格局都与明代南北两京的朝天宫一致，唯一的区别是其后尚有第三殿延庆殿的建置，为朝天宫所无（图5）。

金中都天长观的规划尺度已经难于查考。唯有元代王鹗（1190—1273 年）撰写的《重修天长观碑》碑文中提到，在元

---

❶　道藏 [R]. 册 19. 宫观碑志 . 上海：上海书店出版社，1988: 716.

❶ 于敏中. 日下旧闻考 [M]. 册 3. 北京：北京古籍出版社, 2000: 1581.

❷ 刘侗, 于奕正. 帝京景物略 [M]. 北京：北京古籍出版社, 1983: 186.

初以"凡旧址之存者罔不毕具"为原则的重修中，"建正殿五间"❶。由此可知天长观的前殿玉虚殿可能为一座面阔五间的建筑。相较明南京朝天宫前后殿皆为七间的规制，金中都天长观／元大都长春宫的单体建筑平面尺度似乎要略小一些，但考虑到金元时期宫观设计与明代的差异，天长观建筑群的整体规划尺度尚难于对比。

前奉三清、后奉玉帝的格局在我国各地的大型道教宫观中较为常见，如金中都天长观这样将三清奉于殿、玉帝奉于阁的建筑设计也经常出现。至于碑文中描述的一阁居中、数阁夹峙的格局，则更多体现了宋金时期寺观的惯常设计手法。明代北京朝天宫中供奉玉帝的通明殿会不会实际上也是楼阁式建筑呢？其碑文中没有提及。但在《帝京景物略》中所载的王嘉谟《雪中朝天宫习仪》一诗，有"钟定鼓严漏箭回，通明楼阁已重开"❷之句。单这一句诗文虽然还不足以证明北京朝天宫中的通明殿是楼阁，但也未必仅是诗人修辞。

元朝末年，长春宫主体部分毁弃，此后再未重修。故而当明宣宗创建北京朝天宫时，金元时期的皇家道场已缺少实物可以参考，我们也没有必要过于执着地试图把明代两京朝天宫和天长观的设计细节一一对应。或许明宣宗觉得北京朝天宫参考南京朝天宫规制已经足够。不过更有可能的是，这类皇家道场的布局和空间逻辑早已内化于历代设计者的经验中，所谓模仿哪个具体的实例其实更多的是一种相对化的指导。

四、看得见的朝天宫

回到北京朝天宫，对比上文中提到的南京朝天宫的情况，不难发现这两座道场的设计条件其实并不相同。南京朝天宫起于丘陵，作为对"冶城西峙"这一金陵胜景的新阐释，它的设计并不完全是一种抽象的规制附会，而是包含着很多与环境和史迹相调适的灵活成分。比如将元代飞龙亭遗存改为万岁殿以赋予其新的含义，依照山势和游览者的视角安排左右边路和山后附属建筑。而北京朝天宫则不同，背负着"仿南京之规"这一简单明确的礼制原则，人们在谋划这座巨大宫观的设计时，恐怕来不及去领会其南京模板背后所有的意味，而是优先将显露在外的空间特征拿来参考。

比起冶城山，北京朝天宫的基址广阔而平坦。南京模板中山巅有亭、山前有宫、山后有堂的格局在此失去了意义。然而更为开阔的基址又的确带来了一些新的可能。在上文中已经提到，成化"御制重修朝天宫碑"碑文所列举的北京朝天宫十一座奉神之殿中，有六座殿宇的名称与南京模板完全相同。但南京朝天宫主体共九殿（包括门殿神君殿一座），较北京朝天宫主体少两殿。参考成化碑文的叙述逻辑与南京朝天宫的殿宇布置，以及标识着北京朝天宫原有殿前御道的中廊下胡同的起止位置，有理由推测北京朝天宫中央院落与南京朝天宫中央院落一致，均在中轴线上排布两座大殿，并相对集中在廊院尽端；但前者要多一组侧殿。大殿两座，两庑侧殿四组共八座，再加上廊院前端的门殿，共十一座。至于这些殿宇与碑文中记载的牌额如何对应，我们只能略作猜测：普济、总制字面对应，为第一组侧殿，景德、宝藏字面对应，为第二组侧殿——明初南京朝天宫中的四座同名殿宇亦是两两相对的格局。"佑圣"是北极真武佑圣真君封号中的两字，当是供奉这位明人格外崇信的神祇的殿宇；"靖应"是正一教第一代天师张道陵历代封号中的两字，当是供奉这位祖师的殿宇，或构成第三组侧殿。"崇真"亦是供奉真武大帝的殿宇名，"文昌"则为供奉文昌帝君的殿宇名，相对较常见于各种规模的道教宫观，或构成分布在通明殿两侧的第四组侧殿。"玄应"或为廊院前端门殿（图6）。

如今北京朝天宫遗址上的东廊下、西廊下两条胡同之间的距离定位了曾经的廊院宽度，而中廊下胡同或许是由曾长期遗存、不易清除或难以在其上兴修建筑的御道演变而来。这种情况在北京的其他几处大型寺观亦有存在，如大隆善护国寺和大隆福寺两侧。但朝天宫东西两廊之间的宽度远远超过了其他任何此类格局。根据上文中的测算，这是一个宽50丈、长105丈的矩形地盘，参考明代大型建筑群的设计比例，即主体殿堂面阔接近廊院宽度的一半，北京朝天宫正殿三清殿的面阔可能达到20丈，算得上是北京敕建宫观中无出其右的孤例。通明等殿尺度和规制比照三清殿相应递减。成化碑文中的御制诗还有一句著名的"紫禁西北名朝天，重檐巨栋三千间"，既点出了整组建筑群的规模量级，也说明朝天宫的主体殿宇为重檐。这些殿宇的开间数和周庑总间数尚有待于在文献中发掘，考虑到南京模板的情况，笔者推测北京朝天宫的三清、通明两殿亦为面阔七间，廊院门殿、山门为五间，诸侧殿为三间。

对于一组座道教建筑群而言，正殿面阔达到20丈几乎是难以想象的。但如果综合考虑北京朝天宫在明代官方祭祀、礼仪和斋醮活动中的重要地位，会我们发现其仍可以纳入明代北京地区殿堂规模等级的序列。在这一序列中，大内正衙奉天殿以30丈的面阔独居首位，而其他重要礼仪、祭祀建筑群的主体殿堂则围绕20丈、15丈这两个尺度集中分布。尽管这一序列并无明文规定，其作为建筑标准的存在尚需更多文献证明，但它仍可能揭

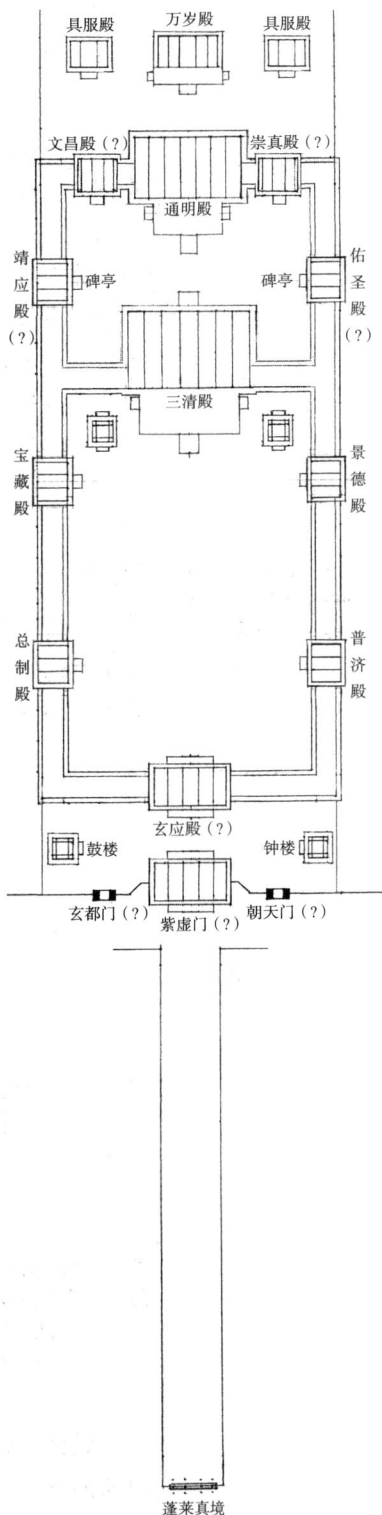

图6 明代北京朝天宫中心院落
平面复原图
（作者自绘）

中国建筑史论汇刊·第壹拾柒辑

示了北京朝天宫作为一处糅合了道教活动与管理、官方祭祀、仪式演练等多种功能的建筑群异乎寻常的地位与规格（图7）。

在中心院落之后，朝天宫并不骤然结束。根据成化"御制重修朝天宫碑"记载，朝天宫中尚有万岁殿、东西具服殿(其中万岁殿失载于《帝京景物略》)。根据南京朝天宫的情况可知，这里的万岁殿建置实是模仿冶城山顶由飞龙亭改造而成的万岁殿，但既无后者地势，亦无其前朝掌故，仅仅是作为皇帝临幸时的行殿。至于具服殿，一般设置于祭祀建筑群的前导空间。但根据碑文叙述次序，北京朝天宫的东西具服殿可能与万岁殿相并，位于建筑群后部。明代在重要宫观主要建筑之后设置御用行殿和具服殿的做法并不少见，在嘉靖朝记载北京皇城道教设施建置与活动的文献《金箓御典文集》中可见当时多处宫观后部设有"御憩"等行殿以及两侧偏殿，并列形成一组。有时亦冠以寿、福、禄等嘉名，如大光明殿之寿圣居、福真憩、禄仙堂一组；万法宝殿之寿憩、福舍、禄舍一组；圆明阁之寿松馆、福竹馆、禄梅馆一组等。❶此类御憩如今已无实例，但《乾隆京城全图》中表现的大光明殿之中所、东所、西所尚有此遗意（图8）。嘉靖时原有之寿圣居、福真憩、禄仙堂早已拆除，此三所为后世补建，但其大体格局应未改变。以此推测，北京朝天宫的万岁殿与左右具服殿也可能是一组三座并列的建筑。

❶ 参见：单士元. 明北京宫苑图考[M]. 北京：紫禁城出版社，2009: 211，258，263。

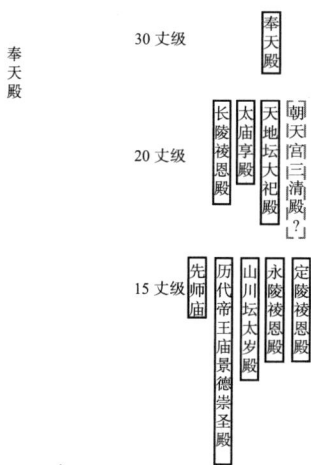

图7 明代北京地区礼制、祭祀建筑群主体殿堂尺度序列与北京朝天宫可能所处地位
（作者自绘）

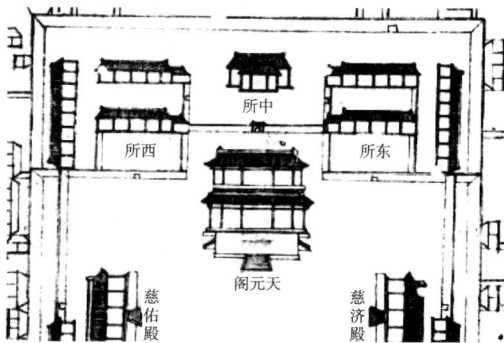

图8 大光明殿院落尽端的中所、东所、西所位置图
（文献[4]. 局部）

成化"御制重修朝天宫碑"还记载了钟鼓楼、碑亭井亭、宫门、牌楼以及祠堂、道录司等两翼附属设施的情况。除了钟鼓楼、碑亭、宫门与牌楼等关乎礼制的设施相对依照定制之外，其他附属建筑的具体位置与形制难以一一推测。但北京朝天宫尚有一个难以忽视的特点，那就是其宫前规模可观的甬道。明代南北两京朝天宫在创建之初就承担着百官习仪的功能，

除了殿宇雄伟模拟大内、庭院开阔容纳百官之外，宫前甬道的设计似乎也与这一功能有着直接关系。南京朝天宫前设计有盘绕上升的"九曲修廊"。北京朝天宫地势平坦，街衢规整，并无设置这种曲廊的必要。在某种意义上，北京朝天宫前的通直甬道可以被理解为是南京朝天宫模板的曲廊被拉直后的效果。

然而从另一个角度来看，这条通直甬道亦非全然是附会南京规制的结果。北京朝天宫的选址不是随意而为。明初的北京西城早在元大都时期就已是人烟辐辏之地，如何能有隙地容纳一座如此广大的道场？根据前文估算，朝天宫外垣占地超过 14 万平方米，如果创建朝天宫前此地尽是民居，想要搬迁这些居民难度极大。因此，有理由推测，此地在元末明初并非街市，而是一处相对开阔的空间。元大都社稷坛位于和义门大街与平则门大街之间，背南面北，占地 40 亩。根据姜东成等学者关于元亩与元大都规划模数的论述，这一墙垣尺度换算为公制约为在 23800 平方米。以明代朝天宫的位置与基址规模推测，元大都社稷坛的整体占地可能较其墙垣本体更为广大，而明代朝天宫则有可能利用了元大都社稷坛背后一些附属设施留下的空地。此外，朝天宫恰在元大都始建的妙应寺（大圣寿万安寺）西北，一刹一宫相距极近。考虑到明代妙应寺边路与白塔后建置要比今日完整，占地面积虽不及朝天宫，但也是城中的大寺，朝天宫的选址显然顾及了妙应寺的存在，使妙应寺处在其宫墙之南、宫门之东。在这些因素的影响下，北京朝天宫并未南临大街，而是顺理成章地靠一条甬道与大街相连。不知是否巧合，这条甬道的长度与朝天宫地盘宽度基本相等。"御制重修朝天宫碑"碑文中提到的蓬莱真境牌坊或许就位于这条甬道与阜成门内大街相交处。

五、可能的镜像：北京隆福寺

至此北京朝天宫的原有规制可大略了解。一组可识别性很强的建筑群、一种延续了多个时代的传统设计、一朝天子的得意之作，其生命力往往出乎意料地强大。北京朝天宫的规划设计向上根植于一系列建筑作品所留下的约定俗成之中，向下也不可能不被别的作品或多或少地继承。景泰三年（1452 年），景泰皇帝考虑到京师东城缺少大寺，下令在"大内之左"兴建大隆福寺。这座表达了皇帝于公于私微妙寄托的巨刹确实有着超乎一般的规制，与朝天宫独冠城西三宫（朝天宫、灵济宫、显灵宫）的宏大类似，京师诸寺的殿宇也少有能与隆福寺媲美者。但作为佛宇的隆福寺，与作为道场的朝天宫会有什么关系吗？

隆福寺今已无存，但其形象在《乾隆京城全图》中有很明确的表现，亦留下了若干影像资料。可以看到，其廊院格局隐约与碑文记载中的朝天宫有相似之处，只不过规模偏小，且仅有正中一路，并无左右边路（图 9）。

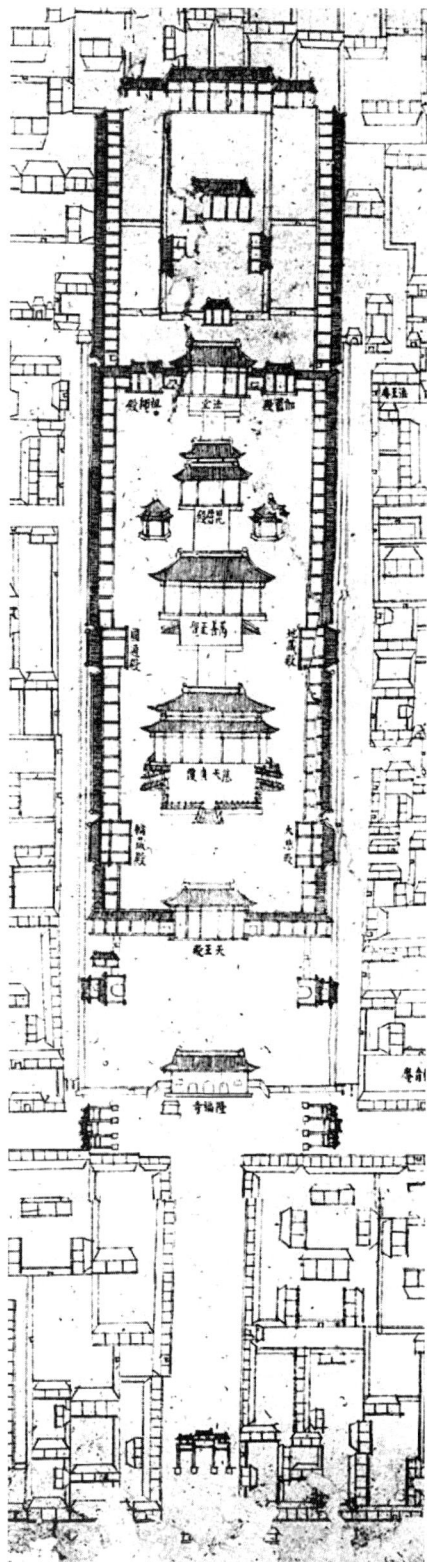

图 9 大隆福寺格局示意图
（文献 [2]. 卷一局部）

诚然，没有理由执拗地认为景泰皇帝一定要靠朝天宫的形象才能想象出他心目中的完美佛刹，或者去附会两者的相似点。但这两组建筑群定位的类似、位置的相对、一道一释的遥峙，都让人不免想到，大隆福寺的设计不仅完全有可能从朝天宫那里获得一点启发，甚至完全有理由主动在京师的第一道观中寻求参考，以使得释道两家的地位在景泰皇帝治下的大明首善之区不致失衡。

考虑到这一点，再审视大隆福寺的规制时就会发现，其主体廊院、重檐七间的正殿、不临大道的选址、寺前的甬道与街口的牌坊等，确实可能与朝天宫存在某种遥相呼应式的联系——并进而感受到通过隆福寺有幸留存到近世的一些资料反向推测补足朝天宫规制的可能，尽管这样做的合理性尚需进一步深入地研究。笔者仅在本文文末粗略地提出这一思路。

毕竟，到景泰三年时，朝天宫已经在北京的西城存在了 19 年，当时的人们已不可能不把它当作某种建筑想象的素材。而如今建筑史学者们所做的，则是在多年后，把这种想象的方向反过来而已。

六、结论

北京朝天宫如今已无建筑遗存。但根据其残留在街巷肌理中的痕迹，仍得以确认其大致设计尺度：外垣墙 95 丈 ×150 丈，中心院落 50 丈 ×105 丈，宫门前甬道长 95 丈。这组建筑群的直接设计蓝本是南京朝天宫，但南北两京朝天宫的设计逻辑却有着明显的不同：南京朝天宫依托冶城山，营造高下有致的丘陵建筑群景观；而北京朝天宫则试图在开阔平整的基址上复制南京朝天宫的格局。作为皇家敕建道场，北京朝天宫的规划设计一方面有着其源流深远的内在逻辑，与历代同等级别的宫观如金中都天长观，乃至同等级别的佛寺如北京大隆福寺等都可能有某种设计上的"互文性"；而另一方面，又自然地与其所处的基址、地形、功能等实际条件相适应，并不追求某种严格的模仿、对应或附会。

朝天宫基址在街巷肌理中留下的痕迹至今尚未完全消失，但已在城市建设过程中处于濒危状态。在未来，我们有必要进一步认识到发掘朝天宫文献资料与保护其遗存的重要性。

参考文献

[1] 道藏 [R]. 上海：上海书店出版社，1988.

[2] 葛寅亮. 金陵玄观志 [M]. 南京：南京出版社，2011.

[3] 刘侗，于奕正. 帝京景物略 [M]. 北京：北京古籍出版社，1983.

[4] 乾隆京城全图 [DB]. 日本东洋文库所藏：http://dsr.nii.ac.jp/toyobunko/
II-11-D-802/

[5] 钦定四库全书荟要 [R]. 吉林：吉林出版集团，2005.

[6] 单士元. 明北京宫苑图考 [M]. 北京：紫禁城出版社，2009.

[7] 沈榜. 宛署杂记 [M]. 北京：北京古籍出版社，1980.

[8] 于敏中. 日下旧闻考 [M]. 北京：北京古籍出版社，2000.

佛教建筑研究

慧崇塔建造年代研究

谢 燕

（中央美术学院）

摘要：山东长清灵岩寺墓塔林的规模仅次于少林寺塔林，这里除了有慧崇塔、祖师塔两座尺度较大的佛塔外，还遗存有大量的石塔、石碑。但是由于清代以后灵岩寺逐渐衰落，相关文献缺失，对墓塔林的研究尚属空白。本文将慧崇塔的详细测绘数据与一些现存的其他早期佛塔进行了对比，并参照唐代建筑的造型规律，对慧崇塔的整体造型模式、屋面坡度举折、塔体部分的形态组合模式以及细部元素的处理方法进行了分析研究，最终得出了慧崇塔的修造年代为唐代的结论。

关键词：灵岩寺，慧崇塔，早期单层塔，墓塔林

Abstract：The tomb pagoda forest of Lingyansi in Changqing district, Shandong province, is the second largest example of its kind after the tomb pagoda forest at Shaolin Monastery in Dengfeng, Henan province. In addition to the relatively complete and large-sized Huichong and Zushi pagodas, the remains of many other stone pagodas and stone tablets have survived in fragments. However, since the importance of Lingyansi has gradually declined since the Qing dynasty (1616-1911), we have only a few historical records that give insight into the architecture of the pagoda forest. Through comparison of its actual measurements with those of similar early-period pagodas still extant, the paper explores possible stylistic models for Huichong Pagoda and analyzes the vertical rise of the pagoda roof (*juzhe*), the combination of shapes at the pagoda body, and the overall treatment of details, concluding that Huichong Pagoda was probably built in the Tang dynasty.

Keywords：Lingyan Temple, Huichong Pagoda, early-period single-story pagoda, tomb pagoda forest

一、慧崇塔相关问题研究

1. 地理位置与历史沿革

灵岩寺位于山东省济南市长清区万德镇东北部方山之阳，是一座历史悠久的寺院。据寺院内现存唐代李邕《灵岩寺碑颂并序》记载，该寺开山人为北魏正光（510—528年）初年的法定禅师。❶

灵岩寺内有不少优秀的建筑作品，如寺内西侧，有一座平面为八角形的9层楼阁式砖塔——辟支塔，塔高55.7米。宋代张公亮所撰写的《齐州景德灵岩寺记》❷中则记录：景祐年间（1034—1038年）对灵岩寺进行重修时，千佛殿、释迦殿与辟支塔早已存在。清人马大相编纂《灵岩志》❸

---

❶ 常盘大定，关野贞．支那文化史迹·第7辑 [M]．京都：法藏馆，1976：6.

❷ [清] 马大相，编纂．孔繁信，校点．灵岩志 [M]．济南：山东友谊出版社，1994：45.

❸ [清] 马大相，编纂．孔繁信，校点．灵岩志 [M]．济南：山东友谊出版社，1994：39.

❶ 《灵岩寺》编辑委员会，编.王荣玉，卞允斗，王长锐，等，主编.灵岩寺 [M].北京:文物出版社，1999: 19.

图 1 　慧崇塔
（作者自摄）

中，认定此塔为唐天宝中建，宋嘉祐中及元代重修。在《灵岩寺》❶一书中，则将辟支塔的建造年代认定为宋淳化五年（ 994 年 ）始建，嘉祐二年（1057 年）建成（图 1）。除了辟支塔之外，灵岩寺内还有规模宏大的僧人墓塔林和体量方正的慧崇塔。

　　慧崇塔所处的台地高度高于祖师塔（在慧崇塔南侧，墓塔林中央偏北位置的一座砖塔，其规模和尺度与慧崇塔较接近，一般称为"祖师塔"）的塔顶，尽管从视觉上很容易看出慧崇塔在地理位置上的特殊性，但以前从未对其与祖师塔之间的空间关系进行过具体的测绘。在这次调查中，笔者详细测量了这一区域，将慧崇塔与祖师塔之间的坡地距离、落差、堡坎（挡土墙）、台阶等数据汇总并绘制成图（图 2）。

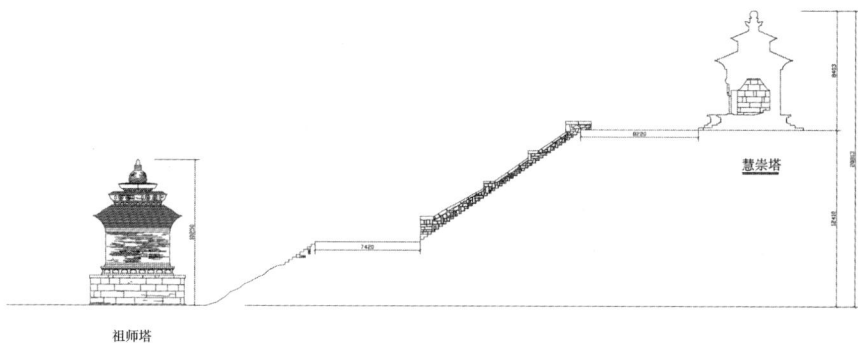

祖师塔

图 2 　慧崇塔与祖师塔的位置关系
（作者测绘）

慧崇塔

❷ [梁] 释慧皎，著.朱恒夫，等，注释.高僧传 [M].上册.第四卷.西安:陕西人民出版社，2010.见:"义解一，晋始宁山竺法义":"晋太元五年卒于都……帝以钱买新亭岗为墓，起塔三级。"

❸ 《广清凉传·卷下》:"（法兴）端坐而灭。建塔在寺西北一里。……（释愿成）无几而卒，后之人起塔于寺之西北……"参见: [唐] 慧祥，[宋] 延一，[宋] 张商英.古清凉传·广清凉传·续清凉传 [M].太原:山西人民出版社，1989。

　　东晋时已经出现国家为高僧建多层墓塔的做法 ❷。高僧的墓塔多零散设置在寺院之外，像灵岩寺这样集中在离寺院主院落不远处的，目前只有河南嵩山少林寺塔林。有关集中设置高僧墓塔区的规制，唐代中晚期已经大致形成，区域一般选在寺外一里的范围内 ❸。

　　灵岩寺墓塔林位于灵岩寺西侧的山坡上。由于灵岩寺可溯历史时期久远，因此历代高僧的墓地立石不断累加，便形成了规模很大的墓塔林（图 3）。

　　整个墓塔林实际上可分为大小两部分，它们分别建在不同等高线的两个区域内。规模大的区域比小型区域更向西，水平面也更高。为了方便下文的叙述和空间概念的建立，本文将墓塔林大型区域部分称为"墓塔林主区域"，小型区域部分则称为"墓塔林附属区域"。鉴于主区域的中间至祖师塔以南，又被一条南北向的甬道分隔为东、西两个区域，因此在对主区域遗存碑、塔编号和定位的过程中，将祖师塔以南的区域，除按现场地面所划分的方格这一实际状况进行分组外，还依照墓塔林被甬道划分为东、西两个区域的实际状况，对碑、塔分别进行编号、定位。祖师塔

图3　灵岩寺墓塔林局部
（作者自摄）

以北的区域同样按甬道中轴线向北的延长线进行东、西区域的划分及编号、定位。

2. 墓塔林主区域总平面

　　墓塔林主区域位于南北进深约50米、东西宽度约60米的一处较规整的平地内。北面背依坡地，东北面现在由向上的挡土墙维护。一条南北宽约3.5米的甬道将这一区域的墓塔林划分为东西两个部分。甬道的北端为大型石基座砖砌单层塔——祖师塔。

　　墓塔林中遗存的碑、塔原来已有黑、红两种颜色标出的两套编号，编号的依据不详。据寺院文物科介绍，这些编号大概是按行列进行编排的。但在现场可以看到，每座墓碑、塔之间并不是完全按行或列对齐。由于碑塔林立，尤其是塔体形制相同的石塔，造型相似度较高，因此检索对照起来很困难，尤其是在往返查看、比对的时候。鉴于对此前两种编号的依据不了解，为了利于今后的保护、修复及研究工作，绘制一张墓塔林主区域总平面图显得尤为必要。为了解决每一座碑、塔在总平面图上的定位问题，使用石灰粉对墓塔林地面以大约5米×5米为一个方格进行划分，然后对碑、塔重新进行编号、定位。本文中这张墓塔林主区域总平面图（图4）便是在此基础上绘制出来的。借由此总平面图，可以很容易地在整个墓塔林中找到每座碑、塔的确切位置及与周边碑、塔之间的关系。此外，本次调查还对每座塔和碑的正面与背面都进行了拍照存档。

　　目前调查到的资料显示，墓塔林主区域现存北宋、金、元、明、清历代石质墓塔161座，石碑76通。在墓塔林主区域外的附属区域，另遗存有石质墓塔4座、石碑2通。

　　墓塔林中的墓塔依塔身主体部分的造型元素，大致可以分为：竖长方体塔、钟状塔、鼓状塔和经幢式塔等。无论塔身为哪一种形式，上述的其中一种造型元素均位于该塔的视觉中心部位。墓塔林中，现有竖长方体塔85座，其中元代13座，明代69座，3座年代不详。钟状塔现有49座，其中金代1座，元代14座，明代15座，19座年代不详；鼓状塔有20座，其中宋代1座，金代2座，元代1座，明代4座，12座年代不详。墓塔

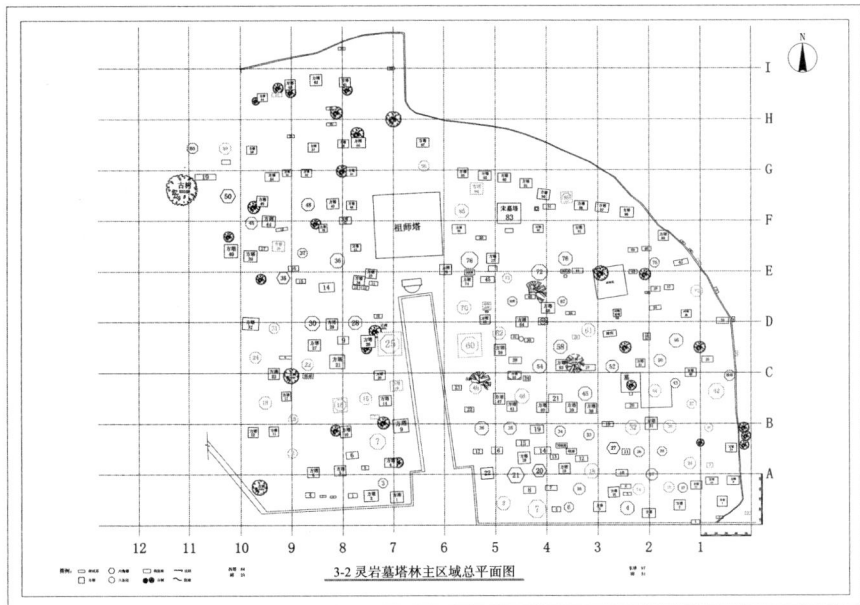

图 4 灵岩寺墓塔林主区域总平面图
（作者测绘）

林中有 5 座喇嘛塔，因为尺度高大，造型特殊，在墓塔林中格外醒目。其中 4 座为明塔，另一座建造年代不详。另外有 3 座经幢式塔，这三座塔的规模都不大，结构上十分简朴。其中两座建于宋代，还有一座建于明成化三年（1467 年）。造型上，这三座塔都直接承袭经幢的形式，在两端各加底座和塔刹，上面除了某某禅师寿塔的铭文外，还刻有经文。

3. 墓塔林附属区域遗存碑、塔编号

在墓塔林主区域外水平高度更低一些的东侧，还一字排列着 4 座墓塔、2 通石碑。按前述，此一区域为墓塔林附属区域，但统计和编号以及下文表格的内容、形式皆采用与墓塔林主区域相同的方法。

灵岩寺墓塔林甬道北端，现遗存有一大型砖塔，名为祖师塔。有推测此塔就是僧人法定的墓塔，但是塔上并没有任何文字记载。也有学者从灵岩寺墓塔林西区立于元至正元年（1341 年）的 19 号石碑——明德大师贞公塔的塔铭❶（图 5，图 6）中推断祖师塔为法定禅师之墓塔，但由于塔内原塑像已佚，现塑像为后移来之❷，故上述证据似乎不确凿。

综上所述，虽然灵岩寺目前缺乏明确的建寺纪年，但寺内的遗存物为其创建时间与沿革提供了一定的佐证和可研究性。

为了便于快速按朝代检索墓塔林中各碑、塔的遗存情况，在原有编号排序检索表的基础之上，笔者制作了朝代排序检索表（附录－表 1～表 6）。

❶ 明德大师贞公塔塔铭："……塑观音两堂，以严千佛、般舟二殿，次及祖茔，更石像而改塑法定大祖师一龛及侍者二。"

❷ 据现灵岩寺文物科工作人员口头叙述。

图 5　西区石碑 19 号明德内师贞公塔塔铭
（作者自摄）

图 6　西区石碑 19 号明德内师贞公塔塔铭细部
（作者自摄）

4. 慧崇其人

关于慧崇，在《灵岩志》❶"高僧"一节"惠崇"条下作如下记载："贞观中高僧也。灵岩寺，旧在甘露泉西，崇移置于御书阁处，规模宏壮，与定公功相侔矣。经营于贞观中，涅槃于天宝初，寿近百岁。葬于寺西高原，墓塔尚在，乃西序僧之第一祖也。"❷ 而从"唐贞观初，三藏和尚曾在此译经，故惠崇长老改迁今寺"❸ 的记载来看，慧崇在灵岩寺的发展中似乎真的作出过重大贡献。《灵岩寺》❹ 一书中则记述："慧崇，唐僧。灵岩寺初建在方山甘露泉西，唐贞观（627-649 年）中，慧崇将寺院迁建于现址，对灵岩寺的发展颇有贡献。在灵岩寺历史上与郎公、法定齐名。天宝初卒，寿近百岁，葬于灵岩寺和尚林，墓塔尚在。"❺ 也有文章称：唐天宝初年（742—756 年）为纪念慧崇圆寂，建慧崇塔。❻ 但文中并没有注明出处。笔者在调查过程中，于灵岩寺内看见了一个保存较完好的石灯座残件，根据铭文可知其年代为唐代。在石灯座的侧面刻有多位供养人的名字，其中有"慧崇"字样。在石灯座残件上，慧崇的名字为"慧"，在《灵岩志》❼"高僧"一节"惠崇"条下则为"惠崇"。这究竟是清人的笔误，还是非指同一人，均不可知。至于《灵岩寺》❽ 一书中，则是将"慧崇"与"惠崇"混用。

总之，由于对僧人慧崇的相关史籍记载目前暂未有更多发现，因此本文不对其生平作进一步的讨论。本文中所称的慧崇塔，是沿用目前塔名的

❶ [清] 马大相，编纂. 孔繁信，校点. 灵岩志 [M]. 济南：山东友谊出版社，1994：35.

❷ 同上。

❸ 据罗哲文《灵岩寺访古随笔》(《文物参考资料》1957 年第 5 期) 中记载，此段文字引自《灵岩志》第二卷"建置志"。

❹ 《灵岩寺》编辑委员会. 灵岩寺 [M]. 北京：文物出版社，1999：13.

❺ 《灵岩寺》编辑委员会. 灵岩寺 [M]. 北京：文物出版社，1999：13-14.

❻ 参见佛教导航网 http://www.fjdh.com/wumin/2009/04/22565667159.html，2012 年 4 月 11 日。

❼ [清] 马大相，编纂. 孔繁信，校点. 灵岩志 [M]. 济南：山东友谊出版社，1994：35.

❽ 《灵岩寺》编辑委员会. 灵岩寺 [M]. 北京：文物出版社，1999：22-23.

发音和采用石灯座上"慧崇"的写法。

5. 建筑测图及相关数据

依据慧崇塔实测数据，笔者绘制出了平面（图7）、东立面（图8）、西立面（图9）、南立面（图10）和A-A剖面图（图11）。

下面分别对塔基座、塔身、塔顶（包含下层塔檐、上层檐下部分、上层塔檐）和塔刹几个部分予以详细描述。

塔总高8.403米，其中：

1）基座

带有束腰的平素基座整体形状为一扁的立方体，平面呈"凸"字形，共三部分，包括基座下部的三层石座、中间的束腰部分、束腰之上到基座台面的两层石座。基座总高度为1.085米，占塔总高度的13%。

2）塔身

主体塔身为一立方体，正面（南面）辟门，东西两侧正中各有一装饰性假门。塔身部分的高度为3.362米，占塔总高度的40%。

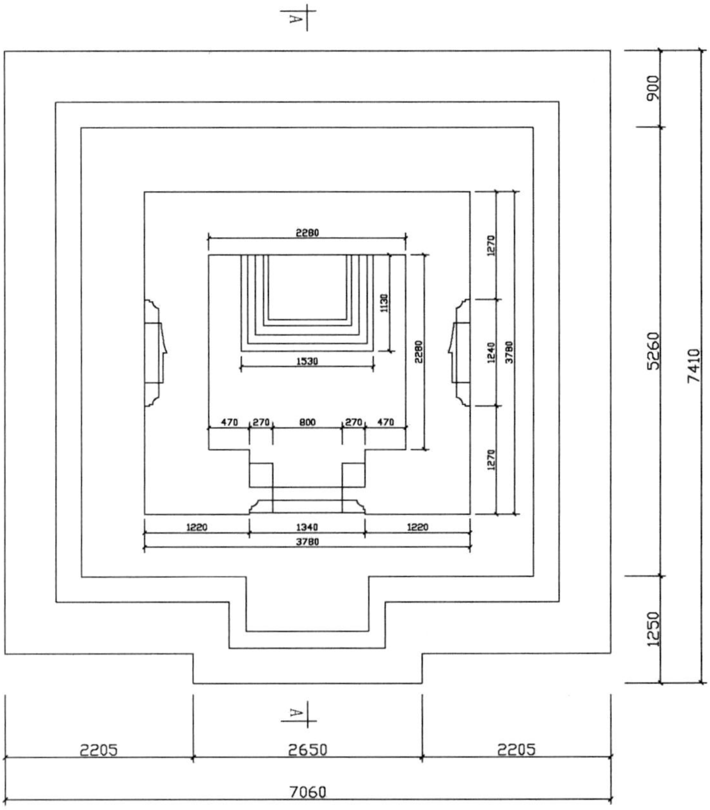

图7 慧崇塔平面
（作者测绘）

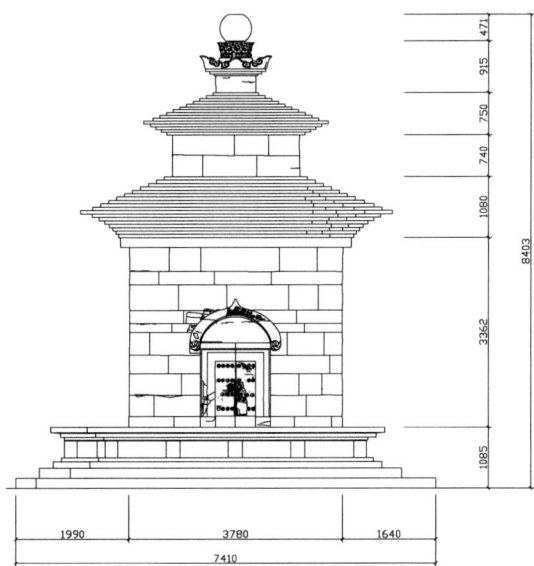

图 8　慧崇塔东立面
（作者测绘）

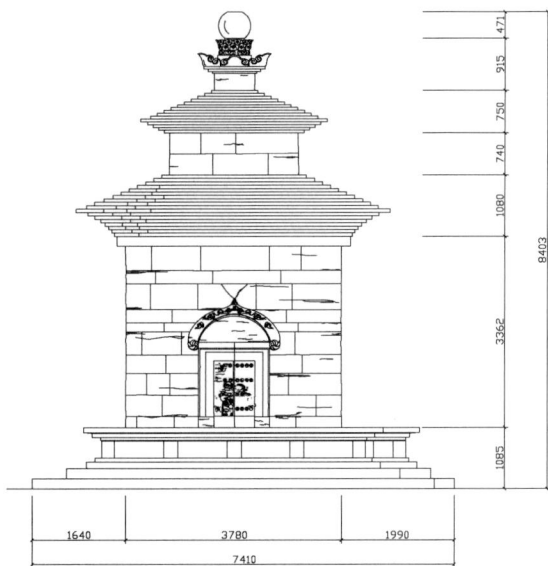

图 9　慧崇塔西立面
（作者测绘）

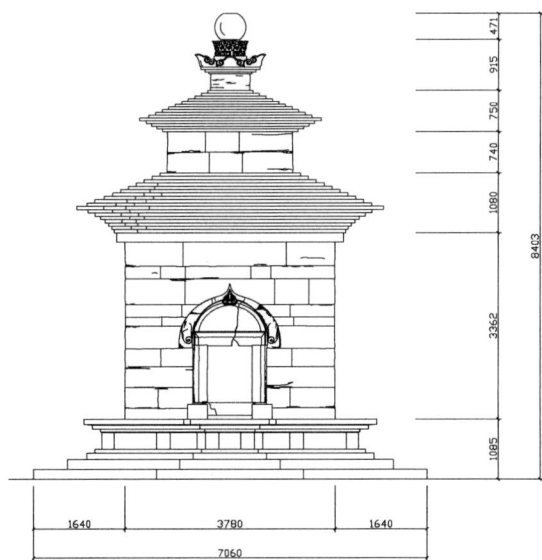

图 10　慧崇塔南立面
（作者测绘）

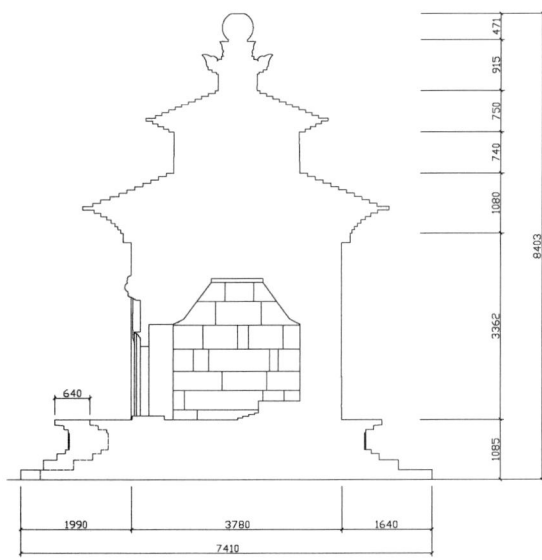

图 11　慧崇塔 A–A 剖面
（作者测绘）

　　靠近塔身最上部的檐下第一层叠涩石出檐较厚，略似木构建筑物之阑额或普拍方之位置，这一层叠涩石的高度为 0.17 米。

　　此次调查对塔身东、西两个侧立面都进行了测绘，这里仅对东立面进行描述。东立面的假门门洞南侧的墙体宽度为 1.284 米，北侧的墙体宽度为 1.27 米。假门洞的宽度为 1.24 米。假门洞门楣下部的高度为 1.379 米。门槛的高度为 0.2 米。假门下部两侧门墩的高度各为 0.19 米。门楣下部的高度为 1.17 米，门楣上部拱券的高度为 1.495 米，拱券内半圆形的平素壁板最宽处为 1.224 米。门洞外拱券雕刻装饰部分最宽处为 1.606 米，门洞外装饰拱最上部的拱尖距离基座台面的高度为 2.268 米。假门板上有四排门钉，最下面一排门钉距离基座台面的高度为 0.327 米，第二排门钉距离基座台面的高度为 0.583 米，第三排门钉距离基座台面的高度为 0.83 米，第四排门钉距离基座台面的高度为 1.084 米，每颗门钉的直径为 0.06 米。门板上还有神兽衔着门环的浮雕门跋，门跋下部距离基座台面的高度为 0.623 米，门跋上部距离基座台面的高度为 0.784 米，门跋的宽度为 0.104 米。假门北扇开启，有一破损的妇人启门浮雕装饰。妇人头顶至基座台面的距离为 0.793 米，妇人身体最宽处（胯骨处）的宽度为 0.175 米。

3）塔顶 [包含第一层塔檐（下檐）及上檐之檐下部分、上檐顶部表面]

（1）下层塔檐

下层塔檐的高度为 1.08 米。占全塔总高度的 13%。这包括了檐下叠涩出挑和屋顶平铺石板瓦两个部分。下层塔檐的最下面一层叠涩距离地面 4.447 米，由此向上，每层叠涩的出挑高度，也就是每层石板的厚度均为 0.06 米，共有 7 层。檐部最宽的一层，即出挑最大的檐口处，距离地面的高度为 4.867 米。檐部最宽处以上，也就是下檐的表面部分，亦分为 10 层平砌的石板瓦，每层石板瓦的厚度为 0.06 米。下层塔檐上部最高处距离地面为 4.927 米。

下层塔檐各部分的宽度：檐下叠涩部分在立面上呈现一个优美的枭线（凹曲线），具体数据为，最下面一层即塔身第一层叠涩石，其出挑部分的宽度为 4.155 米，依次向上，第二层的宽度为 4.248 米，第三层的宽度为 4.359 米，第四层的宽度为 4.489 米，第五层的宽度为 4.649 米，第六层的宽度为 4.854 米，第七层即最靠近下层塔檐檐口的叠涩宽度为 5.104 米。再向上是最宽处之檐口部位的塔檐，其宽度为 5.52 米。

从檐口向上，就是下层塔檐的表面部分。这个部分的石板开始呈现反向叠涩式内收的处理，每层向顶部中心聚拢。从总体上看，它的坡度十分平缓，上面共覆盖了 10 层石板瓦，从下至上，每层石板瓦向后退缩。从测绘的数据分析，由檐口向上，每层的宽度分别为：5.52 米、5.164 米、4.834 米、4.524 米、4.226 米、3.944 米、3.663 米、3.382 米、3.1 米、2.819 米、2.537 米。将此组数据除以 2，就是每一层石板向后退缩的尺寸。

从檐口的上缘开始，上层石板退缩的尺寸逐层递减，但是第五层以上退缩的尺寸开始变得一致。这是因为，塔顶的坡度不是直线，是一条在视觉上并不明显的凹曲线。这种顶部曲线的处理模式，恰是唐代建筑屋顶所习用的平缓的反宇曲线式造型手法。

（2）上层塔檐（上檐）的檐下部分

在下层塔檐之上，即塔身上层塔檐之下有一个如方墩状的扁立方体，其形式略近于重檐屋顶上檐的外檐墙面部分。它的外部没作装饰处理，高度为 0.74 米，占全塔高度的 9%（这一部分的底部距离地面 5.527 米，上部距离地面 6.267 米）。它四面的宽度均为 2.265 米。

（3）上层塔檐

上层塔檐比下层塔檐的尺度明显要小许多，形式与其上的塔刹之基座部分有相似之处。上层塔檐顶部的总高度为 0.75 米，占全塔总高度的 9%。这个数据包括了上檐檐下的叠涩部分和上檐表面的石板瓦部分。

（4）塔刹

慧崇塔顶端部分为塔刹，其高度为 1.386 米，占全塔总高度的 16%。

4）慧崇塔龛室

慧崇塔有一龛室，平面为正方形。龛室进深 2.28 米，宽 2.28 米，龛室门（南门）宽 0.8 米，两侧门墩的宽度各为 0.27 米，门墩两侧的墙体距离墙角的距离各为 0.47 米。

龛室的高度为 2.54 米。当龛室内墙体高至 1.72 米时，四面墙体开始向内收分，形成覆斗形的龛室上部空间。当覆斗的四面距离龛室地面高度 1.814 米时，龛室上部的覆斗收分开始转折，形成一个四面宽度均为 1.901 米的覆斗下檐水平折口。从这里向上，覆斗四面均为平整的梯形天花面。当覆斗空间垂直高度为 2.47 米时，覆斗停止收分。空间向上垂直升高 0.07 米，形成覆斗空间上部的正方形龛顶，并到达 2.54 米的最高处，形成一个正方形的覆斗顶部（与藻井类似）。覆斗顶部四面的宽度均为 0.93 米。

二、慧崇塔的特点

1. 慧崇塔的建筑特点

慧崇塔是一座正方形平面的石质塔。其外观为单层重檐形式，略近于单层重檐的方形木构殿堂之造型。全塔分为：基座、下檐塔身、下层塔檐、上檐塔身、上层塔檐、刹座、山花蕉叶托宝珠塔刹七个部分。

本文中慧崇塔的实测数据为：塔高 8.403 米；平素基座为 7.06 米见方。尽管实际高度尺寸显示，塔的高度要大于基座的宽度，但是由于人们站在塔前时处于一种仰视的状态，因此，从视觉效果上来看，塔的整体形象为一敦实的立方体。

1）平素基座部分

慧崇塔平素基座的三层台基之上，为简易的平素束腰方形基座形式。束腰方形基座的部分均为横平竖直的线条造型，形式简洁古朴。方形基座束腰的上下各有一个横向向外的突出结构，造型均为下部的小、上部的大。下部的宽度为 4.86 米，高度为 0.07 米；上部的宽度为 4.86 米，高度为 0.065 米。在这上下两层横向的突出结构之间，有一些方形的壁柱突出在外，其形式略近宋《营造法式》台基中的"隔身版柱"。方形壁柱

图 12　平素基座带壁柱的束腰部分
（作者自摄）

的宽度为 0.25 米，高出壁板的厚度为 0.3 米（图 12）。

2）塔身

此层叠涩石的下部，距离石塔台座表面的高度为 3.192 米，距离地面的高度为 4.544 米。塔身平面为方形，其每面的宽度为 3.78 米。檐下第一层叠涩石的宽度为 4.077 米。

正立面南门门槛上部至基座台面的高度为 0.07 米，门槛已残，其原先门槛上部至基座台面的高度为 0.296 米。门两侧各有一个方形门墩，门墩顶部至基座台面的高度为 0.265 米。门楣下至基座台面的高度为 1.324 米，门楣上至基座台面的高度为 1.481 米。门的上部为一拱券，内有一个半圆形的平素壁板。拱券外部为一半圆形的装饰边，如果在正立面正中设一条中轴线的话，拱券装饰边与中轴线的下交点至基座台面的高度为 1.565 米，拱券装饰边与中轴线的上交点至基座台面的高度为 2.054 米。门上的正中有一螭首形神兽，螭首上部至基座台面的高度为 2.258 米。螭首之上为墙体上浮雕拱券装饰上部的拱尖，拱尖最上部至基座台面的高度为 2.423 米。

3）塔顶

依照以上数据，通过计算可知塔顶的枭线是一条不均衡递减的优美凹弧线。叠涩部分的下段，每层向外出挑不多，而越向上每层出挑的尺寸就越大。现由下至上，将每层两侧向外出挑的尺寸计算如下：

4.248 米 -4.155 米 = 0.093 米　0.093 米 ÷ 2 = 0.0465 米

4.359 米 -4.248 米 = 0.111 米　0.111 米 ÷ 2 = 0.0555 米

4.489 米 -4.359 米 = 0.13 米　0.13 米 ÷ 2 = 0.065 米

4.649 米 -4.489 米 = 0.16 米　0.16 米 ÷ 2 = 0.08 米

4.854 米 -4.649 米 = 0.207 米　0.207 米 ÷ 2 = 0.1035 米

5.104 米 -4.854 米 = 0.25 米　0.25 米 ÷ 2 = 0.125 米

5.520 米 -5.104 米 = 0.416 米　0.416 米 ÷ 2 = 0.208 米

由此可以看出，一层比一层小。以下算式即为下一层石板的宽度减去上面一层石板的宽度再除以 2 得出的结果：

5.520 米 -5.164 米 = 0.356 米　0.356 米 ÷ 2 = 0.178 米

5.164 米 -4.834 米 = 0.33 米　0.33 米 ÷ 2 = 0.165 米

4.834 米 -4.524 米 = 0.31 米　0.31 米 ÷ 2 = 0.155 米

4.524 米 -4.226 米 = 0.298 米　0.298 米 ÷ 2 = 0.149 米

4.226 米 -3.944 米 = 0.28 米　0.28 米 ÷ 2 = 0.14 米

3.944 米 -3.663 米 = 0.281 米　0.281 米 ÷ 2 = 0.1405 米

3.663 米 -3.382 米 = 0.281 米　0.281 米 ÷ 2 = 0.1405 米

3.382 米 −3.1 米 ＝ 0.282 米　0.282 米 ÷2 ＝ 0.141 米

3.1 米 −2.819 米 ＝ 0.281 米　0.281 米 ÷2 ＝ 0.1405 米

2.819 米 −2.537 米 ＝ 0.282 米　0.282 米 ÷2 ＝ 0.141 米

通过对上述数据的分析可以得知，每层石板的退缩是相对等距的。

上檐檐下叠涩部分的最下端，距离地面的高度为 6.267 米。其上为每层 0.05 米的石板叠涩收进，组成上层塔檐结构。檐口的下部不包括檐口层为 4 层叠涩，层层向外出挑。从测绘数据得知，这部分的宽度从下至上分别为：2.451 米、2.645 米、2.84 米、3.034 米，上檐檐口最宽处为 3.274 米。

上檐檐口下部距离地面的高度为 6.467 米，之上为十层石板瓦叠涩内收，即从下至上，逐层向后退缩，每层的具体宽度为 2.937 米、2.699 米、2.462 米、2.225 米、1.988 米、1.750 米、1.513 米、1.276 米、1.039 米、0.801 米。上檐顶部距离地面的高度为 6.517 米。

4）塔刹

具体数据如下：塔刹基座下部距离地面 7.017 米，塔刹基座上部距离地面 7.317 米。山花蕉叶部分的下面有两层横向的装饰边，作叠涩向外出挑。第一层装饰边距离地面的高度为 7.347 米，第二层装饰边距离地面的高度为 7.393 米。再向上，山花蕉叶下部距离地面的高度为 7.420 米，山花蕉叶上部距离地面的高度为 7.683 米。宝珠托座上部距离地面的高度为 7.932 米，宝珠珠体的下部距离地面的高度为 7.945 米。宝珠顶部即是塔的最顶端，距离地面的高度为 8.403 米。

塔刹下部基座宽度为 0.699 米。山花蕉叶下部横向的装饰边的宽度，从下至上分别为：0.764 米、0.912 米、1.059 米。山花蕉叶上面最高处的宽度为 1.275 米。山花蕉叶的上部与宝珠雕花托座之间为一扁形圆柱体基座，其直径为 0.578 米。基座之上为雕花的宝珠托座，雕花宝珠托座下部的宽度为 0.538 米，上部的宽度为 0.647 米。宝珠下部圆柱体支撑处的直径为 0.339 米，宝珠直径为 0.55 米。

5）龛室

龛室的北墙正中地面处设有一个五级阶梯状塑像座，座上塑像已佚。从龛室地面开始，塑像座逐层向上抬高，其距离龛室地面的高度依次为：0.03 米、0.06 米、0.09 米、0.12 米、0.336 米。由下至上，塑像座逐层的尺度为：最下面一层，宽度 1.53 米，进深 1.13 米；下数第二层，宽度 1.38 米；进深 1.42 米，下数第三层，宽度 1.2 米，进深 0.936 米；下数第四层，宽度 1.2 米，进深 0.83 米；最上面一层，宽度 0.9 米，进深 0.76 米。

2. 部分早期单层佛塔实例

为配合对山东长清灵岩寺慧崇塔的造型研究，本文特别搜集了一些我国现存早期单层墓塔的资料进行相互比对。现将这些塔按修造时间先后陈述如下：

中国建筑史论汇刊·第壹拾柒辑

山东省历城县神通寺四门塔。这是一座中心塔柱式塔，基座平面为方形，建造时间为隋大业七年（611年）。

河南省登封少林寺法如塔。这是一座塔心室式塔，基座平面为方形，建造时间为武周永昌元年（689年）。

河南省登封会善寺净藏禅师墓塔。这是一座塔心室式塔，基座平面为八角形，建造时间为唐天宝五年（746年）。

河南省登封少林寺同光塔。这是一座塔心室式塔，基座平面为方形，建造时间为唐大历六年（771年）。

山西省运城泛舟禅师墓塔。这是一座塔心室式塔，基座平面为圆形，建造时间为唐贞元九年（793年）。

山西省平顺海会院明惠禅师墓塔。这是一座塔心室式塔，基座平面为方形，建造时间为唐乾符四年（877年）。

甘肃永靖炳灵寺第3窟石塔，这是一座塔心室式塔，基座平面为长方形，以石窟的建造年代推测塔凿建于中晚唐时期。

山西省晋城青莲寺慧峰塔。这是一座塔心室式塔，基座平面为八角形，建造时间为唐乾宁二年（895年）。

河南省登封少林寺法华行钧塔。这是一座塔心室式塔，基座平面为方形，建造时间为后唐同光四年（926年）。

除了这些有确切建造时间的早期佛塔之外，还有几座造型极具代表性但修造年代不详的单层塔。这些塔的塔体构成与总体造型都明显保持着早期佛塔的特征，因此在此一并陈述如下：

河南省安阳修定寺塔。这是一座塔心室式塔，基座平面为方形，建造年代不详❶。

山东省历城九塔寺九顶塔。这是一座塔心室式塔，基座平面为八角形，建造年代不详。

山西省运城圣寿寺小塔。这是一座实心塔，基座平面为八角形，建造年代不详。

3. 早期单层佛塔的一般造型规律比较

1）早期单层塔的外观特征

塔是中国古建筑中遗存数量最多的一种建筑类型，也是目前能见到的可溯年代久远的地上建筑类型之一。它虽然是一种独特的宗教建筑类型，但其在建筑造型、细部装饰以及施工技术等方面却带有非常普遍性的特征，是今人了解和研究古代建筑技术与造型的重要依据。

《中国古代建筑史》❷将其按造型大致分为楼阁式塔、密檐塔和单层塔三种类型。按材质可分为：木构塔、砖塔、石塔。但由于木结构建筑容易损毁，因此在现存的佛塔中，最早期的实例还是以砖石材料营造的。关于这一点，在《唐宋塔之初步分析》❸中有所论述："盖最先均以石造，

❶ 关于修定寺塔的建造年代问题，学界仍有争论：杨宝顺、孙德萱在1979年《文物》第9期的《河南修定寺塔》一文中认为此塔建于唐太宗时期（627—649年）；1983年由河南省文物研究所等主编的《安阳修定寺塔》一文认为此塔建于唐懿宗咸通年间（860—874年）；2001年由傅熹年主编的《中国古代建筑史第2卷》中，注明此塔建于北齐天宝年间（551—559年）；2005年曹汛在《建筑师》杂志第8期的《安阳修定寺塔的年代考证》一文中，认为此塔初建于北齐，重建于隋开皇三年（583年）。

❷ 刘敦桢.中国古代建筑史（第二版）[M].北京：中国建筑工业出版社，1984：138.

❸ 鲍鼎.唐宋塔之初步分析.中国营造学社汇刊第六卷第四期，中华民国二十六年六月：5.

后渐用砖，惟无用木者。大都
为方形之单层塔，其最早式样，
可上溯至南北朝时期各石窟浮
雕的单层塔，……此类塔大多
作为各寺院住持之墓塔。"至于
"惟无用木者"，大概还是与其
容易毁坏、无实例可考有关。

　　在敦煌壁画、南北朝时期
的石窟以及出土的一些文物中，
早期佛塔的形象多为单层塔。
其中木构单层塔的形象现仅见
于敦煌壁画（图 13）和法门寺

图 13　敦煌壁画中的木构单层塔
（傅熹年 . 中国古代建筑史第二卷：两晋、南北朝、隋唐、
五代建筑 [M]. 北京：中国建筑工业出版社，2001：509.）

地宫出土的一件铜质鎏金的仿木构单层塔（图 14），但由此能够证明同类
木构单层佛塔曾经存在过。

　　单层塔中的石塔建造方法主要有三种。

　　第一种是直接用石材雕刻而成的塔。这种塔一般建筑规模都不大，以
小型石塔为主。例如现存北凉时期的石塔，高度在 30 厘米到 60 厘米之
间（图 15）。这些小型石塔在造型上更接近印度窣堵波，通常塔底为八角

图 14　法门寺出土的仿木构单层塔
（作者自绘）

图 15　北凉时期的小型石塔
（作者自绘）

❶ 史树青. 北魏曹天度造千佛石塔 [J]. 文物, 1980（1）.

形的高基座，其上有一段雕刻佛龛层，作为层层向塔顶缩小的过渡。在这类塔中，较大型的有北魏天安元年（466年）的曹天度造像石塔❶，高约2米，共九层，仿木楼阁形式。它每层都雕刻有千佛像，在塔的两端还雕刻出明显的立柱，且每层又雕刻有筒瓦式塔檐和檐椽。

第二种是直接用石块砌筑而成的石塔。这种塔以山东济南历城神通寺四门塔为代表（图16）。四门塔塔身由条石砌筑，整体造型十分简洁，棱角分明且无繁复的雕刻装饰，集早期方塔庄重、肃穆的风格特征于一体。也有像位于北京房山的云居寺北塔附近的四座小塔（图17）这样，塔室由竖立的石板围合而成，上层的密檐也由出挑的石板构成。

图16　山东神通寺四门塔
（作者自摄）

图17　北京房山云居寺中的小塔
（作者自摄）

第三种就是唐代及其后石塔应用最多的一种建造方法，即石砌与雕刻相结合的形式。尤其是唐宋时期的仿木楼阁塔逐渐取代了之前的单层塔和密檐塔，成为佛塔的主流建造形式，并因此为石构仿木楼阁雕刻石塔的建造形式提供了摹本。

石砌与石雕相结合的石塔，塔身外部的各种形象都可以通过雕刻而成，因此在对木构的仿制方面显示出更强的构造性图式。除了以石柱形式为主体的雕刻塔之外，另一种更倾向于石构建筑性质的石塔，有先利用石材砌筑成塔身，再在石壁外侧雕刻的做法，也有采用预制的仿木构石雕件组装砌筑而成的做法。

现存单层塔有方形、六角形和八角形几种平面形式，早期单层塔的造型有大致的规律。譬如，在平素基座之上，再设一层束腰壸门的做法，例如上文提到的山西运城泛舟禅师塔（图18）、山西平顺海会院明惠禅师墓塔（图19）、山东长清灵岩寺祖师塔（图20）、河南登封会善寺净藏禅师墓塔等（图21）。

2）单层塔塔顶造型特征

在檐下部分使用枭线（凹曲线）的叠涩砌筑手法比较普遍。如山西运城的圣寿寺小塔、山西运城的泛舟禅师墓塔、山东历城神通寺四门塔，以及山东长清灵岩寺慧崇塔下面一层塔顶的檐下使用的都是这种造型方法。

图 18　山西运城泛舟禅师塔
（作者自绘）

图 19　山西平顺海会院明惠禅师墓塔
（作者自绘）

图 20　山东长清灵岩寺祖师塔
（作者自摄）

图 21　河南登封会善寺净藏禅师墓塔
（作者自绘）

　　塔檐以下叠涩部分处理成混线（凸曲线）的也有不少。河南登封会善寺净藏禅师墓塔（图 21）、山西平顺海会院明惠禅师墓塔（图 19），都是采用的混线叠涩。

也有在同一座塔檐的叠涩中，同时使用混线和枭线的。譬如山东长清灵岩寺的祖师塔，最下面一层塔檐使用的是枭线叠涩，而上面的两层塔顶都使用的是混线叠涩处理。山西五台山佛光寺祖师塔虽然是早期多层塔，但最下面一层塔顶的屋檐做法却与早期真实建筑屋檐的做法十分类似，即采用混、枭线结合的手法进行处理，使檐下的叠涩部分呈现出优美的"S"形曲线（图22）。

还有在檐下的叠涩部分采用直线作为造型处理的，譬如山东历城神通寺四门塔（图23），慧崇塔上面一层塔顶的檐下也采用直线造型的手法。

图22 山西五台山佛光寺祖师塔塔檐部分
（作者自摄）

图23 山东神通寺四门塔顶部分的叠涩
（作者自摄）

塔顶的处理，大致可以分为曲线和直线两种形式。一般来说，如果是仿木结构的塔，塔顶多用曲线，如山西平顺海会院明惠大师塔（图24），甘肃永靖炳灵寺第3窟中石塔（图25）等。如果塔顶是使用反叠涩的方法营造的，就通常采用直线，譬如山东神通寺四门塔等。

关于塔刹的处理，一般由基座和刹尖两个部分组成。常见的塔刹基座可以分为山花蕉叶形、仰莲形、山花蕉叶与仰莲相结合三种形式。基座之上可以直接设置塔刹，也可以再设置几层带有雕刻的托座，之后再安放塔刹。简单的塔刹多为一尖状物，复杂的塔刹则要设置宝珠等装饰。

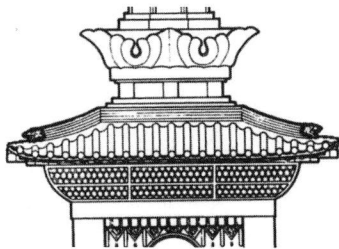

图24 山西平顺海会院明惠大师塔檐细部
（作者自绘）

图25 甘肃炳灵寺第三窟中石塔
（作者自摄）

三、慧崇塔与其他早期单层塔的比较

1. 总体造型的比较

塔的总体结构一般由高出地面的塔基、塔身、塔顶等几部分构成。无论是敦煌壁画中的木结构塔，还是现存的砖石塔都具备这一总体构成方面的特征。下面，依照上述塔的构成顺序，将慧崇塔与其他早期单层塔作总体造型方面的比较。

1）塔基

塔基是塔最底部的基础结构部分，采用最多的是普通塔基和须弥座两种形式。须弥座形式本身即是佛教建筑的构成元素，普遍用于佛塔，在敦煌壁画及早期石窟寺里都是很常见的。普通塔基视塔的规模与结构情况而分为纯砖石砌筑的基座和内部夯土、外部用砖石维护的基座两种结构形式。除普通塔基和须弥座两种形式以外，也有在素平的基座之上再加一层须弥座装饰的。最少见的一种形式，是多层式的基座，即像宫殿建筑那样设望柱、栏杆，通过多层塔基造型和装饰，显示出其明显的等级区别。现仅见于唐代敦煌壁画中的木塔以及法门寺地宫出土的鎏金铜浮图。

慧崇塔的基座介于普通台基和须弥座两种形式之间。它的中段有束腰，束腰部分也有类似于壶门的凹陷板壁，但是其上并没有曲线的雕刻。束腰的上部，有多层的叠涩出挑，束腰的下部，有多层的退台处理，这些横向的层层装饰，与须弥座束腰上下的仰莲、覆莲的装饰处理手法是一样的，只是慧崇塔将曲线、纹饰、壶门等复杂的概念化细部装饰手段，进行了化繁为简的造型构思，以符合全塔极简风格的构造思想。这种处理方法既包含了早期单层塔的内在设计规律，又赋予了它自身有别于其他的独特性。另外，值得注意的还有，在束腰的横向带状面外所设置的凸出于表面的方形直角短柱。这些短柱大约相当于宋代建筑基座中的"隔身版柱"，由其分隔开的空档部分，其实就是后来宋式建筑基座之壶门式造型处理的早期形式。由此或可以推知，慧崇塔是早于宋代的。

2）塔身

慧崇塔高 8.403 米，虽然比山东神通寺四门塔（高约 13 米）和修定寺塔（高约 20 米）都要矮，但是塔体立面的处理与这两座塔较为一致。慧崇塔也是在正立面的正中设一个小的拱门，拱门的高度为 2.436 米，占立面总高度的比例也较小。至于门的设置方式，修定寺塔只在南面设一拱门，四门塔是四面设门，而慧崇塔则是三面设门（东西两侧为假门）。

从本文所列出的部分早期单层佛塔实例可知，单层塔的塔身部分有三种结构形式：第一种是塔心室式；第二种是中心塔柱式；第三种是实心式。

塔心室式是指在塔体的内部留出设置佛像的空间，供人参拜。受造塔材料因素的影响，砖石构造的塔，顶部主要采用叠涩覆斗或拱券穹庐式的

中国建筑史论汇刊·第壹拾柒辑

结构，因此塔心室的空间往往不及木结构佛塔大。河南登封会善寺净藏禅师墓塔采用塔心室式的形式，其近似方形平面的内室开间尺度约为 4.12 米 × 4.33 米，仅约为塔身面宽 8.3 米的一半。小型石塔的塔心室似乎也遵循这一比例，慧崇塔即是如此。灵岩寺祖师塔的塔身宽约 4.55 米，塔心室的进深约 2.4 米，大致只占塔身的一半。

中心塔柱式即在塔的中心立支柱来减弱塔顶承重的负担，这样可以营造出更大面积的中心塔室空间来设置佛像。但由于塔柱位于正中，因此在塔柱四周设置佛像是常见的方法。在参拜时，人们可围绕塔心柱的环形塔内空间进行。中心塔柱式是一种古老的佛塔结构，在早期单层佛塔中，山东神通寺四门塔即是中心塔柱式的典型代表。

实心式塔因结构简单，也是最为常见的一种砖石结构的塔。因为塔身直接对顶部承重，因此受结构问题的影响较小，较为常见的做法是在塔身一面或多面开龛设置佛像以供参拜。山西运城圣寿寺小塔直接在塔身上进行一些雕刻装饰，形成仿木结构的砖雕门窗的外立面。

3）塔顶

与其他早期建筑屋顶易损一样，塔顶是整个佛塔中最容易损坏的部分，在本文所罗列的单层塔实例中，大部分塔的顶部都经后世重修过。对塔顶的重修最容易导致的两个问题，一是破坏了原塔顶的造型；二是破坏了原塔顶的尺度，甚至与全塔的比例。但从目前慧崇塔的顶部造型看，这两点似乎都没有出现。原因可能是慧崇塔使用了质量好的石料作为建材。慧崇塔塔顶平直延展的造型符合唐代建筑屋顶平缓的造型规律，上文测绘数据也证明了这一点。慧崇塔顶部平直横向的线条构造，与全塔的整体造型非常协调。慧崇塔塔顶有两重檐，这是目前在本文中收集到的单层塔中的孤例。鉴于此，塔顶的比较便只能与唐代建筑的屋顶进行对比。后文将进行详细论述，此处不作赘述。

2. 高宽比例的比较

关于塔高与宽之间的比例关系，在早期单层塔中使用较多的比例是 2∶1，即塔高为塔宽的两倍。这一比例在《妙法莲花经》中多有描述。

在《法华经》中出现的佛塔尺度，以古印度长度单位"由旬"为标准。从比例上看，佛经中提及的佛塔比例主要有 5∶2❶、2∶1❷ 以及 3∶2❸。在这些佛塔的尺度比例中，本文的研究点为 2∶1 的比例。因为按照这个比例建造的佛塔，外形或低矮敦厚，或高大灵巧，而此类形象显然只有单层塔的建筑形式更容易呈现。

由于早期佛塔的遗存很少，因此对这种比例的佛塔的研究就成为更多了解早期佛教建筑艺术的途径之一。

本次测绘的慧崇塔除基座之外，塔体高度为 7.318 米，宽度为 3.78 米，其比例基本是 2∶1（图 26）。

❶《妙法莲花经》序品第一："又见佛子，造诸塔庙，无数恒沙，严饰国界，宝塔高妙，五千由旬，纵广正等，二千由旬。"参见：鸠摩罗什，李海波．妙法莲华经·国学经典 [M]．郑州：中州古籍出版社，2010。

❷《妙法莲花经》授记品第六："各起塔庙高千。纵广正等五百由旬。见宝塔品第十一：尔时佛前有七宝塔。高五百由旬。纵广二百五十由旬。"参见：鸠摩罗什，李海波．妙法莲华经·国学经典 [M]．郑州：中州古籍出版社，2010。

❸《妙法莲花经》提婆达多品第十二："时天王佛般涅槃后。正法住世二十中劫。全身舍利起七宝塔。高六十由旬。纵广四十由旬。"参见：鸠摩罗什，李海波．妙法莲华经·国学经典 [M]．郑州：中州古籍出版社，2010。

图 26　慧崇塔 2：1 比例示意图
（作者测绘）

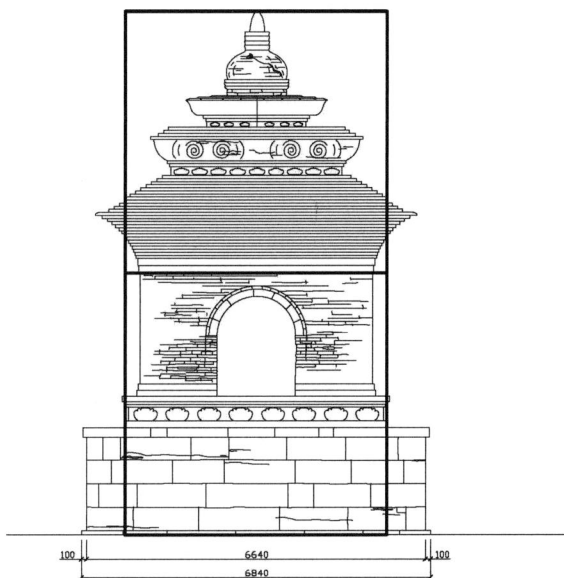

图 27　祖师塔 2：1 比例示意图
（作者测绘）

　　灵岩寺祖师塔总高 10.25 米，塔身宽 4.55 米，其比例与 2：1 也极其接近（图 27），慧崇塔与祖师塔两座塔与山东神通寺四门塔、河南登封会善寺净藏禅师塔的高宽比例大致契合。在 20 世纪 70 年代曾经对四门塔的塔顶进行过重修，但塔的高度与宽度仍遵循 2：1 的比例关系。

3. 塔顶结构形式的比较

　　现存唐塔塔顶举折坡度、檐下形式的处理方法是有一些特定形式的。慧崇塔塔顶造型的重要因素也取决于此。具体而言，就是塔顶按照举折的模式修建，即塔顶的坡面平缓，从塔顶至檐部有略微的反曲也就是凹曲线。但是这种坡度在靠近塔顶处陡，之后逐渐变缓。这种凹曲线变化主要集中在塔顶的上部，而塔顶的下部曲线变化较少，其坡度接近平缓直线。关于这种坡度的计算，在后文将具体谈及。

　　慧崇塔是一座全石结构的墓塔，即便是塔檐，也是用平铺的石板代替了仰合瓦。因为不能像土木结构的建筑那样，在檐下使用斗栱支撑出挑的屋面，慧崇塔的向外出挑部分完全依靠檐下的叠涩结构来承重，但塔身上下两层塔檐之下缘的叠涩结构又是不同的。这种上下层不同的叠涩结构，是因为下层塔檐出挑距离长、塔檐下面的石板层数多，上层檐出挑距离短、檐下的石板层数少而形成的。从立面上分析，上层塔檐檐下的叠涩结构外部呈现的是一条直线，而下层塔檐檐下的叠涩结构却呈现一条枭线（凹曲线）。具体而言，慧崇塔上层的小塔檐出挑距离为 0.5 米，檐下仅有 5 层石板，假如 5 层石板还要呈现出枭线（凹曲线），不仅在建造技术上有困难，在视觉效果上也不易实现；而下层的大屋顶出挑 0.7 米，檐下有 8 层石板，平均每层石板的出挑长度小于上层，枭线（凹曲线）的视觉效果很容易呈现。这种营造方法既简化了施工难度，又使建筑造型线条尽可能地产生出变化。

与河南省登封会善寺净藏禅师墓塔、山西省运城泛舟禅师墓塔、河南省登封少林寺法华行钧塔、山东省历城九塔寺九顶塔的檐下结构方式相对照，慧崇塔下层檐下的这种叠涩结构形式与上述几座塔是相同的。

在本文写作、调查中，发现了一座较完整的唐代仿木构单层石塔实例，它位于甘肃永靖炳灵寺石窟的第三窟。炳灵寺第三窟为一处中晚唐佛教石窟 **❶**，窟中的这座塔是一座独立的单层石塔，塔高约 2.23 米，宽约 1.4 米，位于一个方形的基座之上。基座上有明显的孔眼，原塔上应该有木构勾栏，并设有唐代塔常见的圜桥子。塔体四面各分为三开间，只在正面开设一门。塔身通过仿木构斗栱与出檐式的塔檐相接，塔顶也为仿木构式的盝顶，盝顶之上通过几层反叠涩与顶部带基座的山花蕉叶相接。

炳灵寺第三窟中的这座唐代单层石塔，其形象及细部设置与法门寺出土的铜浮图以及敦煌壁画中的单层木塔都十分接近。塔身每面三开间的设置，纵横木构的组合形式，以及顶部由斗栱与出檐相接的盝顶形式，也都与法门寺铜浮图以及敦煌壁画中的单层木塔的结构设置相同。最值得注意的是，它与法门寺铜浮图的顶部造型一样，都体现了当时木构屋顶举折平缓的做法。

4. 从举折规律推测慧崇塔的建造朝代

上文已经提到，塔顶和最顶端的塔刹是最容易损坏的部分。现存的许多早期佛塔的顶部都已经损坏，对早期佛塔进行复原性修复，成为复原工作中最为困难的一部分。无论是修定寺塔还是四门塔，其顶部复原的标准性问题都是可质疑的。这其中的主要原因，即是塔顶坡面过陡，不符合早期建筑屋面平缓的传统做法。中国传统建筑的屋顶以两坡或四坡形式为主，屋面坡度的确定并不是随意的，而是有章法可依。在屋面坡度的确定与做法方面，存在举折与举架两套不同的标准。宋《营造法式》**❷** 和清《工程做法》**❸** 中，对此都有明确的规定，如果按照宋式做法，将宋式建筑与唐代留存的几座建筑对比，则可以看出唐代建筑屋顶的坡度是最为平缓的。

屋面的坡度由屋架的举高与建筑跨度的比值决定。举高是指从屋脊到屋檐的垂直高度。早在先秦时期的《考工记》**❹** 中就已经出现了对屋架高跨比的规定，可见人们很早就已经注意到屋架高度与跨度的比例问题。最早期的屋顶坡面直接采用木材，可能为大叉手的构架形式，因此屋面轮廓呈直线。随着建筑技术的不断进步，屋面的坡度也有所增加，屋面由最初覆盖茅草转变为铺设瓦件。直线形的屋面虽然能让雨水顺利地排到地面，但同时也使屋顶上铺设的瓦很容易溜滑下来。于是，将直线形的屋面轮廓断开，自上而下形成两段或三段相组合的形式，就成为溜瓦问题的解决之道。这种将屋顶"断"成多节的做法，在汉代就已经存在，一些汉阙和陶

❶ 甘肃省文化局文物工作队. 调查炳灵寺石窟的新收获 – 第二次调查（1963）简报 [J]. 文物，1963（10）.

❷ 梁思成. 梁思成全集 · 第七卷 [M]. 北京：中国建筑工业出版社，2001：13.

❸ 王璞子. 工程做法注释 [M]. 北京：中国建筑工业出版社，1995.

❹ "匠人"："葺屋三分，瓦屋四分"。参见：闻人军，译注. 考工记译注 [M]. 上海：上海古籍出版社，2008：124。

屋明器中都有阶梯形的屋顶形象。这种确定屋顶斜坡曲线的方法，在宋式建筑中称为"举折"，在清代建筑中称为"举架"。

　　唐宋时期对屋顶举折的确定有着一套较为复杂的计算方法。其做法是按照从屋顶到屋檐的顺序，使各槫从上到下的举高按照 1/10、1/20、1/40、1/80 的固定比例递减，这个比例所参照的基准线是从底层第一槫分别到各槫顶点的连线。由于这个基准线是变化的，导致举高高度不断降低，而比率不断加大，所以各槫高度的变化较小，除屋脊处的下凹较为明显外，屋面向下的坡度也逐渐缓和（图 28 ~ 图 31）。

　　清式举架的做法简略了许多。一般来说举架主要针对抬梁式建筑结构，抬梁式建筑以从 3 檩到 9 檩的形式最为普遍，底部也采用与之对应的间架数。照从屋檐到屋顶的顺序分别确定两檩间的高差，这个高差是由两檩间的垂直距离与相应的举架系数相乘得到的。所谓的举架系数，是人们在长期的营造活动中逐渐摸索和确定下来的，一般最底层两檩的高差系数采用 0.5，最高层脊檩的高差系数为 0.9，中间其他各檩的高差按照檩数灵活分

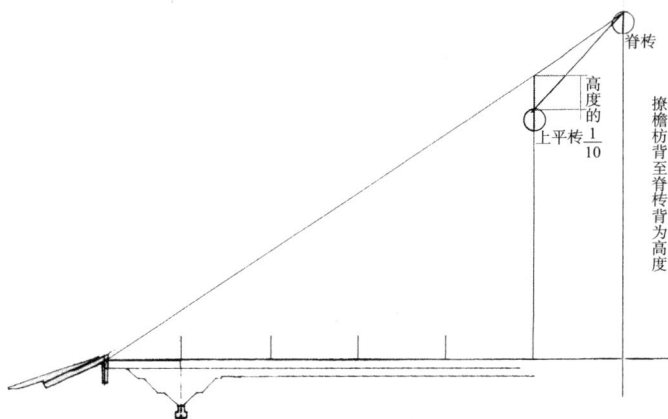

图 28　宋式举折（一）
（作者自绘）

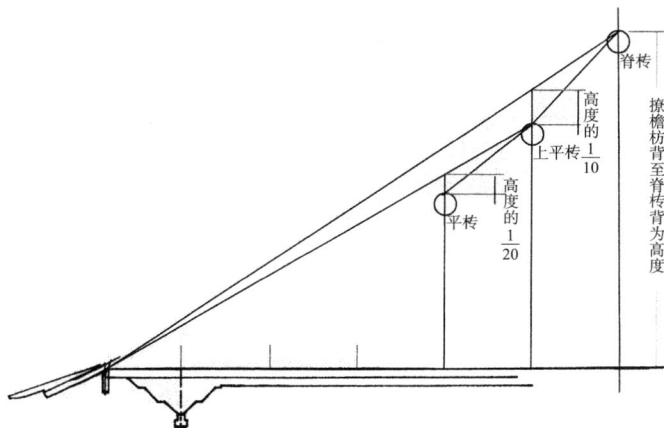

图 29　宋式举折（二）
（作者自绘）

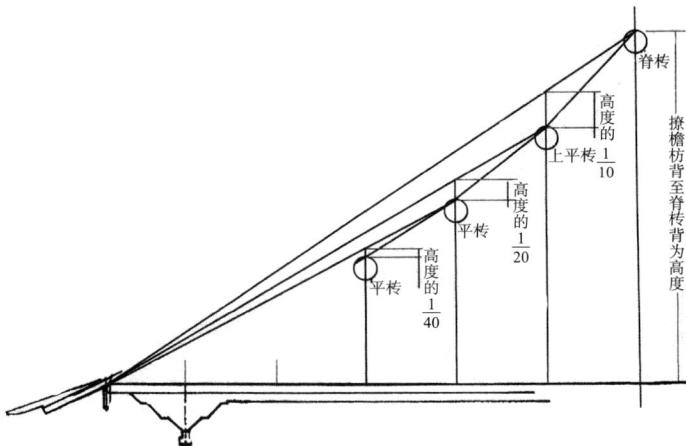

图 30　宋式举折（三）
（作者自绘）

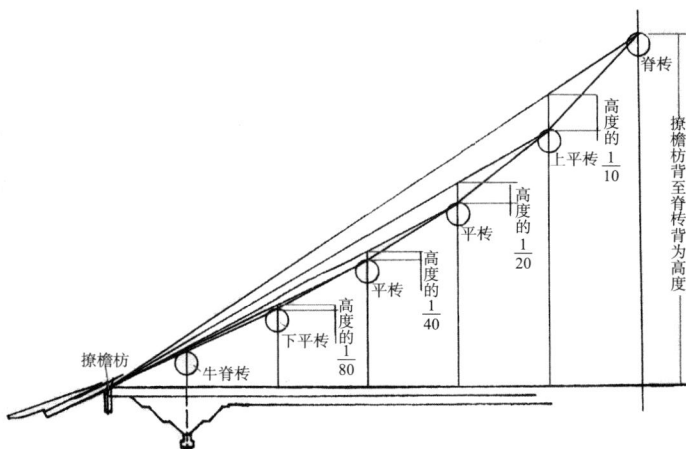

图 31　宋式举折（四）
（作者自绘）

❶　故宫博物院古建部，王璞子.工程做法注释[M].七檩小式大木做法（卷二十四）北京：中国建筑工业出版社，1995：163.

❷　故宫博物院古建部，王璞子.工程做法注释[M].九檩大木做法（卷七）北京：中国建筑工业出版社，1995：100 页.

配，既可以按照 0.5、0.1、0.15 的固定值累加，也可以按照一定规律的不固定值累加获得。这种屋顶的举架比例在官式建筑中较为固定，并因建筑结构大式小式的做法不同而有所差异。如据《工程做法》中的记载，小式七檩结构从檐檩到脊檩的举架系数按照 0.2 的固定值累加，分别为 0.5、0.7、0.9❶；大式九檩结构从檐檩到脊檩的举架系数分别为 0.5、0.65、0.75、0.9，是按照 0.15 和 0.1 间或相加的不固定值累加获得的 ❷（图 32）。

　　与宋式举折屋顶做法相比，清代在屋顶举架方面虽然也大体上形成了一套比较固定的比例，但这种比例关系并不像宋式举折的计算方法那样被固定遵守，人们可以在实际建筑活动中根据需要灵活设置举架系数，因此获得不同的屋顶坡度效果。总体上来讲，清代举架比例计算方法更加简单和灵活，但由此形成的建筑屋顶坡度较为陡峭，屋面的轮廓是一条十分接近月牙线的曲线，而宋式举折屋面的轮廓却是一条相对和缓的不对称弧线。

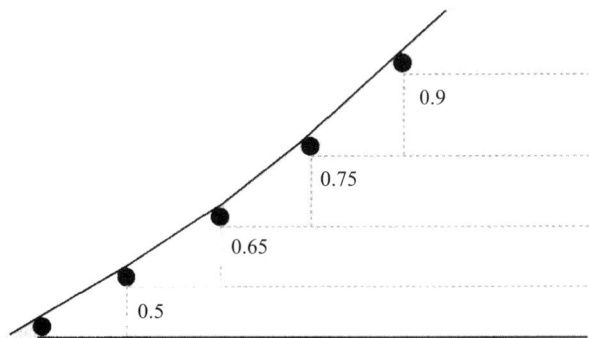

图 32　清式举架
（作者自绘）

从唐宋建筑到明清建筑，屋顶坡度产生的变化，是屋顶的木结构、屋瓦的铺设形式等结构、技术发生变化的综合结果。而其产生的影响，并不仅仅是建筑形象的改变，随之改变的还有人们的审美观念。审美观念又和结构技术一样，一旦被确立，就很难被改变，由此看四门塔与修定寺塔高而陡的塔顶，显然迥异于早期的审美观念。

慧崇塔的塔顶造型则与四门塔和修定寺塔不同，无论从测绘数据还是外观形式本身看，都是与唐代墓葬中明器、壁画和绘画作品中的建筑形象及已知的唐代建筑实例中的屋顶举折方式相吻合的。尤其是测绘数据显示，慧崇塔第一层塔顶的屋面坡线向上延伸时所产生的等腰三角形，底部宽度为 5.56 米，而三角形的高度仅为 1.22 米，高跨比为 1∶4.55。第二层塔顶的等腰三角形，底部宽度为 3.3 米，而三角形的高度仅为 0.7 米，高跨比为 1∶4.71。以上数据对比唐代佛光寺东大殿屋架 1∶4.77❶ 的高跨比（图 33～图 35），说明尽

图 33　山西五台山佛光寺东大殿
（作者自摄）

❶　梁思成.记五台山佛光寺建筑.中国营造学社汇刊.第七卷第一期，1944.

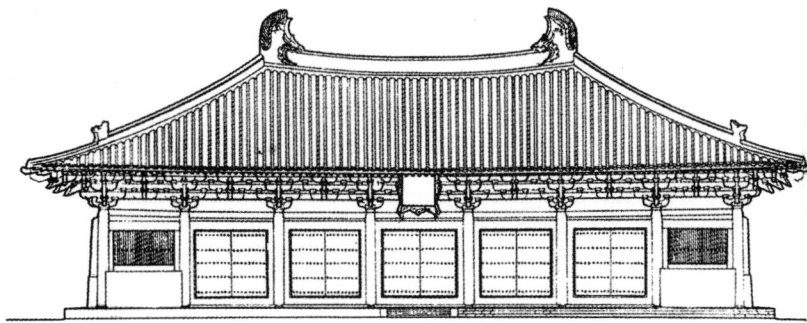

图 34　山西五台山佛光寺东大殿立面
（中国科学院自然科学史研究所.中国古代建筑技术史 [M].北京：科学出版社，1985.）

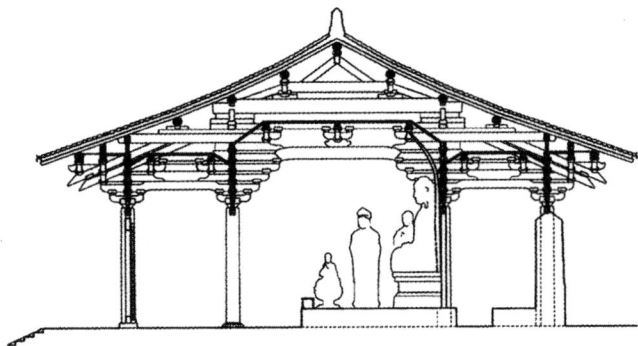

图 35 山西五台山佛光寺东大殿侧剖面

（中国科学院自然科学史研究所 . 中国古代建筑技术史 [M]. 北京：科学出版社，1985.）

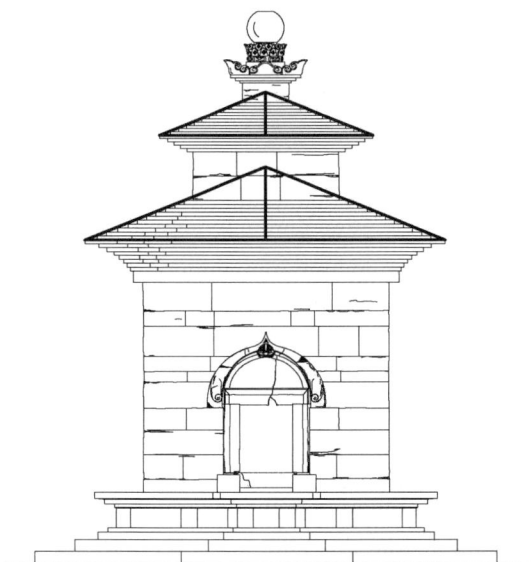

图 36 慧崇塔塔顶坡度示意图
（作者测绘）

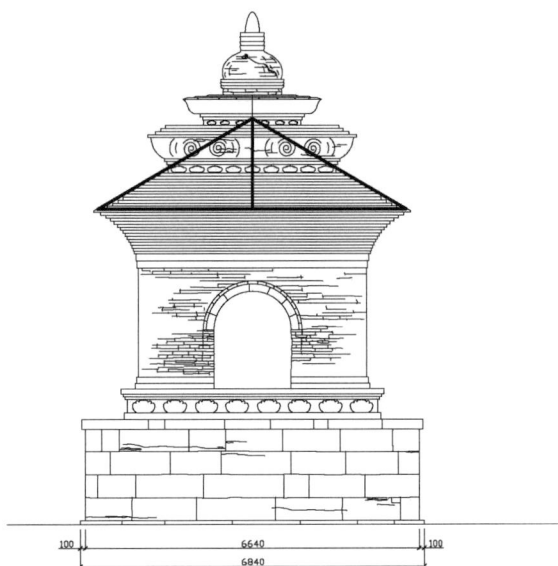

图 37 祖师塔塔顶坡度示意图
（作者测绘）

管慧崇塔是一座石塔，但是其塔顶的坡度和佛光寺东大殿的屋顶坡度是一致的。这和宋之后屋架高跨比相对固定于 1：3 到 1：4 的幅度相比较，慧崇塔应该属于唐朝的时代风格（图 36）。与之地理位置相近的祖师塔，虽不知其建造年代，但塔顶风格与慧崇塔是近似的（图 37）。这或许暗含区域性相似问题。

再进一步将本文中所收集的唐代法如塔、明惠禅师墓塔、炳灵寺石窟第三窟石塔的塔刹与慧崇塔的塔刹作比较，可看出这些方形平面的塔，其塔刹的底部都有山花蕉叶的底座，慧崇塔亦不例外。这种造型形式不只见于上述所列举的实例，还可见于敦煌石窟、河南安阳宝山灵泉寺唐代摩崖石刻等。

结　论

笔者去山东长清灵岩寺调查之初,看到清代马大相撰写的《灵岩志》等文献资料,以及灵岩寺内遗存的一座刻有"慧崇"名字的石灯台,以为可以在《高僧传》或《续高僧传》等史料中找到关于慧崇的一些具体史实,以此对慧崇塔的建造年代有一个相对准确的断定,然而未能找到。

尽管本文从文献方面并未在关于慧崇塔的塔主人和具体的建造年代等内容上有所突破,但是通过大量细致的实地调查,对慧崇塔的具体造型、尺度、结构特征等有了详尽的测绘资料和记录。也正是因为有了这些具体的资料,才得以与其他早期的单层佛塔进行比对研究。梁思成先生在五台山调查佛光寺祖师塔时,由于未发现相关塔铭、碑记,便采用细部样式特征来推断其年代。梁思成说:"塔既无铭文,其史无可稽,最可能为唐末寺僧之墓塔。"❶因此,对慧崇塔的年代认定也是借鉴了梁思成的这种推断方法。

塔身辟券门的做法,在许多唐塔上也有运用。建于唐天宝五年(746年)的河南登封会善寺净藏禅师墓塔就使用了拱券门。慧崇塔也是在券门之上使用了与佛光寺祖师塔❷类似的尖券券面装饰,而且两塔券面两端结尾处的收口模式也相似。

慧崇塔檐下面都作简单叠涩处理,出檐平缓而深远。这都与唐代绘画、石窟、摩崖石刻中的单层佛塔形式及唐代建筑实例相符。

另外,唐代佛塔的顶部平缓的造型手法,在唐代壁画和石窟寺(包括此次笔者调查过的河南安阳宝山灵泉寺摩崖石刻)以及唐代建筑作品中都能看到,慧崇塔与之十分契合,完全符合唐代建筑的屋顶造型规律。而现存的宋代以后的塔,其塔顶都比慧崇塔要陡直。

从塔体高与宽 2:1 的比例关系来看,慧崇塔是符合《法华经》中有关印度佛塔比例记录的,从现存早期单层塔的实例也都可以看出 2:1 这一比例关系是早期单层塔中较为常用的。单层塔是一种独特的佛塔类别,在唐代之后不再建造大型的木构或石构单层塔,而只是将其作为僧人的墓塔建造,且数量减少、规模尺度十分有限,而且塔体的比例也变得更修长。

综上所述,慧崇塔的修造年代可以推定为唐代,至于具体的修造年代,还有待于新材料的发现和更深一步的研究。

❶ 梁思成.记五台山佛光寺建筑(续).中国营造学社汇刊.第七卷第二期,中华民国三十四年十月:7-10.

❷ 陈涛.五台山佛光寺祖师塔考[M]// 王贵祥,贺从容.中国建筑史论汇刊·第贰辑.北京:清华大学出版社,2009:65.

附录 – 表 1　东区石碑朝代排序检索表

朝代	公元纪年	编号	碑名	纪年位置	对应塔号	顶部形制	基座平面
金皇统二年	1142	34	妙空禅师塔铭	碑体正面	无	四坡水顶	方形
金大定十三年圆寂、十四年立石	*1173* *1174*	26	宝公禅师塔铭	碑体正面	东塔 56	四坡水顶	方形
金大定二十七年	1187	33	才公禅师塔铭	碑体正面	东塔 71	四坡水顶	方形

朝代	公元纪年	编号	碑名	纪年位置	对应塔号	顶部形制	基座平面
元至元十九年	1282	18	福公禅师塔铭	碑体正面	东塔45	四坡水顶	方形
元至元十九年	1282	20	清安禅师方公塔铭	碑体正面	东塔52	圆首	方形
元至元二十二年	1285	27	新公禅师塔铭	碑体正面	东塔58	四坡水顶	方形
元至元三十年	1293	21	足庵长老	碑体正面	东塔54	四坡水顶	方形
元大德五年	1301	19	达公禅师道门之碑	碑体正面	无	四坡水顶	方形
元延祐元年	1314	45	就公禅师道门之碑	碑体正面	东塔78	圆首	方形
元至顺元年	1330	35	让公提点寿塔之铭	碑体正面	东塔67	圆首	方形
元至元二年	1336	51	**举公提点塔铭**	碑体正面	东塔90	圆首	方形
元至元四年	1338	40	无为容公禅师塔铭	碑体正面	东塔72	圆首	不详
元至元戊寅	*1278 1338*	44	挥公提点塔志	碑体正面	东塔76	四坡水顶	方形
元至正元年	1341	28	息庵禅师道□碑记	碑体正面	无	四坡水顶	方形
元至正十一年	1351	15	慧公禅师道行之碑	碑体正面	东塔35	圆首	方形
明洪武五年	1372	12	方山壁公禅师墓碑	碑体正面	东塔34	四坡水顶	方形
明洪武二十年	1387	50	常公禅师寿塔碑铭	碑体正面	无	圆首	方形
明景泰六年	1455	10	提点通公塔铭	碑体正面	东塔27	四坡水顶	方形
明景泰六年	1455	7	信公无疑禅师塔铭	碑体正面	东塔20	四坡水顶	方形
明景泰乙亥（六年）	1455	8	本空悟公禅师塔铭	碑体正面	东塔21	圆首	方形
明弘治五年	1492	16	洁公净堂长老塔铭	碑体正面	东塔36	圆首	方形
弘治十二年	1499	30	觉公墓志	碑体正面	无	圆首	方形
明弘治十五年	1502	32	故老娘辛氏一位之灵	碑体正面	无	圆首	方形
明正德元年	1506	39	故父亲汤文秀母亲王氏之墓	碑体正面	无	圆首	不详
明正德十年	1515	46	故母亲……	碑体正面	无	圆首	不详
明嘉靖二十年	1541	38	圆寂师公长老□宝峯和尚觉灵墓志	碑体正面	无	圆首	方形
明嘉靖二十二年	1543	11	圆寂本师首座宪公和尚觉灵墓志	碑体正面	无	圆首	方形
明嘉靖二十二年	1543	14	圆寂师公都管忻公和尚觉灵墓志	碑体正面	无	圆首	方形
明嘉靖己酉（二十八年）	1549	4	圆寂老师首座远公和尚觉灵墓志	碑体正面	无	圆首	方形
明嘉靖三十八年	1559	23	示寂师翁偶公杰安长老墓志	碑体正面	无	圆首	方形
嘉靖四十五年	1566	48	圆寂本师居公和尚竟灵墓志	碑体正面	无	圆首	方形
明隆庆二年	1568	6	圆寂老师顺公大贤和尚墓志	碑体正面	无	圆首	方形
明隆庆四年	1570	31	圆寂师翁天翔敖公墓志	碑体正面	无	圆首	方形
明隆庆六年	1572	36	刻字损坏	碑体正面	无	圆首	方形
明隆庆六年	1572	42	圆寂老师翁前堂首座东宫和尚觉灵	碑体正面	无	圆首	方形
明万历元年	1573	47	圆寂师组柔公大刚和尚……	碑体正面		圆首	不详

朝代	公元纪年	编号	碑名	纪年位置	对应塔号	顶部形制	基座平面
明万历二年	1574	2	圆寂本师东班提点天章墓志	碑体正面	无	圆首	不详
明万历三年	1575	5	圆寂本师果公香林和尚墓志	碑体正面	无	圆首	方形
明万历八年	1580	3	圆寂本师东班都管雨公云雾和尚墓志	碑体正面	无	圆首	不详
明万历十五年	1587	37	圆寂本师□□太乘和尚□灵墓志	碑体正面	无	圆首	方形
明万历十九年	1591	22	圆寂本师雷公长老和尚寿塔	碑体正面	无	圆首	方形
明万历二十二年	1594	17	喜公沧冥长老墓志	碑体正面	无	圆首	方形
明万历二十五年	1597	43	圆寂本师西班首座映天和尚潭公之墓	碑体正面	无	圆首	方形
明万历二十五年	1597	49	圆寂本师东班都管宝一和尚户公之墓	碑体正面	无	圆首	方形
明万历四十三年	1615	13	圆寂老师坤公大方和尚墓志	碑体正面	无	圆首	方形
不详	不详	1	圆寂□师□西班首座蛊峰墓志	碑体正面	无	圆首	不详
不详	不详	9	墓志铭圆寂本师周道维那觉灵	不详	无	圆首	方形
不详	不详	24	圆寂……	不详	无	圆首	方形
不详	不详	25	圆寂本师含公……	不详	无	圆首	不详
不详	不详	29	……无□□公□□墓志	不详	无	圆首	方形
不详	不详	41	无字	不详	无	圆首	不详

附录 – 表2 东区石塔朝代排序检索表

朝代	公元纪年	编号	塔名	纪年位置	对应碑号	塔体形制	基座平面
北宋皇祐四年	1052	57	经幢	经幢第六面	无	经幢式	方形
宋嘉祐六年	1061	66	□继公大禅师寿塔	经幢第五面	无	经幢式	方形
北宋宣和五年	1123	83	海会塔	塔体背面	无	竖长方体	方形
金大定二十七年	1187	71	才公禅师之塔	碑体正面	东碑33	鼓状	八角形
元至元十九年	1282	45	福公禅师之塔	碑体正面	东碑18	钟状	八角形
元至元十九年	1282	52	清安禅师之塔	碑体正面	东碑20	钟状	八角形
元至元三十年	1293	54	肃公寿塔	碑体正面	东碑21	钟状	八角形
元延祐元年	1314	78	就公禅师寿塔	铭碑正面	东碑45	钟状	八角形
元延祐元年	1314	90	**举公提点寿塔**	塔体正面	无	竖长方体	方形
元延祐二年	1315	91	运公维那寿塔	塔体正面	无	竖长方体	方形
元延祐二年	1315	92	教公首座寿塔	塔体正面	无	竖长方体	方形
元延祐二年	1315	88	宗公提点寿塔	塔体正面	无	竖长方体	方形
元至治二年	1322	97	添公副寺之塔	塔体正面	无	竖长方体	方形
元至治三年	1323	87	善公山主寿塔	塔体正面	无	竖长方体	方形
元至顺元年	1330	67	让公提点寿塔	碑体正面	东碑35	钟状	八角形
元至顺二年	1331	93	泉公首座寿塔	塔体正面	无	竖长方体	方形

朝代	公元纪年	编号	塔名	纪年位置	对应碑号	塔体形制	基座平面
元元统三年	1335	63	固公监寺之塔	塔体背面	无	钟状	方形
元至元四年	1338	72	容公禅师寿塔	碑体正面	东碑40	钟状	八角形
元至元戊寅	*1278* *1338*	76	挥公提点寿塔	碑体正面	东碑44	钟状	八角形
元至正元年	1341	75	坦公副寺之塔	塔体背面	无	钟状	八角形
元至正九年	1349	95	洪公提点之塔	塔体正面	无	竖长方体	方形
元至正十一年	1351	35	慧公禅师寿塔	碑体正面	东碑15	钟状	八角形
元至元二十二年	1285	58	新公禅师塔铭	碑体正面	东碑27	钟状	八角形
明洪武三十一年	1398	50	僧会税峰添公寿塔	塔体背面	无	钟状	八角形
明正统十二年	1447	25	坚公提点之塔	塔体背面	无	钟状	八角形
明景泰二年	1451	26	祺公提点之塔	塔体背面	无	钟状	八角形
明景泰六年	1455	20	信公无疑之塔	碑体正面	东碑7	鼓状	六角形
明景泰六年	1455	21	本空禅师寿塔	碑体正面	东碑8	鼓状	六角形
明景泰六年	1455	27	通公提点寿塔	碑体正面	东碑10	钟状	六角形
天顺四年	1460	43	原公监寺之塔	塔体背面	无	钟状	八角形
明天顺五年	1461	6	性天首座朗公之塔	塔体背面	无	钟状	八角形
明天顺六年	1462	17	用公大机藏主之塔	塔体背面	无	钟状	八角形
明天顺八年	1464	16	住都都管寿塔	塔体背面	无	钟状	八角形
明成化四年	1468	33	镱公首座宝玑之塔	塔体背面	无	钟状	八角形
明成化十七年	1481	55	瑄公无瑕和尚之塔	塔体正面	无	竖长方体	方形
明成化十九年	1483	49	训公首座和尚之塔	塔体背面	无	竖长方体	方形
明成化二十三年	1487	47	花园崇公长老之塔	塔体背面	无	竖长方体	方形
明成化二十三年	1487	12	崇公监寺寿塔	塔体背面	无	钟状	八角形
明成化二十三年	1487	23	碧公监寺和尚之塔	塔体背面	无	竖长方体	方形
明弘治元年	1488	10	新公首座和尚之塔	塔体背面	无	竖长方体	方形
明弘治元年	1488	64	圆公前堂首座 古镜和尚之塔	塔体正面	无	竖长方体	方形
明弘治四年	1491	5	本宗前堂保公寿塔	塔体背面	无	竖长方体	方形
明弘治五年	1492	9	萌庵都闻干公之塔	塔体背面	无	竖长方体	方形
明弘治五年	1492	36	洁公净堂之塔	碑体正面	东碑16	钟状	八角形
明弘治五年	1492	53	如公首座蕴空寿塔	塔体背面	无	竖长方体	方形
明弘治八年	1495	15	大猷首座显公之塔	塔体背面	无	竖长方体	方形
明弘治八年	1495	28	古音都管凯公之塔	塔体背面	无	竖长方体	方形
明弘治八年	1495	79	无为前堂首座顺公寿塔	塔体背面	无	竖长方体	方形

朝代	公元纪年	编号	塔名	纪年位置	对应碑号	塔体形制	基座平面
明弘治九年	1496	2	无尽都管添公寿塔	塔体背面	无	竖长方体	方形
明弘治十一年	1498	19	玩公首座无着之塔	塔体背面	无	竖长方体	方形
明弘治十二年	1499	31	都管直公和尚寿塔	塔体背面	无	竖长方体	方形
明弘治十三年	1500	4	真空首座太公寿塔	塔体背面	无	钟状	八角形
明弘治十五年	1502	22	首座理玺天章寿塔	塔体背面	无	竖长方体	方形
明弘治十六年	1503	1	福堂提点祯公塔	塔体背面	无	竖长方体	方形
明弘治十八年	1505	51	倪菴都管喜公寿塔	塔体背面	无	竖长方体	方形
明正德元年	1506	11	月空首座浩公寿塔	塔体背面	无	竖长方体	方形
明正德元年	1506	74	天香提点果公之塔	塔体背面	无	竖长方体	方形
明正德四年	1509	82	泉公监寺之塔	塔体背面	无	竖长方体	方形
明正德十年	1515	84	庆公首座白云之塔	塔体背面	无	竖长方体	方形
明正德十一年	1516	65	都管忠公禅师寿塔	塔体背面	无	竖长方体	方形
明正德十二年	1517	39	都管壹公和尚之塔	塔体背面	无	竖长方体	方形
明正德十二年	1517	77	镜堂都管慧公之塔	塔体背面	无	竖长方体	方形
明正德十二年	1517	81	前堂首座辉公和尚之塔	塔体背面	无	竖长方体	方形
明正德十三年	1518	3	大云首座兴公寿塔	塔体背面	无	竖长方体	方形
明正德十六年	1521	59	寿公万松禅师塔	塔体背面	无	竖长方体	方形
明嘉靖元年	1522	68	金公监寺和尚之塔	塔体背面	无	竖长方体	方形
明嘉靖六年	1527	38	监寺后公和尚寿塔	塔体背面	无	竖长方体	方形
明嘉靖七年	1528	41	春公副寺和尚之塔	塔体背面	无	竖长方体	方形
明嘉靖九年	1530	80	鉴公首座无照之塔	塔体背面	无	竖长方体	方形
不详	不详	7	都纲昂公独峰之塔	不详	无	鼓状	八角形
不详	不详	8	和公首座之塔	不详	无	钟状	八角形
不详	不详	13	僧会显公古宗之塔	不详	无	钟状	八角形
不详	不详	14	昱公前堂寿塔	不详	无	钟状	八角形
不详	不详	18	……公首……之塔	不详	无	鼓状	八角形
不详	不详	24	提点荣公之塔	不详	无	鼓状	八角形
不详	不详	29	祥公首座之塔	塔体背面	无	鼓状	八角形
不详	不详	30	恒公提点之塔	不详	无	钟状	八角形
不详	不详	32	济公禅师之塔	不详	无	钟状	八角形
不详	不详	34	璧禅师塔	不详	无	钟状	八角形
不详	不详	37	汾公首座之塔	不详	无	鼓状	八角形
不详	不详	40	宗公都管和尚之塔	不详	无	竖长方体	方形
不详	不详	42	清隐仁禅师塔	不详	无	鼓状	八角形

朝代	公元纪年	编号	塔名	纪年位置	对应碑号	塔体形制	基座平面
不详	不详	44	阆通禅师之塔	不详	无	钟状	八角形
不详	不详	46	刻字损坏	不详	无	钟状	八角形
不详	不详	48	然公诺庵长老之塔	不详	无	钟状	八角形（带方基座）
金大定十三年圆寂，十四年立石	1173 1174	56	宝公禅师之塔	碑体正面	东碑 26	钟状	八角形
不详	不详	60	僧录司右街觉义钦依万寿戒坛宗师兼崇□古奇和尚塔	不详	无	喇嘛塔	方形
不详	不详	61	□公禅师寿塔	不详	无	钟状	八角形
不详	不详	62	让公禅师之塔	不详	无	钟状	八角形
不详	不详	69	不详	不详	无	经幢式	方形
不详	不详	70	传戒大宗师因公塔	不详	无	鼓状	八角形
不详	不详	73	僧会司官阳公之塔	不详	无	钟状	八角形
不详	不详	85	曹洞宗师峪溪寿塔	不详	无	钟状	八角形
元泰定□年	1324—1328	86	聚公院主寿塔	塔体正面	无	竖长方体	方形
不详	不详	89	塔基	不详	无	不详	方形
不详	不详	94	庵王无极首座用公和尚寿塔	不详	无	竖长方体	方形
不详	不详	96	知藏思周寿塔	不详	无	钟状	八角形

附录－表3　西区石碑朝代排序检索表

朝　代	公元纪年	编号	碑　名	纪年位置	对应塔号	顶部形制	基座平面
金皇统二年	1142	8	定光塔铭	碑体正面	西塔 30	四坡水顶	方形
金皇统九年	1149	18	寂照禅师塔铭	碑体正面	西塔 48	四坡水顶	方形
元皇庆二年	1313	14	海公禅师道行之碑	碑体正面	西塔 36	圆首	方形
元至顺二年	1331	9	慧公禅师碑铭	碑体正面	西塔 28	四坡水顶	方形
元至正元年	1341	19	明德内师贞公塔铭	碑体正面	无	四坡水顶	方形
明正德元年	1506	5	默菴首座净公墓铭	碑体正面	无	圆首	不详
明嘉靖二年	1523	15	大用首座才公和尚墓	碑体正面	无	圆首	方形
明嘉靖五年	1526	16	昭公铭记	碑体正面	无	圆首	方形
明嘉靖五年	1526	17	宗公铭记	碑体正面	无	圆首	方形
明嘉靖七年	1528	12	圆寂本师振公东普和尚墓志	碑体正面	无	圆首	方形
明嘉靖十四年	1535	4	□□西班前堂首□逵公和尚觉灵	碑体正面	无	圆首	不详
明嘉靖十七年	1538	13	示寂住持太平寺县公墓志	碑体正面	无	圆首	方形
明嘉靖二十年	1541	11	示寂相公和尚觉灵墓志	碑体正面	无	圆首	方形
明嘉靖二十六年	1547	2	□堂首座钦□□堂和尚墓志	碑体正面	无	圆首	不详

朝　代	公元纪年	编号	碑　名	纪年位置	对应塔号	顶部形制	基座平面
明嘉靖二十八年	1549	6	圆寂本师前班首座天祥	碑体正面	无	圆首	方形
明嘉靖三十年	1551	25	圆寂本师都管秋月春公和尚觉灵墓志	碑体正面	无	圆首	不详
明嘉靖三十七年	1558	20	圆寂本师宝堂敬公和尚墓志	碑体正面	无	圆首	方形
明嘉靖三十七年	1558	22	圆寂老师鸾公和尚觉灵墓志	碑体正面	无	圆首	方形
明嘉靖四十五年	1566	23	圆寂本师祯公和尚觉灵墓志	碑体正面	无	圆首	方形
明隆庆三年	1569	1	赐灵岩寺和尚乾公天寿宝塔	碑体正面	无	圆首	方形
明隆庆三年	1569	3	敕赐灵岩崇善寺都管明公右鉴塔	碑体正面	无	圆首	不详
明万历十六（戊子）年	1588	10	寻朗公影塔	碑体正面	无	圆首	方形
清顺治十五年	1658	21	圆寂本师鸾公凤庵和尚觉灵墓志	碑体正面	无	圆首	不详
不详	不详	7	刻字损坏	不详	无	圆首	方形
不详	不详	24	灵岩山崇善禅寺圆寂本师前堂首座随公和尚墓志	不详	无	圆首	方形

附录－表4　西区石塔朝代排序检索表

朝　代	公元纪年	编号	塔　名	纪年位置	对应碑号	塔体形制	基座平面
金皇统二年	1142	30	定光之塔	碑体正面	西区碑8	鼓状	八角形
金皇统九年	1149	48	寂照之塔	碑体正面	西区18	鼓状	八角形
元至元二十六年	1289	37	信公首座之塔	塔体背面	无	钟状	八角形
元皇庆二年	1313	36	海公禅师寿塔	碑体正面	西区14	鼓状	八角形
元至顺二年	1331	21	亨公首座寿塔	塔体正面	无	竖长方体	方形
元至顺二年	1331	28	慧公禅师寿塔	碑体正面	西区碑9	钟状	八角形
元至正九年	1349	56	霭公提点寿塔	塔体背面	无	竖长方体	方形
元至正九年	1349	57	津公禅者之塔	塔体背面	无	竖长方体	方形
元至正十年	1350	55	敞公仓主寿塔	塔体背面	无	竖长方体	方形
明永乐十年	1412	42	济南府僧纲司都纲延公寿堂之塔	塔体正面	无	竖长方体	方形
明宣德二年	1427	49	本然禅师寿塔	塔体背面	无	竖长方体	方形
明宣德三年	1428	12	真公首座寿塔	塔体背面	无	竖长方体	方形
明宣德七年	1432	58	耳公首座寿塔	塔体背面	无	竖长方体	方形
明正统元年	1436	35	印空和尚之塔	塔体背面	无	鼓状	八角形
明正统十年	1445	50	首座古庭和尚之塔	塔体背面	无	钟状	八角形

朝　　代	公元纪年	编号	塔　　名	纪年位置	对应碑号	塔体形制	基座平面
明景泰元年	1450	53	寿岩禅师之塔	塔体背面	无	竖长方体	方形
明成化八年	1472	45	能公禅师之塔	塔体背面	无	鼓状	方形
明成化十一年	1475	43	观音住持俊公之塔	塔体背面	无	竖长方体	方形
明成化二十三年	1487	41	玹公前堂和尚之塔	塔体背面	无	竖长方体	方形
明弘治元年	1488	3	云峰首座祥公塔	塔体背面	无	钟状	八角形
明弘治三年	1490	10	藏王琦公之塔	塔体背面	无	竖长方体	方形
明弘治三年	1490	34	大平长老赋公本然寿塔	塔体背面	无	竖长方体	方形
明弘治五年	1492	44	拙庵智公都寺和尚寿塔	塔体背面	无	竖长方体	方形
明弘治三年	1490	47	济南府僧纲司都纲理正启宗寿塔	塔体背面	无	竖长方体	方形
明弘治六年	1493	26	香公季云长老寿塔	塔体背面	无	竖长方体	方形
明弘治六年	1493	61	妙恭长老敬堂寿塔	塔体背面	无	竖长方体	方形
明弘治六年	1493	63	顺公无为禅师寿塔	不详	无	竖长方体	不详
明弘治八年	1495	62	澎音首座海公寿塔	塔体背面	无	竖长方体	方形
明弘治九年	1496	27	无坏首座成公寿塔	塔体背面	无	竖长方体	方形
明弘治九年	1496	29	此心首座安公寿塔	塔体背面	无	竖长方体	方形
明弘治十年	1497	23	都管来公和尚寿塔	塔体背面	无	竖长方体	方形
明弘治十一年	1498	32	都管胜公和尚之塔	塔体背面	无	竖长方体	方形
明弘治十二年	1499	5	大千首座鉴公塔	塔体背面	无	竖长方体	方形
明弘治十三年	1500	11	藏王贺公之塔	塔体背面	无	竖长方体	方形
明正德四年	1509	51	贤公首座禅师之塔	塔体背面	无	竖长方体	方形
明正德四年	1509	52	逵公首座本源之塔	塔体背面	无	竖长方体	方形
明正德八年	1513	46	一空首座堂公之塔	塔体背面	无	竖长方体	方形
明正德十二年	1517	4	前堂首座和尚柰公之塔	塔体背面	无	竖长方体	方形
明正德十二年	1517	39	月潭首座浩公寿塔	塔体背面	无	竖长方体	方形
明正德十六年	1521	1	首座林公古松寿塔	塔体背面	无	竖长方体	方形
明嘉靖二年	1523	14	源公百川首座寿塔	塔体背面	无	竖长方体	方形
明嘉靖四年	1525	54	全公首座寿塔	塔体背面	无	竖长方体	方形
明嘉靖五年	1526	2	都管聪公惠堂寿塔	塔体背面	无	竖长方体	方形
明嘉靖五年	1526	17	□公和尚都管之塔	塔体背面	无	竖长方体	方形
明嘉靖六年	1527	20	心印前堂首座盘公之塔	塔体背面	无	竖长方体	方形
嘉靖六年	1527	33	东晖都管亮公寿塔	塔体背面	无	竖长方体	方形
明嘉靖六年	1527	40	东班都管奉公寿塔	塔体背面	无	竖长方体	方形
明嘉靖十一年	1532	64	端公正堂和尚寿塔		无	竖长方体	方形
明嘉靖十六年	1537	9	菡公宝峯长老寿塔	塔体背面	无	竖长方体	方形
明弘治……年	不详	6	肃菴首座恭公之塔	塔体背面	无	竖长方体	方形

朝　代	公元纪年	编号	塔　名	纪年位置	对应碑号	塔体形制	基座平面
不详	不详	7	久公禅师寿塔	不详	无	钟状	八角形
不详	不详	8	□□禅师寿塔	不详	无	钟状	八角形
不详	不详	13	刻字损坏	不详	无	钟状	八角形
不详	不详	15	云石泉公禅师寿塔	不详	无	鼓状	八角形
不详	不详	16	演公之塔	不详	无	鼓状	方形
不详	不详	18	杲公之塔	不详	无	鼓状	八角形
不详	不详	19	森公印空长老寿塔	不详	无	竖长方体	方形
不详	不详	22	川公监寺寿塔	不详	无	钟状	八角形
不详	不详	24	志公首座之塔	不详	无	钟状	八角形
不详	不详	25	僧录司左衔觉义兼灵岩□（崇善）禅寺住持□善□大和尚寿塔	不详	无	喇嘛塔	方形
不详	不详	31	勇公书记寿塔	塔体背面	无	钟状	八角形
不详	不详	38	不详	不详	无		方形
不详	不详	59	贞公监寺寿塔	不详	无	钟状	八角形
不详	不详	60	破尘公禅师寿塔	不详	无	钟状	八角形

附录 – 表 5　塔林附属区域石塔朝代排序检索表

朝　代	公元纪年	编号	塔　名	纪年位置	对应碑号	塔体形制	基座平面
北宋咸平二年	999	5	宋咸平二年石塔	塔体背面	无	钟状	方形
元至元三十一年	1294	1	广公提点寿塔	碑体正面	1	钟状	八角形
明成化八年	1472	4	故承奉正龚公之塔	碑体正面	2	喇嘛塔	方形
不详	不详	2	故典膳正谭公之塔	不详	无	喇嘛塔	方形
不详	不详	3	故承奉正黎公之塔	不详	无	喇嘛塔	方形

附录 – 表 6　塔林附属区域石碑朝代排序检索表

朝　代	公元纪年	编号	碑　名	纪年位置	对应塔号	碑体顶部形制	基座平面
元至元三十一年	1294	1	广公提点寿碑	碑体正面	1	四坡水顶	方形
明成化八年	1472	2	承奉正龚公墓志铭	碑体正面	4	圆首	方形

注：

□代表一字佚失

……代表多字佚失

斜体字：代表推测或不确定的字或年代

下划线字：代表塔碑对应，但题字不同

加黑字：所示东碑 51 号与东塔 90 号存疑：东碑 51 号碑文显示举公于元至治二年（1322 年）圆寂，至元二年（1336 年）立碑，但东塔 90 号上的日期却是延祐二年（1315 年）

古代城市研究

从佛阿拉到沈阳城：北亚多文化体系下的清初都城空间结构

包慕萍

（东京大学生产技术研究所）

摘要：本文通过对满洲的都城佛阿拉、赫图阿拉、辽阳东京城的空间结构分析，总结了后金女真的都城空间构造原理。之后考察了盛京（沈阳）城中对满族建筑文化的继承以及在满蒙联盟体制下的藏传佛教建筑的建设赋予城市空间的新意义，并分析了因此带来的多体系文化影响的匠作人员以及建筑材料的来源及工匠组织的变迁。最后阐明 17 世纪中叶沈阳的都城空间是辽东地域木构建筑技术以及藏传佛教建筑艺术等多元文化的载体。

关键词：满洲，清初，都城，蒙古，藏传佛教，实胜寺，内藤湖南

Abstract：This paper examines the development of the multi-layered urban structure in Shenyang, the historical Manchu capital since the beginning of the seventeenth century that received influence from earlier urban centers (Fo'ala, Hetu'ala, Liaoyang) in Manchuria, central China, and Korea and from Tibetan Buddhism. In addition, the paper analyzes the groups of craftsman engaged in the 'Great Construction' from 1625 to 1636 when Shenyang was a cultural melting pot of Manchu, Mongol, Han Chinese, Korean, and Tibetan peoples. Located on the frontier (*fanbu*) of the Qing empire, Shenyang developed through different historical mechanisms than the cities in central China, and it is thus necessary to establish a distinct category of Qing frontier cities within traditional Chinese urban planning.

Keywords：Shenyang，Qing dynasty，capital cities，Mongolia，Tibetan Buddhism，Shisheng Monastery，Naito Konan

沈阳作为首都之城——都城，登上历史舞台始于努尔哈赤。努尔哈赤建立的后金朝于 1625 年（后金天命十年）从东京城即今辽阳迁都到沈阳，是沈阳作为都城的开始。1634 年（天聪八年）努尔哈赤之子皇太极改元大清，在沈阳举行登基大典，改城市名为天眷盛京，满语音称 mukden hecen❶，在今日蒙古语以及西文中仍使用 mukden 来称呼沈阳。沈阳因而变成改元后的第一个都城，1644 年清王朝迁都北京，沈阳成为陪都，一直到清朝消亡的 1911 年。

中国历史上一度曾是都城或者陪都、之后变为地方城市的案例众多。但是，沈阳案例的特殊之处在于它是以满族文化为主体创建的都城。反之，从东北地域的范畴来看，沈阳虽然不是孤例，如努尔哈赤于 1587 年建造佛阿拉，1603 年建造了赫图阿拉，1622 年建成东京新城等若干都城，但这些关外的都城中，只有沈阳作为都城经历了努尔哈赤、皇太极以及顺治三代皇帝，并在皇太极的持续建设下形成了形制完备的都城空间结构，并且发展为当时满洲地域的中心都市。

---

❶ 本文满文罗马字母转写根据：田村实造，锦西春秋，佐藤长，编. 五体清文鑑訳解 [M]. 京都：京都大学文学部内陆**アジア**研究所，1966. 以下同。

另外，沈阳城周围的地域文化特性与中国内地其他都城有显著的不同。以沈阳为中心的东北地区位于长城之外，即关外。清朝为了保护祖上发祥之地，最初实行了严禁关内人移居到关外的"封禁制度"。同时在此地区实行着与内地行省制不同的以满洲将军为地方最高统帅的八旗驻防制。因此，城市的核心街区为满洲八旗所独占。

从文化的角度来看，17世纪以来，沈阳是满族文化的中心之地，又南临朝鲜、北临蒙古和俄罗斯、西邻汉地明朝。沈阳的都市空间中不同文化体系以一种多重模式的空间结构形式展现出来。具体来说，在沈阳的都市空间中，既有17世纪满族在此创建后金政权、清朝初期的满族文化，又有明显的经由蒙古的藏传佛教的文化影响。同时，沈阳一直是东北亚的贸易据点都市，与朝鲜半岛、西伯利亚以及俄国中心地区等地的贸易活动一直以沈阳为重要的商品集散地。而进行这类贸易活动的商人主要来自中国内地，特别是山西。内地商人的经济活动，也给沈阳的城市空间带来了内地的地方建筑文化。

沈阳形成多种文化体系影响下的都市空间似乎是地理条件促成的必然结果，实则并非仅此一个。本文将剖析努尔哈赤与皇太极建立大一统王朝之政治图略对多文化都城空间形成所起到的直接的主导作用。正因为如此，在17世纪到19世纪之间，沈阳的都市空间融会了满族、蒙古、藏传佛教、内地的汉文化等完全不同体系的建筑文化。

自19世纪末至20世纪初，以沈阳为中心的东北地域又开始发生巨大的变化，即大量移民的到来所产生的变化。雍正元年以后，清朝政府改变严禁内地人移居边疆地区的政策，满洲也不例外，从严格的"封禁政策"转换为有限制地执行移民政策。政策的变迁，除了为内地农民提供新的可开垦耕地以外，同时也吸引了内地商人大量涌入东北，从事跨地区、跨国家的远距离贸易活动。大量商人的到来，导致沈阳都市空间的演变。此时，来到沈阳的移民不仅限于汉人，还包括回民和朝鲜人。他们都聚族而居，因此在沈阳又形成了体现朝鲜文化以及回民文化的都市空间。此外，1899年之后，东北地域开始受到来自俄国、日本等外国的影响，当然这种外来影响是通过殖民统治的方式进入的。与哈尔滨、长春、大连等这类在近代形成的大都市不同，沈阳是唯一的一个在近代以前的历史都市基础上发展起来的现代化大都市，这使沈阳演变为中国东北三省的中心城市，目前也是东北亚的核心城市之一。

因此，各个不同历史时期多文化体系的交汇，使得沈阳的都市空间融入了不同的文化，形成了它多层次、多源流的文化空间。这些不同的文化不是以局部性质的要素嵌入一个结构整体的方式存在，而是形成不同的空间结构，几种不同的空间结构的"层"叠加在一起，即形成本文所指的"多层空间结构"（Multi-layered Spatial Structure）的状态。

一、努尔哈赤的都城佛阿拉中的满族文化特征

1. 努尔哈赤的都城建设

1587年，29岁的努尔哈赤❶称王，建造了第一个都城❷，满语称"佛阿拉"❸（Fo'ala），汉语直译为"旧岗"，因为是最初的城，因此俗称旧老城（图1）；1601年，42岁的努尔哈赤统一了分布在满洲的建州女真五部、海西女真四部、野人女真四部。

1603年，努尔哈赤"自虎拦哈达南岗，移于祖居苏克苏浒河，加哈河之间，赫图阿拉地，筑城居之，以牛羊犒筑城夫役者"。❹"赫图阿拉"（Hetu'ala）汉语直译为"横岗"，位于佛阿拉稍北约4000米远处，俗称"老城"，1634年皇太极追尊称其为兴京。后世对佛阿拉记忆淡漠，一般都习惯称赫图阿拉为老城，当地人称佛阿拉为旧老城，以示最早。"阿拉"在满语是"平冈"之意，努尔哈赤早期的两个城都修在平冈上，可见当时建州女真人的建城传统是择山冈而居。1616年，努尔哈赤在赫图阿拉城称汗，名英明汗❺，国号为"金"，元号"天命"。后世为了区别中国史上女真人创建的"金朝"，称其为"后金"。

在赫图阿拉居住16年后的1619年（天命四年）6月，征战途中的努尔哈赤为了军队得到及时补养，提出"勿回都城，筑城界凡"，最初遭众贝勒反对，努尔哈赤据理说服得以成行。于是，"上建宫室于界凡城内。及诸贝勒大臣兵民房舍皆成。迎皇后并诸贝勒福金至，大宴、行庆贺礼。"❻在此处筑城不满一年，天命五年因同样的理由，于"闰二月……筑撒尔湖城……冬十月辰朔，又自界凡迁于撒尔湖，筑军民庐舍，至十一月，乃成"。❼这两处均为征战途中的临时宫室，并无都城性质的建设。

1621年，努尔哈赤攻下辽阳城，因辽阳是当时辽东地域的中心城市，因此努尔哈赤立即决定迁都辽阳。❽辽阳相比前几处都城有两个明显的特征。其一，辽阳城为明朝治下辽东地域的政治、经济中心。城分南北两郭，南城驻明朝辽东郡指挥司，北城住居民。这是努尔哈赤的都城第一次面临

❶ 满语罗马字转写为 Aisin-Gioro Nurukhachi，生没年1559—1626年。

❶ 满语罗马字转写为 Aisin-Gioro Nurukhachi，生没年1559—1626年。

❷ 关于佛阿拉是否可以称之为都城，不同学者意见相左。笔者认为这里是努尔哈赤称王后利用旧城址建造的居城，并且也有外国使节往来于此城，起着首都的作用，因此称之为都城。

❸ 佛阿拉与赫图阿拉均位于今辽宁抚顺新宾满族自治县。

❹ 大清太祖高皇帝实录[M]. 卷之三. 台北：新文丰出版公司，1978：28.

❺ 英明汗罗马字转写为 Gengiyen Khan，音译"葛根汗"。

❻ 大清太祖高皇帝实录[M]. 卷之六. 台北：新文丰出版公司，1978：70-71.

❼ 大清太祖高皇帝实录[M]. 卷之七. 台北：新文丰出版公司，1978：83-85.

❽ 大清太祖高皇帝实录[M]. 卷之七. 台北：新文丰出版公司，1978：89.

143

到沈阳城：北亚多文化体系下的清初都城空间结构

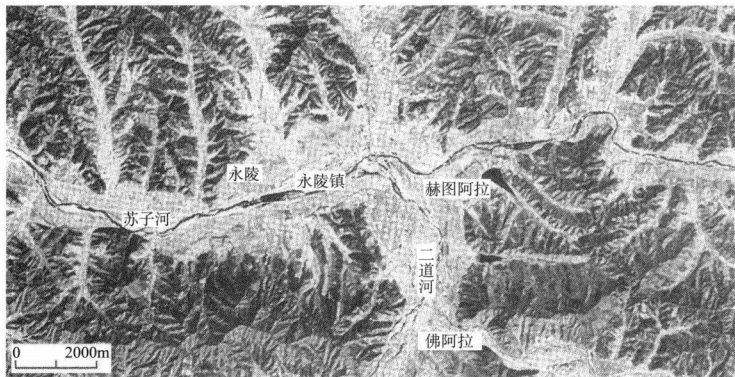

图1　佛阿拉和赫图阿拉所在位置

[三宅理一. ヌルハチの都[M]. 東京：ランダムハウス講談社，2009：63.（笔者改为中文）]

❶ 大清太祖高皇帝实录
[M]. 卷之七. 台北: 新文
丰出版公司, 1978: 90.

❷ 大清太祖高皇帝实录
[M]. 卷之八. 台北: 新文
丰出版公司, 1978: 103.

❸ 大清太祖高皇帝实录
[M]. 卷之八. 台北: 新文
丰出版公司, 1978: 103.

❹ 大清太祖高皇帝实录
[M]. 卷之九. 台北: 新文丰
出版公司, 1978: 113–114.

❺ 大清太祖高皇帝实录
[M]. 卷之九. 台北: 新文
丰出版公司, 1978: 113.

❻ 稻叶岩吉认为旧老城
是利用高丽故城址建设。
他推测的根据是此处山名
有硕里口岭、河名为索尔
科河, 都来自女真人古称
"高丽"之音。参见: 建国
大学. 兴京二道河子旧老
城 (建国大学研究院历史
报告第一辑) [M]. 新京:
朝鲜印刷株式会社, 康德
六年 (1939 年), 序第 4 页。

❼ 满洲实录 [M]. 卷一至
卷八癸未岁 (万历十一年)
至天命十一年 // 清实录
(第一册). 北京: 中华书局,
1986: 66.

❽ 丁亥春、正月、庚寅
朔、上于硕里口、虎拦哈
达东南、加哈河两界中之
平冈、筑城三层、并建宫
室。参见: 大清太祖高皇
帝实录 [M]. 台北: 新文丰
出版公司, 1978: 15。

❾ 据《大清太祖实录》
卷之三的二月、辛亥条:
"上欲以蒙古字制为国语
颁行……将蒙古字制为国
语、创立满文, 颁行国中,
满文传布自此始。"

满洲人与已有大量汉人居民如何共处的问题。其二, 辽阳地处平原, 而非山冈之地。迄今为止努尔哈赤都城中以地形高程的高低决定空间序列的手法在此地无法实现。

针对第一个问题, 努尔哈赤利用了原有南北城郭布局, 制定了分居并处的原则, 即满洲人居南面大城, 汉人官民居北城关厢。❶ 分区居住的原则一直延续到清朝灭亡, 可以说辽阳的举措成为确立有清一代处理都城中不同民族集团的居住原则的先例。

针对第二个问题, 在入住辽阳旧城四个月后, 努尔哈赤提出建造新城。众贝勒大臣以劳民伤财为由反对。努尔哈赤曰: "苟惜一时之劳, 何以成将来远大之业耶。"❷ 因此在旧城东 5 里, 跨越太子河的东北方向择址, "创建宫室, 迁居之。名曰东京。"❸ 又于第二年的 1622 年 (天命七年) 迁居新城。新城汉语称东京城, 满语为 "Aliha hecen", 汉语直译为 "承启之城", 清朝的官文中最初都要以 "奉天承运" 为开头, 所以从这个城名中也可以看出努尔哈赤的政治抱负。东京新城第一次使用了近似方形的平面形式, 与以往的山城随地形呈曲折状的平面完全不同。但是, 新城址依然选择了高低起伏的丘陵地带, 城内三分之二为坡地, 并在城内位于西南角高于城垣的制高点的土山上设立了相当于宫殿正殿的八角殿, 可见在新城实现了依据地形高度变化安排各类建筑设施的满洲人的都城空间秩序。

在东京城居住不到三年, 努尔哈赤再次提出迁都沈阳。❹ 众贝勒大臣再谏 "尔者筑城东京, 宫室既建, 而民之庐舍尚未完善。今复迁移, 岁荒食匮……"❺。努尔哈赤力陈沈阳形胜之地的益处, 甚至论及建造宫室的木材出处。

综上所述, 努尔哈赤建造的数处都城中, 只有佛阿拉与赫图阿拉各使用了 16 年, 其余仅一至三年。所以, 总结满洲人建造都城的空间特征, 佛阿拉与赫图阿拉是适宜的实例。但是, 关于赫图阿拉没有同时代的详细记载, 不得详情, 因此, 本文以佛阿拉为例进行分析和总结。

2. 佛阿拉城的空间结构特征

佛阿拉位于赫图阿拉城的东南, 浑河支流苏子河的上游、兴京二道河子之处。此处古称 "小 (硕) 里口"❻, 历史上就是女真人居住地。二道河指索尔科河和嘉哈河两河汇集之处为高约 400 米的山冈之地。

据《满洲实录》第二卷丁亥年条 "太祖于硕里口呼兰哈达下东南河二道一名嘉哈一名硕里加河中一平山筑城三层启建楼台"❼《大清太祖高皇帝实录》关于此段的记载以 "并建宫室"❽ 结语。两者的记载都说明努尔哈赤利用此山在 1587 年创建了最初的山寨都城佛阿拉。其间明朝、蒙古、朝鲜使者全部遣使来访。受命于努尔哈赤, 借鉴蒙古文字编制满洲文字的重大史实也发生在佛阿拉城。❾

朝鲜使者申忠一于万历二十四年正月 (1596 年) 停留于佛阿拉。他目睹了努尔哈赤的第一座城，并留下了详尽的记载和图示。从申忠一的记载"（正月）初四初五、胡人百余骑出北门、旗用青黄赤白黑"中可见，此时的八旗制度还没有建成❶，但是八旗社会制度的雏形已经奠定。申忠一的另一个记录可以让我们了解当时佛阿拉宫廷中使用汉文的程度。"歪乃本上国人，来于奴酋处，掌文书云。而文理不通。此人之外，更无解文者，且无学习者。"此处的上国即明朝。当时朝鲜一切官文均使用汉字记载，申忠一在记录簿上的行书与楷书，显示了他本人卓越的汉文能力，他的评价应是中肯可信的。从这个记录中，第一条可以知道在佛阿拉任用明朝人做汉文文书，但是还不是大学士之类的学者。❷从另一个侧面来理解的话，可以说佛阿拉时代所受汉文化的影响甚微。文字方面，主要受到蒙古文的影响。❸

所受外来影响较少，反之说明佛阿拉是体现建州女真的城市与建筑文化的最好例证。因此，通过分析佛阿拉，我们可以寻找一些后世所称的满族建筑文化的特征。

下面以申忠一的记录为主线，综合1939年考古发掘报告❹以及笔者对佛阿拉的实地考察，对佛阿拉的都城与建筑特点进行分析与总结。

首先，根据申忠一的记载以及笔者的实地考察确认了佛阿拉的选址的确如记载所描述。城东、南、西三面均为悬崖断壁，仅西北一面临河开敞。城分三重，外郭周围80里，内城周围10里，均为石筑，中央的第三重为圆形木栅栏。回顾《三国志》的《魏志》，我们可以发现"（夫余城）做城栅皆圆"的记载。渤海国也有栅城之制，金代上京会宁府中央殿址亦为圆形。蒙古草原上的"游牧都市"也有用栅栏围城的习惯做法。可见，栅城且为圆形是北方游牧、狩猎传统地域的通行做法。

山冈高处的木栅栏内是努尔哈赤居住的地方，紧接着的内城为亲信家族的居所，百余家；外郭内为诸将及族党居住，超过300户。城外沿河的平缓之地为民人（亦为军人）居住，约400余户。❺内城的东南处圆锥形山丘顶为最高点，其上设有祭天建筑。努尔哈赤宫室的客厅中每天也有祭神行事。❻通过以上记载可以得出以下结论，即根据山冈高程的递减，最高处敬神，其次为汗王居住地。从佛阿拉的地形等高线（图2）可知，祭天的堂子所在山冈为最高，高程为375.41米，而汗王殿的高程为279.41米❼，其下为贵族以至平民们的居所，依照山势的高低自上向下排列，以高处为贵。从平面关系来看，内城中布置亲戚居所，外城为诸将，城外为军民，按照同心圆的形式决定远近关系，距离汗王越近越高贵。

那么努尔哈赤的宫室是什么样子呢？图3明晰的记录，让我们不得不再次感谢400多年前的申忠一的笔墨之细腻与绘图天分。努尔哈赤宫室由东南、西北走向的中门直墙分成外院和内院两部分，子、卯位置即北、东部为外围，是谒见空间。大门开在靠近子位即正北的方位。内院在午、西方向即南、西部为努尔哈赤的寝宫空间。在靠近午位的东南位置和靠近西

❶ 此时使用五色旗，且黑色为上。军队的编制为五进制，即牛录、甲喇、固山的递进为五进制。

❷ 被誉为后金、清初汉人文臣之首的范文程（1597—1666年）于天命三年（1618年）在抚顺归顺，侍奉于努尔哈赤左右。详见：赵尔巽，等. 清史稿[M]. 卷232. 列传19（第36册）. 北京：中华书局，1977。

❸ 在《清太祖武皇帝实录》第三卷谈论创建满文事宜时，已经提及当时满洲文化人普遍借用蒙古文字母做文字记载，读出音后得知满文意思的通行做法，也是因为已经有了这样的社会基础，决定以蒙古文字母创建满文。

❹ 由建国大学教授稻叶岩吉（1876—1940年）主持的考古发掘，其报告书为《兴京二道河子旧老城》。参见：建国大学. 兴京二道河子旧老城（建国大学研究院历史报告第一辑）[M]. 新京：朝鲜印刷株式会社，1939. 稻叶岩吉本科（今东京外国语大学）的专业为中文，曾在北京留学。1909年进入满铁调查部，主要调查满洲、朝鲜的历史地理。在东洋史学教授内藤湖南的指导下，1932年获得京都帝国大学文学博士称号。1938年至建国大学赴任，1940年客死于新京（长春）。

❺ 据朝鲜宣祖朝武官申忠一《建州纪程》，稻叶岩吉从申忠一后人手中找到原本，拍照、注释、整理后，题为《申忠一书启及图记》出版。

❻ 建国大学. 兴京二道河子旧老城（建国大学研究院历史报告第一辑）[M]. 新京：朝鲜印刷株式会社，康德六年（1939年）:6-7.

❼ 稻叶岩吉在1939年4月11日开始的第一次旧老城踏查时，由历史地理学者大宫权平于同日制作了比例为1/25000的"二道河子旧老城踏查图"，此处最高处为405米，标注着"祭天祠址"，高程300米处标注"乡老口传汗王殿址"。在同年正式考古勘测时的数值见本文图2，此处以实际勘测时的数值为准。

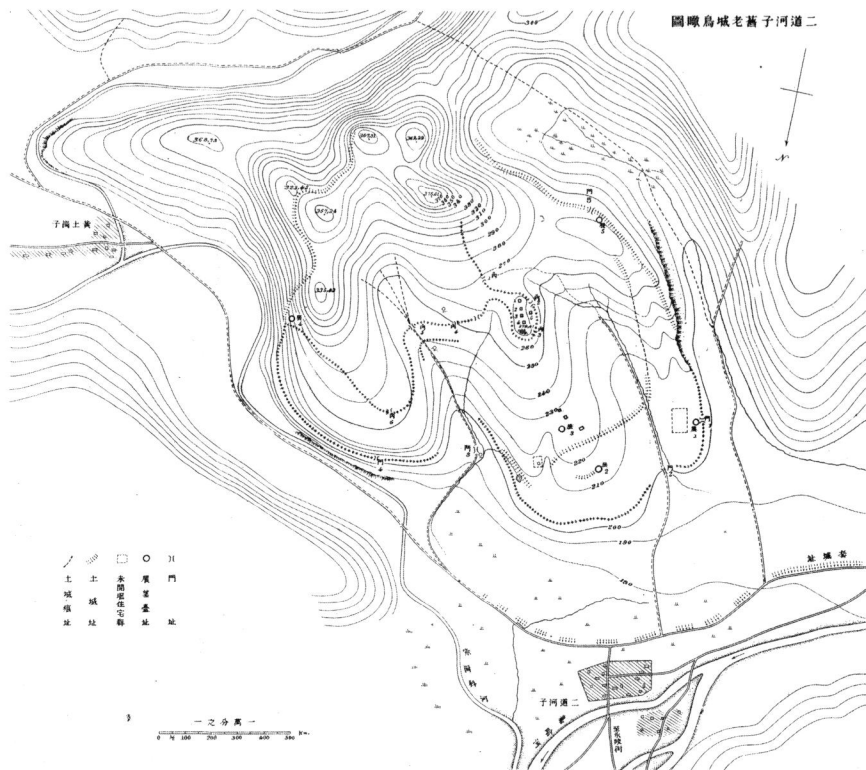

图2　佛阿拉城平面图

[建国大学 . 興京二道河子旧老城（建国大学研究院歴史報告第一輯）[M].
新京：朝鮮印刷株式会社，1939 年 . 附図]

❶　图上的客厅、鼓楼等建筑名称均根据朝鲜使者申忠一的汉字记录，这些称谓是否当时满语名称的对译，还是申忠一本人根据实际情况自己命名的名称，记载中没有交代。后者的可能性更大。

❷　由"原皮师"（匠人）在树龄 70 年以上的桧木上剥取树皮，作为铺设屋顶的原材料。而在婚庆节日用"瓦屋顶"一词代指佛寺（因为佛寺是办丧事的地方）。

❸　此为朝鲜使者申忠一 1596 年的记载，不知他所谓的尺是朝鲜尺还是满洲当地尺，无法换算为精确的公米制，大概为 6 米多。

❹　鼓楼的尺度、建筑形式、状态等均根据申忠一 1596 年的记载，详见本文图 3 文字。

位的西南方位各设一门。

　　谒见空间的中心建筑是开间五间、草苫屋顶的客厅。❶ 和客厅相邻的鼓楼、东南向面阔三间开敞的厅堂都是盖瓦屋顶。最为重要、接见使节使用的客厅建筑以及外城中努尔哈赤弟弟的寝宫都是草屋顶，可见在当时的女真建筑中瓦顶和草顶并存，而建筑规制中，草顶并不是低等级的建筑做法。这和日本京都御所的正殿紫宸殿的情形一样。日本虽然也引进了中国的瓦作技术，但是在宫殿正殿紫宸殿依然使用桧木树皮屋顶，并以此为高贵。❷

　　客厅前边，准确地说东南墙角处设有"三间皆通、虚无门户、柱椽画彩、左右壁画人物"的全面通透的三间厅堂。客厅的正对面以及左边为"行廊"。"行廊"在朝鲜住宅建筑中是下人用房间或者仓库。所以，此处行廊可能是服务于客厅的服务用房。紧邻客厅后面，在西北方位是鼓楼，为设在高达 20 余尺 ❸ 的砖石高台之上的一层建筑，且"四面皆户"，梁架有"丹青"即彩画。❹ 一天中击鼓三次报时。此外，努尔哈赤出城和进城都要在此处吹打。

　　努尔哈赤的寝宫是居住部分的中心建筑，面阔三间。此时努尔哈赤有三位妻子，在努尔哈赤寝宫的南对面和右手方位有三处房子，根据开门方

木柵內奴酋家圖

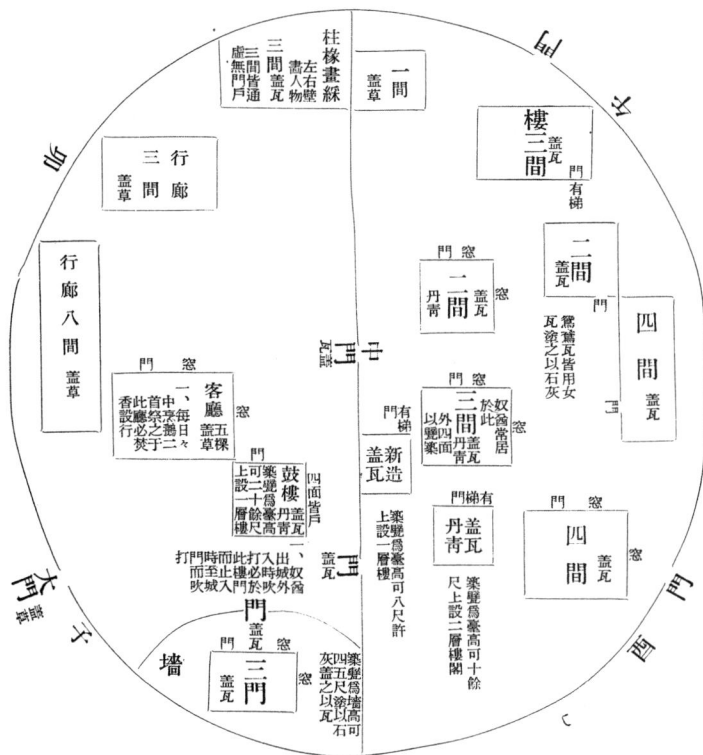

图3 佛阿拉努尔哈赤宫室平面示意图

[建国大学 . 興京二道河子旧老城（建国大学研究院歴史报告第一辑）[M].
新京：朝鲜印刷株式会社，1939 年：89. 写定申忠一图录本文 "木栅内奴酋家图"]

位可以确认它们围绕成一个有中心的院落，应该是妻子们各自的宫室。居住院的南门口处有屋面盖瓦的楼，面阔三间。无独有偶，寝宫后面也有设在 3 米多高台之上的二层楼阁。

从以上布局可以分析出女真的宫殿建筑有内外分区的概念，但是两区不是前后而是左右并列布置，特别是客厅和努尔哈赤的寝宫后墙排在一条线上，显然在设计上有意作了对位布局。而在后来的沈阳（盛京）宫殿中，大政殿与寝宫区也是并排布置，可以说满族文化宫殿空间的一个特征就是并列布局，并非前朝后寝。

对客厅的注释，图上写着 "每日日中烹鹅二首祭之❶于此厅，必焚香设行"。申忠一记录会见大使也在客厅。大使进客厅，与大臣相见问答后，努尔哈赤出院中门。在客厅会见申忠一，行见面礼后，在客厅设宴招待。此处也可以让客人居住，可是，申忠一托词 "愿调温室"，遂居外城内努尔哈赤妹夫 "童亲自哈" 家。

元旦在客厅中接见使节的空间秩序如下。图 3 中各个建筑的门都偏在一侧，没有设在中心位置的，因此应该都是 "口袋房"，客厅也不例外。客厅室内布置了万字炕（图 4）❷。努尔哈赤与诸将面朝西北，坐在黑漆

❶ 申忠一的原文为毛笔行书，此处可读为 "天" 或者 "之"。稻叶岩吉判读原文为 "天"，但他认为居宅中的仪式是祭神而不是祭天，因此在整理后的图中确定为 "之"。

❷ 建国大学 . 興京二道河子旧老城（建国大学研究院历史报告第一辑）[M]. 新京：朝鲜印刷株式会社，1939 年：41.

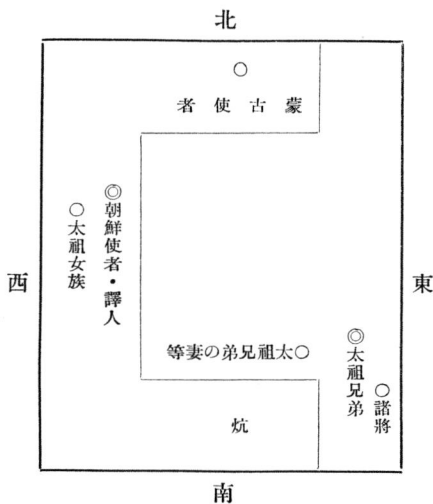

朝鲜使节接见着席次第 （萬曆二十四年正月元旦）

图 4　努尔哈赤宫室客厅中接见使节时席位图

[建国大学 . 興京二道河子旧老城（建国大学研究院歷史报告第一輯）[M].
新京：朝鲜印刷株式会社，1939 年：41.]

椅子上。蒙古使臣坐在北炕上，努尔哈赤弟弟们的妻子以及诸将的妻子都站立在南炕前，朝鲜使臣和翻译坐在西炕，努尔哈赤的女性家属坐在其后。同样身为使者，朝鲜有翻译并坐，蒙古却没有专职翻译，可见当时的满蒙之间不用翻译可以互通语言。从元旦的接见礼仪中，我们还可以看出女性地位的重要性。在申忠一的记录中，散见对女酋长的描述，而正月列席正式场合，可见女性地位很高。

在努尔哈赤或者其弟小酋舒尔哈赤住宅中，还有一个醒目的特征，就是两宅都有高台上的楼阁❶建筑，设梯上下。努尔哈赤寝宫后有砖石砌筑的高台，台高 10 余尺（约 3 米多），其上设两层楼阁。而其弟宅的西北院子中，有 28 级梯子的三层楼阁。1939 年的考古发掘中，汗王殿处的 2 号址平面呈东西 11.3 米、南北 12.6 米近似方形的形状。3 号址约为 11.5 米见方❷的形状，础石硕大宽厚且高大，疑是楼阁建筑的基础。

此外，两住宅还有一个共同的建筑类型，即都有一个"柱椽画彩、四面皆通"的厅堂。很可能这里是夏季赏景及举行酒宴的地方。也许盛京宫殿凤凰楼和此类建筑属于同类。申忠一的翻译河世国记录，从明朝来的画员有 2 名，瓦匠 3 名。❸

满语叫炕为"nahan"，西炕为贵，叫上炕或者昂邦炕（大炕），东炕为下炕。南北炕不分贵贱。另外，满语中"万字炕"、"地炕"、"光炕"（不铺席子的炕）等都有专用名词。同样，与"灶"相关的词汇也很发达，可见"炕"是满族固有建筑文化的重要组成部分。1939 年考古发掘的佛阿拉汗王殿 1 号址（图 5）为长方形，东西 18.6 米，南北 14.6 米，东南西三面都有炕。❹4 号址东西约 10 米，础石尺寸较其他小，建筑规模也较小，

中国建筑史论汇刊 · 第壹拾柒辑

❶ 楼阁满语作 "taktu"。
❷ 具体为东 11.55 米，西 11.6 米，南 11.4 米，北 11.88 米。参见：建国大学 . 興京二道河子旧老城（建国大学研究院歷史报告第一輯）[M]. 新京：朝鲜印刷株式会社，康德六年（1939 年）：117–122。
❸ 稻葉岩吉 . 興京二道河子旧老城訪問記 [M]// 建国大学 . 興京二道河子旧老城 . 新京：朝鲜印刷株式会社，康德六年（1939 年）：42。
❹ 稻叶岩吉认为 1 号址为申忠一记录的"客厅"，而他预想寝宫的位置只有散乱的瓷器碎片，没有建筑遗址，稻叶岩吉认为寝宫在迁都赫图阿拉时被移建。

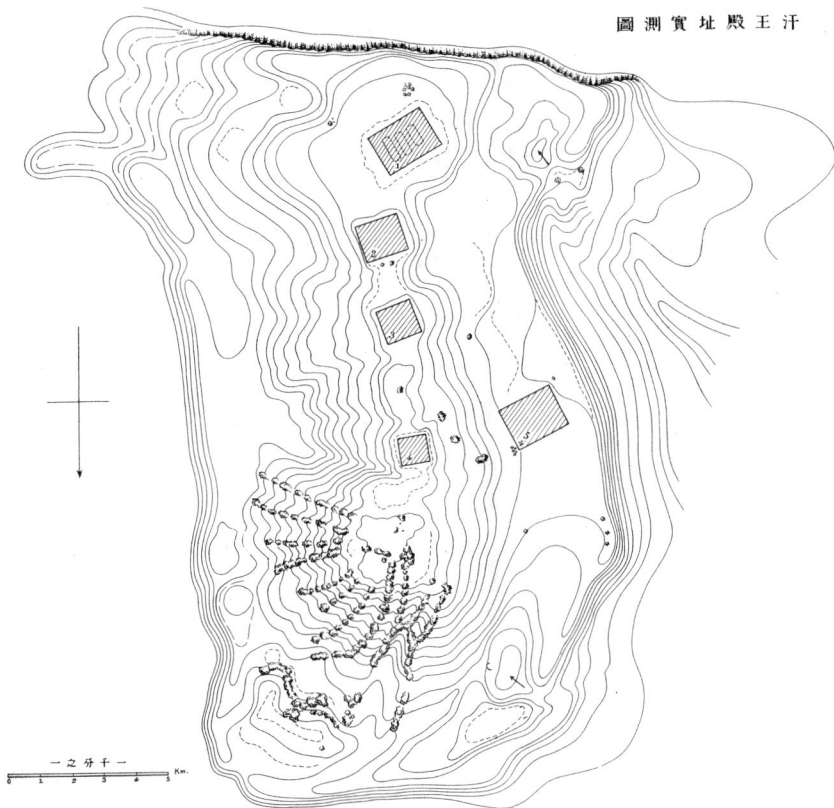

图 5　汗王殿址实测图

[建国大学.興京二道河子旧老城（建国大学研究院歴史報告第一輯）[M].
新京：朝鲜印刷株式会社，康德六年（1939 年）.附图]

西南角挖掘出炕部，炕及焚火口比其他遗址发达。5 号址东西 17.6 米，南北 13.6 米，亦有炕。

此外，满族建筑在山墙面用青砖及砖石砌筑承重墙，颇具结构特色。而且在满语建筑词汇中，对山面用青砖、砖石的砌筑法有众多独特的专用词汇，可见砖石❶技术发达也是满族建筑的特征之一。

还有一个值得一提的特殊现象，即在佛阿拉只有祭神和祭天祠，而没有佛寺。佛阿拉之后建造的都城赫图阿拉城中的东高地上，建有七大寺庙。❷可见两城在宗教方面，存在巨大的差异。

申忠一除了细腻地观察了汗王的宫室之外，对佛阿拉的都城生活实况也颇费笔墨。他写到此时的努尔哈赤率 150 余人，小酋将 40 余人，都居住在城中。各部落屯田，酋长掌握耕获。"膏腴之地粟种一斗，获八九石，瘠则仅收一石。"王与民同服锦衣，不分布衣。"胡人皆逐水而居，多于川边，少于山谷。民居屋四面墙壁均涂泥，草顶。"❸城中家家都设木栅，家家养鸡、猪、鸭、鹅、羊等。但是，申忠一虽然提到满洲将领希望在朝鲜边界城镇满浦进行贸易之事❹，但是没有提到都城中有商业空间。在满语词汇里"街"为"giyai"，蒙古语为"jegeli"，都是从汉语"街"中转来的外来语音译。

149

❶　在 1939 年佛阿拉汗王殿址的考古发掘中，发现两种尺寸的青砖，一种长 32 厘米、宽 15 厘米、厚 8.5 厘米。另一种为 32 厘米见方、5 厘米厚的地面砖。

❷　据《大清太祖高皇帝实录》：乙卯……夏四月，丁丑朔，始建佛寺及玉皇诸庙于城东之阜，凡七大庙，三年乃成。参见：大清太祖高皇帝实录 [M].卷之四.台北：新文丰出版公司，1978：40-41。

❸　建国大学.興京二道河子旧老城（建国大学研究院歴史報告第一輯）[M].新京：朝鲜印刷株式会社，康德六年（1939 年）：103.

❹　写定申忠一图録本文 [M]// 建国大学.興京二道河子旧老城.新京：朝鲜印刷株式会社，康德六年（1939 年）：99.

但是，满语有固有的"市场"词汇，叫"Hǔdai ba"。笔者推测建州女真建造的山寨都城有市场而没有商业街。

二、满蒙联盟与藏传佛教的传入

1. 满蒙联盟的历史及政治意义

自从 12 世纪以来，长城以北地域的历史，概括地说就是蒙古与女真争夺支配权的历史。今天，在蒙古国肯特省的塞尔文哈拉干（Serven khaalga）石壁碑文中，我们还可以看到成吉思汗当时作为金国部将参与完颜襄与鞑靼蒙古部落战争的记录。[1] 这个岩刻就是纪念 1196 年金国战胜鞑靼部的胜利纪念碑。而待成吉思汗势力增强后，他反过来征服了金朝，女真人被编入蒙古帝国。明朝建立，元朝退居草原，国号仍称"大元"，今称"北元"时期。所以，15 世纪以来，长城以北、以东，仍然还是蒙古势力和再度兴起的女真势力各踞一方的局面。明朝、北元和后金政治势力的相互关系，导致三者之间时战时和的历史局面。如何处理与近邻蒙古势力的关系，必然是努尔哈赤和继位的皇太极首当其冲要考虑的问题。他们采取的政治策略就是满蒙联盟。

满蒙缔结联盟的方法有很多。努尔哈赤以及继位了的皇太极都采取了与蒙古不同的部族之间分别制定同盟共守的盟约，杀"白马黑牛"焚香盟誓。这个结盟仪式本身，也是契丹时代以来的北方游牧、狩猎各族们的传统。甲午春正月，"北科尔沁部蒙古贝勒明安、喀尔喀五部贝勒老萨，始遣使通好"[2]，即 1594 年正月，努尔哈赤开始与蒙古科尔沁部及内喀尔喀五部通好。

更进一步的联盟是政治联姻。从后金到有清一代，政治联姻是加固满蒙联盟的重要手段。自古以来，部族之间通过联姻而结盟是北方游牧、狩猎民族的普遍习惯。例如，成吉思汗也把女儿嫁给其他部族以加强联盟。著名事例如在内蒙古敖伦苏木城址发现的"王傅德风堂记"（1347 年）石碑记载的那样，成吉思汗的女儿嫁入汪古部。汪古部为白鞑靼，且信奉基督教的一支聂斯托利派教。[3] 可见，联姻可以跨民族、跨宗教地进行。北方民族普遍传承的以联姻加强联盟的地域风俗，是后金女真为了联合蒙古势力与蒙古联姻的社会文化基础。

第一次与蒙古联姻是努尔哈赤向科尔沁部首领明安请婚，1612 年明安将女儿嫁给努尔哈赤。[4] 两年后，明安之兄莽古斯（科尔沁左翼中旗始祖）也嫁女与皇太极，即后来的孝端皇后。接着 1615 年科尔沁左翼中旗孔果尔台吉嫁女与努尔哈赤。1625 年皇太极再娶莽古斯的孙女于东京城成婚[5]，即后来的孝庄皇后，顺治帝的生母。据杜家冀的研究，从天命年间直至清末的 300 余年间，出嫁蒙古的皇家格格、公主 431 人，双方互嫁合计近 600 人次。[6] 可见，以满蒙联姻加固满蒙联盟的政治策略被贯彻始终。

❶ 金代 1196 年乌卢加河之战，碑文刻在山冈上花岗岩石壁上，一为女真文字，一为汉字。碑文所在地已被蒙古国定为国家文物保护单位。

❷ 大清太祖高皇帝实录 [M]. 卷之二. 台北：新文丰出版公司，1978：22.

❸ 关于汪古部以及基督教信仰等内容详见以下文献：盖山林. 阴山汪古 [M]. 呼和浩特：内蒙古人民出版社，1992 年；江上波夫. モンゴル帝国とキリスト教 [M]. 東京：サンパウロ，2000；佐口透. モンゴル帝国と西洋 [M]// 東西文明の交流 4. 東京：平凡社，1970。

❹ 杜家冀. 清朝满蒙联姻研究 [M]. 北京：人民出版社，2003：6-7.

❺ 乙丑天命十年……二月，科尔沁宰桑贝勒子武克善台吉送其妹与四王为妃. 参见：大清满洲实录 [M]. 台北：新文丰出版公司，1978：373。

❻ 杜家冀. 清朝满蒙联姻研究 [M]. 北京：人民出版社，2003.

皇太极后妃共15人，其中7位为蒙古人。皇太极于1636年改元大清，登基帝位时，册封的五宫后妃全部出自蒙古，且全部都是蒙古黄金家族博尔济吉特姓氏。[1] 孝端皇后为清宁宫中宫皇后。皇后的侄女、也是庄妃的姐姐宸妃为四妃之首，居关雎宫。庄妃居永福宫。另两位均来自察哈尔阿巴嘎部[2]，分封懿靖大贵妃，居麟趾宫，及康惠淑妃，居衍庆宫。[3] 这样的皇妃人选，当然也出自政治意图，使得皇子能获得一半蒙古黄金家族血统，以保证满洲汗对蒙古人行使统治权时的正统性。

蒙古大汗统治权的正统性主要表现在以下三点。首先大汗必须是出自成吉思汗血统的黄金家族，其次为持有传国玉玺和嘛哈噶剌（Mahākāla，大黑天）金佛像。嘛哈噶剌是护法神金佛，元世祖忽必烈时，帝师八思巴喇嘛用千金所铸，供奉于五台山。[4] 它是蒙古出征时保佑战无不胜之神，因此在蒙古各个时代的宫城或者皇城中被郑重供奉。例如，元大都在皇城东南角处设供奉嘛哈噶剌佛像的寺院，且设于台高丈许的高台之上。[5] 在林丹汗的察汗浩特（白城）宫城中，也于东南角处专设东西长34米、南北宽18米的院落，其中设与城墙齐高的8米高台，上面设殿[6]，笔者推测此处遗迹如元大都那样，是供嘛哈噶剌的寺院。

1603年是努尔哈赤迁都到赫图阿拉之年，也在这一年，成吉思汗20世孙林丹汗弱冠13岁继蒙古大汗位。然而，蒙古的国家体制不是中央集权，而是各部联合而成的整体，大汗也没有绝对的权利。这就导致大汗受拥戴，则国盛，否则诸部族则分崩离析。努尔哈赤和皇太极正是利用了这一点，首先与离自己最近的漠南蒙古科尔沁部（今通辽及其周边一带）、郭尔罗斯部（今长春一带）结好。然后，联合起来攻打林丹汗，最后林丹汗在青海病死。1635年皇太极从林丹汗的嫡子额哲手中获得从元朝传下来的传国玉玺"制诰之宝"以及嘛哈噶剌金佛像。[7] 蒙古皇室代代相传的察哈尔大汗手中的这两件宝物，具有非常重要的政治意义，因为它们是蒙古统治权正统性的象征。

至此，努尔哈赤和皇太极两代经营的满蒙联盟达到了预期目的，在得到元朝的传国玉玺以及嘛哈噶剌金佛像的第二年，皇太极创建统治非单一民族的新王朝，改"爱新（金）"为"大清"，改年号为"崇德"，改都城名为"盛京"，在满洲、蒙古、朝鲜以及归顺的汉人文官武将的拥戴下，于沈阳宫殿中登基帝位。因为满蒙联盟的正统性得到保证，漠南蒙古科尔沁等部王公参列，奉拥皇太极为"博克达车臣汗"。[8]

然而，此时来参贺的蒙古王公只是全蒙古的一部分，直到1691年外喀尔喀蒙古才归附，而西部蒙古、定都伊犁的准噶尔汗国直到1757年才被征服。也就是说这一时期清朝在西北战线的敌对势力是蒙古其他部族，进一步加强已经缔结的与东部蒙古的联盟则有重大的政治意义。而其中一个强有力的纽带就是共同的宗教信仰，清朝因此引进蒙古人笃信的藏传佛教。

[1] 博尔济吉特，元史作孛儿只斤，成吉思汗血统的黄金家族。现代汉语中，使用"包"、"鲍"、"宝"等开头音的谐音汉字作姓氏。

[2] 两位原本为林丹汗的侧妃。

[3] 杜家冀.清朝满蒙联姻研究 [M]. 北京：人民出版社，2003：124-125.

[4] 盛京实胜寺碑文对嘛哈噶剌像及寺院建造的经过有满文、蒙古文、藏文、汉文四体文记载。

[5] 赵正之.元大都平面规划复原的研究 [J]. 科技史文集第二集，p15.

[6] 张松柏.阿鲁科尔沁旗白城明代遗迹调查报告 [R]// 李逸友、魏坚.内蒙古文物考古文集，北京：中国大百科全书出版社，1994，677-688.

[7] 大清太宗文皇帝实录（二）[M]. 卷四十三，台北：新文丰出版公司，1978(康熙二十一年撰、乾隆四年修订版影印本)，736-737.

[8] Bogda Chechen Khan。其中"Bogda"为圣之意；"Chechen"为聪慧之意，即"天聪汗"的意译。

2. 满洲藏传佛教的传入

满族和蒙古族原本信奉萨满教，祭祀天地、驱逐病魔、预言吉凶。逐水草而居的蒙古人在草原的敖包祭神。而满族在住宅西墙供神位（图6），住宅院子中有神杆（图7），宫殿也不例外。如沈阳故宫的清宁宫也在西墙供神位，院子中立神杆。在努尔哈赤建造的都城中，城市的制高点处设堂子，这是萨满教祭天的设施。有清一代，皇帝在出征前后都要在堂子（图8）祭祀，新年正月初一皇帝带领贝勒及百官去堂子拜天是最重要的国事。❶

但是，无论元朝还是清朝，在创立大帝国时，都引进了藏传佛教，把藏传佛教定为国教。因为佛教具有严密的组织性，比起局限于北亚的萨满教，佛教能够超越农耕文化与游牧文化的界线，获得更广泛的信仰人群，具有世界性宗教的凝聚力。而且，16世纪以来，蒙古各部再次从西藏引进佛教，17世纪是藏传佛教在蒙古草原普遍传播并巩固了根基的时代。❷ 努尔哈赤和皇太极不遗余力地引进藏传佛教，其一是通过佛教信仰加固满蒙同盟关

图6 沈阳城内满族住宅西墙的祖宗板子
（赤松智城，秋葉隆.満蒙の民族と宗教 [M].
大连：大阪屋号书店，1941.）

图7 齐齐哈尔城内的满族住宅
（赤松智城，秋葉隆.満蒙の民族と宗教 [M].
大连：大阪屋号书店，1941.）

图8 沈阳堂子，八角亭为祭天之处（1905年摄）
[内藤虎次郎.内藤湖南全集 [M].第六卷.東京：筑摩书房,昭和五十一年（第2版）：610.]

系。其二，当时的蒙古大汗以及实力雄厚的蒙古左、右翼汗，都以忽必烈汗和八思巴帝师之间结成的"政教并举"关系为理想的统治模式，因此林丹汗建造了政教并举的察汗浩特（白城），阿拉坦汗建造了呼和浩特（青城）。

努尔哈赤也在称英明汗登基的赫图阿拉城中首次建造了佛寺（图9）。❶ 1615年，努尔哈赤第二次迎娶科尔沁蒙古王女，也是此年，史料中第一次出现建造佛寺的记载。在佛寺开工的第二年，努尔哈赤登基称汗。这个佛寺是金代以来既有的汉传佛教，还是新近传入的藏传佛教，值得探讨。金代佛教盛行是不容置疑的史实，而元朝兴盛一时的藏传佛教亦当影响满洲地方。但如同蒙古地区一样，元朝之后佛教式微，萨满教再次成为最有力的宗教信仰。阿拉坦汗在青海会见三世达赖喇嘛，皈依藏传佛教的同时，宣布了"十善法规"❷，其中重要的规定即禁止蒙古人血祭"翁公"❸，这从侧面反映了萨满教在当时的蒙古民众信仰中的中心地位。在《满洲实录》和《大清太祖高皇帝实录》中，频见祭祀堂子的记载，而未见佛事记载，可见当时萨满教信仰仍然处于优势地位。

关于赫图阿拉城中佛寺由谁来主持，虽未见记载，但在辽阳的莲花净土寺"大金喇嘛法师宝记"石碑的碑文中有如下记载❹：

> 法师斡禄打儿罕囊素。乌斯藏人也。诞生佛境，道演真传，既已融通乎大法。复意普度乎群生。于是不惮跋涉，东历蒙古诸邦，阐扬圣教，广敷佛惠。镇蠢动含灵之类，咸沾佛性。及到我国，蒙太祖皇帝敬礼尊师，倍常供给。至天命辛酉年八月二十一日，法师示寂归西。太祖有敕，修建宝塔，敛藏舍利。缘累年征伐，未建寿域。今天聪四年，法弟白喇嘛，奏请钦奉（总兵耿仲明。都元帅孔有德。总兵尚可喜❺）。皇上敕旨，八王府令旨，乃建宝塔。事竣镌石，以志其胜。谨识。大金天聪四年岁次庚午孟夏吉日。同门法弟白喇嘛建。钦差督理工程驸马总镇佟养性。委官备御蔡永年。游击大海，杨于渭撰。

根据此碑文得知斡禄打儿罕囊素喇嘛为西藏人，历游蒙古诸部传教之后来到满洲，并为努尔哈赤重用，1621年8月在辽阳入寂。顺治十五

❶ 赫图阿拉佛寺主殿前右手边的亭式建筑，与辽阳莲花寺以及沈阳实胜寺和四塔寺的钟、鼓亭形式类似，都是高台座上设单檐歇山顶亭子。

❷ 蒲文成.青海佛教史 [M].西宁：青海人民出版社，2001：176.

❸ 也称"翁昆"、"汪昆"，萨满教祭祀用的神具之一，类似人形，作为精灵寄附体，制作材料为毛皮、毛毡、布片等。

❹ 转录于：鴛淵一.遼陽喇嘛墳碑文の解説 // 内藤博士還暦祝賀支那学論叢 [M].東京：弘文堂書房，1926：327~370.此文中，鴛淵一对汉文及能判读的满文碑文进行了研究。

❺ 碑文中提及明朝的三位降将耿仲明、孔有德及尚可喜。解读此碑文的汉文、满文及蒙古文的鴛淵一认为，碑文刻于天聪四年（1630年），而三位明将分别于天聪七年以及天聪八年归降，另外此三人名字的字体与其他明显不同，且满文内容中完全没有提及此三位，因此推断此三人名为后世补刻，原无，因此在此转录时添加了括号以示不同。

图9 赫图阿拉佛寺地藏寺（摄于1905年）

[内藤虎次郎.内藤湖南全集 [M].第六卷.東京：筑摩書房，昭和五十一年（第2版）：645.]

153

从佛阿拉到沈阳城：北亚多文化体系下的清初都城空间结构

❶ 鴛淵一. 遼陽喇嘛墳碑文の解説 // 内藤博士還暦祝賀支那學論叢 [M]. 東京: 弘文堂書房, 1926: 357.

❷ 李勤璞. 斡禄打儿罕囊素: 清朝藏传佛教开山考 [J]. 蒙古学信息, 2002 (3): 17-29; 2002 (4): 12-24; 2003 (1): 36-43; 2003 (2): 17-21, 29.

❸ 李勤璞在《斡禄打儿罕囊素: 清朝藏传佛教开山考》中, 根据顺治十五年 (1658年) 碑记里努尔哈赤曾两次 (满文及蒙古文为两次, 汉文三次为虚指) 礼请斡禄打儿罕囊素的文面, 推断礼请斡禄打儿罕囊素来满洲的时间在1617年前后, 事因赫图阿拉七大庙中的佛寺塑画、开光、度僧等。即后世的一种可能性, 但尚缺乏直接的史料支撑, 关于此点有待今后的新发现。

❹ 关于白喇嘛, 详见: 李勤璞. 白喇嘛与清朝藏传佛教的建立 [J]. 台北《中央研究院》近代史研究所集刊. 1998 (30): 65-100.

❺ 乾隆元年版《盛京通志》卷二六祠祀条有 "莲花寺, 在城南三里喇嘛园, 正殿五楹, 前殿六楹, 东西配庑各三楹, 塔一座, 本朝天聪四年敕建, 顺治十五年修". 即后世通志编者认为寺、塔同时修建。

❻ 大清太宗文皇帝实录 (一) [M]. 卷一. 台北: 新文丰出版公司, 1978 (康熙二十一年撰、乾隆四年修订版影印本): 8.

❼ 大清太宗文皇帝实录 (一) [M]. 卷一. 台北: 新文丰出版公司, 1978 (康熙二十一年撰、乾隆四年修订版影印本): 17.

❽ 察汗, 亦音写为 "察汉"、"察罕", 为蒙古语 "白" 之意, 清初实录中频出察汗喇嘛之名。并且, 察汗喇嘛来自蒙古科尔沁部。有些学者认为察汗喇嘛即辽阳碑记中的白喇嘛, 但李勤璞认为是不同之人。

❾ 大清太宗文皇帝实录 (二) [M]. 卷四十三. 台北: 新文丰出版公司, 1978: 736-737.

❿ 大清太宗文皇帝实录 (二) [M]. 卷四十三. 台北: 新文丰出版公司, 1978: 737.

⓫ 德勒格. 内蒙古喇嘛教史 [M]. 呼和浩特: 内蒙古人民出版社, 1998.

年 (1658年) 修缮这幢喇嘛塔时, 再次立碑纪念, 叫作 "大喇嘛坟塔碑", 碑文使用了满、蒙、汉三种文字。碑文关于法师经历记载如下:

> 太祖创业之初, 闻北边蒙古有大喇嘛。三聘交加, 腆仪优待……率一百家撒哈儿掐, 辞蒙古贝子, 幡然越数千里而至此也……赐之庄田, 给之使命, 恩养未几, 竟入涅槃。❶

天聪和顺治年的两个碑文都明确说明了斡禄打儿罕囊素喇嘛首先在蒙古传教, 之后来到满洲。李勤璞在近年研究中阐明斡禄打儿罕囊素原本驻锡在科尔沁明安贝勒的次子哈坦·巴图鲁 (Hatan Baturu) 处, 从科尔沁移锡金国 (满洲)。❷ 另外, 两碑文都没有明确记载法师何时来到满洲, 只笼统地记为太祖创业之初, 鸳渊一推测法师在天命元年前后应邀来到赫图阿拉, 很多著述也常引用此说。❸

综合以上分析, 1615年在赫图阿拉始建的佛寺, 也有可能是藏传佛教寺院。而建造了辽阳喇嘛塔的法弟子白喇嘛❹ 主持了为了奉养喇嘛塔而设的莲花净土寺, 因此莲花净土寺是藏传佛教寺院无疑。莲花寺最开始是使用八旗人旧居改建而成, 何时建造不得详情。因为天聪和顺治两碑文都没有提及莲花净土寺。虽然莲花寺的建造年代不尽确切❺, 但喇嘛塔于1630年竣工则是确凿的。这是已知后金建造藏传佛教建筑的最早实例。

对努尔哈赤时代的藏传佛教目前只能得到以上些许线索。但1626年努尔哈赤逝去, 明朝宁远巡抚袁崇焕遣使吊丧以及庆贺皇太极即位, 使者为李喇嘛为首的34人。❻ 李喇嘛自称, "我自幼演习秘密, 朝礼名山, 上报四恩, 风调雨顺, 天下太平, 乃我僧家之本愿也。"❼ 此处的秘密, 当指密宗。此后, 袁崇焕一直以李喇嘛为往返于后金的使者, 而皇太极也派遣察汗❽ 喇嘛、卫征囊素喇嘛、巩格林臣喇嘛、阿木出特喇嘛等出使明朝。可见, 努尔哈赤过世之时, 藏传佛教在后金已经占有重要地位。

大约十年后的1635年, 发生了导致历史性转折的大事件。这一年, 蒙古末代大汗林丹汗之子额哲和林丹汗宫廷的墨尔根喇嘛携带元朝传来的传国玉玺以及嘛哈噶剌金佛像来归。❾ 皇太极旋即嫁女与额哲, 并御旨 "有护法, 不可无大圣。犹之乎有大圣, 不可无护法也"。❿ 乃命工部, 卜地建寺, 供奉嘛哈噶剌金佛像, 即盛京城西莲华净土实胜寺, 俗称皇寺或黄寺, 蒙古人称其为嘛哈噶剌寺。⓫ 因嘛哈噶剌护法尊与忽必烈汗和八思巴帝师的渊源关系, 皇太极在登基大清皇帝的同时破土动工敕建实胜寺, 从这些政治举措我们可以推测创立大清之时, 皇太极已有奉藏传佛教为国教的策略。

实胜寺于1636年 (崇德元年) 秋始建, 1638年秋竣工。皇太极率领内外诸王、贝勒、贝子、文武众官以及汉人三王、朝鲜国王代理二皇子等出怀远门, 往实胜寺, 率众行三跪九叩头礼。在仪门外设宴款待外藩蒙古诸王及各部落大喇嘛。蒙古诸王向寺院献施骆驼、马、银两、缎匹、貂皮、

纸张等物。皇太极发帑币一千六百两。❶

　　皇太极改元四年后的 1639 年（崇德四年）10 月，皇太极已经开始直接与西藏联系，派遣以科尔沁出身的察汗喇嘛为首的九人使团去西藏与图白忒汗（藏巴汗）和掌佛法大喇嘛（五世达赖喇嘛）接触，邀请达赖喇嘛来盛京传教。❷1643 年（崇德八年），又在盛京东、南、西、北郊外建造四座喇嘛塔，两年后竣工。

　　清朝入关进京以后，上层喇嘛亦随皇室进京。如察汗喇嘛❸随皇室进京，1651 年（顺治八年）再次代表清朝赴藏迎请五世达赖喇嘛。此年达赖喇嘛入京。❹

三、满蒙联盟体制下的藏传佛教寺院的建设

　　满洲和蒙古同属北亚游牧、狩猎文化，因此文化上有很多共通之处。如萨满教信仰，封汗的政治体制等。沈阳宫殿大政殿前的十王亭八字排列的空间布局常常被总结为满族特色空间。事实的确如此，但是，应注意这样的做法并不是满族的专利空间，而是历史上匈奴、鲜卑、契丹、蒙古和女真各族都使用的一种宫帐形式。满语把亭式殿称为斡耳朵（蒙古语"ordo"的借用），也证明了宫帐文化的共有性（图 10）。在林丹汗的宫城中，也有类似的左右翼殿址对称排列的现象。❺另外，亭子在中国汉文化中，是休闲或者小品建筑常用的建筑形式，所以常有一种评论说沈阳宫殿的大政殿，屋顶形式等级低。但这是以一种文化的价值观为标准去评价不同体系的文化现象的错误论断。在北方民族的文化中，它是大汗高座的至高无上的空间形式。

　　从后金到大清，都城中有据可查的敕建佛教建筑有赫图阿拉佛寺、辽阳喇嘛园塔寺和沈阳实胜寺及沈阳四个护国塔寺。赫图阿拉佛寺目前仅剩

图 10　清朝征西域宿营图，18 世纪 ❻
（京都大学杉山正明教授提供铜版画复印件）

❶　大清太宗文皇帝实录（二）[M]. 卷四十三. 台北：新文丰出版公司，1978，737-738.

❷　大清太宗文皇帝实录（二）[M]. 卷四十九. 台北：新文丰出版公司，1978（康熙二十一年撰、乾隆四年修订版影印本），826.

❸　察汗喇嘛被尊为"察汗达尔罕呼图克图"，1661 年圆寂。

❹　乌力吉巴雅尔. 蒙藏关系史大系宗教卷 [M]. 北京：外语教学与研究出版社，2001，328-329.

❺　详见：包慕萍. 从"游牧都市"、汗城到佛教都市：明清时期呼和浩特的空间结构转型 [M] // 王贵祥，贺从容. 中国建筑史论汇刊·第壹拾肆辑. 北京：中国建筑工业出版社，2017：319-340.

❻　原铜版画共 16 幅，为郎世宁等画家对 1755-1757 年间清朝征西域战事的纪实绘画，总名称为《平定西域战图》，此时的西域指准噶尔部和回部。本图为其中名为《乌什酋长献城降》之图。

遗址，遗留下来的照片也是残败状态，无法考证其建筑形式。幸亏村田治郎于 20 世纪 30 年代实测了辽阳和沈阳的全部敕建佛教建筑，为今天的深入探讨提供了珍贵的历史资料。以下具体探讨各个营造活动。

1. 辽阳喇嘛园建筑及莲花寺

辽阳喇嘛园及莲花寺位于辽阳城大南门外东南，大约 750 米处。莲花寺北有喇嘛园。喇嘛园基地为矩形，长约 25 米，宽约 17 米（图 11）。园内喇嘛舍利塔和坟塔各一。喇嘛塔有两重八角形基座，边长约 1 米，布置在中轴线上，朝向以西为正面，其前设砖构碑亭，内立天聪四年（1630年）的石碑。再前有石供桌及砖构香炉亭。距喇嘛塔不到 3 米的后方，有两重方形基座、上载半圆球体的坟塔。其后东南角有顺治十五年（1658 年）重修时树立的石碑。

据"大金喇嘛法师宝记"得知，1630 年建造了斡禄打儿罕囊素喇嘛的舍利塔，此塔应为图 11 中轴线上的喇嘛塔。舍利塔本身就是墓塔，为何另有坟塔，不知详情。推测在法师圆寂的 1621 年，因征战无暇，只建造了简单的坟塔。至 1630 年才建造喇嘛塔样式的舍利塔。碑记中提及喇嘛塔的督工为佟养性❶，委官备御蔡永年，均为八旗军将。可知此时建筑工程管理还没有专业化。

村田治郎评论辽阳舍利喇嘛塔（图 12）基座与塔身相比，相轮的高度不够，比例失调。他得出当时喇嘛塔的设计水平仍属初级的结论。确然，但正因为稚拙，可以看出此塔正是喇嘛塔样式从元代形式向清代形式转变的过渡之作。八思巴在北京和五台山建造的喇嘛塔的显著特征是基座、覆钵形塔身以及相轮三者的轮廓线凸凹幅度小，塔身不设龛门，相轮粗壮，

❶ 佟养性，满洲佟佳地人，迁居抚顺，为商贩。以赀雄一方，有识量。天命初年归顺太祖，赐尚宗室女，号西屋里额驸。后隶汉军正蓝旗，因督造红夷炮（大炮）而闻名。

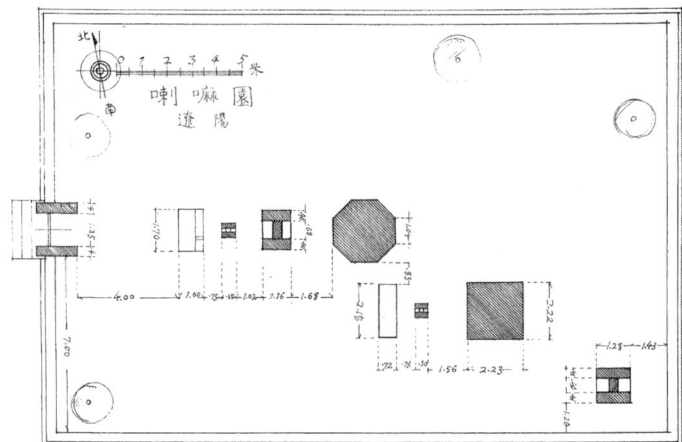

图 11　辽阳喇嘛园平面图
（村田治郎 . 満洲における清初の喇嘛教建築 [J].
満洲建築協会雑誌 . 第十卷 . 第 11 号：1–22.）

图 12　辽阳大金喇嘛法师宝塔外观
（摄于 1905 年）

[内藤虎次郎 . 内藤湖南全集 [M]. 第六卷 . 東京：筑摩書房，昭和五十一年（第 2 版）：648.]

相轮底边直径大约是覆钵体塔身上端直径的三分之二长。元代藏传佛教为红帽派，因此喇嘛塔粗壮雄健的风格也可以说是红帽派的特征。16世纪末再次传入蒙古的藏传佛教为黄帽派（格鲁派）。黄帽派（格鲁派）的喇嘛塔以青海塔尔寺著称，其风格特征是清秀纤细，特别是相轮底边已经缩小到塔身上端直径的三分之一了。

辽阳喇嘛塔相轮高度不够，仍属于粗壮比例，但八边形基座与塔身之间用砖砌叠涩过渡的清代常用手法已经显现。塔身没有龛门，但在相轮处开设了洞口。元朝以后藏传佛教再次传入蒙古的初期，在1587—1588年间，呼和浩特大召寺释迦牟尼殿的西侧和北侧分别建造了内蒙古土默特阿拉坦汗以及在内蒙古传教途中圆寂的三世达赖喇嘛的两幢舍利塔，但均已不存。因此，虽然辽阳喇嘛塔形式并非杰作，但作为17世纪初的实例，弥足珍贵。

另外，当时的土默特阿拉坦汗、喀尔喀的阿巴泰赛因汗以及东部蒙古各部虽然都尊崇格鲁派，但在其各处依然有红帽派喇嘛在活动。而且林丹汗以推崇红帽派而著称。这样看来，辽阳的喇嘛塔形式或许有一些红帽派的影响。

莲花寺（图13）面南，占地宽约35米，长约80米。山门为三间五架，内设四天王像。前、后殿均有前檐廊，前殿檐下使用了插栱。前殿为五间硬山顶，面阔约18米，进深约9米，根据乾隆二十年（1755年）重修碑记得知内供地藏王菩萨、如来佛及观世音菩萨。前殿左右有东西庑，供居住使用。村田治郎实测时，后殿已处于颓败状态，不知内部详情。

山门内院子西侧有雍正十年（1732年）建造的碑亭，碑名为"盂兰会碑记"，碑文中有"有我辽阳喇嘛园莲花寺、会首乐捐资财，盛行释事踵而行之"。❶

莲花寺自康熙三年（1664年），始分给正黄、镶黄两旗总管负责祭祀，且总管名为许君贵和洪朝宽。❷根据总管的名字可以推测，莲花寺后世由汉军八旗接管。

从佛阿拉到沈阳城：北亚多文化体系下的清初都城空间结构

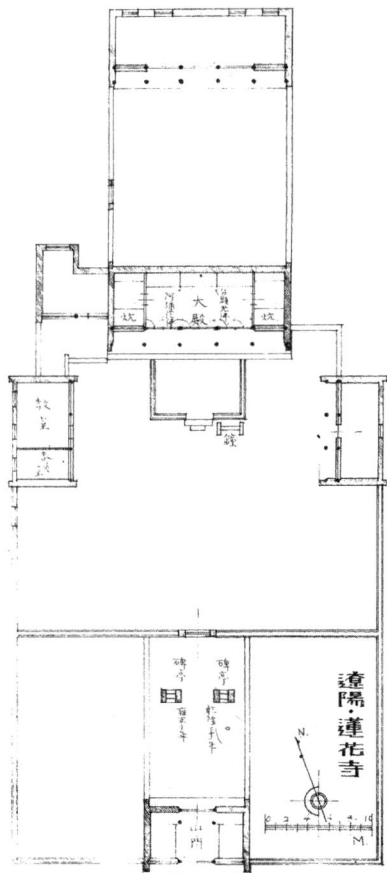

图13 辽阳莲花寺平面图
（村田治郎.满洲における清初の喇嘛教建築[J].
满洲建築協会雑誌.第十卷.第11号：1–22.）

❶ 村田治郎.满洲における清初の喇嘛教建築[J].满洲建築協会雑誌.第十卷.第11号：4.

❷ 莲花寺康熙二十一年（1682年）重修碑记。

❶ 鸳渊一.满洲碑记
考[M].東京:目黑书
店,1943; Samuel Martin
Grupper.The Manchu
Imperial Cult of the Early
Ch'ing Dynasty: Texts
and Studies on the Tantric
Sanctuary of Mahākāla
at Mukden, Thesis Ph.D.,
Indiana University. Dep.
Of Uralic and Altaic,
1980; Martin Gimm.
Zum mongolischen
Mahākāla–Kult und
zum Beginn der Qing
Dynastie:Die Inscription
Shisheng beiji in
Shenyang von 1638[M]//
清史论集:庆贺王钟翰教
授九十华诞.北京:紫禁
城出版社,2003:664-
701;石濱裕美子.清初敕
建チベット仏教寺院の総
合的研究[J].满族史研究,
2007(6):1-39.

❷ 莲华净土实胜寺碑的
状态良好的四体文字拓本
藏于日本东洋文库,本碑
文转引自:内藤虎次郎.
焼失せる蒙满文藏経//読
史叢録(《内藤湖南全集》
第七卷)[M].東京:筑摩
书房,1970(初版昭和
四年,1929):434-435。
另外,《大清太宗文皇帝
实录》中亦有此碑文的记
录,但有若干词语的润色。

❸ 村田治郎.满洲にお
ける清初の喇嘛教建筑
[J].满洲建築協会雜誌.第
十卷.第11号:6.

2. 盛京莲华净土实胜寺

辽阳莲花寺是为了守护喇嘛塔而附设的寺院,而盛京莲华净土实胜寺则是清初藏传佛教的总本山,位于沈阳城小西边门外。

莲华净土实胜寺石碑是清初第一个满、汉、蒙、藏四体文字碑的实例,历史意义重大,得到了国内外学者的深入研究。❶ 碑记中关于建筑的记载如下:"乃命该部,卜地建寺。于城西三里许得之。遂构大殿五楹。塑西方三大圣,左右列阿难、迦叶、无量寿、莲花生、八大菩萨、十八罗汉。天棚绘四怛的喇佛城。……东西廊各三楹。东藏如来一百八龛脱生画像,并诸品经卷。西供嘛哈哈喇。前天王殿三楹。外山门三楹。至于僧寮、禅室、厨舍、钟鼓音乐之类,悉为之备。营于崇德元年丙子岁孟秋,至崇德三年戊寅岁告成。名曰莲华净土实胜寺……"❷

乾隆元年版本的《盛京通志》中刊载着实胜寺图绘(图14)。据图可知,寺院分中央主院和东西两院。东院和西院中全部是僧房,中院为主要部分,最北处设大殿。20世纪20年代末,村田治郎对实胜寺进行实地考察和测绘时,东、西院已不存,仅余中院。中院地基呈矩形,东西宽约67米,南北长约171米(图15)。山门前道路的东、西各设一牌楼。村田特别提及四注顶牌楼檐下出四跳斗栱,挑头为昂嘴形式,很有清初斗栱的特征,并评价此牌楼"整体形式完美,不仅是奉天第一,在满洲也可称为最优秀的实例"。❸ 沈阳故宫前也有东西牌楼,村田治郎对沈阳故宫也有很深入的研究,在此基础上村田作出了以上评论。

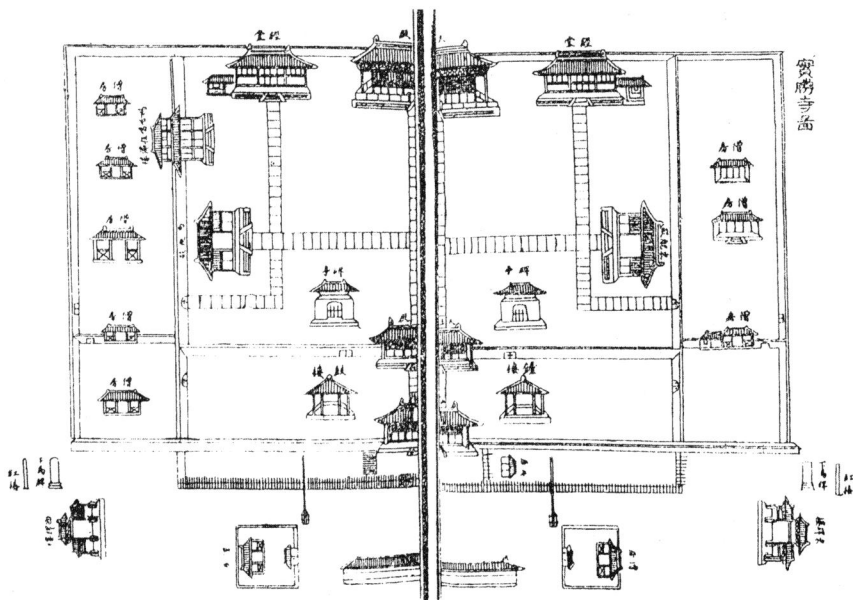

图14 《盛京通志》沈阳实胜寺图
(钦定《盛京通志》.乾隆元年本.)

三间山门，前后开敞，为硬山屋顶，正脊中央设背载宝珠的大象，屋顶为黄琉璃绿剪边儿做法。山门和天王殿之间的院子东西各设钟亭和鼓亭，屋顶铺设黑色瓦。天王殿仅明间开门，其余为墙。第三进的大殿院子东西两处的碑亭，就是著名的四体文字"莲华净土实胜寺碑"所立之处。

大殿坐落在大约1米高的高台之上，面阔五间，每间等距，一间大约3.5米宽。进深两间，且每间长度与面阔开间相同。大殿四周有宽约1.4米的列柱回廊。中央三间为门扇，其余为实墙，檐下出两跳斗栱，歇山顶满铺黄色琉璃瓦，正脊中央设宝珠。

大殿东西两邻殿堂，东侧建筑在20世纪20年代已废弃不用，西侧殿室内没有佛像，村田多次看到喇嘛聚集在此殿集体咏经。因此笔者认为其功能相当于其他藏传佛教寺院中的大经堂。

大殿前的东、西两侧为三间的东、西配殿。根据1905年内藤湖南的实地考察可知，东配殿供奉百余函金字蒙古文大藏经，这些至尊经典原本是蒙古末代大汗林丹汗宫廷供奉的❶，此外还有五部满汉蒙藏四体合璧大藏经。西配殿供奉106函藏文大藏经、二部藏文首楞严经。❷

西配殿的北邻就是两层歇山顶黄琉璃绿剪边屋顶的嘛哈噶剌楼阁（图16）。1905年时内部仍供奉着嘛哈噶剌金佛（图17）。创建碑记中没有明确地提及此楼阁的存在，只有嘛哈噶剌供奉在西廊的文字。康熙二十三年（1684年）版的《盛京通志》对实胜寺仅有一句记载，无寺院图绘❸，更没有嘛哈噶剌楼阁的记载。乾隆元年版的《盛京通志》新配的插图中，在西配殿北另有三间两层楼阁，标注着嘛哈噶剌楼（参见图14）。因此，村田治郎推测嘛哈噶剌楼可能增建于康熙二十三年与乾隆元年之间。村田否定西楼阁为原有建筑的一个原因是，如果没有西楼阁，寺院平面为完的对称布局，更显完整。另外，村田不理解为什么在西面偏

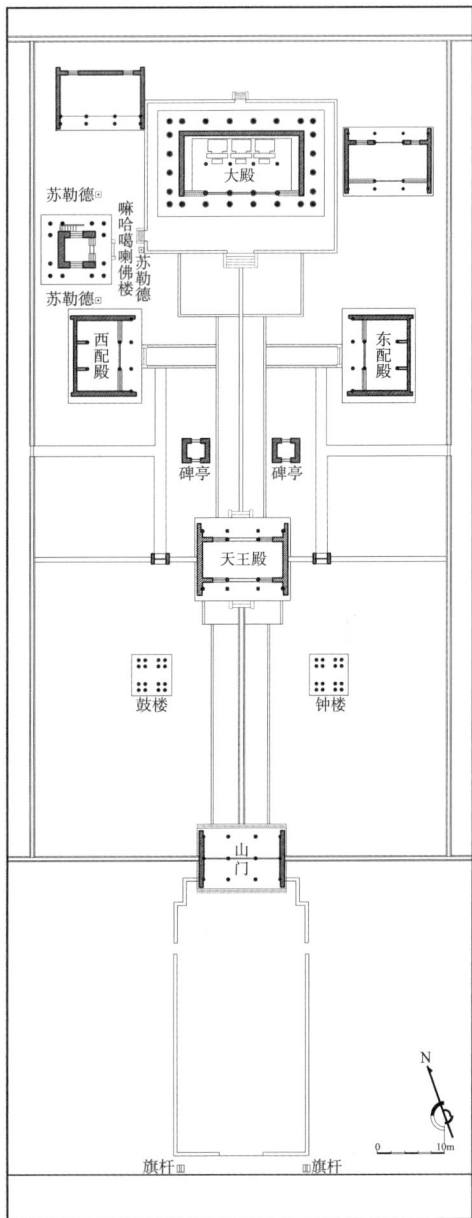

图15　沈阳实胜寺实测平面图

（据村田治郎．満洲における清初の喇嘛教建築 [J]．満洲建築協会雑誌．第十巻．第11号：1–22．插图笔者重绘）

❶ 内藤虎次郎．焼失せる蒙満文藏経 [M]// 読史叢録（《内藤湖南全集》第七巻）．東京：筑摩書房，1970（初版昭和四年，1929）：427–429．原为林丹汗处制作的金字经，为宫廷宝典，随额哲归顺一同归为满洲。内藤亲自整理，察明原有108函，因匪祸遗失数页。内藤评价其为蒙古文大藏经最上乘者。

❷ 内藤湖南．奉天満蒙番漢文藏経解題 [M]// 内藤湖南全集第12巻．筑摩書房，1970：43–47．

❸ 卷之第二十，祠祀志．京都大学附属图书馆所藏。仅有"俗呼为黄寺。在外攘门关外，国初敕建有碑"的记载。

图 16　沈阳实胜寺嘛哈噶剌楼外观
（村田治郎.满洲における清初の喇嘛教建築 [J].
滿洲建築協会雑誌.第十巻.第 11 号：1-22.）

图 17　嘛哈噶剌金佛像（摄于 1905 年）
[内藤虎次郎.内藤湖南全集 [M].第六巻.東京：筑
摩書房，昭和五十一年（第 2 版）：620.]

狭之处独设一栋楼阁建筑。嘛哈噶剌楼三面矗立的顶部有三矢装饰的木杆，村田也不解为何物，只是猜测与喇嘛教或者萨满教相关。

　　然而，笔者推测供奉嘛哈噶剌金佛的楼阁为始建时的建筑。皇太极建造实胜寺的起因就是有了护法即嘛哈噶剌金佛，而"不可无大圣"。即供奉护法和大圣（佛本身）是建造实胜寺的根本起因，而且嘛哈噶剌金佛又是象征统治权正统性的重要信物。加之无论在元大都还是林丹汗的白城，嘛哈噶剌金佛都供奉在高处。实胜寺仅嘛哈噶剌楼为两层建筑，可满足高处供奉的条件。另外，村田所指的在嘛哈噶剌楼周围三面矗立的木杆，并非木杆，而是蒙古人自成吉思汗以来作为战神供奉的神圣的"苏勒德"（cөрөлт）（参见图 16）。"苏勒德"分察汗（白）、哈剌（黑）、阿拉嘎（花）三色。在今天内蒙古鄂尔多斯的成吉思汗陵依然传承着"苏勒德"祭祀。

　　为了确认嘛哈噶剌楼是否是始建时建筑，笔者研读了实胜寺的满文与蒙古文碑记。供奉嘛哈噶剌金佛的建筑，满文写着"wargi yamun"，蒙古文为"baraɣun ger" ❶，"wargi"和"baraɣun"都是"西"之意，而且满文的"yamun"和蒙古文的"ger"都没有层数概念，一层的殿或者二层以上的楼阁都可以通用。而且，蒙古以西为尊，东西方位只建一栋楼阁的话，西侧是唯一的选择。

3. 盛京护国四塔寺

　　崇德八年（1643 年）春在盛京敕建护国四塔寺，顺治二年（1645 年）夏告竣。四塔寺也同时设立了四体文字碑 ❷，碑文除了寺院工匠名有若干相异以外，基本内容相同。根据碑文可知，每寺中大佛一尊，左右佛二尊，菩萨八尊，天王四位，浮图一座。东塔寺在抚近门关外 5 里，为慧灯朗照，祈愿胜利，名永光寺；南塔寺在德胜门外 5 里，为普安众庶，祈祷丰收，称广慈寺；西塔寺在怀远门外 5 里，为虔祝圣寿命。当时皇太极重病，因

❶　"莲华净土实胜寺碑记"的满文和蒙古文罗马字转写参照了石滨裕美子（2007 年）的研究。

❷　关于此四体碑文有 Mark C.Elliott 对四体文的罗马字转写和英译。参见：Mark C.Elliott.Tuning a Phrase:Translation in the Early Qing Through a Temple Inscription of 1645, Aetas Manjurica, 3,1992：12-41。

祈愿长寿，名延寿寺；北塔寺在地载门外 3 里，为流通正法，祈祷皇室繁荣而建，名法轮寺。

四塔寺形制基本相同，环卫都城。四塔寺的平面布局与实胜寺大致相同，沿中轴线前后依次布置山门、天王殿和大殿。山门和天王殿之间的第一进院子东、西布置钟亭和鼓亭。天王殿和大殿之间的第二进院子东、西布置四体文字碑亭。除北塔寺以外，东、西、南塔寺的白塔布置在第一进院落外围的东、西方位，只有北塔寺的白塔布置在大殿后的东北方位。在 20 世纪 20 年代时，仅北塔寺遗构较全，其他已呈破败状态。即使是保存状态较好的北塔寺，当时天王殿已毁，仅余柱础，村田治郎测绘的平面图（图 18）中的天王殿为复原平面。

四塔寺中仅北塔寺（法轮寺）以培养满洲人喇嘛为目的，佛殿收藏着满文大藏经❶，其余三塔寺均为以蒙古人为主的喇嘛寺院。每寺中各

❶ 内藤湖南. 奉天满蒙番漢文藏経解題 [M]// 内藤湖南全集 第 12 卷. 筑摩書房, 1970: 43–47.

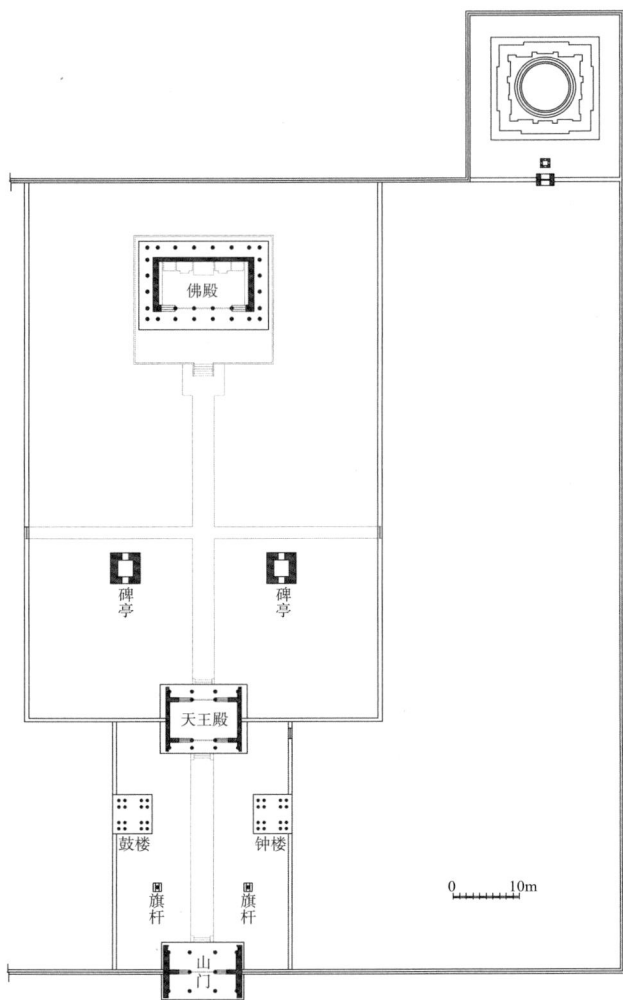

图 18　沈阳北塔法轮寺平面实测图

（据村田治郎. 満洲における清初の喇嘛教建築 [J]. 満洲建築協会雑誌.
第十卷. 第 11 号：1–22. 插图笔者重绘）

图 19 沈阳四塔寺喇嘛塔之西塔外观（摄于 1905 年）

[内藤虎次郎 . 内藤湖南全集 [M].

第六卷 . 東京：筑摩書房，

昭和五十一年（第 2 版）.]

❶ Samuel Martin Grupper. The Manchu Imperial Cult of the Early Ch'ing Dynasty: text and Studies on the Tantric sanctuary of Mahākāla at Mukden, Thesis Ph.D., Indiana University. Dep. of Uralic and Altaic, 1980.

❷ 李勤璞 . 西藏的佛国境界：盛京四郊喇嘛寺塔的敕建 [J]. 美术学报，2012（2）：26–43.

中国建筑史论汇刊 · 第壹拾柒辑

有一座白色喇嘛塔（图 19），为四塔寺的显著特征。此时的喇嘛塔设计，比起辽阳时的喇嘛塔，塔身收刹显著，且增设龛门，相轮变得纤细，相轮底径的长度已经缩小到塔身上端直径的三分之一左右。换言之，清代喇嘛塔立面的三段式构图在此已经得以确立，可以说盛京四塔是清初喇嘛塔的优秀实例。各塔寺的大殿里都供有藏传佛教造像。特别是北塔寺大殿北壁有佛厨，内供欢喜佛，为清初满洲最早实例。

还有一点值得注意的是四塔寺在城市空间的布局方式。它们分别布置在盛京城外与中央宫殿区近似等距的东、南、西、北方向，形成一个隐形的圆弧状外围空间。关于在城市四周安置空间位置近似等距的四塔寺的设计意图，Samuel Martin Grupper 提出实胜寺和四塔寺构成一个"嘛哈噶剌建筑群体"，以此形成一个曼荼罗的分析 ❶，而李勤璞对这一结论提出质疑。❷ 从藏传佛教的教义上解释四塔寺的意义，还有待今后第一手资料的发现。而从建筑史角度，目前可以提出两个明确的结论。其一，四塔寺具有从城市角度出发的设计意匠。其二，无论寓意如何，四塔寺与实胜寺一同构筑了盛京城作为佛教都市的空间结构则是毫无疑问的。从图 20 中可以确认四塔寺与实胜寺以及宫殿位置的对位关系。

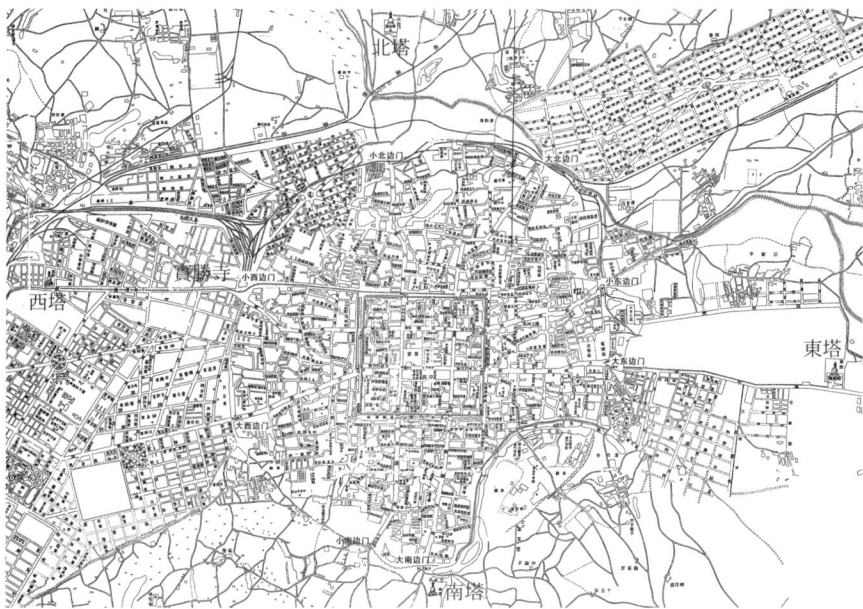

图 20 沈阳四塔寺城市分布图（原地图比例为 1：25000）

（以"新奉天市街附近地图 1934"为底图，笔者标注相关建筑名称）

崇德年间（1636—1643年）建造的实胜寺和护国四塔寺，比起辽阳喇嘛园建筑群有三个飞跃性的进步。第一，建筑工匠组织专业化。1631年（天聪五年）皇太极设立了吏、户、礼、兵、刑、工之六部，实胜寺与四塔寺全部由工部负责建造。工部的创立使得建筑工程不再依赖八旗军或者庶民劳动力，开始了专业化管理。第二，意匠思考的范畴从建筑单体之局部扩展到城市整体，如四塔寺在城市中的布局方式。第三，建筑单体的设计水平也得到显著提高，特别表现在喇嘛塔的完成度上。实测了辽阳喇嘛塔和四塔寺喇嘛塔的建筑史家村田治郎评论，比起辽阳喇嘛塔，十三年后在盛京建造的四个白塔比例优美协调，设计水平得到了飞跃性发展。❶

❶ 村田治郎.満洲における清初の喇嘛教建築[J].満洲建築協会雑誌.第十巻.第11号：1-22.

4. 盛京清初藏传佛教建筑的空间特征

1578年内蒙古土默特阿拉坦汗在青海湖边与索南嘉措进行了历史性会谈，创立了达赖喇嘛转轮制度，发愿率领部众皈依佛教之后，无论黄帽派还是红帽派的西藏喇嘛纷纷来到蒙古传教，辗转于蒙古北元汗廷，之后扩展到满洲后金。奔赴辽阳努尔哈赤处的斡禄打儿罕囊素就是一位有据可查的历游蒙古之后来到后金的法师。由于喇嘛携带属众从蒙古移居到满洲，因此在满洲建造的藏传佛教建筑也会与蒙古地域同一时期的建筑发生千丝万缕的联系。

实胜寺内的喇嘛以蒙古人为主，但从寺院建筑布局和形式意义上，除了两层楼阁的嘛哈噶剌楼颇为特殊之外，其他似乎与汉传佛教建筑无二。对于盛京的实胜寺平面布局和建筑形式，诸多既往研究都总结为汉式。实胜寺是清朝第一座敕建藏传佛教寺院，喇嘛僧团还属于刚刚形成时期，懂得西藏寺院建筑营造之法的匠人更是少之又少。所以实胜寺在建筑技术方面更多地依赖关外辽东地域木构技术传统是必然的结果。村田治郎也把特殊的嘛哈噶剌楼阁判定为后期增建，总结实胜寺仅在室内外装饰以及佛像造像方面有藏传佛教的特征，如大殿天花板在安置佛像的中心三间处向上折进一阶，天花吊顶装饰图案为密宗坛城，属于藏传佛教特色的装饰。

的确，无论是蒙古还是满洲的藏传佛教寺院，都以内地或者辽东地域的木结构建筑或者西藏的木石混合结构、石结构为技术基础，这一点不容置疑。但是，对木构建筑技术的借用也分地域和来源，因此特征也各不相同。藏传佛教传入的初期阶段，无论蒙古还是满洲的技术借用，地缘性起着决定性的作用。例如，活跃在阿拉坦汗处的汉地匠人是相邻地区的山西人，而满洲人借用的应是辽东当地汉人的传统木构技术，所有这一切都不是明朝时期内地的官式建筑样式。

而且，借用外来建筑技术时，有三种借用方式。一是以原建筑空间原理和技术为骨骼，仅做少许的变通，如内蒙古包头的五当召，是以西藏拉萨格鲁派寺院为祖型而建造的木石混合结构建筑。二是引进藏传佛教空间模式，技术方面利用汉地木构建筑技术，将两种不同的建筑文化融合起来，

中国建筑史论汇刊 · 第壹拾柒辑

创造出新的建筑空间模式和建筑形式，如内蒙古呼和浩特的大召。三是建筑技术和空间构造都以借用为主，但为了营造出藏传佛教教义、仪轨和空间氛围，在空间局部做调整，以及加大室内外建筑装饰的力度，如盛京的实胜寺。

实胜寺伽蓝的藏传佛教方面的影响，最直接的应该来自当时从内蒙古东部（科尔沁、喀拉沁等部）奔赴后金的喇嘛僧团以及1635年携带嘛哈噶剌金佛像而来的林丹汗宫廷的墨尔根喇嘛一行，但目前两处均无早期寺院建筑实物遗存。而在16世纪末至17世纪初，北元蒙古各部以及后金之间存在着喇嘛僧人甚至是建筑匠人的交流。例如，阿巴泰赛音汗发愿建造的喀尔喀蒙古第一座寺院——蒙古帝国首都旧址上的额尔德尼召，其主持营建的喇嘛和匠人，就是阿巴泰赛音汗赴内蒙古呼和浩特从阿拉坦汗处请去的。❶ 因此笔者在此选择元朝以后再次传入藏传佛教之后的蒙古寺院建筑作为比较。具体实例为阿拉坦汗发愿建造的内蒙古16世纪的第一座寺院——呼和浩特大召（1578年始建）和阿巴泰赛音汗发愿建造的哈剌和林额尔德尼召（1586年始建）。❷

由于清朝后期的增建，呼和浩特大召的总平面布局亦是中轴对称、纵深布局的格局。但根据文献❸记载，在17世纪初，大召应是佛殿居中，东南西北四方各有殿堂的布局。17世纪初的额尔德尼召三佛殿院落的总平面则是中殿、东殿、西殿三座佛殿矗立在高高的台座之上，台下左右有方形墓塔的格局（图21）。❹ 所以，在寺院平面布局上，三者各显地域特色。

把比较的焦点放在寺院的主佛殿和大经堂（措钦都纲）上的话，就会发现沈阳实胜寺和哈剌和林的额尔德尼召初建时期都没有大经堂（措钦都纲）单体建筑。根据文献记载，额尔德尼召初期，把蒙古包安扎在寺院的院子里，作为大经堂使用。阿巴泰赛音汗在额尔德尼召城寺内的斡耳朵

❶ 乌云毕力格.《阿萨喇克其史》研究 [M]. 北京：中央民族大学出版社，2009.

❷ 包慕萍.蒙古帝国之后的哈剌和林木构佛寺建筑[M]//王贵祥，贺从容.中国建筑史论汇刊·第捌辑.北京：中国建筑工业出版社，2003：172–198.

❸ 吉田顺一，等.『アルタン＝ハーン伝』訳注 [M]. 東京：風間書房，1998.

❹ N. ハタンバータル，Yo. ナイガル，A. オチル，監修. 清水奈都紀，訳. エルデネ・ゾー史（16–20世紀）History of Erdene zuu, 16th–20th Centries [M]. 京都：太谷大学文学部，2012.

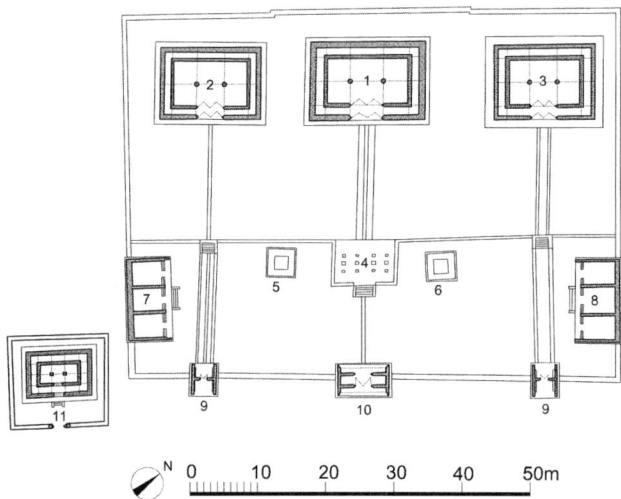

图21 蒙古国额尔德尼召三佛殿院落平面图
（包慕萍实测及绘制）

（移动式宫殿）至今遗留着柱础，斡耳朵圆形平面直径长达 20 米。❶ 因此，寺院使用大型蒙古包做大经堂使用是完全有可能的。❷ 在沈阳北塔落成时的开光仪式上，就有临时安扎蒙古包及凉棚布置庆典空间的记载❸，这是17 世纪中叶清朝皇室使用游牧文化建筑的史实。20 世纪 20 年代实胜寺实际用作措钦都纲大殿的建筑是大殿西邻配殿。实胜寺创建最初，也有可能使用蒙古包作措钦都纲。

而呼和浩特大召的主佛殿与大经堂（措钦都纲）平面上结合为一体，形成纵长平面的集中式布局（图 22），与实胜寺和额尔德尼召完全不同，但与呼和浩特的其他寺院以及附近的土默特草原上的其他著名召庙如美岱召、百灵庙（广福寺）、准格尔召等为同一空间模式，显然是一个成熟了的建筑空间模式，并得到了广泛的传播。❹

再关注主佛殿单体平面，就会发现实胜寺和额尔德尼召的主佛殿外周都有一圈回廊。大召因佛殿与大经堂相接，仅东、西、北三面有回廊。这

❶ 笔者于 2010—2014 年对额尔德尼召城寺进行了多次的实地考察及测绘。

❷ 根据笔者 2006—2007 年在内蒙古历时两年、行程 2 万公里的佛教寺院实地调研访问得知，即使寺院内有固定建筑的大经堂，在冬季因为大经堂室内寒冷，依然在院子里安扎蒙古包作为冬季经堂使用。

❸ 中国第一历史档案馆. 清初内国史院满文档案译编·中册 [M]. 北京：光明日报出版社，1989：27-28.

❹ 关于内蒙古藏传佛教建筑的空间模式及建筑形式分类，笔者将在另一文中讨论。

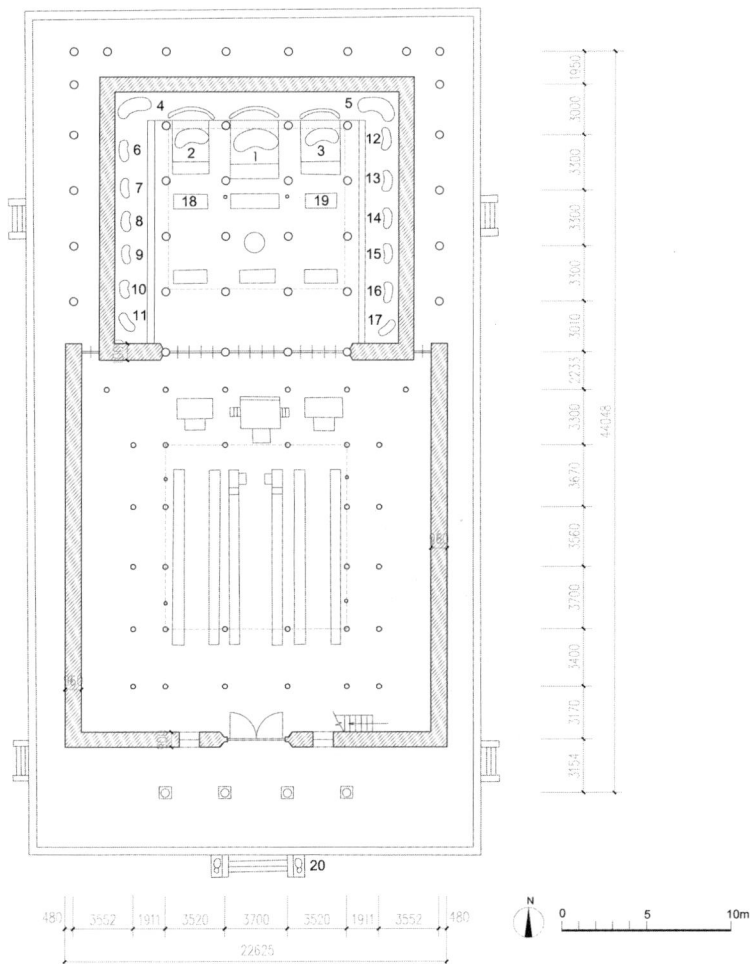

图 22　呼和浩特大召主佛殿、大经堂平面图
（包慕萍实测及绘制）

1. 少年释迦牟尼银像（3 米高）；2. 无量光佛像；3. 弥勒佛像；4. 宗喀巴像；5. 三世达赖喇嘛像；6. 白度母像；7.~10. 及 13.~16. 八大菩萨立像；11. 金刚手像；12. 绿度母像；17. 马头明王；18. 四世达赖喇嘛像；19. 四世班禅喇嘛像；20. 铁狮子（温布洪台吉造）

❶ 关于实胜寺碑汉文中的十八罗汉，石濱裕美子认为是误译。因同一处的藏文、满文、蒙古文都写着十六罗汉。而且石濱指出藏传佛教实际也是以十六罗汉为全。详见：石濱裕美子．清初勅建チベット仏教寺院の総合的研究 [J]．满族史研究，2007（6）：1-39。

❷ 呼和浩特大召佛殿内的佛像布置，参见：包慕萍．蒙古帝国之后的哈剌和林木构佛寺建筑 [M]//王贵祥，贺从容．中国建筑史论汇刊·第捌辑．北京：中国建筑工业出版社，2003：172-198。

个回廊是藏传佛教仪轨所必需的转经道。红帽派的总本山萨迦寺中，这一空间特别突出。青海乐都瞿坛寺中的转经道空间也很突出，此寺院创建之初是噶举派，后来改宗为格鲁派（黄帽派）。

再进一步对佛殿内部供奉的佛像进行比较。实胜寺供奉的佛像据碑文可知为西方三大圣即三世佛，以及阿难、迦叶、无量寿、莲花生、八大菩萨、十八罗汉。❶ 大召和额尔德尼召主佛殿内亦供奉着三世佛、阿难、迦叶、八大菩萨。❷ 三者的佛像显著不同之处为大召供奉着宗喀巴、三世及四世达赖喇嘛和四世班禅喇嘛像，显现了明显的格鲁派（黄帽派）倾向。大召在西跨院的乃春庙里供奉着乃春护法神，这是源自桑耶寺八世纪时的护法神。而实胜寺供奉了 8 世纪开创了桑耶寺的莲花生。可能因有嘛哈噶剌金佛护法像，实胜寺的主佛殿中再没有其他护法像。而大召主佛殿里的护法像有金刚手和马头明王；额尔德尼召中殿内（图 23）则有贡布古鲁像和愤怒相的吉祥天女像。三处佛殿里的佛像背光的雕刻风格很相似，都是木板透雕立体感强烈的大朵花卉，顶端装饰跃然而起的大鹏金翅鸟（Garuda，图 24）。

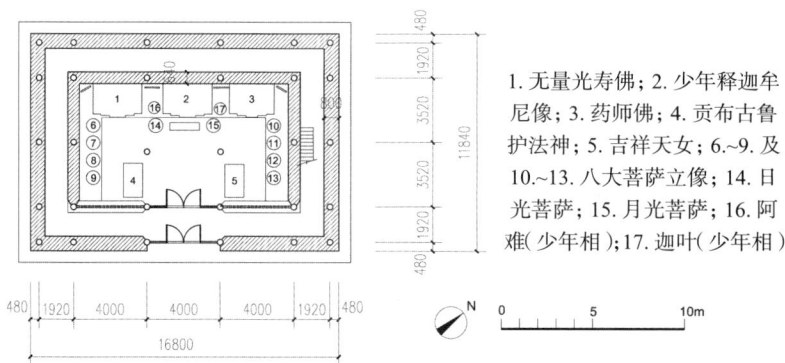

1. 无量光寿佛；2. 少年释迦牟尼像；3. 药师佛；4. 贡布古鲁护法神；5. 吉祥天女；6.~9. 及 10.~13. 八大菩萨立像；14. 日光菩萨；15. 月光菩萨；16. 阿难(少年相)；17. 迦叶(少年相)

图 23 蒙古国额尔德尼召中殿平面图
（包慕萍实测及绘制）

图 24 沈阳实胜寺佛殿内部（1905 年摄）
[内藤虎次郎．内藤湖南全集 [M]．第六卷．東京：筑摩書房，昭和五十一年（第 2 版）：624.]

综上所述，实胜寺的平面布局以及空间形式以借用辽东地域的木构技术为主，通过主佛殿回廊以及梁架、斗栱、天花、佛橱等构件上附加浓厚的藏传佛教性的装饰来体现藏传佛教建筑的特征。

四、多元化的建设者和营建组织

盛京的都城和建筑不仅在政治、宗教的意识形态层面以及营造意匠阶段接受了多元外来影响，具体到实施阶段即设计者、建筑工匠或者建筑材料等方面也接受了多文化源流的外来影响。

1. 匠人的来源与职能称谓的变迁

在此首先探讨建筑工程的人员组织状况。

辽阳"大金喇嘛法师宝记"石碑正面关于工程方面记录了钦差督理工程为驸马并任总镇的佟养性，委官是备御职位的蔡永年。阴面❶记录了木匠赵将；石匠信倪、宽佐、乞力千、金世达，副将佟二朋、韩尚武；铁匠潘铁；某（不能判读）匠明净、某某气、何不利、柯参将、杨旗鼓、马应龙、陈五；炮塔泥水匠崔国宝及某某（不能判读）两人。阴面还录有喇嘛门徒、侍奉香火看莲僧等，包括匠人全部为160人，其中工程管理和匠人们的名字总计17个。

记录中的工程相关人员可分为管理职位的督理和委官以及各种工种的匠人两大类。后面有7人名字的"某匠"，根据喇嘛塔和坟塔的工程性质推断应该是砖匠。"炮塔泥水匠"为何意，待下文一并探讨。

实胜寺于1638年竣工，盛京四塔寺于1643年开工，两者的竣工和开工之间只相隔五年，但如下文所示，分析各碑文中与工程相关的信息，就会发现建造组织和匠人职能称谓发生了若干变化。

敕建护国实胜寺碑文中关于工程方面的汉文内容如下。

> 崇德三年岁次戊寅孟秋吉日
>
> 指挥塑画毕力兔朗苏　塑匠尼康喇嘛　雕刻木匠毛团　泥水匠崔国保
>
> 总管昭耐　画匠板盛　成墨木匠田眷乾　石匠刘成

实胜寺中没有督理工程和委官职，出现了总管和指使塑画职位，而且参照满文、蒙古文、藏文❷与"指使塑画"对应的文字，可以得知其准确文意为"佛及菩萨等所有的布局及造像总指挥"。亦即毕力兔朗苏是根据佛教内容决定佛像布局——因之也决定了建筑平面布局和佛像造像方面的总设计人。毕力兔朗苏的名字也刻在最前面，显示了此工程中总设计人地位的重要性。而总管应该是以往委官的职责，即统筹管理工程，属于施工管理。实胜寺营造工程的匠人职种可分为佛像及藏传佛教装饰类和当地传统木构建筑类两大类。建筑类管理人及匠人排在佛像匠人名的后面。根

❶ 李勤璞.辽阳"大金喇嘛法师宝记"碑文研究[J].满语研究,1995（21）:96–105.

❷ 石濱裕美子.清初勅建チベット仏教寺院の総合的研究[J].满族史研究,2007（6）:1–39.

从佛阿拉到沈阳城：北亚多文化体系下的清初都城空间结构

据汉字碑文的文字位置的先后即体现身份高低的特征，可以推论在实胜寺的营造活动中，佛教方面的设计人起着主导作用。无论佛教类或者建筑类工种，每种只写一位人名，应是此类工种的头目。

碑文中出现不常见的雕刻木匠和成墨木匠的称谓。

每个木构结构的寺院建筑或多或少都会有雕刻木工活，但是在工匠名单中一般不会单独特别地提及雕刻木匠。参考对应的蒙古文内容，雕刻木匠为相同内容。而且，雕刻木匠跟在佛像塑匠后面，有可能是佛像以及藏传佛教类木工装饰类的木作匠人。参看摄影于1905年的实胜寺殿堂照片，佛厨、木罩等处的雕刻木工的确繁盛，或因此成为一个独立的工种，而毛团是雕刻工种的头目。

关于匠人的工种，更难解的是"成墨"。"成墨"为何意？查看对应"成墨木匠田眷乾"的蒙古文碑文为"süm-e ger yi bayi γulu γsan uran tiyan jang qiwang"——指建造了寺（殿）建筑的木匠。德国学者嵇穆将此句汉文碑文翻译为"planer der zimmerarbeiten" [1]——木工设计人田眷乾。因此比起一般木匠，"成墨木匠"应是设计和统筹木作工程的木匠头。

四塔寺各碑文 [2] 内容相同，仅文末匠人名处有些许不同，以下以北塔法轮寺碑文为例录下与营造相关的内容。

> 特敕工部，遴委刺麻悉不遮朝儿吉、毕力兔朗苏，相度鸠工，于盛京四面，各建庄严宝寺……大清崇德八年癸未仲春起工，至顺治二年乙酉仲夏告竣
>
> 佛菩萨塔寺彩画督指示毕力兔朗苏，总督工程参持黑、杨文魁，
>
> 内翰林国史院大学士刚林撰，学士黑德译汉文，厄者库石岱译蒙古文，东木藏古习译西域文
>
> 塑匠答度八格楞、李道琇，修造塔寺成墨毛团，画匠板盛，成线泥水匠崔国宝，委官李献箴，画匠李登贵，木匠黄得才，泥水匠马守信，铸炉匠李海，石匠宁有才

其他三塔寺的碑文内容，只有匠人名字不同，以下仅录不同之处。

> 敕建护国永光寺碑记
>
> 委官大杜、画匠侯三、木匠黄云凤、泥水匠纪承祖、铸炉匠李海、石匠冯成
>
> 敕建护国广慈寺碑记
>
> 委官马光先　画匠史载忠　木匠唐国相　泥水匠黄全　铸炉匠赵应乾　石匠任朝贵
>
> 敕建护国延寿寺碑记
>
> 委官兴奈、画匠王兴俊、木匠金守本、泥水匠杨仲海、铸炉匠赵应乾

根据以上四塔寺碑文记录，可知四塔以及寺院的总设计人仍然是毕力兔朗苏。在这里更清楚地记录了他的职能，即佛像、菩萨、塔和寺（建筑

❶ 嵇穆. 蒙古摩诃迦罗崇拜与清朝的起始（论文为德文）[M]// 朱诚如. 清史论集：庆贺王钟翰教授九十华诞. 北京：紫禁城出版社，2003：674.

❷ 李勤璞. 盛京四寺藏语碑文校译 [J]. 辽海文物学刊，1997（1）：98–107；李勤璞. 盛京四寺满洲语碑文校译 [J]. 满语研究，1998（2）：90–100. 日本东洋文库收藏着四寺碑文的拓本。

本身）及彩画都由他指示、监督。而工程施工方面的总监理为参持黑、杨文魁。与数年前的实胜寺碑文比较，就会发现总设计人和施工管理总负责人都提在前面，意味着管理组织进一步阶层化、组织化。

同一种职能例如画匠和泥水匠，各碑却都有前后分开书写的状况。塑匠以及跟在塑匠名字后面的画匠板盛和成线泥水匠崔国宝在四塔寺都一样。而委官及其后匠人名则是各寺不同。因此笔者推测委官之前的名字是佛像塑像以及掌握藏传佛教建筑工法的匠人。而由委官管理、名列其后的那些匠人是掌握着辽东地域建筑技术的匠人们。因此，前列的画匠板盛，应是与藏传佛教相关的彩画工程的负责人，如实胜寺主佛殿的天花板在中央佛像处做了向上凹进的方井❶，天花板上绘制了唐忒喇佛城❷，这些应是板盛所负责的彩画工程。而各寺另有的一名画匠，则应该是负责寺院殿堂梁架、斗栱等方面的彩画工程。

综合考察辽阳喇嘛塔、实胜寺及四塔寺碑文中的匠人名，就会发现有相同的匠人名出现，但也有同一人不同职能名的现象。首先，从辽阳到沈阳的六处工程的泥水匠都有崔国宝（保）之名。他的职能名在辽阳碑为"炮塔泥水匠"，在实胜寺碑为泥水匠，在四个塔寺碑为"成线泥水匠"。在实胜寺中，泥水匠人名只有崔国宝，因此在这里他应是统筹管理泥水工程的工匠头。而"炮塔"和"成线"不知特指何意。法轮寺的"成线泥水匠"的下面另有"泥水匠马守信"，其他三寺也另有一位泥水匠人名。可见，"成线泥水匠"和泥水匠的职能不同。笔者整理了以上几个碑文对应于"炮塔"、"成线"和泥水匠的满文和藏文转写，三者内容没有区别，都是"砌筑砖瓦匠"之意，因此仍然不能明确"炮塔"和"成线"的具体意思及区别，为存疑之处。目前根据崔国宝（保）名字在碑刻中的位置，笔者推测他是负责喇嘛塔和佛像工程的泥水匠。而各寺院中名字不同的泥水匠，则应是承担木构殿堂建筑的泥水砖瓦工程的匠人。

毛团是另一位在不同工程中职能名不同的匠人。实胜寺中毛团为雕刻木匠，而在四塔寺中为"修造塔寺成墨"。在实胜寺中，"成墨木匠"是田眷乾。四塔寺中再次出现"成墨"字样，后面还没有"木匠"一词。确认四塔寺碑满文内容，毛团前限定语为"殿（寺）窣堵婆建造者"，藏文对应处为"佛殿塔建造者"，都说明毛团是佛殿和喇嘛塔的总负责大木匠。从以上两个例子来看，"成墨"应是指设计总负责人之意。从雕刻木匠变为"成墨"木匠，说明毛团从实胜寺工程的小木作木匠成长为四塔寺工程中的大木作木匠头，当然他的木匠职能限于藏传佛教建筑单体工程。因为各寺在委官后面另有一位木匠人名。

查阅清初在北京建造的藏传佛教建筑的碑文，发现毛弹（团）参与了顺治八年（1651年）竣工的普胜寺、北海白塔、普静禅林（东黄寺）工程。北京的藏传佛教建筑三大工程竣工时间与沈阳四塔寺竣工时间仅相隔6年。在北京的三大工程中，毛弹（moodan）为"呈样拜塔喇布勒哈方"。

❶ 根据村田治郎的调研报告及1905年拍摄的实地照片。

❷ 莲华净土实胜寺碑记中使用的汉字为"怛的喇佛城"。

从佛阿拉到沈阳城：北亚多文化体系下的清初都城空间结构

❶ 参见：石濱裕美子．清初勅建チベット仏教寺院の総合的研究 [J]．満族史研究，2007（6）：1–39。

❷ 石濱裕美子．清初勅建チベット仏教寺院の総合的研究 [J]．満族史研究，2007（6）：19。

❸ 李勤璞．毕力兔朗苏：清初藏传佛教的显扬者 [J]．沈阳故宫博物院院刊，2005（1）：46–75。

❹ 板盛所指的建筑，相对于可移动的蒙古包（ger）来说，特指固定的建筑。

❺ 所在地为内蒙古自治区包头市土默特右旗萨拉齐镇。

❻ "为房王修贡乞恩酌议贡市未妥事宜慰华夷以永安攘事"．参见：王崇古．少保鉴川王公督府奏议 [M]．卷八．疏．万历二年（1574年）刻本（收藏于北京大学图书馆）．第8v–9r。

❼ 原籍抚顺，内务府正黄旗出身。在北京房山区遗存康熙十五年（1676年）的"董得贵诰封碑"，最终位阶为二等阿达哈哈番。

"拜塔喇布勒哈方"为官职位阶，乾隆元年定汉字名为"骑都尉"。根据石滨裕美子❶对三个碑文三种文字的转录，以及满文、蒙古文转写可知，毛弹在北海白塔中为"拜塔喇布勒哈方"（汉字），仅有位阶，没有"呈样"字眼。但对应的蒙古文为"kemjiy-e jiɣaɣci bayitalabure qafan moodan"❷，也就是说虽然汉字脱落了"呈样"二字，蒙古文中有"kemjiy-e jiɣaɣci"，相当于"呈样"的词汇。在普胜寺碑文毛弹名字前，汉字无"呈样"，而满文及蒙古文不能判读。在普静禅林的毛弹（团）名字前，无论是汉字、满文和蒙古文，都有相当于"呈样"的单词。可见，在北京清初三个重要的藏传佛教建筑工程中，毛弹已经是"呈样"——建筑设计总负责人。这么说，他是参与了清初在盛京和北京所有重要的藏传佛教建筑工程的工匠，今后针对他个人需要进一步的深入研究。

根据碑文中匠人姓名以及职能称谓，可以大致理解清初匠人的来源多种多样。李勤璞考证了毕力兔朗苏是西藏萨迦宗密乘寺之噶尔寺（ngor pa寺）的喇嘛，从蒙古喀剌沁或者土默特部转入满洲，通晓藏语、蒙古语和汉语。❸而匠人名毛团（弹）和板盛在蒙古语中分别意为木匠和房屋或者建筑❹，因此他们也有可能是蒙古人。根据其他匠人的姓名，也可以推测匠人的民族类别有藏、蒙、满、汉和朝鲜，而建筑技术可以分为藏传佛教的砖石技术、装饰技术以及辽东地域传统的木构建筑技术。这些来自不同文化背景的匠人们以哪种语言进行沟通？从哪里习得建筑技术和意匠设计思想，又从哪里得到建筑样式的范本，这些都需要今后深入地研究。

2. 来自朝鲜的彩画颜料

从沈阳藏传佛教寺院的几段碑文的记录中有多位画匠姓名的情形也可以推测清初盛京藏传佛教建筑中，彩画工程所具有的重要性。

无论是在西藏还是传播至其他地区的藏传佛教寺院里的佛殿建筑特征之一就是室内四壁和天花板满铺彩画装饰的做法。如阿拉坦汗向蒙古地域传入藏传佛教后的第一座佛寺——1579年始建的内蒙古呼和浩特大召的佛殿，就是室内四壁和天花板满铺技艺高超彩画的实例。而在呼和浩特西约100公里的美岱召❺，亦因佛殿里工艺精湛的从内墙地面处开始一直延伸到天花板的满铺彩画而得盛名。美岱召也是阿拉坦汗家族建造的寺院，具体来说，由阿拉坦汗的孙媳妇伍兰妣吉主持建造。她于1606年邀请西藏的迈达里呼图克图（活佛）为美岱召的佛像主持了开光仪式。根据史料记载得知阿拉坦汗为了佛教寺院建设工程，曾经向当时在大同的宣大总督王崇古发送信简，请求匠役和颜料。❻

无独有偶，为了获得实胜寺建设所需彩画颜料，天聪九年（1635年）七月皇太极专门派遣董得贵❼出使朝鲜，向朝鲜国王递交了国书，国书内容详情如下：

> 遣董得贵、达拜，率八家人，赍书往朝鲜。书曰：予旧居兴京城，

有寺宇颓圮者。今复加修理。又蒙古大元世祖忽必烈时，帕斯八喇嘛以千金铸佛一尊。后汤古忒国沙尔巴胡土克图喇嘛，携之归于元太祖成吉思后裔察哈尔林丹汗。今察哈尔国灭，阖属来附。此佛已至我国，复有诸宝妆成佛像，亦皆携至。今虔造寺宇供养，想尊崇释教，亦王所稔知也。需用颜料，非予自奉，亦不在互市之例。希一一发给，幸勿稽悮。❶

根据以上皇太极致朝鲜国王之信函可知，在天聪九年即 1635 年嘛哈噶剌金佛入手之际，已经开始筹划建造寺宇供养嘛哈噶剌金佛。而且，从林丹汗处得到的不仅是嘛哈噶剌护法金佛像，还有若干"诸宝妆成的佛像"。此信函发自实胜寺破土动工的一年前，可见在筹备阶段，皇太极就通过国书的方式，告知了朝鲜国王本国要信奉佛教、建造寺院的计划。相求颜料用途有二，一是用在赫图阿拉佛寺的修缮工程中，一是用在新建实胜寺上。又根据皇太极的书信可知，所求颜料满洲本地不产，且不是朝鲜和满洲互市之商品种类，因此特别遣使相求。

朝鲜国王于两个月后的答复之信，原存于盛京宫殿（沈阳故宫）崇谟阁旧档里的朝鲜国王来书薄中（图 25）。❷ 1905 年在沈阳实地调研的内藤湖南做了如下笔录：

初九日得董得贵赍到朝鲜王答书。

金国汗。贵差至平壤，传至国书。承贵国修建佛寺。又得大元佛尊。此天以慈悲之教福贵国之人也。所要彩画，别录以呈。其中大绿石青二种，求诸市上而不得。兹未送副，幸惟恕亮。

又一颜色单。

真粉三十觔，水桃黄十觔，松脂六觔，白蜡十觔，锦脂五百片，青花二十五觔，三绿十四觔，石紫黄十五觔，金箔十柜每柜一百张，鍮鑛十觔。❸

图 25 沈阳故宫旧藏朝鲜书信

[内藤虎次郎.内藤湖南全集 [M].第六卷.東京：筑摩書房，昭和五十一年（第 2 版）：602.]

❶ 大清太宗文皇帝实录（一）[M].卷二十四.台北：新文丰出版公司，1978：437.

❷ 1905 年时保存着天聪、崇德年间的汉文档案。朝鲜国王来书 6 册，奏疏稿一册，各项稿薄一册。详见：内藤虎次郎.内藤湖南全集 [M].第六卷.東京：筑摩書房，昭和五十一年（第 2 版）：677.

❸ 内藤湖南（虎次郎）.燒失せる蒙満文藏経 [M]//内藤湖南全集.第七卷.東京：筑摩書房，昭和四十五年：436–437.

以上虽然是为了实胜寺建设工程索取彩画颜料的国书往来，但在皇太极的信函中，向朝鲜国王详细介绍了从林丹汗手中获得元朝忽必烈汗时代的嘛哈噶剌金佛的经过，发出此信之后的下一年皇太极将改元为"大清"的政治策略也隐约可见。可见实胜寺建设是后金王朝走向大清王朝的奠基石之一。

而朝鲜对所求彩画颜料给予了支援。复信中提到大绿、石青没有买到，说明皇太极的往信中也附上了所求颜料的清单。回复信中的颜料名称也是珍贵的史料，很多名称与今日所知清朝彩画常用颜料名称不同，各颜料的实体有待今后进一步深入研究。

实胜寺和东南西北的四个塔寺，都是藏传佛教寺院，建设工程除了需要利用辽东当地的传统木构建筑技术，还需要引进藏传佛教建筑技术与艺术。而且藏传佛教建筑技术也有地域性的差异，比如桑耶寺红帽派、拉萨黄帽派、青海塔尔寺、甘肃拉卜楞以及蒙古地区的藏传佛教建筑的技术与形式各有特色。因此，沈阳五大藏传佛教建筑工程中接受的外来影响其实不只是彩画颜料。藏式装饰图样何来？喇嘛塔的图样何来？各工种的工匠们出身于何地？回答这些疑问是阐明沈阳 17 世纪初都城建设中多文化交流融会状况的关键所在。

五、结语

清太祖努尔哈赤建造的都城佛阿拉和赫图阿拉，建构了满族人择山冈而居的都城空间构造。而辽阳旧城外东北处的新建东京城，则第一次吸取了汉地的平地方整平面都城布局，但又巧妙地利用了城内近三分之二面积大小的高冈之地形，依照佛阿拉和赫图阿拉根据地势高低排列空间秩序的原则，由高向低依次安置重要度自高向低的建筑以及设施。而努尔哈赤再次迁都到沈阳城之时，面临着沈阳城所处地形起伏不大的新问题。努尔哈赤快速建成的沈阳宫殿里的八角殿——即大政殿，没能像其他都城中的八角殿那样矗立在都城地势最高之处。但是，待皇太极主持建造清宁宫寝宫建筑群时，则自造高台，使得寝宫建筑群矗立在人工建造的 8 米高的大台之上。而且在盛京宫殿中一如佛阿拉时那样，建造了翔凤阁、飞龙阁、凤凰楼等高耸的楼阁建筑。这些都是满族建筑文化在都城建筑及空间中的反映。

努尔哈赤在辽阳旧城时规定了八旗、民人分居南北之城的原则。这里的八旗包括满洲八旗、蒙古八旗和汉军八旗。而民人则包括汉人、回族和朝鲜族等非旗人的其他民族。这个原则在有清一代一直被遵循，即居民因类别分栖于都城不同空间的布局原则。沈阳亦然。盛京时代的内城中是满洲八旗、蒙古八旗和汉军八旗的居住之地。并按照所在旗军的类别，规定了在都城中的具体方位，如正黄旗、镶黄旗在最北街区，而正蓝、镶蓝旗在最南部等。而非官商的一般商人以及民人都不得居住在城内。从山西商人笃信的吕祖庙、玉皇阁、火神庙以及最重要的商业市场马市等集中在大南门和小南门外的情形，可以推测在城南形成了汉商人集聚的主要街区。而被称为回回营的回族居住区则集中在小西门外和小西边门之间的关厢里。清末才开始在西塔周围形成大规模的朝鲜族居住区。

由于藏传佛教寺院实胜寺和东西南北四塔寺的建设，使得盛京城的空间结构又体现了西藏建筑文化的意义。而从 1625 年迁都至沈阳城，到 1645 年四塔寺基本竣工为止，沈阳城内外实现了一系列的重大营建工程：沈阳城的改扩建、沈阳宫殿的新建、努尔哈赤的福陵（东陵）的建设、实胜寺及四塔寺的建设以及皇太极的昭陵（北陵）的建设。在这些工程中，从统筹规划、施工管理，到匠人营作的所有环节都有来自满、汉、藏、蒙古各族以及朝鲜人士的参与，因而也带来了北亚多体系的文化影响。

沈阳的都市空间在北亚并存的不同文化圈的影响下形成。而其中最为夺目的建设成就，当属现在登录为世界遗产的沈阳故宫和埋葬着努尔哈赤的东陵，以及埋葬着皇太极的北陵。17 世纪的短短二十年时间，完成了规模浩大的宫殿和皇陵建设，以及构想恢宏的一寺四塔寺建筑，这些清朝初期的皇家建筑群体现了沈阳地域高度的建筑技术与文化艺术水平，是多文化交汇融合的结晶。

参考文献

[1] 包慕萍. 蒙古帝国之后的哈剌和林木构佛寺建筑 [M]// 王贵祥, 贺从容. 中国建筑史论汇刊·第捌辑. 北京: 中国建筑工业出版社, 2003: 172-198.

[2] 包慕萍. 从"游牧都市"、汗城到佛教都市: 明清时期呼和浩特的空间结构转型 [M]// 王贵祥, 贺从容. 中国建筑史论汇刊·第壹拾肆辑. 北京: 中国建筑工业出版社, 2017: 319-340.

[3] 大清满洲实录 [M]. 台北: 新文丰出版公司, 1978.

[4] 大清太祖高皇帝实录 [M]. 台北: 新文丰出版公司, 1978.

[5] 杜家冀. 清朝满蒙联姻研究 [M]. 北京: 人民出版社, 2003.

[6] 盖山林. 阴山汪古 [M]. 呼和浩特: 内蒙古人民出版社, 1992.

[7] 李勤璞. 辽阳"大金喇嘛法师宝记"碑文研究 [J]. 满语研究, 1995 (21): 96-105.

[8] 李勤璞. 盛京四寺藏语碑文校译 [J]. 辽海文物学刊, 1997 (1): 98-107.

[9] 李勤璞. 盛京四寺满洲语碑文校译 [J]. 满语研究, 1998 (2): 90-100.

[10] 李勤璞. 毕力兔朗苏: 清初藏传佛教的显扬者 [J]. 沈阳故宫博物院院刊, 2005 (1): 46-75.

[11] 乔吉. 蒙古佛教史: 北元时期 (1368—1634 年) [M]. 呼和浩特: 内蒙古人民出版社, 2008.

[12] 清实录 [M]. 北京：中华书局，1986.

[13] 乌云毕力格.《阿萨喇克其史》研究 [M]. 北京：中央民族大学出版社，2009.

[14] 嵇穆. 蒙古摩诃迦罗崇拜与清朝的起始（论文为德文）[M]// 朱诚如. 清史论集：庆贺王钟翰教授九十华诞. 北京：紫禁城出版社，2003.

[15] 五世达赖喇嘛阿旺洛桑嘉措，著. 陈庆英，马连龙，等，译. 一世——四世达赖喇嘛传 [M]. 北京：中国藏学出版社，2006.

[16] 赵尔巽，等. 清史稿 [M]. 北京：中华书局，1977.

[17] 珠荣嘎，译注. 阿勒坦汗传 [M]. 呼和浩特：内蒙古人民出版社，1991.

[18] 赤松智城，秋葉隆. 满蒙の民族と宗教 [M]. 大連：大阪屋号書店，1941.

[19] 石濱裕美子. 清初勅建チベット仏教寺院の総合的研究 [J]. 満族史研究，2007（6）：1-39.

[20] 江上波夫. モンゴル帝国とキリスト教 [M]. 東京：サンパウロ，2000.

[21] 鴛淵一. 遼陽喇嘛墳碑文の解説 [M]// 内藤博士還暦祝賀支那学論叢. 東京：弘文堂書房，1926：327-370.

[22] 建国大学. 興京二道河子旧老城（建国大学研究院歴史報告第一輯）[M]. 新京：朝鮮印刷株式会社，康徳六年（1939 年）.

[23] 佐口透. モンゴル帝国と西洋 [M]// 東西文明の交流 4. 東京：平凡社，1970.

[24] 写定申忠一図録本文 [M]// 興京二道河子旧老城. 新京：朝鮮印刷株式会社，1939 年.

[25] 田村実造，錦西春秋，佐藤長，編. 五体清文鑑訳解 [M]. 京都：京都大学文学部内陸アジア研究所，1966.

[26] 内藤虎次郎. 内藤湖南全集 [M]. 東京：筑摩書房，昭和五十一年（第 2 版），1976（初版为 1929 年）.

[27] 包慕萍. モンゴル地域フフホトにおける都市と建築に関する歴史的研究（1723-1959）—周辺建築文化圏における異文化受容 [D]. 東京：東京大学，2003.

[28] 包慕萍. モンゴルにおける都市建築史研究—遊牧と定住の重層都市フフホト [M]. 東京：東方書店，2005.

[29] 村田治郎. 満洲における清初の喇嘛教建築 [J]. 満洲建築協会雑誌. 第 10 巻. 第 11 号：1-22.

[30] 吉田順一，等.『アルタン＝ハーン伝』訳注 [M]. 東京：風間書房，1998.

[31] Samuel Martin Grupper. The Manchu Imperial Cult of the Early Ch'ing Dynasty：text and Studies on the Tantric sanctuary of Mahākāla at Mukden，Thesis Ph.D.，Indiana University. Dep. of Uralic and Altaic，1980.

[32] Mark C.Elliott.Tuning a Phrase：Translation in the Early Qing Through a Temple Inscription of 1645，Aetas Manjurica，3，1992：12-41.

唐长安城安仁坊内建筑格局分析

何文轩　贺从容

（清华大学建筑学院）

摘要：中国隋唐都城规划已经发展出了成熟的"里坊制"，但里坊内部的用地格局一直无法获得细化。本文以隋唐长安城内的一座里坊——安仁坊为例，通过古代文献、图纸记录、考古资料、敦煌壁画等资料提供的线索，对安仁坊内部的布局进行考证和推测，从坊内建筑的历史时期、方位、规模等方面一步步细化推测出安仁坊内的用地信息，以期获得坊内划地割宅的格局以及大致的空间形态。

关键词：唐长安，安仁坊，里坊，割宅

Abstract：Tang Chang'an is best known for its urban（grid pattern）layout divided into 108 neighborhood blocks or wards（*lifang*）. However, not much is known about the architectural set-up and use of the land inside these residential areas. Through analysis of historical texts and illustrations, archaeological evidence, Dunhuang murals, and the results of previous research, this paper provides a hypothetical reconstruction of the An'ren Ward that gives insight into the historical development, location, and scale of its residential architecture, analyzing the division into house units and the conception of space.

Keywords：Tang Chang'an, An'ren Ward, *lifang*（neighborhood block；ward）, division into house units

一个历史时期的城市形态往往由当时的用地制度、交通需求、生活习惯、建造技术等很多因素决定，由此，对于已经消失的城市格局，我们或可凭借当时多方面的片段信息，进行合理的反向推测，唐长安城坊内的形态探究便是笔者选择的一个尝试。中国隋唐城市规划已经发展出了成熟的"里坊制"，这种自上而下建城、制里、以道路划分宅基地的方式，使得我们通过隋唐时期的用地制度、坊内交通、宅院建筑等信息，可以大致合理地还原出坊内空间格局，窥探里坊内的用地变迁。

恰逢西安即将进行（唐）安仁坊地段的城市开发，安仁坊的考古发掘工作取得了新进展，其西、北坊墙的部分墙基，坊内横街，西南隅局部建筑院落得到发掘，城市规划部门对坊内格局有深深的期待，也促成了笔者选择唐长安安仁坊进行历史格局研究。

安仁坊位于唐长安城朱雀大街东第一列，自北而南第三坊，北接开化坊，南接光福坊，东邻长兴坊，西与丰乐坊隔街相望（图1）。本文尝试运用文献，通过梳理宅主信息，获得坊内各宅的方位和大致规模，进而推测安仁坊内各时期的格局。最后对安仁坊历史信息较为密集的时期进行考证，结合考古发掘信息，合理地还原想象出该时期坊内各宅的形态，从而还原出坊内格局的平面图。

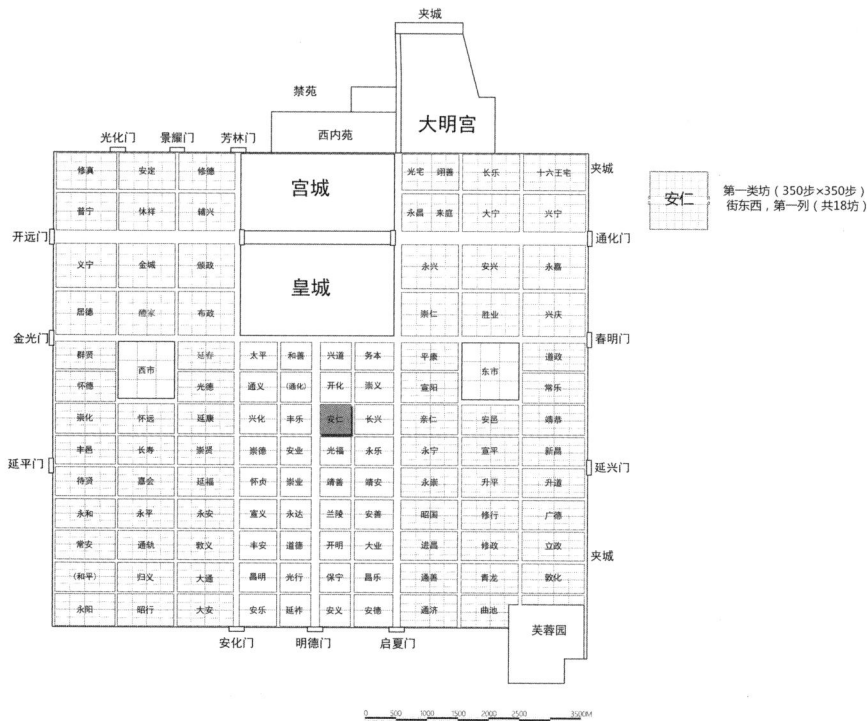

图 1　安仁坊在唐长安城中的位置图
（作者自绘）

一、安仁坊宅主梳理

对安仁坊内宅主信息的梳理是推测宅第规模、搜集宅第建筑信息和考证宅第方位的基础。因为唐朝年代久远且安仁坊原址建筑遗存稀缺，想要直接得到唐时坊内布局或建筑信息实属不易。所幸历史文献中对于安仁坊中的一些官员住宅略有叙述，使我们能够对坊内的用地分配获得一些模糊的概念。

目前笔者收集到的关于唐长安城安仁坊的文献以以下几部为主：韦述《两京新记》❶、宋敏求《长安志》❷（卷七）、徐松《唐两京城坊考》❸（卷二）、杨鸿年《隋唐两京坊里谱》❹、李健超《唐两京城坊考增订》❺。其中《两京新记》成书最早、最原始，可惜原书今只存第三卷残文。所幸成书于宋代熙宁九年（1076 年）的《长安志》保留了《两京新记》中的大量信息，故最有参考价值；《唐两京城坊考》、《隋唐两京坊里谱》、《唐两京城坊考增订》均是以《长安志》为基础加以补充和修订的。根据以上五部资料，笔者获得的关于坊内部分建筑及对应主人的信息如下：

宋敏求《长安志·卷七》中记载安仁坊有荐福寺浮图院、刘延景宅、王昕宅、万春公主宅、章仇兼琼宅、元载宅、张孝忠宅、崔造宅、于頔宅、杜佑宅共 10 处建筑。徐松《唐两京城坊考·卷二》中补录了元積宅。李

❶　此书为唐代残本，书中内容参考自：荣新江，王静．韦述及其《两京新记》[J]．文献．2004（2）：31-48。

❷　文献 [1]．

❸　文献 [2]．

❹　文献 [3]．

❺　文献 [4]．

健超《唐两京城坊考增订·卷二》中补录了庞卿恽宅、唐俭宅、元万子宅、郑细宅、阳济宅、苗绅宅共六处建筑。杨鸿年《隋唐两京坊里谱》和唐韦述《两京新记》中亦包含上述诸宅。

本文从以上五部著作中共整理出安仁坊内宅第（寺院）17座，至此坊内建筑的整理统计工作基本完成。但仅仅获知坊内存在过哪些建筑，尚不能直接推测坊内用地格局，需根据宅主的资料对上述宅第（寺院）的出现时间、方位、规模等信息进行清理。

二、坊内建筑的时间梳理

在对安仁坊内出现过的 16 位宅主信息进行整理后明显发现，这些宅主并不是同时出现在安仁坊里的。因此只有整理出这些宅主存在的时间线，方可得出哪些人可能在同一时期居于此坊。同时结合宅主的官阶品级，大致可以判断各宅的规模上限。

根据上述文献，安仁坊中可考的建筑如下：

1. 荐福寺浮图院

据《长安志》中所写"西北隅。院门北开，正与寺门隔街相对。景龙中，宫人率钱所立。柳宗元（773—819 年）《鹘说》：有鸷曰鹘者，巢于长安荐福浮图有年矣。"❶ 可见荐福寺浮图院的建立时间相对确定，为唐中宗景龙年间，也就是 707—710 年。而浮图院究竟保存至何时，以下两条线索或可辅助笔者推测。一则是会昌五年（845 年），唐武宗分三步灭佛，在《中国全史》中记载"上都（长安）左街留慈恩寺和荐福寺，右街留西明寺和庄严寺。"❷ 二则是唐代诗人徐夤有诗《忆荐福寺南院》，诗中描述的正是荐福寺浮图院，而徐夤出生的年代已是唐代末年，可知荐福寺浮图院在唐代末年仍存在。至此可以判断至少在笔者划定的时间段内，荐福寺浮图院一直存在。

2. 刘延景宅

《长安志》录"东南隅，赠尚书左仆射刘延景宅。延景即宁王宪之外祖……"❸，又有《旧唐书》录"睿宗肃明皇后刘氏，刑部尚书德威之孙也，父延景，陕州刺史，景云元年追赠尚书右仆射沛国公。"❹ 所以刘延景不仅是唐睿宗之子宁王李宪的外祖父，其女还曾当过睿宗皇帝的皇后。由上述两条文献推测，唐睿宗在位时期（即 684 年左右），刘延景是国丈的身份，安仁坊有其宅。《新唐书》录"（长寿）二年……（十月）丁巳杀陕州刺史刘延景"❺，这条线索表明刘延景于长寿二年（693 年）死于武则天之手，由此可推测其安仁坊中的宅第保留到了 693 年，故其宅之时间段大致在 684—693 年。

❶ ［宋］宋敏求. 长安志 [M]. 北京：中华书局，1991. 卷七.

❷ 程思源. 中国全史 [M]. 内蒙古：远方出版社，2004. 第 045 卷.

❸ ［宋］宋敏求. 长安志 [M]. 北京：中华书局，1991. 卷七.

❹ 刘昫，等. 旧唐书 [M]. 北京：中华书局，2000. 卷五十一.

❺ ［宋］欧阳修，宋祁，何怀远，等. 新唐书 [M]. 内蒙古：远方出版社，2005. 卷四.

3. 王昕宅

《长安志》录"坊西南，汝州刺史王昕宅。延景即牢王宪之外祖，昕即薛王业之舅，皆是亲王外家。甲第并列，京城美之。"[1] 其中"薛王业"指唐睿宗的儿子李业，王昕是薛王的舅舅，即文中所说亲王外家。关于王昕本人史载不详，既以亲王外家著称于安仁坊，则王昕宅存于安仁坊期间，李业有薛王封号，而李业晋封薛王之时为684年。[2] 又，由于《长安志》中提到与刘延景宅"甲第并列"，即王昕宅与刘延景宅在一定时期内并存，刘延景宅大致存在于684—693年，则王昕宅也大致存在于684年前后。

4. 万春公主宅

按《新唐书》和《长安志》的记载，万春公主是唐玄宗的女儿，天宝十三年（755年）五月嫁给杨朏，后又嫁给杨锜，去世于大历年间（766—779年）。[3] 推测其宅存在于安仁坊的时间在725—779年的区间内。

5. 章仇兼琼宅

《长安志》录安仁坊内有"户部尚书、兼殿中监章仇兼琼宅。"[4] 虽然有关章仇兼琼记载不少，但有关其生平和宅院的信息不多。其中比较重要的有两条：1)《唐会要》记载"（开元十九年）金吾将军杨崇庆除五坊宫苑使。其后来擢牛仙客，李元佑，韦衢，章仇兼琼，吕崇贲，李辅国，彭体盈，药子昂等为之。"[5] 说明开元十九年（732年）章仇兼琼升任五坊宫苑使；2)《旧唐书》记载"（天宝初）太真有宠剑南节度使章仇兼琼，引国忠为宾佐，既而擢授监察御史，去就轻率骤履清贵朝士指目嗤之。"[6] 说明天宝初杨玉环对章仇兼琼较为器重。根据上述两条时间信息"开元十九年（732年）"、"天宝初（约742年）"推测，732—742年前后，章仇兼琼宅较有可能存在于安仁坊。

6. 元载宅

《长安志》引用《唐实录》证实唐代宗曾下诏赐死元载，并没收他大宁坊、安仁坊的宅院[7]；《白孔六帖》中也记载元载在长安城中有两处宅院，一处在大宁坊，一处在安仁坊。因此从文献来看，元载有宅在安仁坊内应当无疑。据《新唐书》记载，上述两处宅院在大历十二年（777年）随着元载赐死，被充公给百官署舍。由此可知，元载宅存在于安仁坊的时间应在777年以前。

7. 张孝忠宅

《长安志》中记载安仁坊有"义武军节度使、同中书门下平章事、上谷郡王张孝忠宅"，《邓国夫人谷氏墓志铭序》也记载"夫人于德宗贞元

❶ [宋]宋敏求.长安志[M].北京：中华书局，1991.卷七.

❷ 《旧唐书》中录"睿宗即位进封薛王"，睿宗即位于公元684年，详见《旧唐书》。参见：刘昫，等.旧唐书[M].北京：中华书局，2000.卷九十五.

❸ [宋]欧阳修，宋祁，何怀远，等.新唐书[M].内蒙古：远方出版社，2005.卷八十三.

❹ [宋]宋敏求.长安志[M].北京：中华书局，1991.卷七.

❺ [宋]王溥.唐会要[M].上海：上海古籍出版社，1991.卷七十八.

❻ 刘昫，等.旧唐书[M].北京：中华书局，2000.卷一百六.列传第五十六.

❼ [宋]宋敏求.长安志[M].北京：中华书局，1991.卷七.

中国建筑史论汇刊·第壹拾柒辑

十一年来京，十二年终于安仁里第。此安仁里第盖即孝忠故第，当时为茂昭所住。"❶ 可见，张孝忠曾在安仁坊里有宅，最晚在邓国夫人来京之时，即贞元十一年（799年），为其长子张茂昭所住。《新唐书》记载张孝忠于贞元六年（794年）去世，据此可推测张孝忠宅大致存在于794年之前。

8. 崔造宅

《长安志》中记载安仁坊内有"太子右庶子崔造宅"❷；《唐两京城坊考》进一步引权德舆《崔公夫人柳氏祔葬墓志》中文字说明崔造的夫人在安仁坊的宅第中去世。❸ 而《旧唐书·崔造传》中记载崔造在贞元二年（787年）正月去世。所以崔造在安仁坊的宅第应不晚于787年。

9. 于頔宅

《长安志》中记载安仁坊内有"太子宾客燕国公于頔宅"。❹《唐两京城坊考》又在《长安志》的原文之下注释于頔的夫人李氏去世于安仁坊内的宅第。《旧唐书》中记载于頔在元和二年（807年）返回京城为官，最终去世于元和十三年（818年）八月。其他坊未见有于頔宅的记载。因此，从时间线上看，于頔宅在807—818年出现在安仁坊的可能性比较大。

10. 元稹宅

按《唐两京城坊考》中所记，安仁坊内有"武昌军节度使元稹宅"❺，《云溪友议》也称元稹为"安仁元相国"❻，根据文献，元稹在安仁坊有宅基本无疑。《元稹年谱》及《旧唐书》中记载元稹在长庆二年（822年）移居到安仁坊的宅第❼，并于大和五年（831年）七月去世。❽ 由此推测，元稹宅大致于822—831年存在于安仁坊内。

11. 杜佑宅、杜希望宅

《长安志》中记载安仁坊有"太保致仕、岐国公杜佑宅"❾，《旧唐书》记载"[永贞元年（805年），杜佑进位检校司徒]杜佑为司徒，置第于安仁里。"❿《杜佑墓志》也记载杜佑于元和七年（812年）在安仁坊去世。由此三条线索可知，杜佑宅在805—812年期间存在于安仁坊基本无疑。在杜佑之孙杜牧的《上宰相求湖州》中提到"某幼孤贫，安仁旧第置于开元末，有屋三十间而已。元和末，酬偿息钱，为他人有……"其描述旧第的时间为开元末（741年左右），而杜佑出生于开元二十三年（736年），因此文中"安仁旧第"指杜佑父亲的宅第可能性更大。《旧唐书》记载"（杜佑）父希望，历鸿胪卿、恒州刺史、西河太守，赠右仆射。"⓫ 按子承父业的传统，杜佑的宅第或可能在杜希望的宅第上扩建而来。杜希望本人生平不详，其宅的存在时间应不早于741年，不晚于805年。

❶ [宋]宋敏求.长安志[M].北京:中华书局,1991.卷七.

❷ [宋]宋敏求.长安志[M].北京:中华书局,1991.卷七.

❸ [清]徐松.唐两京城坊考[M].北京:中华书局,1985.

❹ [宋]宋敏求.长安志[M].北京:中华书局,1991.卷七.

❺ [宋]宋敏求.长安志[M].北京:中华书局,1991.卷七.

❻ [唐]范摅.云溪友议[M].上海:古典文学出版社,1957.

❼ "（长庆二年，拜平章事）元稹移居万年县安仁坊新宅。"参见:卞孝萱.元稹年谱[M].济南:齐鲁书社,1980:403.

❽ "（大和）三年九月，入为尚书左丞。……四年正月，检校户部尚书，兼鄂州刺史、御史大夫、武昌军节度使。五年七月二十二日暴疾，一日而卒于镇，时年五十三，赠尚书右仆射。"参见:刘昫,等.旧唐书[M].北京:中华书局,2000.卷一百六十六.列传第一百一十六.

❾ [宋]宋敏求.长安志[M].北京:中华书局,1991.卷七.

❿ 刘昫,等.旧唐书[M].北京:中华书局,2000.卷一百四十七.列传第九十七.

⓫ 刘昫,等.旧唐书[M].北京:中华书局,2000.卷一百四十七.列传第九十七.

❶ "五年，以久劳戎阵，奇功克举，优秩仍加，用彰勤□，蒙授秦王府左三翊卫府右车骑将军（正五品上）。七年，授秦王左一副护军。其年，又补左内马军副总管。九年六月，以业预艰难，效彰忠款，蒙授右卫副率。其年七月，诏授秦王府左三翊卫府右车骑将军。其年九月，改封安化郡开国公。皇上膺图御历，临抚万方，永言惟旧，恩荣弥重，爪牙任切，金议所归。贞观元年七月，诏授左武候将军。"参见：[清]陆心源.唐文拾遗[M].卷十三.台北：文海出版社，1979。
❷ [清]徐松.唐两京城坊考[M].北京：中华书局，1985.
❸ [清]徐松.唐两京城坊考[M].北京：中华书局，1985.
❹ [清]徐松.唐两京城坊考[M].北京：中华书局，1985.
❺ 张沛.昭陵碑石[M].西安：三秦出版社，1993.
❻ "唐丞相郑絪宅，在昭国坊南门，忽有物来投瓦砾，五六夜不绝。及移于安仁西门宅避之，瓦砾又随而至。久之，复迁昭国。郑公归心释门，宴处常在禅室，及归昭国，入方丈，絪子满室悬丝，去地一二尺，不知其数。其夕瓦砾亦绝，翌日拜相。"参见：[宋]李昉，等.太平广记[M].北京：人民文学出版社，1959.卷一百三十七。
❼ "（郑絪）太和二年，入为御史大夫、检校左仆射、兼太子少保。三年十月卒，年七十八，赠司空，谥曰宣。子祗德。"参见：刘昫，等.旧唐书[M].北京：中华书局，2000.卷一百五十九.列传第一百九。
❽ 李健超.增订唐两京城坊考[M].西安：三秦出版社，2006.序.

12. 庞卿恽宅

《唐文拾遗》引《左武候将军庞某碑序》中文字"今贞观二年六月八日遘疾，薨于雍州长安县之安仁里宅。"❶ 由此文献，某庞姓将军曾在安仁坊内有宅，碑中还记载此人做过"秦王府左三翊卫府右车骑将军"、"左武候将军"等官职。原碑并没有这位将军的姓名，考察唐朝建立之初秦王府所辖武将，满足这些官职且庞姓的只有庞卿恽。由碑中"贞观二年"（628年）推测，庞卿恽宅存在于安仁坊应不晚于628年。

13. 唐俭宅

《唐两京城坊考》中记载安仁坊内有"开府仪同三司特进户部尚书上柱国莒国公唐俭宅"❷，《唐两京城坊考》又引《昭陵碑》"唐俭字茂约，太原晋阳人。曾从太宗平定关中、河东，又追逐突厥颉利等。显庆元年十月三日，薨于安仁里第，其年十一月二十四日，陪葬昭陵。"❸ 由上述文献可知，唐俭曾有宅在安仁坊，并于显庆元年（656年）去世于该宅。据此推测，唐俭宅存在于安仁坊应不晚于656年。

14. 元万子宅

《昭陵碑石》中记载"元万子，河南洛阳人。祖行如，父务整，洋州刺史。元万子显庆二年十二月三日，终于万年之安仁里第，以三年正月十四日，殡于万年之南原。"❹ 根据文献，元万子有宅在安仁坊基本无疑。碑中还记载，元万子曾嫁给唐俭第四子唐嘉会❺，由此可知元万子为女性，去世于显庆二年（657年）。鉴于无其他文献记载，推测元万子宅于657年之前曾存在于安仁坊。

15. 郑絪宅

《太平广记》引《祥异集验》中文字记载，郑絪曾由于昭国坊住宅有瓦砾声，移居到安仁坊的宅第中居住。❻《旧唐书》记载郑絪在太和三年（即830年）去世。❼ 由两者可推测，郑絪于830年之前，在招国坊和安仁坊西门有过宅第。

16. 阳济宅

《唐两京城坊考增订》在《唐两京城坊考》的原文下增订"（安仁坊）鸿胪少卿阳济宅。阳济夫人彭城县君刘氏，建中二年十月二十一日，终于安仁里私第。"❽ 据此推测，阳济宅大致在建中二年（即781年）之前存于安仁坊。

17. 苗绅宅

《唐两京城坊考增订》中记载"苗绅字纪之，上党壶关人。祖晋卿，侍中太保韩国公赠太师谥文贞。在玄宗、肃宗朝左右王室。列考怀，少府少监。咸通十五年七月十三日，薨于上都安仁里第。"❶ 鉴于没有关于苗绅的其余记载,因此推测苗绅宅在咸通十五年（876年）之前存在于安仁坊内。

通过对上述文献资料的整理，笔者把各类文献中记载安仁坊内出现过的宅第和寺院的时间表初步整理如下（表1）。

❶ 李健超.增订唐两京城坊考[M].西安：三秦出版社,2006.序.

表1 安仁坊建筑存在时间表

宅名	对宅主人最早的记载时间（年）	对宅主人最晚的记载时间（年）	宅主人品级
荐福寺浮图院	707	773	—
刘延景宅	682	693	从二品
王昕宅	—（与刘延景宅相近）	710	从三品
万春公主宅	—	776	公主
章仇兼琼宅	739	750	正三品
元载宅	—	777	正三品
张孝忠宅		797（后为子茂昭住）	从二品
崔造宅		787	正四品
于頔宅	—	818	正三品
元稹宅	822	831	正三品
杜佑宅	805	812	正一品
庞卿恽宅	—	628	不明
唐俭宅	—	656	正三品
元万子宅	—	657	从五品
郑絪宅	—（德宗时为宰相）	830	从二品
阳济宅	—	781	从四品
苗绅宅	—	876	正四品

而将表1结合文献中各宅第存在的方位则可以得出更加全面和直观的信息（表2），部分住宅的方位如图2所示。

表2 安仁坊内建筑方位时间表

方位	?—682年	683—713年	714—777年	778—821年	821—830年	831—876年	典出
西北隅	—	浮图院	浮图院	浮图院	浮图院	浮图院	《长安志》
东南隅	—	刘延景宅					《长安志》
坊西南	—	王昕宅	—				《长安志》
无明确描述	庞卿恽宅 唐俭宅 元万子宅	—	万春公主宅 章仇兼琼宅 元载宅	张孝忠宅 于頔宅 杜佑宅 崔造宅	张茂昭宅 元稹宅 阳济宅	苗绅宅	《长安志》
西门			—	郑絪宅		—	《酉阳杂俎》

图 2 坊内方位示意图
(作者自绘)

由表 2 可以较为清晰地整理出：682 年之前安仁坊存在：庞卿恽宅、唐俭宅、元万子宅；683—713 年间安仁坊存在：浮图院、刘延景宅、王昕宅；714—777 年间安仁坊存在：浮图院、万春公主宅、章仇兼琼宅、元载宅；778—821 年间安仁坊存在：浮图院、张孝忠宅、元稹宅、阳济宅、郑絪宅；821—830 年间安仁坊存在：浮图院、张茂昭宅、于頔宅、杜佑宅、崔造宅；831—876 年间安仁坊存在：浮图院、苗绅宅。

通过考证宅主人的文献信息，将坊内各宅（寺院）分时间段整理成表 1、表 2，以便了解各时间段内坊内存在哪些住宅。值得一提的是，682 年之前及 831 年之后的住宅及主人由于文献的匮乏，不便作为坊内格局考察的重点。683—713 年、714—777 年、778—821 年、821—830 年四个时期文献资料较多且涵盖了盛唐到中唐这样一个稳定的历史时期，故下文将对这四个时期坊内格局和状况进行更为细致的考证和推测。

三、坊内用地划分与建筑规模分析

在整理出几个特定时间段坊内的住宅信息后，我们尝试结合安仁坊总尺寸和横街，细化探讨坊内用地划分、住宅的方位和规模。

1. 坊内用地划分

按文献记载，安仁坊东西广 350 唐步（合今 514.5 米），南北 350 唐步（合今 514.5 米）。根据西安市文物保护考古研究院的发掘简报[1]，朱雀大街东第一列坊东西 562 米，南北 540 米，这与中国科学院考古研究所西安唐城发掘队对唐长安城的发掘资料相吻合。[2] 按 1 唐步 1.47 等于米计，考古所得安仁坊东西向比文献记载宽出 47.5 米（约合 32 唐步），南北向宽出 25.5 米（约合 17 唐步）。文献尺寸反映了唐长安建城初期的规划尺寸，而本文主要探讨的历史时期经历了唐早、中期的城市建设，此时的安仁坊或已扩建，下文的讨论和空间还原选择考古尺寸比较合理。

《长安志》载"（皇城以南三十六坊）不欲开北门泄气以冲城阙。"[3] 皇

❶ 西安市文物保护考古研究院. 碑林区小雁塔西侧棚户综合改造项目结项报告, 2012.
❷ 中国科学院考古研究所西安唐城发掘队. 唐代长安城考古记略 [J]. 考古, 1963（11）: 595–611.
❸ 傅熹年. 中国古代建筑史·第二卷 [M]. 北京: 中国建筑工业出版社, 2009: 441.

城南三十六坊不开北门，也无南北向的纵街。但是否有南北向的巷呢，虽然有关安仁坊的文献中找不到相关线索，但其他同类坊的情况可供参考，比如紧邻安仁坊之北的开化坊。《长安志》中记载开化坊"半以南，大荐福寺。寺院半以东，隋炀帝在藩旧宅，武德中赐尚书左仆射萧瑀为西园。"[1] 由"半以南"可知，荐福寺占横街以南的半坊之地，"寺院半以东"则表示建寺之前开化坊横街以南又分为东西两半。则开化坊以横街与南北向的巷分全坊为东北、西北、东南、西南四个区块。而安仁坊内的分区也可能与其相似（图3）。

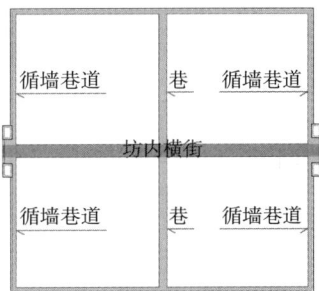

图3　安仁坊分区示意图
（作者自绘）

2. 坊内建筑规模参考标准

在上述分区框架下，各住宅在安仁坊中的规模仍需进一步考证和推测。唐代已有根据官员官阶分配园宅地的制度，《隋唐长安城坊内官员住宅基址规模之探讨》[2]（后称《探讨》）一文通过大量实例整理，总结出各品级官员及王子公主对应宅院规模（表3）。本文将以此为标准来初步判断安仁坊内各宅的规模。

❶ ［宋］宋敏求.长安志[M].北京：中华书局，1991.卷七.

❷ 贺从容.隋唐长安城坊内官员住宅基址规模之探讨[M]// 王贵祥，贺从容.中国建筑史论汇刊·第壹辑.北京：清华大学出版社，2008.

表3　唐初长安城中官员宅第分配推测表

品位	推测宅地规模/区块（坊）	大致亩数/亩	举例	藤原京宅地规模/町	平城京宅地规模/町（合唐亩数）/亩
亲王	4（1/4）	100—312	郭子仪宅		
一品	4（1/4）	100—312		4	4（102.4）
二品	2（1/8）	49—160	高士谦宅	2	4（102.4）
三品	1（1/16）	24—80		2	
四品	1/2（1/32）	12—40	程执恭、段成式、韩愈	1	1（25.6）
五品	1/4（1/64）	6—20	白居易	1	1（25.6）
六品	1/8	4—10		1/2	1/4—1/2（6.4—12.8）
七品	1/16	2—5		1/4	1/16—1/4（3.2—6.4）
八品	1/32	2		1/8	1/32—1/16（0.8—1.6）
九品	1/64	1	一亩之宅	1/16	1/64（0.4）

然而，表3总结的规律适用于长安城中的大坊，对于安仁坊这类小坊，情况有些不同。

其一，安仁坊这类小坊在用地分配上有所调整。例如《长安志》中记

❶ [清]董诰.全唐文[M].北京:中华书局,1983.第08部.卷七百五十三.

❷ 贺从容.唐长安平康坊内割宅之推测[J].建筑师,2007(2):59-67.

载太平公主在兴道坊（与安仁坊等大，即350步×350步）的宅地占坊的二分之一，但其余王子公主在其他大坊只能占四分之一坊。又例如，按照韩愈《示儿》对其靖安坊宅的描述，占该坊（450步×350步）1/32是比较合理的尺度。而与其官品相当的杜希望宅（杜牧《上宰相求湖州》中描述旧第"有屋三十间"❶，与韩愈宅描述的规模相仿），从设计层面来看，占安仁坊1/16更合理。

其二，在方位叙述上也有所不同。目前的研究普遍认为长安城中里坊均采用十字街划分为四区，四区内又有小十字街将全坊大致划分为十六个区域❷（图4）。然而这个规则只适用于"除皇城三十六坊以外"的坊，在皇城三十六坊（包括安仁坊）中，"东南隅"、"西北隅"可能表示四分之一坊的规模。比如，《长安志》中提到荐福寺浮图院位于安仁坊"西北隅"，参考其北门与荐福寺南门正对、荐福寺分为东西两半的信息，荐福寺浮图院占据了安仁坊的西北四分之一可能性很大。又比如，《长安志》记载刘延景宅和王昕宅分别位于安仁坊"东南隅"和"坊西南"，且两宅紧邻，以此推测两人应占据了坊的东南四分之一和西南四分之一。因此，文献描述安仁坊中的一隅之地即为四分之一坊。

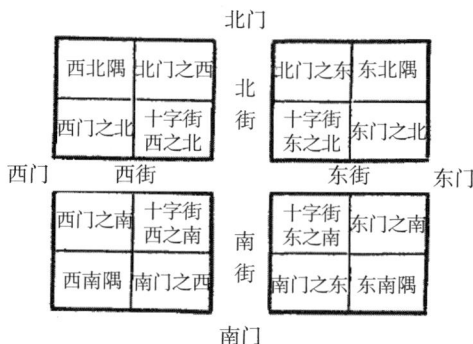

图4　长安城里坊内部方位词对应图
（贺从容.唐长安平康坊内割宅之推测[J].建筑师，2007（2）：59-67.）

综合上文的叙述,我们大致可以获得以下信息:1）安仁坊内可考宅第（寺院）共17座;2）这些宅第（寺院）分别于不同的时期存在于安仁坊,宅第的规模与宅主的官阶存在联系;3）坊内的用地规划大致是以东南隅、西南隅、东北隅、西北隅四个区块为基础,各区块内又进行更细致的宅基地划分。

四、安仁坊内各时期的建筑规模、方位推测整理

上文分别整理和推测出唐长安城安仁坊内曾有过的建筑院落、坊内用地划分方式以及坊内建筑的规模，但大部分宅院的位置仍缺乏资料线索。目前只能在此基础上，通过分析安仁坊的地理位置和地形条件，从规划角度猜测各时间段住宅的合理位置。

安仁坊内住宅的方位信息在文献中所提甚少，所幸仍能通过仅有的部分方位信息以及长安城地形对安仁坊内割宅的影响，结合上文推测出来的安仁坊内部格局和各建筑的规模来推测安仁坊在某一时期的割宅平面图。

如图 5 所示深灰色区域即安仁坊的位置，安仁坊位于长安城六爻的九四古迹岭黄土梁与（九五）西安交大黄土梁之间的凹陷区域，则坊内整体地貌呈现西北角、东南角高，而东北角、西南角低，故如果单纯从地形来考量，东北角和西南角在地势上处于较为次等居住条件。而若将东北角与西南角比较，西南角由于毗邻朱雀大街，在规划地位上高于东北角。通过前文对各宅所处时期和规模的分析可知，各个时期的官宅和寺院规模拼凑在一起都不足以完整地占据安仁坊的全部。与此同时，西北、东南、西南各角都在不同时期记载有官宅存在（西北隅有荐福寺浮图院，东南隅有刘延景宅，坊西南有王昕宅），唯独东北角毫无记载。基于上述两点，再辅以地势和文献推测安仁坊的东北隅为民宅或空地的可能性很大。基于此推测及上述各文献资料，下文将对四个时期坊内的建筑格局进行复原想象。

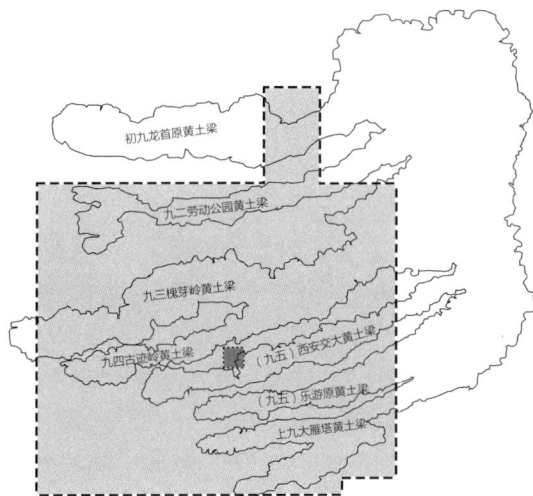

图 5　长安城六爻地形示意图
（笔者翻拓自《隋唐长安城六爻地形及其对城市建设的影响》❶）

❶　李令福.隋唐长安城六爻地形及其对城市建设的影响 [J].陕西师范大学学报哲学社会科学版，2010（4）：120-128.

1.683—713 年安仁坊内格局推测

683—713 年坊内住宅宅主、时间和规模的信息已梳理清楚，据此列表如下（表 4）：

表 4　683—713 年安仁坊内存在建筑

方位	建筑	宅主官品级	住宅面积推测
西北隅	荐福寺浮图院	—	1/4 坊
东南隅	刘延景宅	从二品	1/4 坊
坊西南	王昕宅	从三品	1/4 坊

❶ [宋] 宋敏求. 长安志 [M]. 北京：中华书局，1991. 卷七.

图 6　荐福寺与浮图院关系图
（作者自绘）

《长安志》所述荐福寺浮图院在安仁坊"西北隅"，同时记载"院门北开，正与寺门隔街相对"，可见浮图院的门和荐福寺的门是正对的。而"大荐福寺东院有放生池"❶，结合上文的"寺院半以东"可知荐福寺应分东西两院，门开西院，与浮图院门正对（图6）。荐福寺浮图院应占据安仁坊的西北四分之一。由考古信息（图7）可知，小雁塔所在轴线大约在整个安仁坊从西向东1/4的位置，与上述推测基本相符。关于刘延景宅和王昕宅，《长安志》中描述一个在"东南隅"，一个在"坊西南"，同时又说"甲第并列"，初步推测两者的宅第分别占据东南、西南四分之一坊，且正好相邻。同时就两人官品来说，依据表3应当占1/8大型里坊，而结合上文的论述，加之两人都是亲王外戚，在安仁坊中占地1/4坊仍在合理范围内。按照上述分析，683—713年安仁坊内建筑格局大致如图8所示。

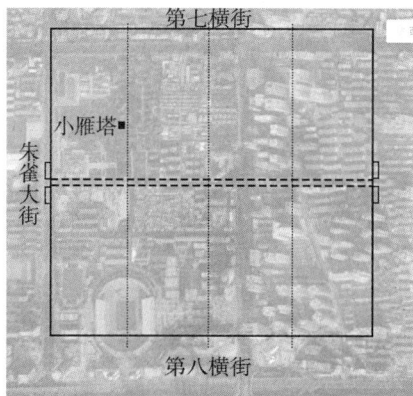

图 7　安仁坊坊墙的考古位置与小雁塔
（图片来源：西安考古所简报内部资料）

图 8　683—713年安仁坊内部割宅推测图
（作者自绘）

2. 714—777年安仁坊内格局推测

714—777年期间坊内住宅宅主、时间和规模的信息已梳理清楚，据此列表如下（表5）：

表 5　714—777年安仁坊内存在建筑

方位	建筑	宅主官品级	住宅面积推测
西北隅	荐福寺浮图院	—	1/4坊
—	万春公主宅	公主	1/4坊
—	元载宅	正三品	1/8坊
—	章仇兼琼宅	正三品	1/16坊
—	杜希望宅	从三品	1/16坊

由于荐福寺浮图院在考察时间段内一直存在，推断其规模没有太大的变化。万春公主宅按照表3的推测可能占坊的1/4到1/2，由于文献中并未出现"横街之南"、"坊内横街之南"等字眼，推测万春公主宅占安仁坊1/4较为合理。考虑公主的地位，万春公主宅靠近朱雀大街可能性更高。其余三位官员官品虽皆为三品左右，但因《白孔六帖》中描述元载宅"室宇奢广"❶，推测元载宅可能占安仁坊1/8。而杜希望和章仇兼琼并非京官，按表3推测占安仁坊1/16大小。杜牧的《上宰相求湖州》第二启提到杜希望宅"有屋三十间而已"。❷此描述也与1/16坊的大小大致相符。

由于文献并未记载四宅的明确方位，只能推测万春公主宅位于毗邻朱雀大街的西南隅，其余三位官员的宅第在坊的东南隅，东北隅的低洼之地为民宅。因此，安仁坊于714—777年的格局大致如图9所示，图中灰底部分为没有明确文献直接支持的推测。

❶ [唐]白居易,孔传.白孔六帖[M].上海：上海古籍出版社,1992.
❷ [清]董诰.全唐文[M].北京：中华书局,1983.第08部.卷七百五十三.

图9 714—777年安仁坊内部割宅推测图
（作者自绘）

3. 778—821年安仁坊内格局推测

778—821年坊内住宅宅主、时间和规模的信息已梳理清楚，据此列表如下（表6）：

表6 778—821年安仁坊内存在建筑

方位	建筑	宅主官品级	住宅面积推测
西北隅	荐福寺浮图院	—	1/4坊
—	杜佑宅	正一品	1/4坊
—	张孝忠宅	从二品	1/8坊
—	于頔宅	正三品	1/16坊
—	崔造宅	正四品	1/16坊

同上文，荐福寺浮图院的位置和大小推测不变。杜佑宅、张孝忠宅、于頔宅按照表3的推测分别占安仁坊1/4、1/8、1/16。崔造虽然在《长安志》中记录为"太子右庶子"❸，但《旧唐书》中记载崔造是从尚书右丞贬下太子右庶子❹，考虑到安仁坊为最小一类坊，推测崔造宅可能占安仁坊的1/16。

四位官员的住宅方位都没有文献明确指出。由于杜佑宅继承其父杜希望宅可能性更大，推测杜佑宅占坊东南隅。张孝忠宅在其去世后为其长子张茂昭居住，张茂昭时期安仁坊西门处明确记载有郑细宅，因此，张孝忠宅占西南隅东侧1/8坊可能性更大。根据以上推测，778—821年安仁坊内

❸ [宋]宋敏求.长安志[M].北京：中华书局,1991.卷七.
❹ "德宗不获已,罢琇判使,转尚书右丞。……乃罢造知政事,守太子右庶子。"参见：刘昫,等.旧唐书[M].北京：中华书局,2000.卷一百三十.列传第八十.

部建筑格局大致如图10所示，图中灰底部分为尚没有明确文献直接支持的推测。

4. 821—830 年安仁坊内格局推测

821—830 年坊内住宅宅主、时间和规模的信息已梳理清楚，据此列表如下（表7）：

表7　821—830 年安仁坊内存在建筑

方位	建筑	宅主官品级	住宅面积推测
西北隅	荐福寺浮图院	—	1/4 坊
西门	郑絪宅	从二品	1/8 坊
—	张茂昭宅	正三品	1/8 坊
—	元稹宅	正三品	1/8 坊
—	阳济宅	从四品	1/16 坊
—	空宅		1/16 坊

同上文，荐福寺浮图院的位置和大小推测不变。按照表3的品级推测，郑絪宅、阳济宅分别占安仁坊1/8、1/16，其中文献中明确提及郑絪宅在安仁坊西门处。《邓国夫人谷氏墓志铭序》[❶]记载张茂昭继承了张孝忠的宅第，则此时期的张茂昭宅即为张孝忠故第，占1/8坊。《新唐书·张茂昭传》中还记载"（德宗）赐女乐二人，固辞，车至第门，茂昭引诏使辞。复赐安仁里第，亦让不受。"[❷]推测当时安仁坊仍有空地可以赐给张茂昭扩宅。按照表3，元稹宅虽应占大坊1/16，考虑元稹是子拜相之年迁入安仁坊，推测元载宅占安仁坊1/8 更为合理。同时《元稹年谱》中记载元稹移居安仁坊的时间为长庆二年（822 年）[❸]，与杜牧提到祖宅被变卖的时间"元和末"（820 年左右）相差无几，则元稹可能购买了杜佑宅的一部分，据此推测元稹宅位于坊的东南。结合以上推测，安仁坊内821—830 年的建筑格局大致如图11所示，图中灰底部分为尚没有明确文献直接支持的推测。

❶ "夫人于德宗贞元十一年来京，十二年终于安仁里第。此安仁里第盖即孝忠故第，当时为茂昭所住。"参见：[宋] 宋敏求. 长安志 [M]. 北京：中华书局，1991. 卷七.

❷ [宋] 欧阳修，宋祁，何怀远，等. 新唐书 [M]. 内蒙古：远方出版社，2005. 卷一百四十八. 列传第七十三.

❸ "（长庆二年，拜平章事）元稹移居万年县安仁坊新宅。"参见：卞孝萱. 元稹年谱 [M]. 济南：齐鲁书社，1980：403.

图10　778—821 年安仁坊内部割宅推测图
（作者自绘）

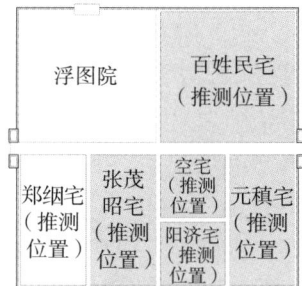

图11　821—830 年安仁坊内部割宅推测图
（作者自绘）

笔者根据文献大致推测出上述四个时间段内的坊内用地格局，但部分推测结果仍无法得到文献直接支持，所以需要从多方面印证结果是否合理。

五、坊内考古信息

目前西安市考古所在安仁坊遗址的发掘取得了新进展，在此仅就部分与坊内格局相关的信息略加讨论：

1）据考古发掘，安仁坊西北隅的坊墙墙基厚度为 5—6 米，残高约 0.6 米。5—6 米（约合 4 唐步）的数据较之敦煌壁画中的坊墙形象宽出一倍，或为安仁坊的坊墙与荐福寺浮图院的土院墙重合的结果。

2）坊内横街（路土部分）残宽 10 米左右。目前发掘的坊内横街只有路面部分，而横街往往两侧均有水渠，且宅第的院墙与水渠之间也有一定距离。以目前所探路土部分约 10 米，加上两侧水渠等距离推测，坊内横街在规划层面大致宽 15 米（约合 10 唐步）。

3）西坊墙内有小巷，残宽 6 米左右。可见在安仁坊西侧宅院并非紧贴着坊墙，宅第与坊墙之间可能还存在"循墙巷道"、"隙地"。而根据目前考古发掘的数据，6 米左右约合 4 唐步，或可成为还原坊内空间的参考。

4）临近西坊墙的南侧内有较为规整的院落，并出土有佛像图案的残片。按照上文对各时期坊内西南隅的推测，安仁坊西南侧均为官宅，且官品不低。所以西南侧出现较为规整的院落也吻合上文的推测。《太平广记》中记载郑细宅"郑公归心释门，宴处常在禅室"❶，《长安志》中也记载郑细宅在坊西门，这不免与坊西南出土有佛像图案的残片颇为巧合。当然，长安城中佛教信仰繁盛，并不能以此确定残片出自郑细宅。

目前有关安仁坊的考古发掘工作仍在进行中，许多信息还未公布❷，因此本文只能暂将与坊内格局相关的信息略做讨论。

六、坊内住宅想象辅助格局推测

限于文献描述深度，坊内格局仍有诸多模糊之处，如院落尺度、建筑密度、建筑形态等。如果从设计角度对坊内住宅建筑进行细化，应可对把握坊内的空间形态有所帮助，从而检验前文推测的坊内用地尺度是否合理。以下简要介绍三个方面的细化尝试：

一、通过对唐代住宅元素的梳理，获得还原坊内宅院格局的基本要素。《中国古代建筑史·第二卷》❸（后称《第二卷》）中第三章第五节对唐代住宅的元素及特点有颇为完整的分析和描述，为此提供了重要参考依据。二、通过整理敦煌壁画及出土文物中唐代住宅的建筑形象，尝试还原坊内宅院的单体建筑形象。三、通过分析敦煌壁画中唐代宅院的规模，获得唐代不同类型院落的合理尺度。

❶ ［宋］李昉，等. 太平广记 [M]. 北京：人民文学出版社，1959. 卷一百三十七.

❷ 本文所使用相关数据已经对方同意。

❸ 文献 [12].

1. 唐代住宅元素整理

通过对上述资料的梳理，笔者发现唐代的住宅有许多相似之处，然而也因住宅的规模不同而有所差异。故下文将以住宅规模为分类标准，整理唐代住宅中可考的元素。表8以大型宅、中型宅和小型宅为标准，初步将唐代住宅的元素整理如下：

❶ [清]董诰.全唐文[M].北京:中华书局,1983.(第05部).
❷ 傅熹年.中国古代建筑史·第二卷[M].北京:中国建筑工业出版社,2009:442.
❸ [宋]欧阳修,宋祁,何怀远,等.新唐书[M].内蒙古:远方出版社,2005.卷八十三.列传第八.

中国建筑史论汇刊·第壹拾柒辑

❹ 傅熹年.中国古代建筑史·第二卷[M].北京:中国建筑工业出版社,2009:441.
❺ 同上.
❻ 傅熹年.中国古代建筑史·第二卷[M].北京:中国建筑工业出版社,2009:442.

表8　唐代住宅中元素列表

住宅类型	宅内元素	位置	特点	备注
大型宅	乌头门	宅最外层	宅外加一重围墙，类似城墙瓮城的扩大版，在入口处有两侧形似大鸟的门出现。《唐会要》中就有记载"淮营缮令……五品已上，堂舍不得过五间七架，亦厅厦两头，门屋不得过三间两下，仍通作乌头大门。"❶	五品以上官员宅
	阍人之室	宅门外	高级的官员门外通常有阍人之室，即岗亭	高级官员宅配备
	列戟	宅门外	《第二卷》中所述"门外依官品设戟架，竖立架戟。戟数自十至十六不等。"❷	若宅中有多人为官，则立多个戟架
	园或苑	宅内空地	宅院内外都可能出现园或林，更甚者有蹴鞠场。"长宁公主，韦庶人所生，下嫁杨慎交。……又并坊西隙地广鞠场。"❸	中小型宅中也有园林，只是规模较小
	宅门	宅入口	大型宅院宅门通常是五开间屋宇式大门	或有两层楼阁式门
	宅二门	宅入口附近	大型宅进入宅大门或有二门，也通常是屋宇式门。常见的有一层大门二层二门和二层大门一层二门的组合方式	或有两层楼阁式门
	宅偏门	偏院出入口	大型宅在偏院也有出入宅院的偏门，通常是没有屋宇的板门，用作辅助功能如佣人出入、购置物品、处理垃圾等	
	门庭	宅入口内	大型宅在大门和二门之间通常有门庭作为过渡空间。门庭在敦煌壁画中多呈现面宽大、进深小的形象特点	
	内外宅	宅主体部分	根据《第二卷》所述，"外宅为男主人活动场所，内宅则以处女眷。史载，韦后失败后，武延秀及安乐公主与来捉的官兵在'内宅'格战良久始被杀。"可见大型宅一般要分内宅和外宅❹	
	主院	宅主轴线上	大型宅在主轴线上的院落均为宅中主院，承担接待宾客、礼仪等重要活动的功能，数量因宅而异	多为廊院，在廊上开门作为出入口
	偏院	宅主轴线旁	主院旁通常有偏院作为辅助功能。《太平广记》中记载道"大历中某'勋臣一品'者，宅中有十歌姬，红绡妓居第三院"❺，《寺塔记》记载"（招国坊崇济寺）东廊从南第二院有宣律师制裘裳堂。"❻这便可能是主院两侧建有侧院的例子	

住宅类型	宅内元素	位置	特点	备注	
	堂	各院中	堂是院落的核心建筑，大型宅的堂往往从七开间到三开间不等，与在宅中地位有关。《资治通鉴》记载"贞观十六年，魏征卧病，因宅内无堂，唐太宗辍小殿之材以构之，五日而成"❶，足以看出堂对于宅子的重要性。白居易《伤宅》中提到"累累六七堂"❷，《谭宾录》提到安禄山的新第"堂皇三重，皆象宫中小殿。"❸，可见宅中堂的数量因人而异	中型、小型宅中也有堂，只是规模较小，装饰较少	❶ 傅熹年.中国古代建筑史·第二卷 [M]. 北京：中国建筑工业出版社，2009：442. ❷ 傅熹年.中国古代建筑史·第二卷 [M]. 北京：中国建筑工业出版社，2009. ❸ 同上.
	廊	主院四周	大型住宅中的主院四周通常环绕以回廊，《长安志》中记载"缮造廊院，称为甲第"，回廊在院落中往往是较为隆重的。廊又分三种：单廊，即单独一个廊子；复廊，即以墙分隔两侧都是廊；廊屋，即廊后有屋的形式		
	巷	院落连接部	大型宅中各院之间通常是由巷子相连接的。《唐语林》说郭子仪宅"所居宅内，诸院往来乘车马"❹，车马是不可能在院落中穿行，所以宅中有纵向的巷道可能性很大	据《第二卷》中所述，"（宅中）不允许形成东西横街，以免有比拟宫中'永巷'之嫌。"❺	❹ [宋]王谠，崔文印，谢方.唐语林 [M]. 北京：中华书局，2007. ❺ 傅熹年.中国古代建筑史·第二卷 [M]. 北京：中国建筑工业出版社，2009：444.
	马厩车库	宅西偏院	大型宅中往往有一个偏院用作马厩车库，这在敦煌壁画中多次出现	在敦煌壁画中通常出现在宅西	
	仓库	偏院	大型宅中常有仓库，作为储存物资以及宅主人的藏品等之用。文献记载"权臣元载得罪，经查抄，发现储存胡椒八百石，钟乳五百两，他物称是。"❻		❻ 傅熹年.中国古代建筑史·第二卷 [M]. 北京：中国建筑工业出版社，2009.
	杂屋	偏院	在偏院或主院的附属位置通常会有杂屋，杂屋有独栋和长条形连排两种形式，承担宅中各类附属的功能		
中型宅	列戟	宅门外	中型宅外通常也有列戟，数量跟宅主人官品相称		
	宅门	宅出入口	中型宅的宅门较之大型宅规模略小，但仍旧是屋宇式大门，通常为三开间		
	宅二门	宅入口附近	中型宅不一定都有二门，但通常在宅门后有一个过渡空间，二门的形式可能是屋宇式的门，也可能是廊上开门	同大型宅	
	宅偏门	偏院出入口	中型宅在偏院也有出入宅的偏门，用作附属功能		
	园	宅中空地	中型宅中的园较之大型住宅规模小，也没有足够的空地用作别苑和蹴鞠场		
	门庭	宅入口附近	在宅门后与主院相连的过渡空间，与大型宅相同		

住宅类型	宅内元素	位置	特点	备注
	主院	宅主轴线上	与大型宅类似，在主轴线上的院落均为宅中主院，承担接待宾客、礼仪等重要活动的功能，数量因宅而异	一般内外宅各一个
	堂	各院中	与大型宅类似，堂是院落的核心建筑，但中型宅的堂往往从五开间到三开间不等，不会有七开间的堂，五开间也只出现在宅中最重要的位置，其余多为三开间堂	
	廊	主院四周	廊在中型宅中往往只出现在最核心的院落中，即中轴线上承担礼仪和会客功能的院落中	
	偏院	中轴线旁	中型宅中在主院附近也有偏院，承担宅中各类附属的功能	
	马厩车库	偏院中	马车是唐代主要的交通工具，中型宅中仍有空间设置马厩和车库	在敦煌壁画中通常出现在宅西
	杂屋	偏院中	中型宅中杂屋较之大型宅少很多，但仍旧需要一定量的杂屋承担厨房、厕所等功能	
小型宅	宅门	宅入口	小型宅的宅门可能是一开间的门屋，也有可能是简易的板门。	
	主院	宅主体部分	小型宅往往只有一个主院，承担宅中开展主要活动的功能	
	堂	院中	小型宅通常也只有一个堂，一般为三开间	
	偏院	主院旁	小型宅在主院旁可能有为数不多的小院作为偏院，偏院承担宅中较为私密的活动场所的功能	
	杂屋	主院偏院中	小型宅在主院偏院中都有杂屋，从出土的文物来看通常是独栋的	

2. 基于敦煌壁画的唐代住宅中院落尺度推测

在明确了唐代的住宅是以院落为主要元素组织后，院落的规模成为探讨唐代住宅形式的下一个重点。目前真实的唐代住宅院落已经鲜有保存，文献中对院落规模和配置的描述也十分模糊。笔者便尝试从敦煌壁画中寻求有关唐代院落的信息，具体通过唐代柱距、斗栱、栏杆等元素在唐时的合理尺度对壁画中的院落大小进行估算，大致推测出唐代住宅规模范围。笔者将敦煌壁画中多个院落的推测结果整理为表9，作为唐代住宅院落规模的一个参考。

表 9　敦煌石窟中唐代住宅院落规模推测表

壁画位置	尺度范围	面宽下限（米）	面宽上限（米）	进深下限（米）	进深上限（米）	面宽下限（步）	面宽上限（步）	进深下限（步）	进深上限（步）
320 窟北壁东侧	院	20.58	26.754	14.7	19.11	14	18.2	10	13
	门庭	20.58	26.754	8.82	11.466	14	18.2	6	7.8
	马厩	11.76	15.288	23.52	30.576	8	10.4	16	20.8
23 窟南壁东侧	院	20.58	26.754	14.7	19.11	14	18.2	10	13
	门庭	20.58	26.754	8.82	11.466	14	18.2	6	7.8
98 窟南壁	院	34.98	45.57	29.106	37.926	23.8	31	19.8	25.8
61 窟南壁	院	20.58	26.754	20.58	26.754	14	18.2	14	18.2
55 窟南壁	院	45.86	59.976	35.28	45.864	31.2	40.8	24	31.2
	门庭	22.93	19.988	11.76	15.288	15.6	13.6	8	10.4
45 窟北壁东侧	院	34.39	44.982	20.58	26.754	23.4	30.6	14	18.2
172 窟南壁	院	26.46	34.398	17.64	22.932	18	23.4	12	15.6
172 窟北壁	院	40.27	52.626	23.52	30.576	27.4	35.8	16	20.8
榆林 25 窟南壁	院	57.33	74.97	57.33	74.97	39	51	39	51
85 窟窟顶南披	院	52.92	68.796	45.864	59.976	36	46.8	31.2	40.8
85 窟窟顶南披	院	32.34	42.042	34.398	44.982	22	28.6	23.4	30.6

注：1 唐步 ≈1.47 米

　　由表 9 可见，唐代的院落大致为三种：较大院落——50 唐步 ×45 唐步左右，对应大型宅第中较为重要的中堂或前堂所在空间，用于男主人接待宾客以及宅中礼仪活动等，这类院落一般以回廊和堂作为基本元素，辅以各类夹屋、廊屋等，是唐代住宅中最隆重的一类院落；中型院落——30 唐步 ×25 唐步左右，或对应大型住宅中内宅的主要院落，用于女主人接待宾客及内事活动等，或对应中型住宅中的前堂或中堂等礼仪空间；较小院落——15 唐步 ×10 唐步左右，或对应大型宅和中型宅中各类杂院，如厨房、厕所、家丁佣人院等，或对应规模较小宅院中主要的礼仪和社交空间。这三类规模的院落正好对应满足住宅中不同的功能需求。同时，不难发现，在规模较大的住宅中兼有大中小各类院落，但是在规模较小的住宅中只有较小型院落了。根据以上推测，笔者依文献对 714—777 年的安仁坊及坊内建筑进行了初步的还原想象设计。

3. 安仁坊及住宅复原示意举例

　　根据前文推测安仁坊在 714—777 年间存在下列建筑：荐福寺浮图院、万春公主宅、元载宅、杜希望宅、章仇兼琼宅及民宅。其中文献描述荐福寺浮图院位于西北隅；经过推测，万春公主宅可能位于西南隅；元载宅、杜希望宅、章仇兼琼宅可能位于东南隅；东北隅可能为空地或民宅。故初步还原714—777年间的安仁坊如图12所示。

（1）元载宅

元载宅规模按照上文的推测占据安仁坊1/8，除去道路的宽度，宅基地规模大致在162唐步×82唐步左右。以这样的规模，结合上文对唐代住宅院落规模的推测，元载宅的复原想象设计大致如图13。在复原想象设计中，元载宅的中院属上文中所述大型院，主要用于接待宾客等礼仪性质的活动。前堂和寝堂所在的院落属上文中的中型院，前堂院有一些礼仪性质的功能，寝堂则主要满足生活功能和女主人的社交功能。两侧的院落属上文中的小型院，功能较杂，涵盖日常生活的方方面面，如仓库、厨房、厕所、马厩、家丁院等。

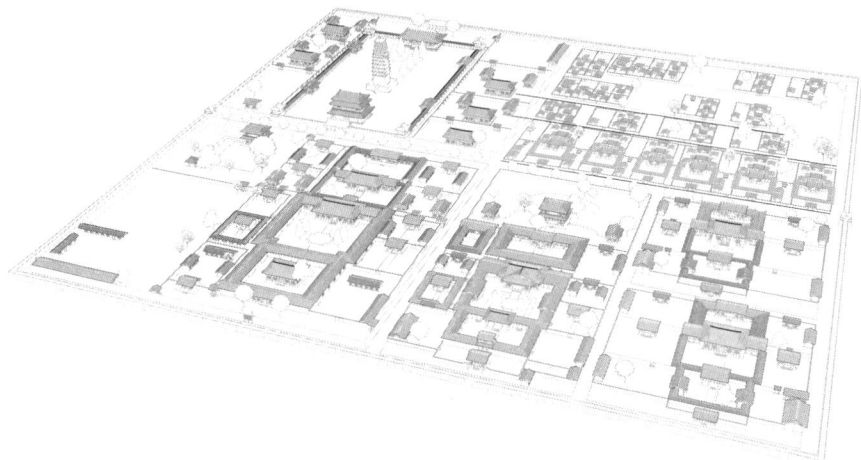

图12 714—777年安仁坊内格局推测图
（作者自绘）

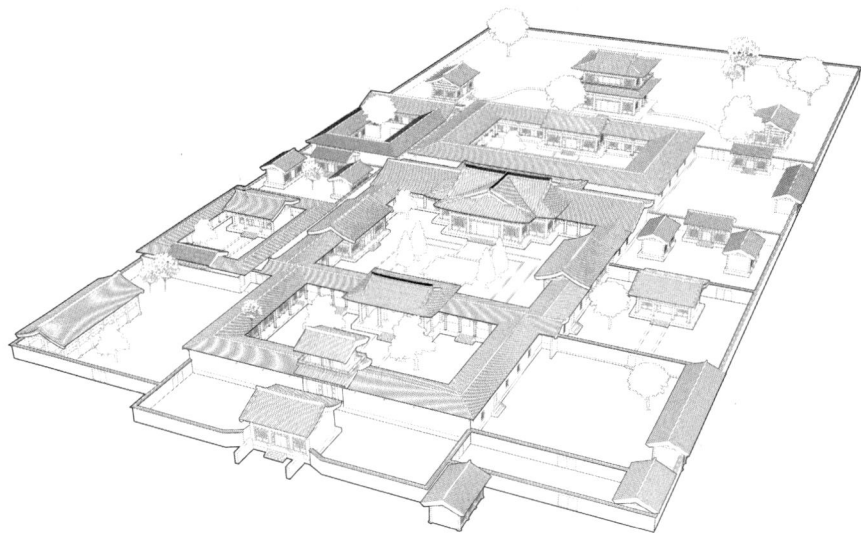

图13 元载宅还原想象示意图
（作者自绘）

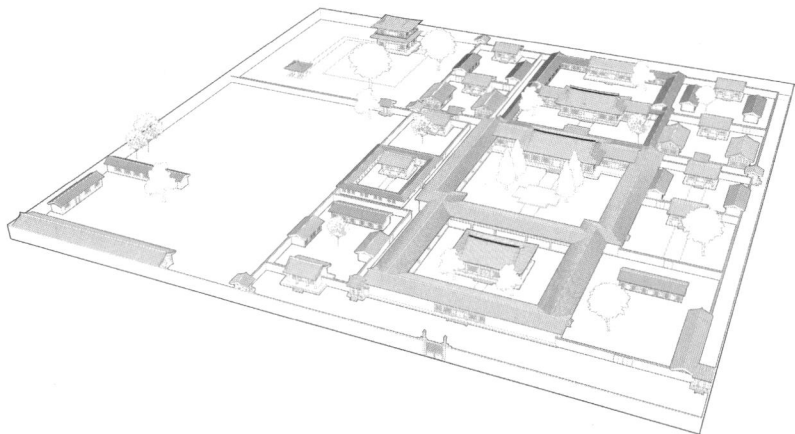

图 14 万春公主宅还原想象示意图
（作者自绘）

（2）万春公主宅

万春公主宅似采用了较其他官宅更加隆重的形式（图 14），例如宅最外侧可能有上文提到的土墙和乌头门；又例如在土墙的西侧可能存在蹴鞠场。由于《太平御览》中提到另一位公主宅中有"山池别院，山谷亏蔽，势若自然"❶，推测别院在王子公主宅中出现的可能性较高，于是笔者推测蹴鞠场北侧可能有别院。由于公主宅规模较大，在建筑主体部分可能出现南北向的巷道作为连接，两侧可能出现与主轴线并行的次轴线。在院落尺度方面依旧遵循主轴线上的主院为大型院、主轴线上的次院为中型院、其余的院主要为小型院的标准。

经过对唐代住宅的元素、形象和院落规模进行整理和分析，还原想象出 714—777 年间安仁坊的空间形象。该时段各宅第的复原想象结果也基本吻合前文对坊内用地划分的推测。

七、安仁坊内住宅用地的更替方式

通过前文对宅院用地信息的整理和坊内各时期用地格局的比较，我们还发现安仁坊内的住宅用地在以不同的方式发生变化，文献中可以清晰地看到子承父业式、买卖式、罢官离职收回式等变迁方式。

其一，子承父业式。即官员的子嗣仍旧可以居住在父辈祖父辈的宅第中，可在父亲离职或去世后继承父辈的宅第，《唐会要》"准营缮令……其祖父舍宅，门荫子孙，虽荫尽，听依仍旧居住。"❷一则例子是杜佑宅。杜牧《上宰相求湖州》第二启："某幼孤贫，安仁旧第置于开元末，有屋三十间而已。元和末，酬偿息钱，为他人有，因此移去。"❸《旧唐书杜佑传》："甲第在安仁里。"❹杜佑是杜牧的祖父，但按照杜牧所提到的"开元末"，时杜佑也才几岁而已，是不可能置地的，所以置地的应当是杜佑的父亲，即杜希望。后来杜佑又极有可能继承了杜希望的房产，并在拜相后将其扩大（图 15）。

❶ [宋]李昉，等.太平御览[M].北京:中华书局，1960.

❷ [宋]王溥.唐会要[M].上海:上海古籍出版社，1991.
❸ [清]董诰.全唐文[M].北京:中华书局，1983.（第05部）卷七百五十三.
❹ 刘昫，等.旧唐书[M].北京:中华书局，2000.卷一百四十七.列传第九十七.

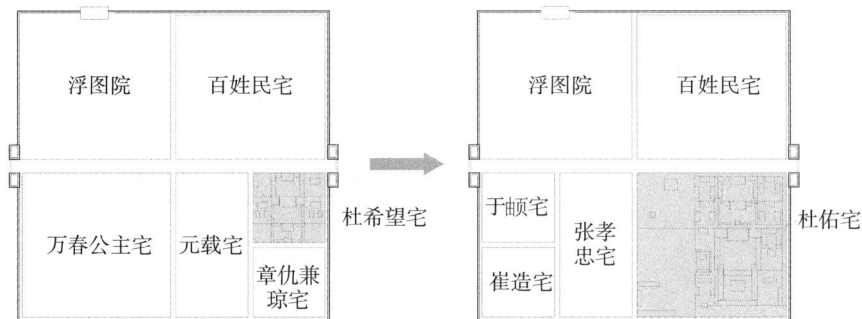

图 15　杜希望宅与杜佑宅传承示意图
(作者自绘)

另一则例子则是张孝忠宅。《唐两京城坊考》中记载"据《全唐文》卷五〇一权德舆《邓国夫人谷氏神道碑铭序》及卷五〇四权德舆《邓国夫人谷氏墓志铭序》：夫人于德宗贞元十一年来京，十二年终于安仁里第。此安仁里第盖即孝忠故第，当时为茂昭所住。"❶可见当时张孝忠宅由其长子张茂昭居住。由于张茂昭继承了其父张孝忠的爵位，贞元十二年（800年）张孝忠已故，所以当时张茂昭也很有可能继承了父亲的房产。

其二，买卖式。即官员可以通过购买的方式获得与自己官品相当的宅院，也可以在自己调任或者贬官后把自己的宅第卖出去。杜牧的祖宅就是以这种方式被卖掉的，上文提到杜牧所记"元和末，酬偿息钱，为他人有"证明了房产是可以买卖的。除了杜佑的宅第在他去世后被卖掉，另一则买卖的例子是元稹宅。《唐两京城坊考》中记载"（长庆二年，拜平章事）元稹移居万年县安仁坊新宅。"❷而在此之前元稹一直在京城做官。可见在得到升迁后，官员们会有购买与自己官职相称的宅第的现象。巧合的是，杜佑宅被卖掉是"元和末"（820年左右），而元稹入住新宅的时间是"长庆二年"（822）年，相差的两年恰好可以用作办理手续、打扫、翻修等工作，所以元稹的新宅恰有可能购买了杜佑宅的一部分（图16）。

另一则实例则是《明皇杂录》中记载"贵妃姊虢国夫人恩倾一时，大治第宅，栋宇之盛，世无与其比。其所居本韦嗣立旧宅，韦氏诸子亭午方偃息，于堂庑闲忽见一妇人，衣黄帔衫，降自步辇，有侍婢数十，笑语自

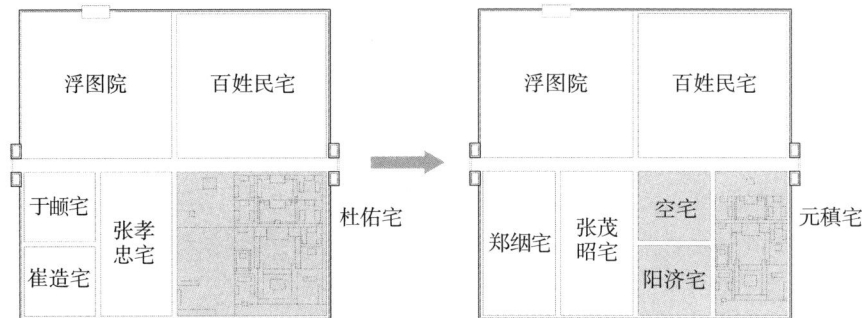

图 16　元稹购买新宅示意图
(作者自绘)

❶ [宋]宋敏求.长安志[M].北京：中华书局，1991.卷七.

❷ 卞孝萱.元稹年谱[M].济南：齐鲁书社，1980：403.

若。谓韦氏诸子曰:'闻此宅欲货,其价几何?'韦氏降阶言曰:'先人旧庐,所未忍舍。'语未毕,有工人数百,登西厢,掘其瓦木。韦氏诸子既不能制,乃率家童挈其琴书委于衢路,而自叹曰:'不才无为势家所夺,古人之戒,将见于今日乎!'而与韦氏隙地十亩余其他一无所酬。"❶可见住宅的买卖也并非都是你情我愿,遇到家大业大的皇亲国戚,强占或者强买强卖也是时有发生的。

❶ [唐]郑处海,裴庭裕,田廷柱.明皇杂录:东观奏记[M].北京:中华书局,1994.

其三,罢官离职收回式。如果官员获罪或贬官,朝廷可以直接没收其宅第,以及如果官员离职,所赐宅第也可能被收回。例如安仁坊中元载宅,便是由于元载获死罪被朝廷收回。《新唐书》中有记载"(大历十四年)乃下诏赐载自尽,妻王(疑文献遗失'氏'字)及子扬州兵曹参军伯和、祠部员外郎仲武、校书郎季能并赐死,发其祖、父冢,斫棺弃尸,毁私庙主及大宁、安仁里二第,以赐百官署舍,破东都第助治禁苑。"❷可见在获罪后,官员的宅第被政府收回后统一调配。由上述文献可推测当时许多宅第的管理权仍归政府所有,且东都洛阳的宅第管理状况应当与长安类似。

❷ [宋]欧阳修,宋祁,何怀远,等.新唐书[M].内蒙古:远方出版社,2005.卷一百四十五.列传七十.

结 语

综上所述,关于安仁坊内的用地格局,可以大致获得这样一些推断:

1. 安仁坊东西开门,用地格局以横街和可能存在的竖巷为界分为西北隅、东北隅、东南隅、西南隅四个区块(比如荐福寺浮图院、刘延景宅均占一隅之地),每个区块内部又可能由巷和曲进一步分割。

2. 通过梳理与安仁坊内部相关的古代文献资料,将坊内不同时段可考的建筑分列如下:682 年之前:庞卿恽宅、唐俭宅、元万子宅;683—713 年:浮图院、刘延景宅、王昕宅;714—777 年:浮图院、万春公主宅、章仇兼琼宅、元载宅;778—821 年:浮图院、张孝忠宅、元稹宅、阳济宅、郑绲宅;821—830 年:浮图院、张茂昭宅、于頔宅、杜佑宅、崔造宅;831—876 年:浮图院、苗绅宅。

文献中可见安仁坊各时间段内官宅和寺院信息比较丰富,而民宅鲜有记载。所以本文根据官员的品级大致推测官宅的大小,依照敦煌壁画推测宅中院落的形制和规模,以及基于已有研究和古代文献推测具体建筑形式,最终选择文献资料较为丰富的时段(714—777 年)对安仁坊进行较详细的还原想象,试绘制出当时的全坊格局图。

3. 值得注意的是,安仁坊内的格局并非一成不变,而是随着寺院的兴废,官员的罢免、去世或调任不断变化。本文根据已有文献归纳出安仁坊内的三种不同官宅变迁模式:子承父业式、买卖式和收回式,而有关民宅的变迁则无据可考。

4. 必须说明的是,有关安仁坊可考的信息大多集中在 714—777 年(天宝至大历年间),与隋初和唐初建城割地之时的宅地规模与官阶的对应关系或有偏差；通过文献、敦煌壁画、现存遗构对院落形态、建筑密度的推测与真实宅院亦或有偏差。然而，基于《两京新记》《长安志》等古籍文献对坊内空间格局信息的整理是大致可信的，而据此得出的有关安仁坊的复原想象和空间示意图也对大众理解坊内具体空间形态有所助益，同时也希望本文的推测研究对安仁坊的考古工作和唐长安城里坊研究有所启示。

参考文献

[1] [宋]宋敏求.长安志[M].北京：中华书局，1991.卷七.

[2] [清]徐松.唐两京城坊考[M].北京：中华书局，1985.

[3] 李健超.增订唐两京城坊考[M].西安：三秦出版社，2006.

[4] 杨鸿年.隋唐两京坊里谱[M].上海：上海古籍出版社，1999.

[5] 程思源.中国全史[M].内蒙古：远方出版社，2004.

[6] 刘昫，等.旧唐书[M].北京：中华书局，2000.

[7] [宋]欧阳修，宋祁，何怀远，等.新唐书[M].内蒙古：远方出版社，2005.

[8] 贺从容.隋唐长安城坊内道路研究[M]// 王贵祥，贺从容.中国建筑史论汇刊·第贰辑.北京：清华大学出版社，2009：219-247.

[9] 贺从容.隋唐长安城坊内官员住宅基址规模之探讨[M]// 王贵祥，贺从容.中国建筑史论汇刊·第壹辑.北京：清华大学出版社，2009：175-203.

[10] 贺从容.隋唐长安城坊内百姓宅地规模分析[M]// 王贵祥，贺从容.中国建筑史论汇刊·第叁辑.北京：清华大学出版社，2010：275-303.

[11] 宿白.隋唐长安城和洛阳城[J].考古，1978（6）：409-425.

[12] 傅熹年.中国古代建筑史·第二卷[M].北京：中国建筑工业出版社，2001：440.

[13] [宋]李昉，等.太平广记[M].北京：人民文学出版社，1959.

[14] 卞孝萱.元稹年谱[M].济南：齐鲁书社，1980.

[15] [宋]王谠，崔文印，谢方.唐语林[M].北京：中华书局，2007.

[16] [清]董诰.全唐文[M].北京：中华书局，1983.第05部.

[17] [唐]白居易，孔传.白孔六帖[M].上海：上海古籍出版社，1992.

[18] 贺从容.唐长安平康坊内割宅之推测[J].建筑师，2007（2）：59-67.

[19] 贺从容，王朗.唐长安宣阳坊内格局分析[M]// 王贵祥，贺从容.中国建筑史论汇刊·第肆辑.北京：清华大学出版社，2011.

[20] [宋]王溥.唐会要[M].上海：上海古籍出版社，1991.

[21] 杨盾.唐长安城安仁坊及相关遗址的保护与展示研究[D].西安建筑科技大学，2014.

[22] [宋]李昉，等.太平御览[M].北京：中华书局，1960.

[23] [唐]范摅.云溪友议[M].上海：古典文学出版社，1957.

[24] [清]陆心源.唐文拾遗[M].台北：文海出版社，1979.

结合山水地形的元大都城市十字定位与中心区布局研究❶

敖仕恒　张杰 ❷

（清华大学建筑学院）

摘要：结合山水地形研究古代中国城市设计系列问题，是一个方兴未艾的研究角度。元大都是一座存在城市中心标志性建筑的都城，这与古代确定天心十字的理念和方法相互吻合。本文以微观、中观、宏观地形和山水特征研究为基础，结合北京城历史文献、格局和肌理，探讨元大都天心十字定位和中心区布局问题，并对中心区布局提出一些新的看法。

关键词：元大都，十字定位，城市设计，地形，山水

Abstract：It is a new method to study urban design from the angle of the corresponding landscape and terrain, following the traditional Chinese conception of space. Since the landmark buildings in the city center and the topographic survey records from the beginning of the dynasty still exist today, Yuan Dadu (Grand Capital of the Yuan dynasty) is a good example to study historical planning and design theory and practice. Through the analysis of Beijing's landscape and terrain, from the macroscopic to the microcosmic scale, and the textual research in historical literature, this paper explores the urban layout and fabric of Yuan Dadu to find clues on the application of the cross-shaped location and centralized layout theories.

Keywords：Yuan Dadu, cross-shaped location, urban design, terrain, landscape

元大都的城市设计与山川地形息息相关。建都之初，赵秉温（1222—1293 年）、刘秉忠（1216—1274 年）等人对选址的山川形势、城市地形进行了深入的测量和了解，进而将城市设计与之联系起来。

《赵文昭公行状》记载："（中统）三年（1262 年），诏择吉土建两都,命公与太保刘公同相宅。公因图上山川形势、城郭经纬与夫祖社朝市之位，经营制作之方,帝命有司稽图赴功。"❸《析津志》记载："其内外城制与宫室、公府，并系圣裁，与刘秉忠率按地理经纬，以王气为主，故能匡辅帝业，恢图丕基，乃不易之成规，衍无疆之运祚。自后阅历既久，而有更张改制，则乖庚矣。盖地理，山有形势，水有源泉；山则为根本，水则为血脉。自古建邦立国，先取地理之形势，生王脉络，以成大业，关系非轻，此不易之论。"❹

可见，大到地理形势，中到山水脉络，小到微观地形，都是古人城市设计的重要构思源泉

和依据，并因之创造城市格局，这是因地制宜的设计思路。实际上，在更早的《汉书·艺文志》中，已可见这种设计理念："形法者，大举九州之势，以立城郭室舍形，人及六畜骨法之度数，器物之形容。" **❶** 因此，从山川地形角度探讨元大都都城的设计问题，具有源远流长的理论与实践前提。

❶ 文献 [67]．卷三十．

一、元大都都城的地形综述

北京城处在三面环山的平原中，北面为凤坨梁及以南的军都山，西面为太行山脉的第八陉，在北京称为西山；东面为雾灵山及蓟州盘山以西的山脉，南面为广阔的华北平原。平原内河流众多，以永定河最为著名，称为"母亲河"。北京平原微观地形的成因与永定河变迁和常年冲积息息相关，因而影响着北京古城的历史变迁。

据 20 世纪 70 至 80 年代学者考证，永定河冲积扇以石景山附近为顶点向东展开，自北向南共有四条古河道。最北为古清河，它自石景山流向东北，经过苹果园、西黄村、南平庄、闵家庄、西苑、圆明园、清华园、清河镇等地，大致沿着今天的清河流至温榆河方向。C_{14} 测定，古清河在7000 多年前是一条大河。往南为古金钩河，它行走在扇面的脊部上，自石景山经杨庄，过老山、八宝山、田村山，至半壁店，再往东则分为两支。北支向东北经紫竹院，至积水潭，再分为古坝河（东去）与古高梁河（南流）。南支在玉渊潭附近又分为古蓟河与古莲花河，进而向东南流去。据沉积物年代测定，古金钩河大致在汉与隋之间尚有通流。又向南第三、第四河道，分别为古㶟水与古未名河道。古㶟水年代久远，距今 4200—4500 年 **❷**。上述历史河道呈扇面散开，东面前方又为温榆河、潮白河等河流拦截，因而成为名副其实的扇面地形（图 1）。

❷ 文献 [53]．

㶟水即永定河，自汉代以后，河道基本上向南摆动。北魏时期从蓟城西南流过，辽金时代相当于今龙河，元明时期贴近今凤河，明初称为浑河，又南下夺白沟河。17 世纪初改走今道，1698 年康熙治理河道，改称永定河 **❸**。

❸ 文献 [53]，[54]．

永定河逐渐南移，为冲积扇核心地带远离水患提供了条件，从而能够建设更大规模的城市。但是，冲积扇内灌溉及漕运需求，又逐步催生诸多水渠与运河的开凿，因而形成在永定河、温榆河、潮白河之下的次一级人工与自然交织的水系。

根据谷歌地球高程绘制的地形图（以下简称"谷歌地形图"），"古金钩河 - 紫竹院 - 积水潭"一带位于扇面的脊部，地势沿古坝河继续向东延伸（图 2），此为古车厢渠的行走路线。《水经注》记载，魏嘉平二年（250 年），刘靖扩建戾陵堰，开车厢渠，引卢沟水入高梁河灌溉农田：刘靖，字文恭，登梁山以观源流，相㶟水以度形势，嘉武安之通渠，美秦民之殷富。乃使帐下丁鸿，督军士千人，以嘉平二年立遏于水，导高梁河，

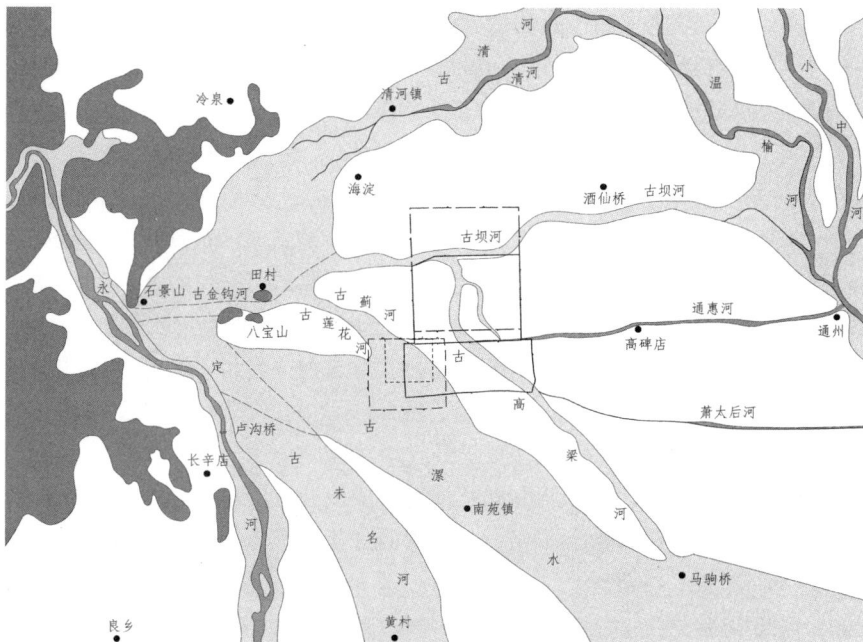

图1 永定河冲积扇古河道与历代城址关系图
（根据文献 [53]：1004 绘制）

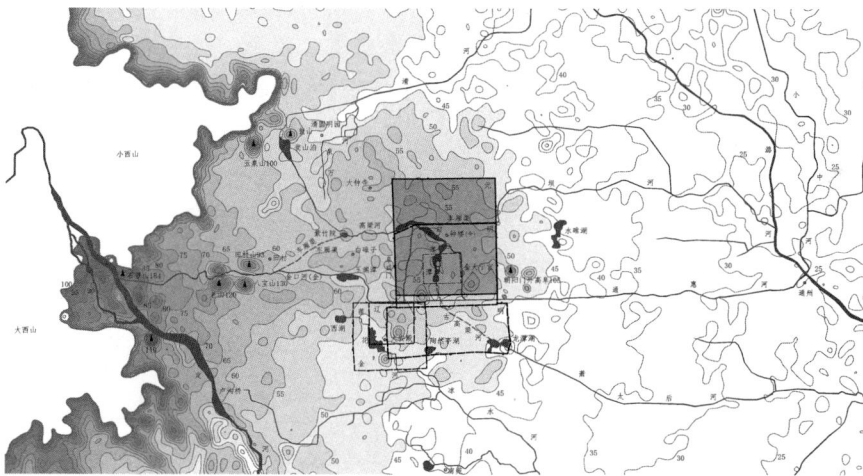

图2 北京小平原地形与历代城址关系图
（根据谷歌地形绘制，历史水系参考侯仁之、蔡蕃等研究成果）

造岠陵遏，开车箱渠。❶ 此举措，既是对地形的科学认识，也是对古金钩河旧道的合理利用，并为元大都城址的选定积累了历史经验。

　　仔细察看，石景山以东地形逐级降低，田村以东大致分为三支，均与特定的水系对应，在历史上依次形成相应的都城或宫苑：

　　（1）南支地势由东转南，依莲花河水系至广安门以东地带，生成一道东西宽约 2 千米、南北长约 2.5 千米、海拔在 55—65 米的岗阜，依傍莲花河东面，此为蓟城、辽南京、金中都的城址。

❶ 文献 [6].

（2）中支即北京冲积扇的脊背，为元大都、明清北京的城址，以紫竹院至坝河的河道为标识。具体在玉渊潭以北地带，地形向东张开数条岗阜，环抱在元大都的城址区域。其中的北支向西北至大钟寺、白塔庵以东而转入大都后方，又向南环绕于积水潭北面和太液池的东面，海拔在50—60米不等。中支一部分沿高粱河南岸东向蜿蜒抵达积水潭南岸，海拔为55—60米；一部分由阜成门外向东进入城区，抵达太液池西岸，海拔亦为55—60米。南支位于金中都都城与元大都都城之间，并向北朝迎于太液池的南面，海拔在50—65米，进而与南下的岗阜环抱于城址东面。

（3）北支自紫竹院、万寿寺一带向北形成海淀台地，万泉河发源于台地之北（今海淀区万泉庄，清代建有泉宗庙），水流所经之地在清代建有畅春园与圆明园[1]，此属于清代三山五园部分。

可见中支在元、明、清古都城址上形成围绕太液池的微地形。由于南下岗阜的阻挡，太液池水体几乎南北走向，与坝河垂直，整体气势上构成"T"字形内部水系结构。

对照堪舆观点，《撼龙经》说："水缠便是山缠样，缠得真龙如仰掌"；"凡到平地莫问踪，只观环绕是真龙"[2]。《玉髓真经》说："止高一寸亦是龙身，水流不过便为骨脉。……龙行地中，毛脊微露耳。地高一寸为毛，有堆阜处是脊，如没泥蛇之类，止有脊间见也。"[3]《平砂玉尺经》说："行龙则水随，该气行则水自随"[4]；"寻平阳之地，必求首尾之所至，然而察其水神之来去，以观其交会止聚之情，则真穴自见矣。"[5] 以上论述，与北京古都城址所见相互吻合（图2~图4）。

边注：
[1] 文献 [48].
[2] 文献 [8].
[3] 文献 [9].
[4] 文献 [20]: 7.
[5] 文献 [20]: 14.

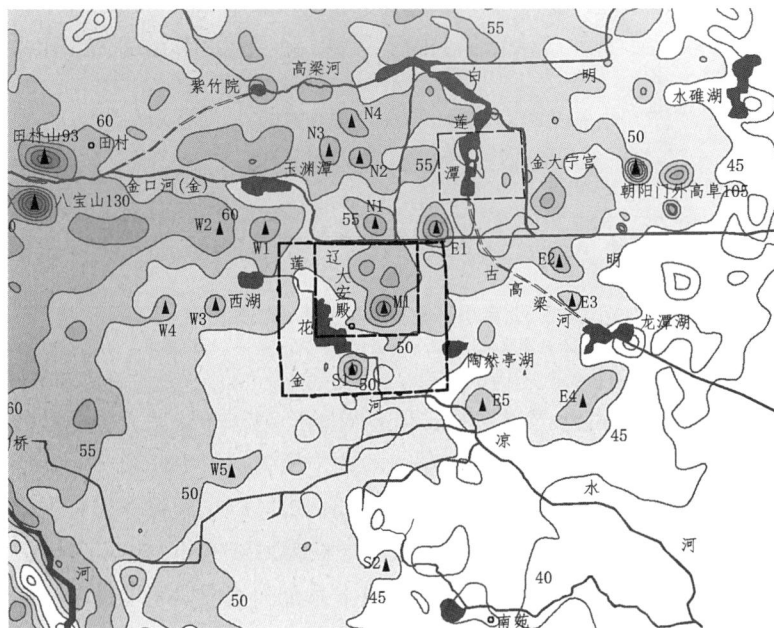

图3 辽南京与金中都城址与微观地形关系图
（根据谷歌地形绘制）

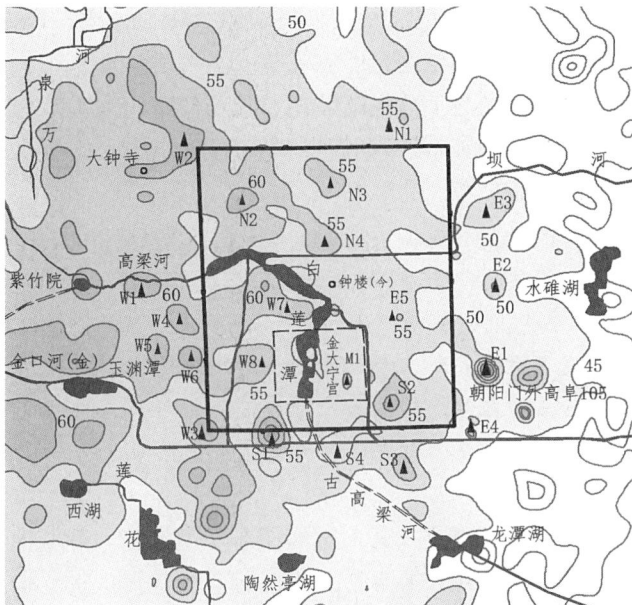

图 4　元大都城址与微观地形关系图
（根据谷歌地形绘制）

二、城市轴线与中心建筑

在城市建筑选址与设计中，古人常以天心十字（或称"天心十道"），来确定设计展开的基准点。根据穴场情况，在其四面往往会出现相应的山水要素或特殊景物。四应景物相对纵横相交处则为穴场的核心，即十字天心。《孙伯刚瑠林国宝经·三十座骑龙穴法》记载："但寻真气归何地，看取天心十道全。"❶《谢和卿神宝经·总论》记载："穴法有天心十字，乃四应之至中是也。"❷此四应景物又与"四灵"相配，成为历代宫殿建筑布局中的重要因素。《三辅黄图》记载："苍龙、白虎、朱雀、玄武，天之四灵，以正四方，王者制宫阙殿阁取法焉。"❸

元大都是一座存在中心标志性建筑的都城，所谓"中心之台，寔都中东、南、西、北四方之中也"❹，这为我们研究十字定位提供了启示。天心十字也是设计中的轴线来源，其坐向关系决定了轴线走向。元大都存在明确的设计轴线，所谓"以丽正门外第三桥南一树为向"❺，仅是一种通俗直观的表达。

1. 元明都城中轴线的异同

关于元明两代轴线是否重合的讨论，由来已久。王璞子先生推测元代轴线在旧鼓楼大街至故宫武英殿一线❻；姜舜源先生认为："元大内较明代紫禁城即今故宫偏西，元大内和元大都中轴线在今故宫断虹桥至旧鼓楼大街一线。"❼

❶ 文献 [30]: 406.
❷ 文献 [31]: 383.
❸ 文献 [4]. 卷三 .
❹ 文献 [18]: 104.
❺《日下旧闻考》引《析津志》："增：世皇建都之时，问于刘太保秉忠，定大内方向，秉忠以丽正门外第三桥南一树为向以对，上制可，遂封为独树将军，赐以金牌。每元会圣节及三宵三夕，于树身悬挂诸色花灯于上，高低照耀望若火龙。析津志。"参见：文献 [41]. 卷三十八。以丽正门外相对大树为标志物，当是刘秉忠就轴线设计结果的直观对答，其"坐向"确定的工作应当更为复杂。
❻ 文献 [55]: 70.
❼ 文献 [58].

以侯仁之先生、赵正之先生、徐苹芳先生为首的学者，则认为元大都轴线与明清轴线重合。侯仁之先生成果见于《北京城的生命印记》❶等论文集和《北京历史地图集（政区城市卷）》"元大都"一节❷，赵正之先生观点见于《元大都平面规划复原的研究》❸一文及其《元大都平面复原图》，徐苹芳先生观点来源于考古勘察报告。

❶ 文献 [48].

❷ 文献 [47].

❸ 文献 [46].

据《元大都的勘察和发掘》："经过钻探，在景山以北发现的一段南北向的道路痕迹，宽达 28 米，即是大都中轴线上的大道的一部分"❹；此外徐苹芳先生在《古代北京的城市规划》一文中介绍："1964 年至 1965 年间，中国社会科学院考古研究所从今旧鼓楼大街往南进行过钻探，但未发现有路土痕迹。以后又曾在景山后偏西正对旧鼓楼大街一线再进行钻探，也未发现有路土的痕迹。可是，却在现景山山后正中钻探出了一条大路。这条大路宽 20 多公尺。"❺

❹ 文献 [55].

❺ 文献 [50]：136. 古代北京的城市规划.

最近学者岳升阳等撰文《元大都海子东岸遗迹与大都城中轴线》，认为海子东岸东至地安门外大街西侧，地安门商场东门前一线，驳岸规格高，做工精美，与贴近中轴线有关："元代海子东岸的位置，延续了古高梁河东岸的位置，位于今地安门外大街西侧，地安门商场门前的南北一线。与澄清闸金刚墙相连的一段湖岸，石壁高达 5 米，做工精致。它的存在应与其位于元大都中轴线的繁华要地有密切关系。"❻

❻ 文献 [60].

通过文献综述，本文倾向认为，元明两代都城中轴线相互重合的结论更为合理，故以此轴线为参照进行后续研究。

2. 钟、鼓楼及中心台、中心阁位置

元大都的钟楼、鼓楼、中心台、中心阁，是与中心建筑密切相关的四座重要建筑，其城市布局位置是以往学者广泛关注的话题。

一种观点认为，钟鼓楼位于旧鼓楼大街，鼓楼在大街南口，钟楼在大街北口，中轴线北端现鼓楼以北为中心阁。此布局可见于侯仁之《北京历史地图集·政区城市卷》《元大都》图示之中。徐苹芳先生也认为"元大都的钟鼓楼，并不在中轴线上，而是偏于中轴线稍西，即今旧鼓楼大街"❼，但此观点与其考古成果"从今旧鼓楼大街往南进行过钻探，但未发现有路土痕迹"❽存在冲突，王灿炽先生已撰文说明。

❼ 文献 [55].

❽ 文献 [50]：136. 古代北京的城市规划.

赵正之先生认为："元大都的中轴线北端，应该正对着大天寿万宁寺中心阁，即现鼓楼位置"；而元钟鼓楼与北中书省（后改翰林院），均位于旧鼓楼大街以西的清虚观与小黑虎胡同附近（图 5）。

王灿炽先生在《元大都钟鼓楼考》中结合文献推导，对上述看法进行了一一驳斥。认为元钟楼、鼓楼（齐政楼）均位于中轴线上。元钟楼即在明钟楼的位置上，元鼓楼即在明鼓楼的位置上；中心阁为万宁寺的中心阁，为大德九年（1305 年）兴建，且在鼓楼东偏，即现草厂胡同 12 号附近："元大都鼓楼旧址，既不在今旧鼓楼大街南口，

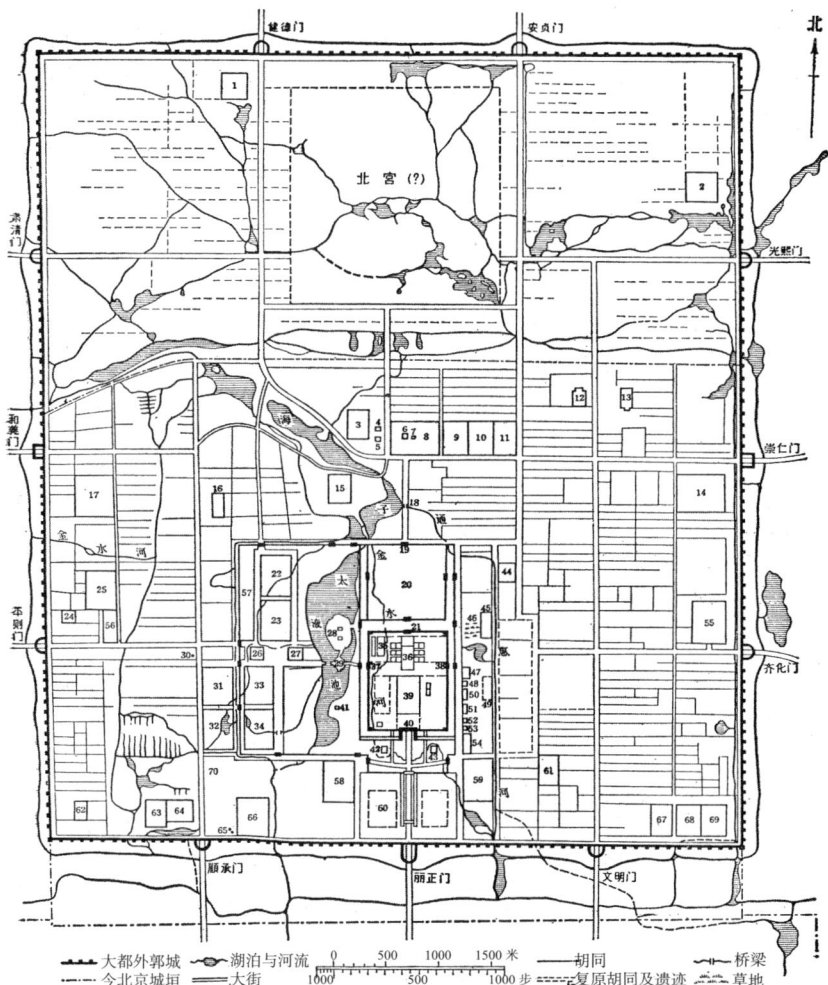

1. 健德库 2. 光熙库 3. 中书北省 4. 钟楼 5. 鼓楼 6. 中心阁 7. 中心台 8. 大天寿万宁寺 9. 倒钞库 10. 巡警二院 11. 大都路总管府 12. 孔庙 13. 柏林寺 14. 崇仁库 15. 尚书省 16. 崇国寺 17. 和义库 18. 万宁桥 19. 厚载红门 20. 御苑 21. 厚载门 22. 兴圣宫后苑 23. 兴圣宫 24. 大永福寺 25. 社稷坛 26. 玄都胜境 27. 弘仁寺 28. 琼华岛 29. 瀛洲 30. 万松老人塔 31. 太子宫 32. 西前苑 33. 隆福宫 34. 隆福宫前苑 35. 玉德殿 36. 延春阁 37. 西华门 38. 东华门 39. 大明殿 40. 崇天门 41. 堰山台 42. 留守司 43. 拱宸堂 44. 崇真万寿宫 45. 羊圈 46. 草场沙滩 47. 学士院 48. 生料库 49. 柴场 50. 鞍辔库 51. 军器库 52. 庖人室 53. 牧人室 54. 戍卫之室 55. 太庙 56. 大圣万安寺 57. 天库 58. 云仙台 59. 太乙神坛 60. 兴国寺 61. 中书南省 62. 都城隍庙 63. 刑部 64. 顺承库 65. 海云、可庵双塔 66. 大庆寿寺 67. 太史院 68. 文明库 69. 礼部 70. 兵部

图5 赵正之元大都复原图
（文献 [46] : 16.）

也不在今旧鼓楼大街西清虚观旧址附近，而是正居都城之中，在宫城北中轴线上，即在今鼓楼所在地。元大都钟楼旧址，既不在今旧鼓楼大街北原明代北城墙豁口，也不在今旧鼓楼大街西小黑虎胡同内，而是在鼓楼正北，与鼓楼相望，即在今钟楼所在地。"❶

王灿炽先生观点比较新颖但尚未论及中心台的位置及关系，代表城市中心的建筑类型也不明确。文献记载中的中心台与中心阁位置关系紧密。元代许有壬（1286—1364年）《正月八日行香中心阁过王君实侍郎留酌》有诗句："中心台阁晓参差，白发遗民幸侍祠"❷，其中有"台"、"阁"参差的景象，故二者应当相去不远。更主要是，《析津志》记载有二者的具体位置关系：

中心台，在中心阁西十五步。其台方幅一亩，以墙缭绕。正南有石碑，刻曰：中心之台。寔都中东、南、西、北四方之中也。在原庙之前。❸

❶ 文献 [57].

❷ 文献 [21].

❸ 文献 [18]: 104.

中国建筑史论汇刊·第壹拾柒辑

姜东成在博士论文《元大都城市形态与建筑群基址规模研究》中谈到，中心台是设计者在积水潭北岸选定的城市布局中心。认为中心台在现钟楼和鼓楼之间的正中位置，也是元大都南北城墙间距的中点，至于东西距离城墙不等，引侯仁之先生观点认为是东墙因外围低洼地带而向内移动少许的缘故；至于中心阁，则应在中心台的东北方向，与中心台东西相距 15 步的地方。❶

❶ 文献 [62]：22~23.

另有《北京中轴线变迁研究》一书，认为中心台位于"明鼓楼稍北"，其数张研究示意图均表明，中心台在现鼓楼稍北，其位置比姜东成确定者更靠南。❷

❷ 文献 [51]：158.另见书中图 1-8-01，图 1-8-02，图 1-8-04。

仅从"中心之台"的称谓，以及"寔都中东、南、西、北四方之中"的记载看，中心台是城市规划布局中心点无疑，或即元大都的十字天心所在。然而，在相关历史文献记载中，钟楼、鼓楼和中心阁似乎均有充当中心建筑的可能性，因而引起学者的争论。有关学者已经注意到了中心台的定位作用，但还应该结合微观地形、城市布局、建筑类型等因素来综合推定。至于其他重要建筑，之所以会交织在一起不容易厘清，很大程度上是因为同处于城市中心区域的缘故。因此，结合山水地形的城市设计考察，还可进一步探讨元大都中心区的布局模式（图 5~图 8）。

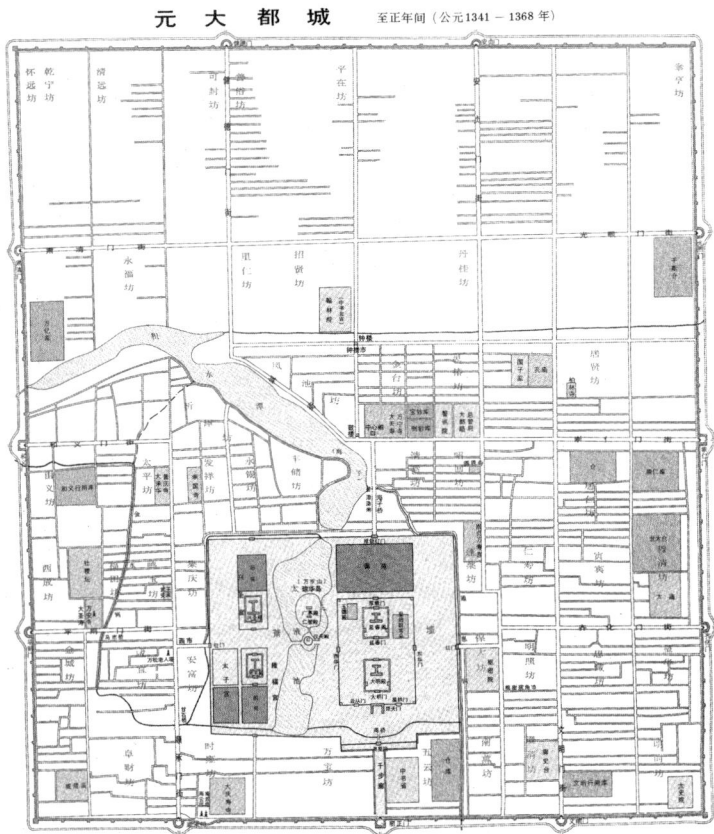

图 6 侯仁之等元大都复原图

（文献 [47]：50.）

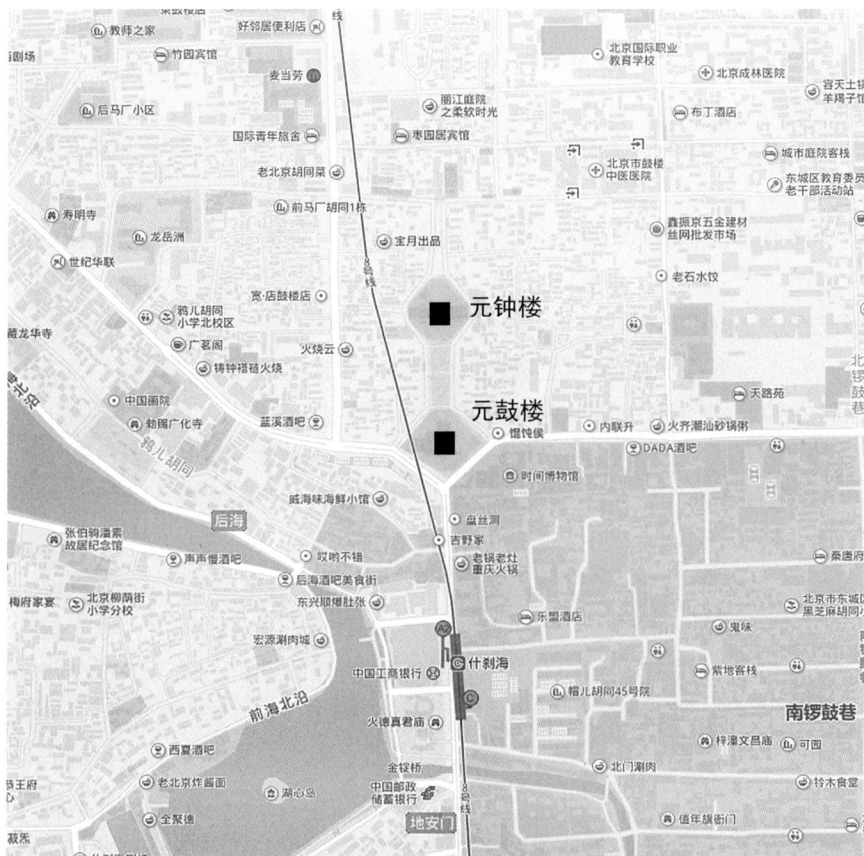

图 7　王灿炽元大都钟鼓楼位置示意图
（根据百度地图绘制）

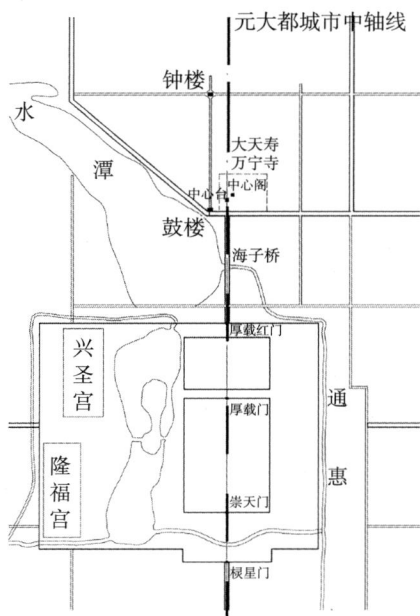

图 8　姜东成元大都钟鼓楼与中心台、中心阁位置图
（文献 [62] ：26.）

三、地形山水与元大都天心十字

据《吕氏春秋》："古之王者，择天下之中而立国，国千里之畿；择国之中而立宫，择宫之中而立庙。"^❶ 可见"择中"成为城市与建筑选址的重要环节。《谢和卿神宝经·总论》所谓："穴法有天心十字，乃四应之至中是也。"^❷ 这里的"四应之至中"与前面"择中"之中在本质上是一回事，因此择中立国必然落脚到天心十字的确定，即不同层级的"穴场"的确定。

在平原上寻找穴场，优先勘定水体缠绕的隆起岗阜顶端，称"突穴"；或进一步仔细地查找地形突起后再次平凹下去的地方，呈现"鸡窠"形的区域。古代堪舆家认为："平中一突为奇"^❸；"州县京畿地必平，水龙水卫水为城，堂基却在高高处，莫道窝藏是正形"^❹；又"子微曰：'一言以蔽之，最高处是也'"^❺，就是这个道理。这样的选址可以有效避开水患（图9，图10）。

除穴场本身外，穴场存在标志性的地形与山水要素（即四应景物），从微观到宏观，层层环绕在四周。因此，本文基于城市轴线与地形山水的叠合分析，对元大都天心十字定位现象进行层层阐述。

❶ 文献 [1].吕氏春秋.第17卷.审分览第五.

❷ 文献 [31]：383.

❸ 文献 [28]：124.

❹ 文献 [29]：338.

❺ 文献 [29]：338.

中国建筑史论汇刊·第壹拾柒辑

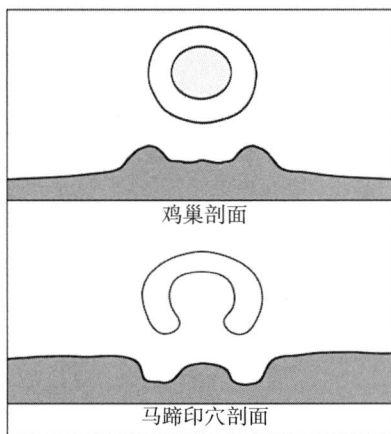

图9 鸡窠与马蹄印形穴址示意图
（文献 [42].）

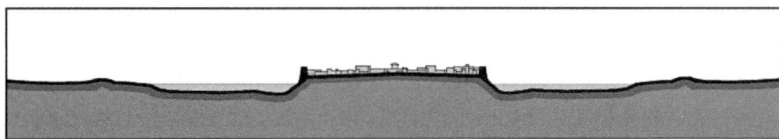

图10 城市基址位于平原高处的选址示意图
（文献 [42].）

1. 微观地形与天心十字

鉴于现今钟鼓楼片区位于元大都的几何中心上，可以初步推断元大都都城的天心十字^❻就在该片区城市中轴线上的某个位置。现结合微地形进行分析。

1916年的《京都市内外城地图》为民国比较精准的地图，图上带有1米等高距的等高线，可以察看到较早的鼓楼片区地形。在此图中，德胜门处为一高地（NW_1，海拔49米^❼），自此地势向东南摆动而下，直至皇城东北角玉河北岸为阶段性结束（SE_1，海拔46米）；什刹海南岸的岗阜，

❻ 这里讨论的天心十字，是元大都的总体天心十字，在此之下，尚有皇城、宫城、重要建筑等不同层级的天心十字，故暂不在此文讨论之列。

❼ 下文结合民国地图与谷歌地图阐述，二者地形高程数值各成体系，不尽相同，请注意区别。

也向东南延伸至龙头井胡同附近，然后沿着地安门大街东西一线向东延伸至 SE_1，环抱在北岸岗阜之前，而整个海子被围合在南北岗阜带的中间。

分析北部岗阜带变化趋势，在拈花寺附近 48 米地形幅员宽达 400 米，至小石桥胡同 NW_3 点处，整体宽度降至 210 米宽，南侧内湾处在 1928 年《京师内外城详细地图》[1] 中，还可见水塘一个，就在"酱房大院"南面，说明此处地形收束的特征明显。随后，48 米岗阜再次放大铺开，于今钟鼓楼一带幅面为最大，以今钟楼 M 点为中心计算，南北长 540 米，东西宽 400 米。钟鼓楼片区以下，鼓楼南不远处 S_1 再次收束至 200 米宽。这种前后地形收束、中间幅面展开的状况，是形成穴场的特征之一。

穴场是否有水体环绕，常常也是考察的要素。钟鼓楼片区西南面为海子环护，自不待言，而其他方向在历史上也有水迹存在。首先，48 米等高线的东边有两处水塘：一在草厂胡同 24 号、北京市新中街幼儿园鼓楼园东面，见于 19 世纪末 20 世纪初法国巴黎出版《北京内外城平面图》[2] 与晚清《北京地里全图》[3]；二在草厂东口之北，见于民国《京都市内外城地图》[4]。其次，北面在玉皇阁胡同南北也存在几处水塘，足可见此区域东、北两面存在地势降低的痕迹。第三，微地形在点 S_1' 以下，于鼓楼前回首为岗阜 S_2'，南侧有玉河隔断。

整体 48 米岗阜为藕节式的三段构成，钟鼓楼片区位于中间段，地势中正而高爽。其地东南有岗阜回望，西南侧有水体卫护，前后有地形收束（堪舆称"束气"）特征，东、北两面有多处水塘以"止气"，北面在坝河以北有较高的岗阜作为后照（图 11），南面玉河拦截，整体形势与古代选址模式非常吻合（图 12~图 16）。

上述地形以西北至东南走向的为主干，而在东北与西南两个方向，也可发现 47 米、46 米地形的向外延展，使得整个地块平面铺开接近方形，方正高爽，而钟楼 M 就位于地块的中心位置（图 17）。

这是根据历史文献的地形解析，如果进而参照谷歌地形图（图 11、图 18），其选址微地形特征更为明显。图中可看到，海子北岸的岗阜自西北一路延伸而来，存在堪舆术中所谓来龙"过峡"[5] 的现象，明显者有今人定湖东 NW_2' 和拈花寺 NW_2 两处，形态婉转美好，是即

[1] 文献 [45].

[2] 文献 [64].

[3] 文献 [45].

[4] 文献 [46].

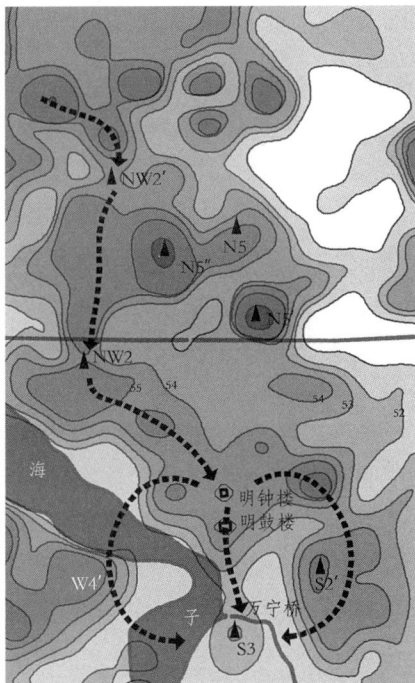

图 11 元大都中心区微地形局部放大
（根据谷歌地形绘制）

[5] 过峡，即在穴场来龙方向上山脉或微地形出现跌断，类似"蜂腰鹤膝"、"马迹渡河"、"藕断丝连"、"草蛇灰线"的地方，堪舆家认为好的选址必然有完美的过峡，且跌断处以两侧维护周密、前后迎送者为佳，故依然会出现"八"字、"个"字、"川"字等形态。

209

结合山水地形的元大都城市十字定位与中心区布局研究

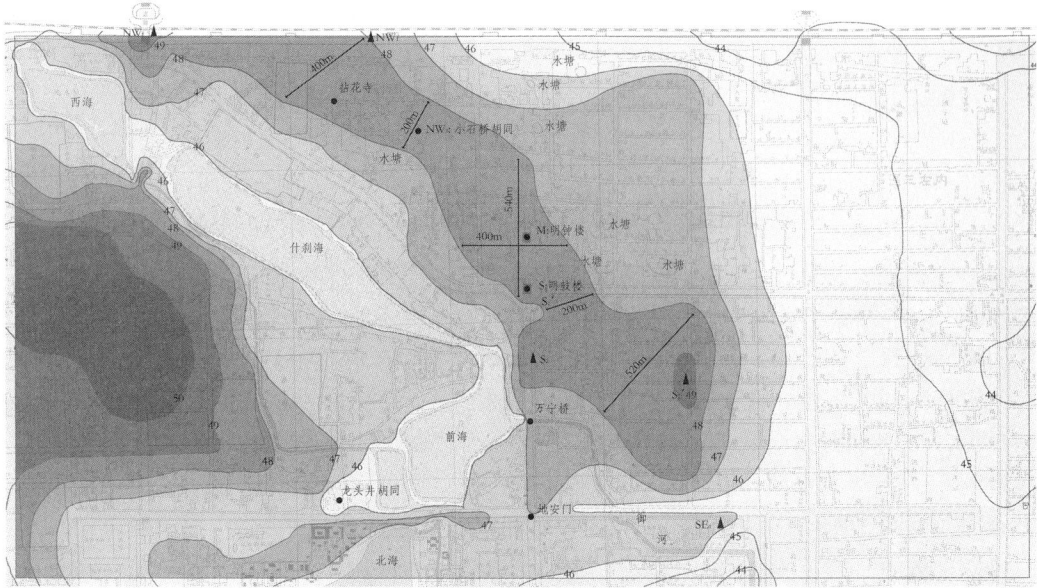

图 12　元大都中心区微地形分析图

（根据文献 [43] 绘制）

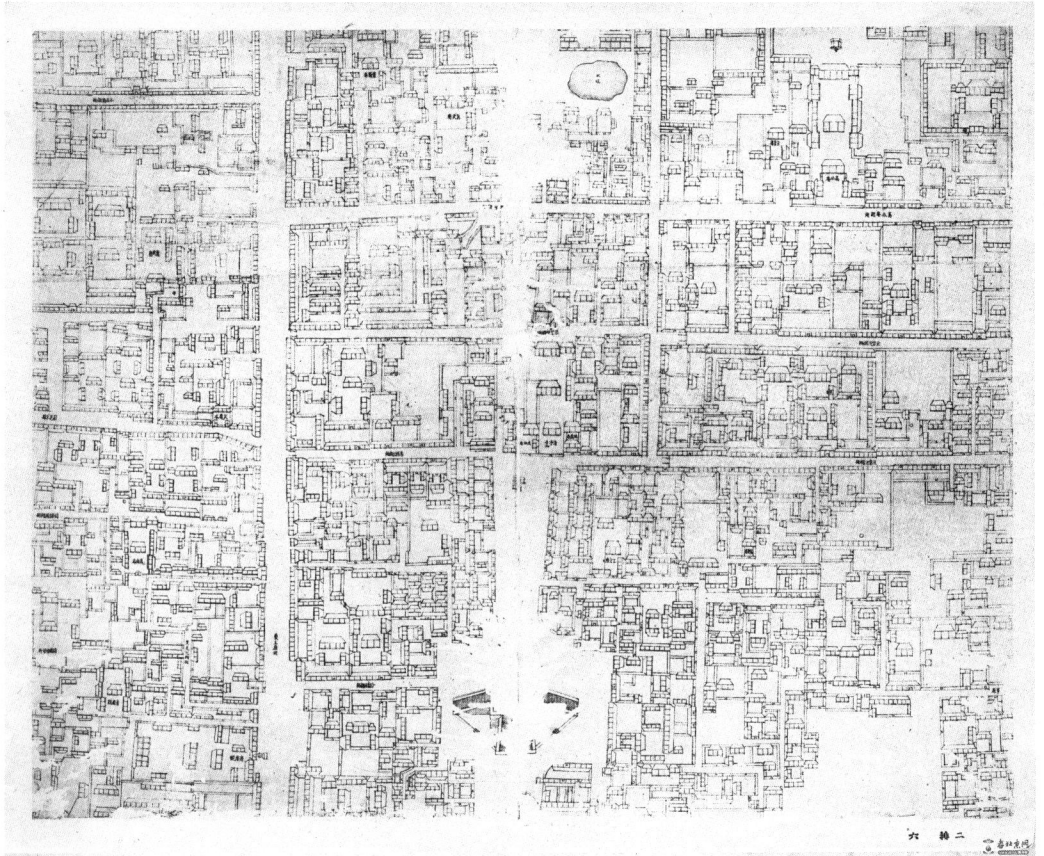

图 13　《乾隆京城全图》鼓楼片区（二排六）

（文献 [65].）

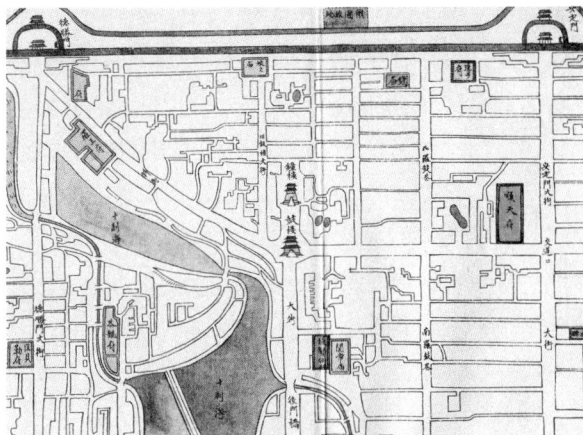

图 14　晚清《北京地里全图》钟鼓楼片区
（文献 [44].）

图 15　法文版《北京内外城平面图》钟鼓楼片区
（文献 [64].）

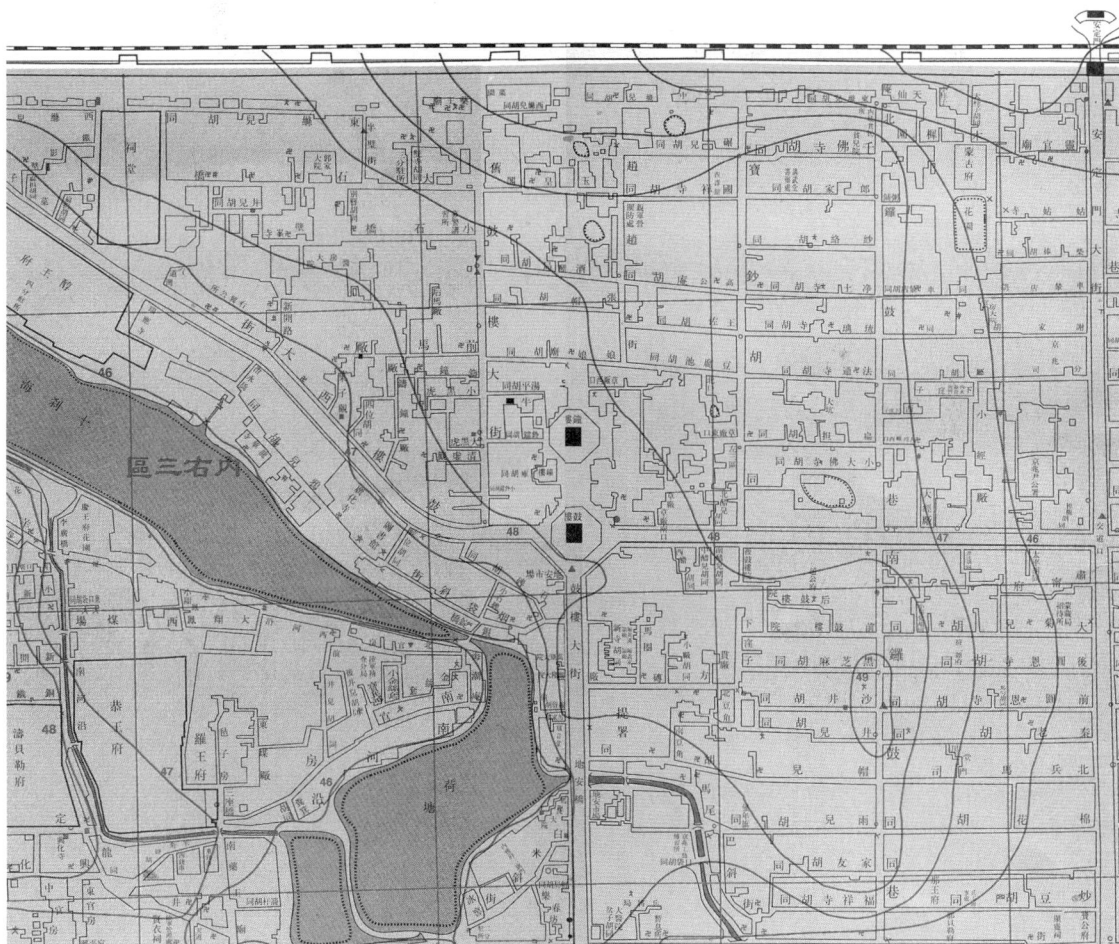

图 16　民国《京都市内外城地图》钟鼓楼片区
（文献 [43].）

将出现重要建筑选址的地形前奏。在今钟鼓楼片区内，钟楼东西两侧 $S_{2'}$、$W_{4'}$ 如蝉翼张开，北面有 N_5、$N_{5'}$、$N_{5''}$ 围绕，南面凸起岗阜在 S_3，地块中心钟楼处隆起如龟背形，四面如毡子铺开，这是一个相当完美的"个"字选址地形，与民国地图所示（图 17）总体上是吻合的。由此展开的外层"个"字地形向南发展为皇城穴场，其内部"个"字中央南北岗阜带即是皇城中轴线位置（图 18）。

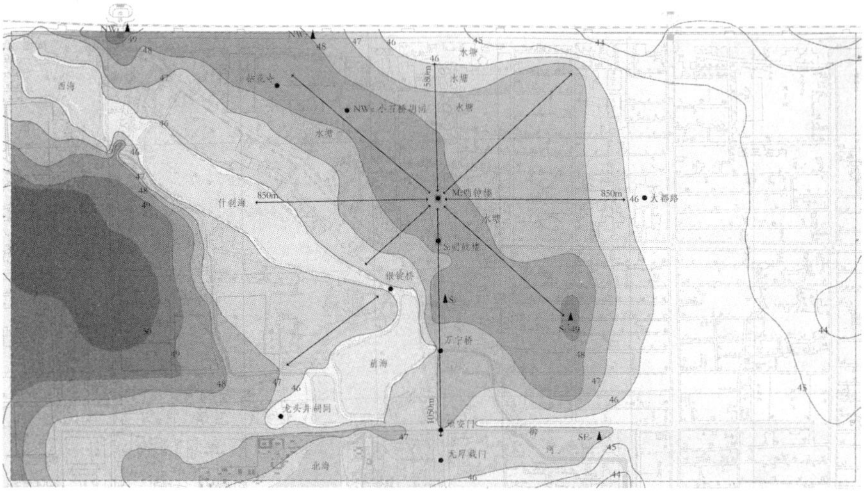

图 17　元大都中心区四正与四隅地形分析图
（根据文献 [43] 绘制）

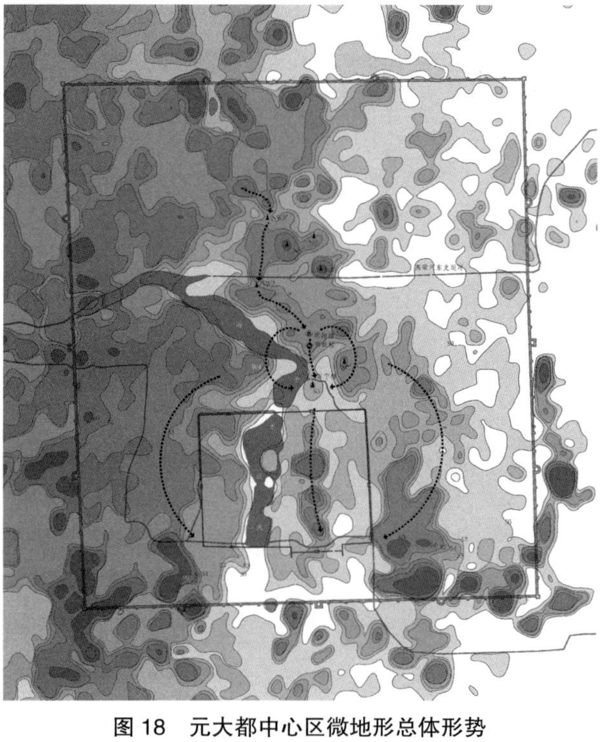

图 18　元大都中心区微地形总体形势
（根据谷歌地形绘制）

进而发现，以今钟楼 M 为中心的微地形向四周呈现出有节律的变化，与古代的尺度有某种合拍的现象。今取元尺为 0.31 米，1 步为 5 尺，则一步长 1.55 米。以 M 为中心的十字轴线地形变化特征，与"a=150 步 =232.5 米"的尺度吻合较好，今不妨以 a 作标识和分析的模数。

1）1a 半径范围

在民国地图上，以 M 为圆心，1a 为半径的圆周，正南为 48 米等高线的南沿 S_1，正北为 48 米等高线向南拐弯的中间位置 N_1，在张帽胡同（今国旺胡同）。向东至 E_1，有两个水塘，见于晚清《北京地里全图》❶ 和法文版《北京内外城平面图》❷；向西至 48 米等高线局部弧段中间位置 W_1，此处略高，即大黑虎胡同与清虚观附近。

对比谷歌地形图，正南 S_1 为微地形向南伸出之处，正好将鼓楼基址包络其内；正北至 53 米等高线内凹顶点 N_1，左右地势相互对称；正东 E_1 至草厂胡同水塘旧址；正西 W_1 处正好可见大黑虎胡同与清虚观处 54 米隆起的地形。

1a 半径范围为钟鼓楼片区的微地形核心地带，四向均有标志地形特征。

2）2a 半径范围

民国地图上，正南至 48 米等高线岗阜回首朝望之处（堪舆称"回龙顾祖"），其中部 S_2 在今地安门商场前，西向与海子来朝水势相迎，在中轴线两侧形成山水均衡的态势。正北与 47 米等高线垂直，在清代玉皇阁前 N_2，其处前后各有水塘，见于《乾隆京城全图》"六排三"、法文版《北京内外城平面图》及民国《京都市内外城地图》。正东至 E_2；民国《京都市内外城地图》显示，小大佛寺胡同之南又有一个水塘，扁担胡同以北为大坑，可能为水塘干涸所成。

在谷歌地形图上，可见 E_2 周围整体海拔较高，最高至 56 米。正西至 W_2，与 47 米等高线垂直，位于此段等高线的中部，在广化寺北。元代有广化寺记载，据地形趋势推断，此处在元代当为积水潭驳岸"S"摆动之处。

2a 半径范围为钟鼓楼片区的微地形完整形态，四向仍有标志地形特征。

3）3a 半径范围

正北地势逐渐低洼，接近明北城墙，即接近高粱河东支——坝河河段，金元两代都曾短期通漕 ❸，明代为北护城河。正南至万宁桥，此处有玉河横绕流过。御河所在河道本与三海大河同属古高粱河道，在金代曾有泉流，并由此引白莲潭水灌溉农田，见于《金史·食货五》："承安二年，敕放白莲潭东闸水与百姓溉田。"❹ 又《金史·张仅言传》："护作太宁宫，引宫左流泉溉田，岁获稻万斛。"❺

蔡蕃先生《北京古运河与城市供水研究》认为，在元代通惠河之前 ❻，皇城东墙外已经存在水道，依据是至元二十七年（1367 年）之前，赵孟

❶ 文献 [45].

❷ 文献 [64].

❸ 文献 [52]: 35-45.

❹ 文献 [13]. 金史. 卷五十. 志第三十一. 食货五.

❺ 文献 [13]. 金史. 卷一百三三.

❻ 通惠河自至元二十九年（1292 年）开工，至元三十年（1293 年）完工。

图 19　金代白莲潭及其引水道图
（根据文献 [52] 绘制）

頫曾在东墙外骑马跌入河内❶；并且，"东闸"应在万宁桥附近，金代白
莲潭引水渠就是皇城东墙外水道，即玉河前身❷（图 19）。这说明，玉河
河道由来已久，万宁桥处是一个重要的山水节点。

正东与 47 米等高线竖直，位于局部等高线的中部，具体在大经厂；
在法文版《北京内外城平面图》与晚清《北京地里全图》中，均可见存在
一个更大的水塘。正西则至今什刹海的北沿，元代驳岸应当更靠后，但是
从民国《京都市内外城地图》所见之什刹海，此处驳岸为"弓"字形，也
是轴线上常见的地形特征。

此外，就在 3a=450 步外不远的 500 步处，地形四的特征应表现得
更为明显。北面在明北护城河上，南面在万宁桥南隆起一个小土丘 S_3
处；东面仍为大经厂附近的水塘范围，西面正处于什刹海弓形水体的中
央位置。

3a 半径范围，体现穴场外第一道尺度较大的四应山水要素。

4）5a 半径范围

谷歌地形图显示，北面 5a 半径范围可见两座小岗阜 $N_{5'}$ 与 $N_{5''}$，中轴
线位置 N_5，地势略低，整体构成马鞍形，作穴场的后照。南至大都厚载门，
其东西一线为海子与太液池之间的堤岸以及御河堤岸，故是另一道重要地
形节点。东面 5a 半径至安贞门内大街的东侧 E_5 点，可见至 52 米等高线
边沿，标志以钟楼 M 为中心的高阜地带在东面结束。西至海子西岸 W_5 点，
此处 47 米以上地势大致与 R=5a 的圆弧重合，环抱至厚载门处。5a 半径
范围为钟鼓楼片区穴场的边界，向外则进入临近其他场域。

综上，现存明代钟楼的四个正方向，以 a=150 元步为模数，出现水地相间、层层环抱的形势，符合天心十字"四应至中"选址特点；而明代鼓楼虽然位于十字街口，但并不在穴场的最中心位置（图 20，图 21）。

天心十字的四应景物特征，不仅仅在微观穴场上体现出来，还会在中观与宏观山水中找到对应的节点要素。

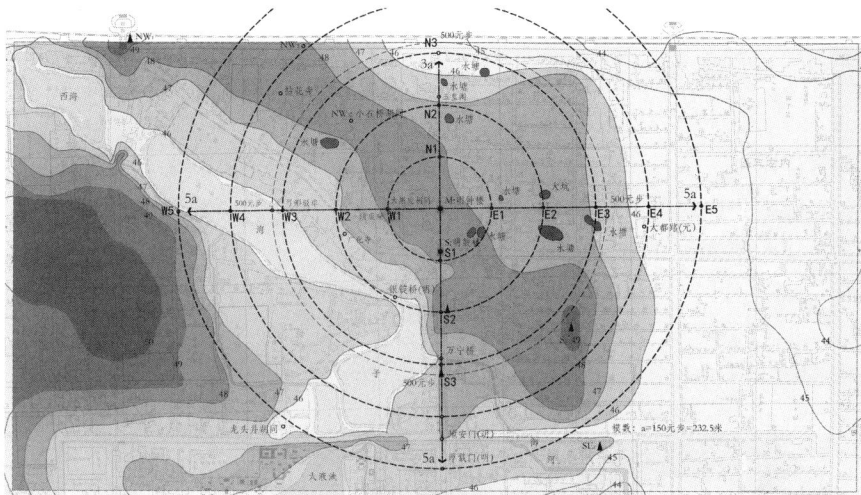

图 20 元大都微观天心十字分析图一
（根据文献 [43] 绘制）

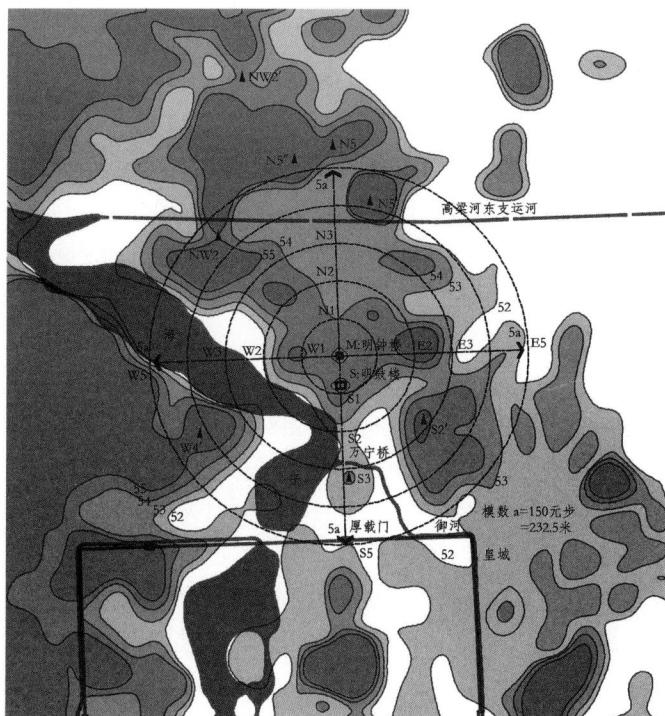

图 21 元大都微观天心十字分析图二
（根据谷歌地形绘制）

结合山水地形的元大都城市十字定位与中心区布局研究

2. 中观地形与十字构图

谷歌地形图上，向北 10a 处为一片岗阜群，N_{10} 正居中央，海拔 57 米；其左右分别为 57 米（$N_{10'}$）、58 米（$N_{10''}$）岗阜，正前有岗阜 56 米（N_{14}），正后有北面发来的 55 米岗阜（N_{11}），整体构成类似"华盖"的形式，亦是轴线上常见地形。向北 15a 处为一座更高的 67 米岗阜（N_{15}），虽未正居中轴线，但其东面抽脉 $N_{15'}$（57 米）、$N_{15''}$（58 米），依偎在轴线东侧，向南延伸至 N_{11} 处，犹如暗示着轴线走向一样。

向南 10a 处为元大内宫殿中部高地，其东、西两侧环抱地形与 10a 圆弧吻合良好。皇城所在的"个"字地形，南面第一次交汇于 15a 处，第二次交汇于 20a 处。向南 15a—17a 地势降低至 49—50 米，前方 17a—20a 处，微观三台形岗阜群左右对称，并向中轴线收拢——东侧两座海拔均为 56 米（S_{19}、S_{20}），西侧两座海拔分别为 60 米（$S_{19''}$）、57 米（$S_{20''}$），中央两座海拔为 56 米（$S_{19'}$）、54 米（$S_{19''}$）。20a 之南，微地形又如"个"字形向外张开，为明代嘉靖年间增建的南城范围。

可见在从北至南的设计中轴线上，中轴对称的地形及其节律变化特征非常突出。相比之下，若中轴线设在旧鼓楼大街南北线上，这种东西对称而南北节律变化的现象要微弱很多。

向西 10a 处，是一道由玉渊潭和高梁河之间发来的东西岗阜前沿，在 10a 处收束后趋北转南，整体上朝着钟鼓楼片区蜿蜒而来。细微结构上，横向岗阜 W_{10}（57 米），与 $W_{10'}$（60 米）、$W_{10''}$（58 米）构成品字特征，$W_{5'}$（57 米）趋前而回护轴线，而整个横轴就定位在西来岗阜总体形势之上（图 22）。

向东 10a 处，从 50 米等高线上，可见整个地形首先出现一个东向"个"字开口；进而在 E_{10} 处发展为一道横门阙式岗阜，正对前方岗阜 E_{13}（50 米）。向东 15a 处，50 米地形再次开口明显，中间点在 E_{15}（46—47 米），而依 15a 半径环抱于前的岗阜 $E_{15'}$（51 米）、$E_{15''}$（64 米）对峙两侧，形成另外一道门阙式岗阜；前方约至 25a 处，数座凸起的岗阜圆弧形环抱在前，在横轴两侧形成对称形态。

可见，城市横轴定位在西来岗阜形势的中央，东向对应地形开合的"八"字中央，宏观上与北京冲击扇面的脊部相对应，横轴南北地形体现对称或均衡的态势。相比之下，若横轴定位在明钟楼处，围绕轴线的地形对称或均衡效果相对较弱。

3. 宏观山水与十字构图

在宏观山水层面，天心十字的四应标志物也是很明显的。中轴北向线经清河的拐点 N_{23}（坐标：116° 23′ 7.05″ E，40° 1′ 49.95″ N），此处是清河起始两端的中点；还是元大都城内万宁桥处玉河与温榆河之间的中点，直线距离约 10.8 千米。

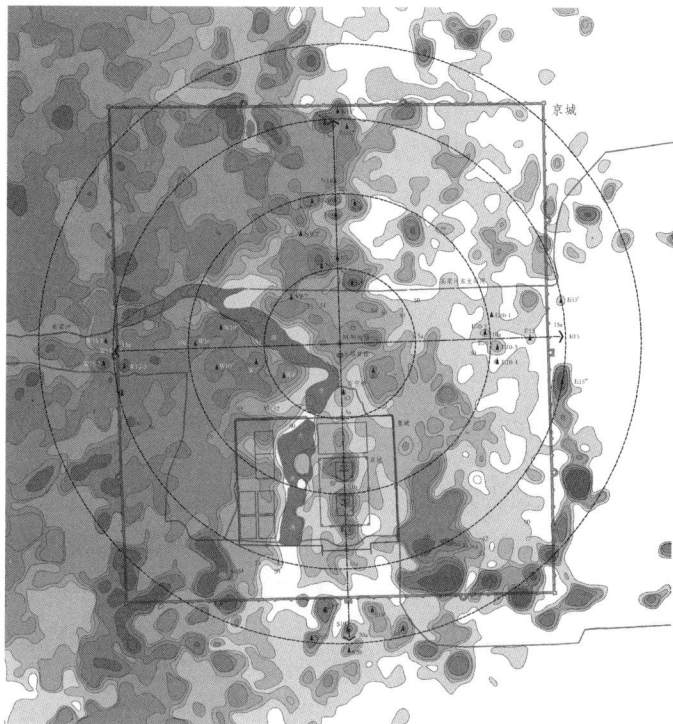

图22　元大都中观天心十字分析图
（根据谷歌地形绘制）

向北为温榆河北面标志性弓形河段 N_{24}（坐标：116°22′49.91″ E，40°7′45.90″ N），此处是南、北沙河交汇口（今沙河水库）与蔺沟、温榆河交汇口之间的中点，交汇口距离轴线约5.5千米，约为前者之半。

向北至平原之北第一道山梁军都山之 N_{31}（坐标：116°22′30.00″ E，40°15′36.29″ N，海拔420米）。就单个山体而言，N_{31} 山梁呈马鞍形，中部凹陷而略微凸起。在山 N_{31} 两侧有数重山脉，整体形成多层包裹的"个"字山脉（图25，图26）。

在 N_{31} 之后，区域最高山凤坨梁（主峰坐标 116°19′18.75″ E，40°29′54.08″ N，海拔1512米），与东面红螺山、西面燕羽山，构成大型"个"字山脉。"个"中央向南大致抽出两道山脉，位于怀九河的两侧：西面一道沿莲花山、大北梁至天寿山；东面一道沿凤驼梁东峰（坐标 116°21′54.46″ E，40°30′6.16″ N，海拔1349米）作"7"字形转南，经峰 N_{32}（坐标：116°21′52.49″ E，40°27′20.82″ N，海拔1018米）、吹风坨至九渡河村。金中都城的中轴线北对应西道"个"字之中脉，而元大都都城轴线对应东道"个"字之中脉。从整体形势看，东道山脉更位于整体山脉构图的中部，且西道山脉也经天寿山东转至元明轴线处 N_{31}，故凤坨梁东峰的南向开面处 N_{33}（略在东峰之南，坐标 116°21′45.43″ E，40°29′55.97″ N，海拔1309米），正对元大都的天心穴场。

向南轴线经过凉水河 S_{34} 点（今大红门），局部河段为典型的"弓"形水，只是并未正交。又向南为南苑，此处在元明清三代均为皇家苑囿，元代主要为皇家猎场，史称"下马飞放泊"，又称"南海子"。其内因永定河故道穿过，形成大片湖泊沼泽，草木繁茂，禽兽、麋鹿聚集。堪舆云"（宅欲）前有污池，谓之朱雀。"南苑故为元大都穴场的朱雀之应。

据学者研究，城南元代永定河位置在今凤河一带，即大致在今南六环一带。明代永定河走今河道，城南轴线所经为典型的玉带环抱的水体特征，其对称形态再次验证了元大都中轴线的合理定位。

西向横轴位于紫竹院与积水潭之间的高梁河南侧，由于元代自玉泉山引金水河入宫苑，故此轴又介于高梁河与金水河之间。在永定河的东岸，横轴西面正对模式口。模式口为朝东的品字形山峦组合，中间为四平山点 W_{16}（坐标 116° 8′ 27.74″ E，39° 56′ 1.59″ N，海拔 178 米），两侧有小山拱卫，呈轴线对称形态。

轴线与永定河相交之点 W_{17}（坐标 116° 7′ 28.60″ E，39° 55′ 54.12″ N），北至南转坨南河道转弯处，南至鹰山（今永定塔）以东河道东折处，距离均为 8.8 千米，局部河段南北对称。永定河西岸为九龙山与狮山之间的垭口（坐标 115° 59′ 55.73″ E，39° 55′ 45.66″ N，海拔 839 米），透过此垭口，可远眺老龙窝东端的山峰。

东灵山以下，百花山、老龙窝一线山脉，为北京西山的主干，自西向东朝北京平原奔赴而来。老龙窝的东端山峰为此段山脉的最末一节，正是元大都都城横轴西向定位的重要参照要素。老龙窝东端山峦为马鞍形，分为标志性的西点 P_1（坐标 115°45′19.34″E，39°55′12.56″N，海拔 1580 米）、中点 P_2（坐标 115°45′23.74″E，39°55′17.10″N，海拔 1545 米）、东点 P_3（坐标 115°45′41.63″E，39°55′23.37″N，1520 米），轴线所经为 P_2 点。在城址视野中，老龙窝东端山峰与清水尖、百花山之间组合成三台形对称山峦（图 23）。

向东横轴经过水碓湖（今朝阳公园湿地），进而与温榆河相交。以交点 E_{26}（坐标 116° 38′ 18.20″ E，39° 56′ 52.16″ N）为圆心、4.4 千米为半径的圆周范围内，是以 25 米海拔为主的低洼地形，故而是几条河流的汇聚区。西坝河向南拐入温榆河的拐点，与通惠河注入温榆河的交汇口均大

图 23　元大都横轴西面对山（高度被夸大）
（根据谷歌地球绘制）

图 24　元大都横轴东面对山（高度被夸大）
（根据谷歌地球绘制）

致在此圆周之上。故点 E_{26} 是局部微地形的中心点。

向东与潮白河相交，局部河段为"折东转南"形态，轴线就经过此"折东而行"的河段 E_{28}（坐标 116° 45′ 59.37″ E, 39° 57′ 4.03″ N）。以此点为中心，北至潮白河南转拐点，南至北运河入潮白河的北部弯曲河道，二者之间的距离相等，为 21.7 千米。

东至蓟州境内，横轴与东边开来的山脉形成朝对关系。横轴先与山 E_{29}（坐标 117° 30′ 32.69″ E, 39° 58′ 3.26″ N，海拔 139 米）相遇，又东经蟒岭山 E_{30}（主峰坐标 117° 39′ 23.92″ E, 39° 58′ 25.67″ N，海拔 390 米），指向蔡花峪山顶（坐标 117° 43′ 17.57″ E, 39° 58′ 15.50″ N，海拔 366 米）。在人的视角，整体山脉构成环抱轴线的山体剪影（图 24）。

再往东，轴线指向渤海岸边 E_{33} 点（坐标 119° 50′ 32.07″ E, 39° 59′ 14.46″ N），此点正位于绥中止锚湾秦碣石宫遗址与山海关区老龙头（有北海神庙及明代山海关）之间，两地至 E_{33} 点的直线距离约为 4.4 千米。

综观元大都四面山水要素，北面凤坨梁等"个"字山脉的中央与南面南海子、永定河南北照应；西面老龙窝东端山峰及其东向开账山脉，与东面蟒岭山及其西向开账山脉东西照应。南北方向的照应关系，确定了城市纵轴位置；东西照应关系，确定横轴位置；纵横相交则为天心十字，标定了中心穴场的位置。《析津志》记载元大都设计是根据山水脉络关系而来，从以上分析可见一斑。

补充说明一点，今以蟒岭山最高处连接老龙窝东端最高处 P_1，得到角度为 268.5° 的直线（与中轴线正交横轴 267.89° 仅相差 0.61°），该直线与城市中轴线相交于明钟楼北 51.5 米处。这说明，古代天心十道线的确定，并非完全以山峰的最高处标定，而是根据山峦具体形态来灵活处理的（图 23~ 图 28）。

综上分析，明钟楼所在点 M，其局部微地形及四应上的山水要素与总体山水脉络，充分表现出传统选址穴场确定和十字定位的一般特征，故更具有元大都天心十字所在的合理性。

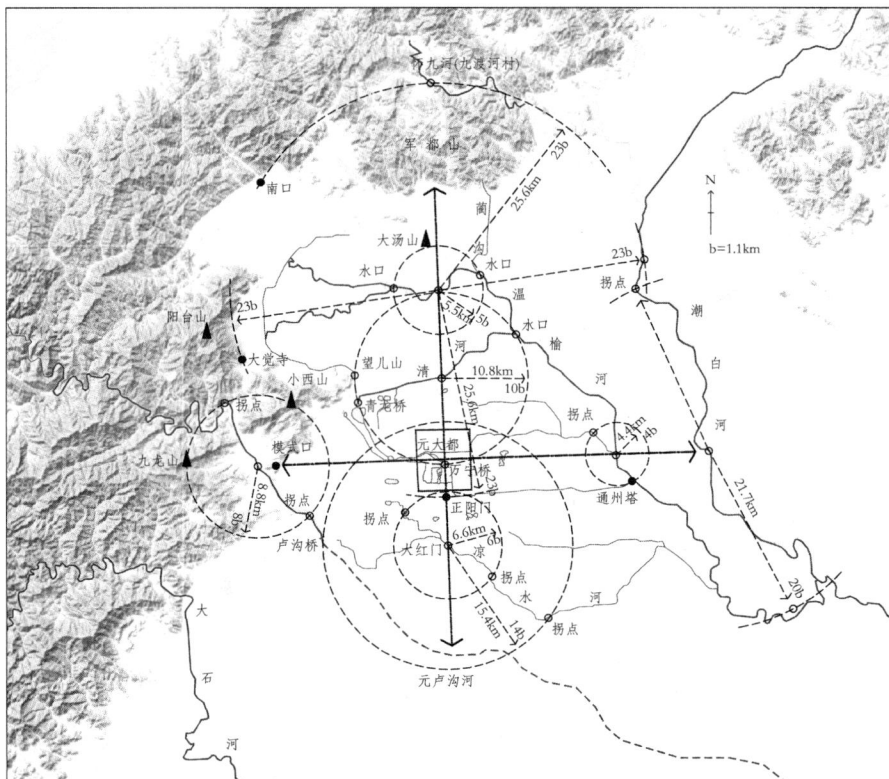

图 25　元大都宏观山水与十字构图一
（根据腾讯地图、谷歌地球绘制）

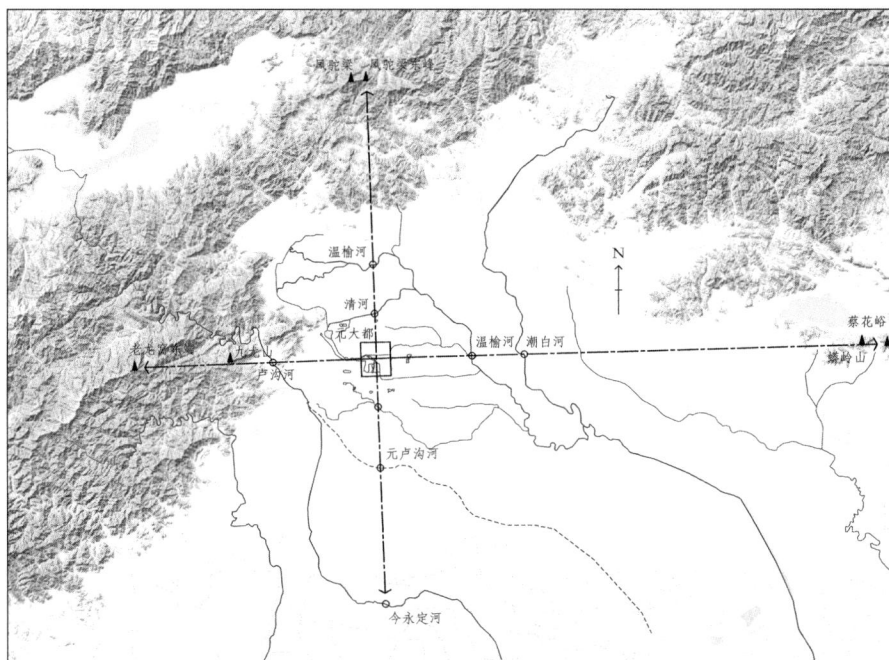

图 26　元大都宏观山水与十字构图二
（根据腾讯地图、谷歌地球绘制）

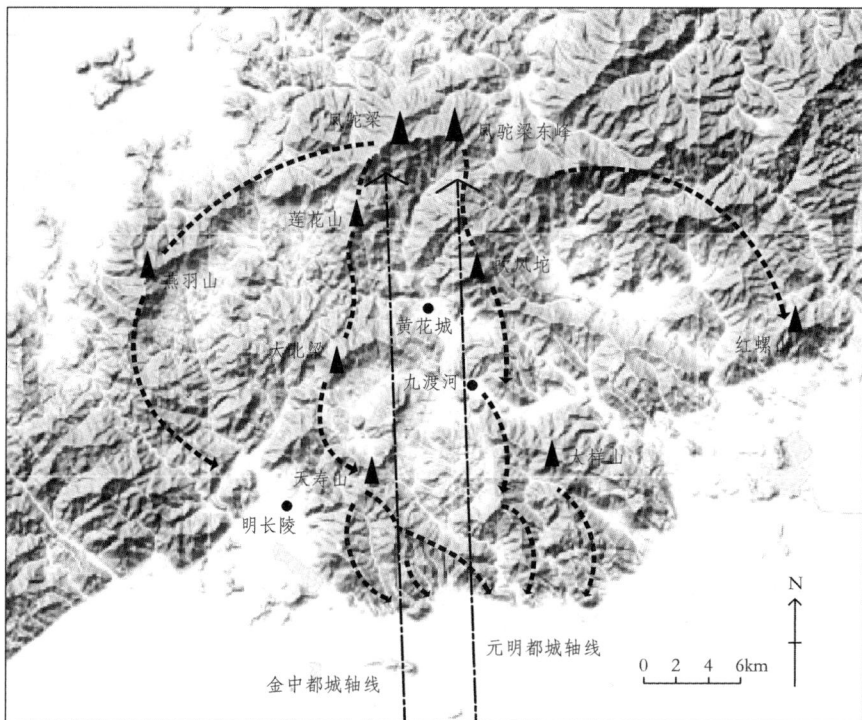

图27 元大都北面山脉"个"字形态
（根据腾讯地图绘制）

图28 元大都纵轴北面对山（高度被夸大）
（根据谷歌地球绘制）

四、天心十字中心区布局探讨

既然元大都的天心十字倾向于在现存钟楼之处，那么此钟楼的前身是否有可能是元大都的一座重要建筑？或者说，标志城市中心的中心台是否有可能就在此处，还是其他什么地方？关于此问题，本文不妨作尝试性的探讨。

1.鼓楼位置推定及中心阁

确定元大都鼓楼与钟楼位置的主要依据，来源于《析津志》的记载，这也是王灿炽先生判定"元明两代钟鼓楼同址、均位于明城中轴线上"的主要参考依据。

首先,应注意到《析津志》的一条史料,是从今交道口大街向西描述的:"增:双青杨树大井关帝庙,又北去则昭回坊矣。前有大十字街,转西大都府、巡警二院,直西则崇仁、倒钞库,西中心阁,阁之西齐政楼也,更鼓谯楼,楼之正北乃钟楼也。《析津志》。"[1] 此条史料表明,钟楼在齐政楼的正北方,即在同一轴线上,齐政楼在前,钟楼在后;而且,中心阁在齐政楼之东,三者形成近似"L"形布局关系。目前所见的主要复原图示,不论钟、鼓二楼是否位于城市中轴线上,均符合此条史料的描述。

然而,更重要的是,《日下旧闻考》引《析津志》的另外一条史料,引起学者的注意:"增:齐政楼,都城之丽谯也。东,中心阁,大街东去即都府治所;南,海子桥、澄清闸;西,斜街过凤池坊;北,钟楼。此楼正居都城之中,楼下三门,楼之东南转角街市俱是针铺。西斜街临海子,率多歌台酒馆;有望湖亭,昔日皆贵官游赏之地。楼之左右俱有果木、饼饵、柴炭、器用之属。齐政者,《书》'璇玑玉衡,以齐七政'之义。上有壶漏、鼓角。俯瞰城垣,宫墙在望,宜有禁。《析津志》。"[2] 显然,这条史料的切入点是齐政楼,即鼓楼。其东西南北四个方向上的建筑与街道布局,与十字街的情形非常吻合。

首先,齐政楼南为海子桥、澄清闸。海子桥,即万宁桥,在今地安门外大街之上,是确定元大都的重要地标性建筑遗存。《析津志》记载:"万宁桥在玄武池东,名澄清闸",澄清闸为桥旁的水闸,故海子桥、澄清闸代表同一位置,均在明北京城中轴线上的南北大街上。[3] 这样看来,元代鼓楼就应该在城市中轴线上才对。

实际上,作为丽谯楼的齐政楼,很难想象南面没有较为开阔的街道空间,而只是一座隔湖相望的楼阁建筑。考谯楼的历史,在三国吴时为修建于衙城(子城)正门上的楼阁[4],有瞭望、预警、报时等功能。而且,衙城或内城是城市内的行政中心,谯楼位于衙城南面,有领衔内城而总览全城的空间作用,地位显赫。南齐时期的建康城,谯楼置于宫城的端门上,晚近如明清紫禁城,南面的午门即有谯楼的历史痕迹。在地方城市中,宋代多有子城,谯楼就位于北领子城、南临丁字街或临近十字大街的重要位置上。

如:宋严州谯楼位于子城正门,"谯楼因州门为之门"[5],直南为大街,与定川门相对(见《建德府内外城图》[6]);宋台州谯楼位于子城正门,直南为大街,与镇宁门相对(见《嘉定赤城志·罗城图》[7]);元奉元城(今西安)敬时楼在路衙西面十字街北,钟楼在十字街口东北(见《长安志图·奉元城图》[8]);在明西安府城中,鼓楼在都察院之南,十字街之北,南直鼓楼大街(见《嘉靖陕西通志·陕西省城图》[9])(图29);明代襄阳府城,谯楼位于十字街北,等等。

❶ 文献 [41]. 卷五十四.

❷ 文献 [41]. 卷五十四.

❸ 参见:文献 [57],文献 [60].

❹ 衙城,指郡县之所的内城,也称子城。《三国志·吴志·吴主传》:"诏诸郡县治城郭,起谯楼,穿堑发渠,以备盗贼。"故江南之地更多见子城制度,有元一代,子城多毁。参见:文献 [5].

❺ 文献 [10].

❻ 文献 [11].

❼ 文献 [12].

❽ 文献 [23].

❾ 文献 [32].

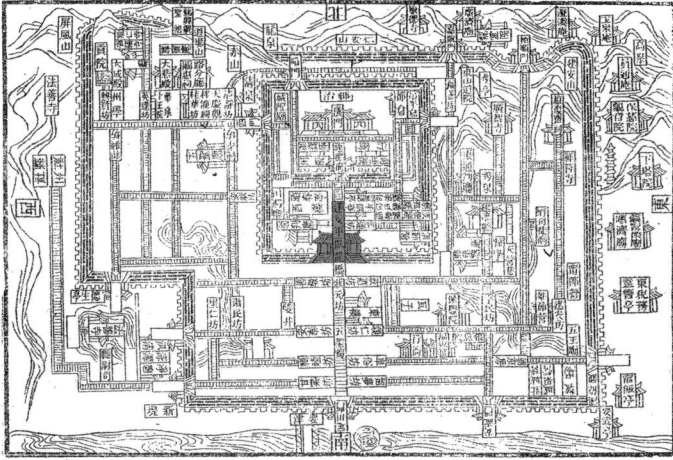
（a）宋代建德府城谯楼

（文献 [11].）

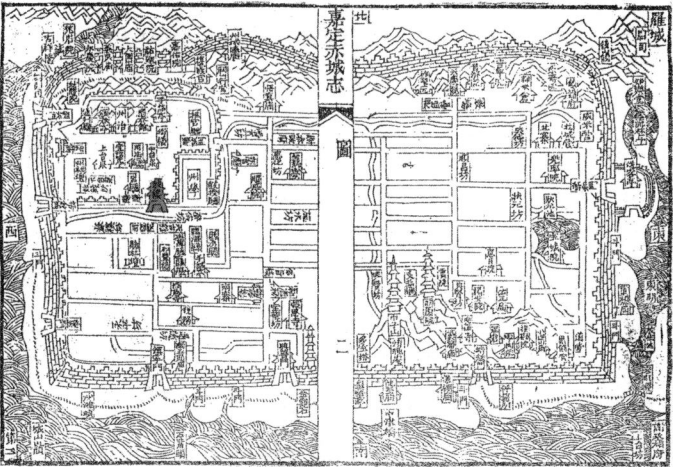
（b）宋代台州城谯楼

（文献 [12].）

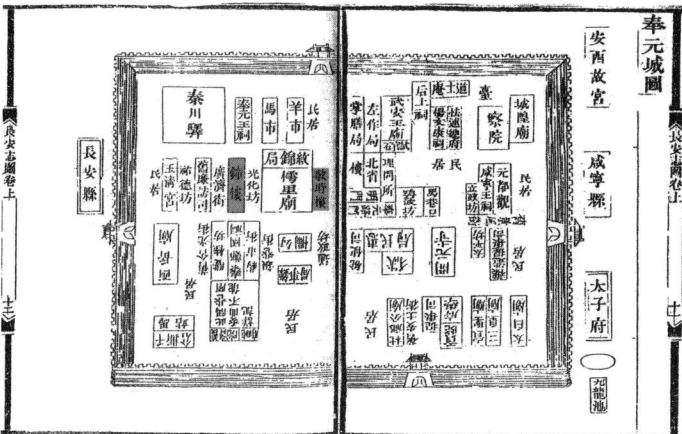
（c）元代奉元城钟鼓楼

（文献 [23].）

图 29　宋明间地方城市中的谯楼

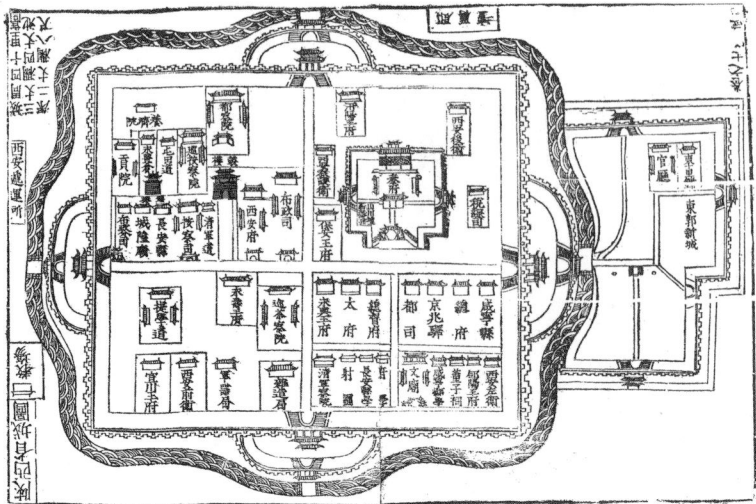

（d）明代西安府城钟鼓楼

（文献 [32].）

图 29 宋明间地方城市中的谯楼（续）

《周易》中："离也者，明也，万物皆相见，南方之卦也，圣人南面而听天下，向明而治"❶；"离者，丽也"❷。故丽谯楼具有"向明而治"的象征意义，而且南面"万物皆相见"，此处还是人流四面集中的场所，南向尤其重要，以利于行政命令的有效传达，故自上而下的古代城市系列，几乎均遵循此同一道理进行城市设计。

对照元大都的中心区，早期的布局确实是一个城市的行政中心区，因为中书省（位置探讨见后）、大都府、巡警二院、宝钞库、倒钞库等重要机构设置在钟鼓楼两侧。元代鼓楼位于今鼓楼处，更符合领衔众署、面南而治、人流集中、中正开阔等特征。号称"此楼正居都城之中，楼下三门"的鼓楼，不在中轴线上，而且前面还没有南北大街，这是难以理解的。

此鼓楼名为"齐政楼"，取"璇玑玉衡，以齐七政"之义。"七政"又名北斗星，《史记·天官书》载："北斗七星，所谓'旋玑玉衡，以齐七政'。"❸《史记·天官书》载："斗为帝车，运于中央，临制四乡。"❹故齐政楼应具有坐镇中央临制四方的空间态势。现在的鼓楼位于积水潭东南拐点的上方，在前海南岸向鼓楼望去，整个湖面"S"形弯曲归拢于其处，犹如围绕鼓楼旋转一般。设想在鼓楼西侧 150 米处再建一楼，体量相当，并列于前，这种集中烘托的空间效果就要削弱很多（图 30）。

其次，《析津志》所说齐政楼东面的中心阁，为大天寿万宁寺的中心阁，属于宗教建筑的范畴，且在元大都创建期之后修建，已有学者考证。《永乐顺天府志》引《图经志书》："万宁寺在金台坊，旧当城之中，故其阁名中心，今在城之正北。"❺元《雪楼集》载："（大德）九年，建圣寿万宁寺，造千手眼菩萨，铸五方如来于是。"《日下旧闻考》引《析津日志》："原：天寿万宁寺在鼓楼东偏，元以奉安成宗御象者，今寺之前皆兵民居之。"❻

中国建筑史论汇刊·第壹拾柒辑

❶ 文献 [1]. 卷九. 说卦第九.

❷ 文献 [1]. 卷九. 序卦第十.

❸ 文献 [1].

❹ 文献 [1].

❺ 文献 [26]: 5.

❻ 文献 [41]. 卷五十四.

图30 北京鼓楼的视觉景观
(作者自摄)

《析津志辑佚》载:"(原庙)完者笃皇帝,中心阁。"❶ 完者笃皇帝,即元成宗,是元代继忽必烈之后的第二位皇帝。

由此可见,中心阁很有可能和万宁寺同期修建,而晚于钟鼓二楼,此时城市格局已经基本形成。需要补充说明的是,原庙为元代在寺院中设立的宗庙。元世祖忽必烈的原庙在大圣寿万安寺(今白塔寺),该寺兴建于至元九年(1272年)十二月❷,与钟鼓楼在同一年而稍后修建,是元大都修建的重要工程之一,但并未选址在后来的中心阁处,而是以平则门内的辽代遗寺增扩建而成。这就佐证了元大都内城的后方,中轴线上原本就以钟鼓楼为主体更为合理;也没有必要预先建好一座中心阁,再由后来的皇帝改建为寺院建筑。

因此,"天寿万宁寺,在鼓楼东偏",只能是今鼓楼位置的东偏,而不是旧鼓楼大街南口的东偏位置。而且,"今寺之前,皆兵民居之",与寺院前不正对南北大街的情况更为符合。故《图经志书》所言之中心阁"今在城之正北"也只是笼统的说法。换言之,中心阁与万宁寺虽然位于中轴正北的金台坊内,但不在中轴线上。所谓"鼓楼东偏",在《析津志》之"大街东去"的大街以北,即齐政楼的东北方向;也不是东大街之南,因齐政楼"东南转角街市俱是针铺",以商店铺面为主。

再者,"西,斜街过凤池坊",表明齐政楼向西为斜街,即今鼓楼西大街。

最后,齐政楼正北为钟楼。另据《析津志》,钟鼓楼之间同样存在一条街道,号称钟楼前街:"珠子市,钟楼前街西第一巷"❸。这条街道类似明钟鼓楼之间的街道。

在可考的历史实例中,城市钟鼓楼制度分为宫殿区的钟鼓楼与街市区的钟鼓楼。❹ 早期见于曹魏邺城的宫城钟鼓楼,分别位于文昌殿前两侧。根据遗址实测平面推算,二楼间距在200米左右。在晚近的实例中,明北京紫禁城奉天殿前的文昭阁、武成阁相距220米;而作为京城钟鼓楼的明清北京钟鼓楼相距为190米。在地方城市中,元明西安钟鼓楼,布置于省级和路府级衙署区内,根据对西安历史地图的测量,元代奉元城二楼相距

❶ 文献 [18]: 63.

❷ 文献 [14]. 卷七. 本纪第七.

❸ 文献 [18].

❹ 文献 [61].

369 米，明嘉靖二十一年（1542 年）西安府城二楼相距约 480 米，明万历三十九年（1611 年）二楼相距 336 米，均未超过 500 米❶。此外，明代彰德府城钟鼓楼相距 460 米。开封府城中，钟鼓楼布置于周王府前东西两侧的十字街口，参照《康熙开封府志·河南省城旧图》❷的钟鼓楼位置在谷歌地球上测量，二楼相距达 1000 米，为少见实例，但此钟楼在康熙年间被拆毁，从此仅余鼓楼。

从以上实例分析，城市中钟鼓楼成对出现的时候，二者相距不会太远，一般不超过 500 米。对照元大都布置于旧鼓楼大街南北两端的情况，二者则相距 910 米，这与文献记载的"建钟鼓楼于城中"❸，以及"城之中央有一极大宫殿，中悬大钟一口，夜间若鸣钟三下，则禁止人行"❹不甚吻合。因为既然齐政楼位于中央区，钟楼与之相距较远，则不宜认为钟楼也位于城市的中央，或钟鼓并称位于城市中央。

此外，《日下旧闻考》引《析津志》重点谈道："增：钟楼，京师北省东，鼓楼北，至元中建阁，四阿，檐三重，悬钟于上声远愈闻之。《析津志》。增：钟楼之制，雄厂高明，与鼓楼相望，本朝富庶殷实，莫盛于此。楼有八隅四井之号，盖东西南北街道最为宽广。《析津志》"❺四阿顶、三重檐，以及"本朝富庶殷实，莫盛于此"等语，结合《马可波罗行纪》"城之中央有一极大宫殿"❻的说法判断，元钟楼的规制在齐政楼之上。"楼有八隅四井之号"，再次表明此楼也位于中心区，不会偏离太远，城市空间至此最为隆重，因此有"盖东西南北街道最为宽广"的描述。

再者，《析津志》中有"（齐政）楼之左右俱有果木、饼面、柴炭、器用之属"；又提到"柴炭市集市，一顺承门外，一钟楼，一千斯仓，一枢密院"❼。柴炭市既在齐政楼的左右，又说在钟楼，可见钟鼓二楼相距不远。

钟鼓楼所在为集市集中的区域。根据《析津志》，齐政楼东南转角街市为针铺，十字街西南角为米市、面市，齐政楼左右为果木、饼面、柴炭、器用商铺。钟楼附近，"珠子市，钟楼前街西第一巷"，"铁器市，钟楼后"，"靴市，在翰林院东"，即亦在钟楼附近。钟、鼓楼位置的上述推定，与学界普遍认可的元大都"前朝后市"的布局更为吻合。

综上分析，元代齐政楼位于今鼓楼处更为合理，元代钟楼在其北不远，二楼街道相连，均在中轴线上。

2. 钟楼位置推定及北中书省、中心台、中心阁

1）钟楼

《元一统志》载："（至元）九年二月，改号大都，迁居民以实之，建钟鼓楼于城中。"❽可见钟鼓二楼是标定中心区的两座大型楼阁建筑。古代宫殿钟鼓楼常在主殿前东西两侧对称出现，这与古人对钟鼓的文化定位有关。《说文解字》载："钟，乐钟也。秋分之音，物种成。鼓，郭也。春

❶ 据《西安历史地图集》《元奉元路城图》测量。参见：文献 [49]: 114.

❷ 文献 [33].

❸ 《元一统志》："（至元）九年二月，改号大都，迁居民以实之，建钟鼓楼于城中。"参见：文献 [13]; 文献 [41]. 卷三十八。

❹ 《马可波罗行纪》："城中有壮丽宫殿，复有美丽邸舍甚多。城之中央有一极大宫殿，中悬大钟一口，夜间若鸣钟三下，则禁止人行。鸣钟以后，除为育儿之妇女或病人之需要外，无人敢通行道中。"参见：文献 [22]: 335. 第四十八章·大汉太子之宫。

❺ 文献 [41]. 卷五十四。

❻ 文献 [22]: 335.

❼ 文献 [18].

❽ 文献 [41]. 卷三十八。

分之音，万物郭皮甲而出，故谓之鼓。"

钟代表秋分之音，鼓代表春分之音，在古代"二分"与"二至"的空间文化下，钟、鼓二楼一般会处于一种对称或均衡的空间态势之中。位于城市中央的元大都钟鼓楼，虽采用鼓南钟北的制度，亦当会在布局中与地形、街巷或重要建筑（群）取得某种平衡。

今观明清顺天府署遗址在交道口西北、鼓楼东大街与分司厅胡同之间，南北占据了四条胡同的长度。《春明梦余录》载："顺天府治，即元大都路总治旧署也"❶，故《析津志》所言的大都路、巡警院、倒钞库、中心阁与万宁寺，在今安定门内大街西至旧鼓楼大街之间，均占据了南北四条胡同的面积。在此地段内，因最初的衙署、寺院规模较大，故形成的历史肌理与其他居住性质的胡同肌理不一样。从《乾隆京城全图》中可以看到（图31），分司厅胡同以北、安定门内大街以东，胡同肌理很明确；旧鼓楼大街以西则不甚明确。可见此东西条形地段具有相对独立的特征，这必然与最初的官署、寺院及大型建筑布置有关。对照元大都的天心十字，此地段正好与城市的横轴相对应，西向介于高梁河与金水河之间，东向介于微地形"个"字开口中央。

既然齐政楼的选址与此地段的南侧对齐，那么其正北方的钟楼完全有可能与街区的北侧对齐，即在今豆腐池胡同一线；如果元钟楼就在明钟楼之处，那么北面遗留下来的半截街道就变得难以理解。

若以天心十字 M（明钟楼）为中点，齐政楼位于其南 191.5 米 S 点（坐标 116° 23′ 22.92″ E，39° 56′ 21.55″ N），向北 191.5 米则在豆腐池胡同北沿之北 30 米处 N 点（坐标 116° 23′ 22.28″ E，39° 56′ 33.96″ N）。N 点附近地块，豆腐池胡同至张旺胡同南北长 76.7 米，赵府街至今东城职工大学东西长 175 米，与今鼓楼用地面积相当。此外，N 点地块的城市肌理与周边亦有区别，在《乾隆京城全图》中标记为"天仙庵"、"清净寺"、"地

❶ 文献 [40]. 卷四.

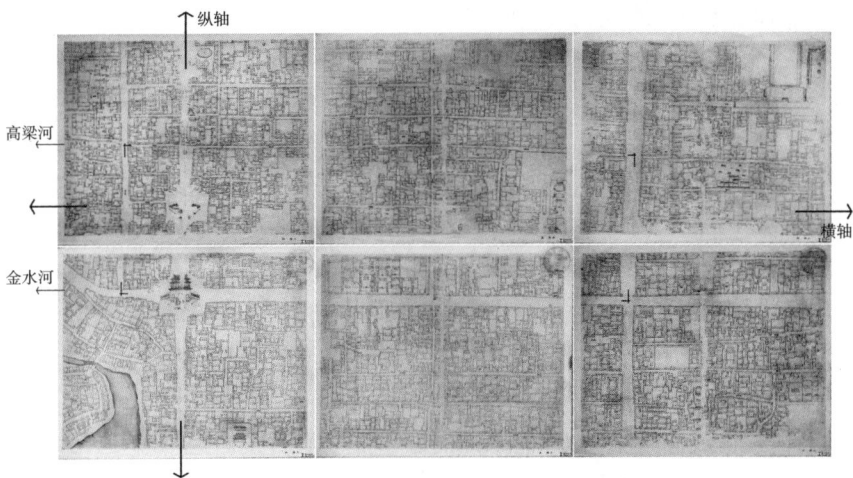

图31 《乾隆京城全图》二排与三排局部
（底图来自文献 [65]）

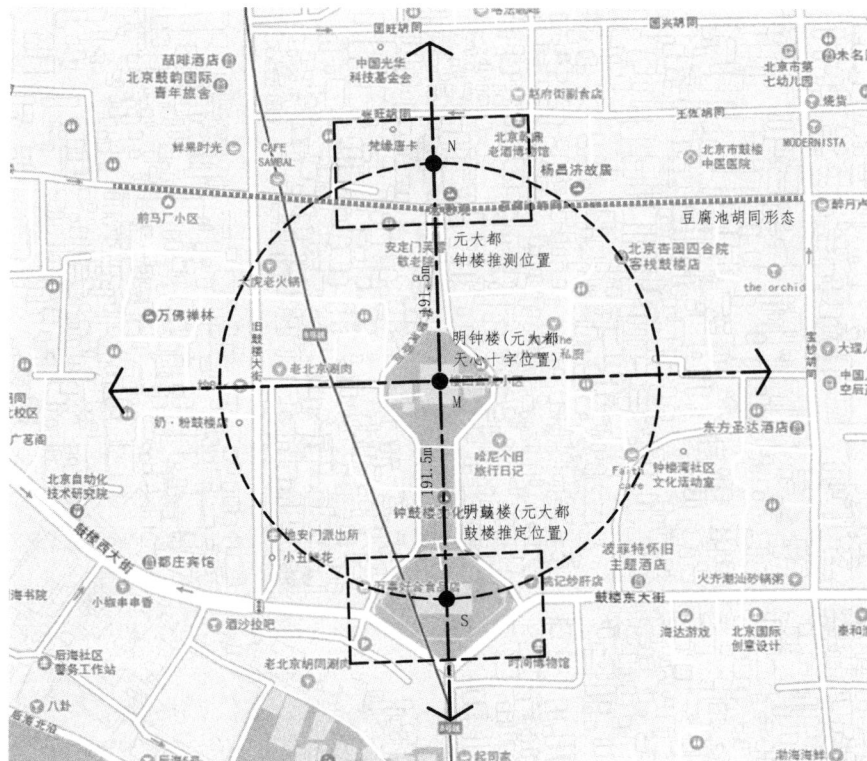

图 32　豆腐池胡同位置分析图
（根据腾讯地图绘制）

图 33　民国航拍图中的豆腐池胡同
（文献 [66].）

藏庵"，而非普通民居；再者，城市中轴线北端布置普通民居的可能性不大，在元代时必有重要建筑。

观察民国北平航拍图与现今豆腐池胡同形式，在豆腐池均有南凸的趋势，这种街巷形态很像元上都大安阁前的东西街道，故其北面曾出现过大型重要建筑的可能性很大。

在《乾隆京城全图》中，鼓楼四面的街道在接近鼓楼时，均呈喇叭口逐渐放大的趋势，钟楼南北略微如此；而钟楼北街道在接近豆腐池胡同时，街口逐渐放大的趋势更为明显，也暗示胡同北面曾出现过类似鼓楼级别的重要建筑（图 32~ 图 34）。

此外，《析津志》记载："珠子市，钟楼前街西第一巷。" ❶ 所谓第一巷，说明钟楼前街西不止有一道巷子，而在今钟楼前西面，充其量只有钟楼库胡同及小铃铛胡同可能被称为第一巷，其余则与文献描述不相吻合。若元钟楼在豆腐池胡同 N 点处，出现"前街西第一巷"的可能性则更大。

❶　文献 [18].

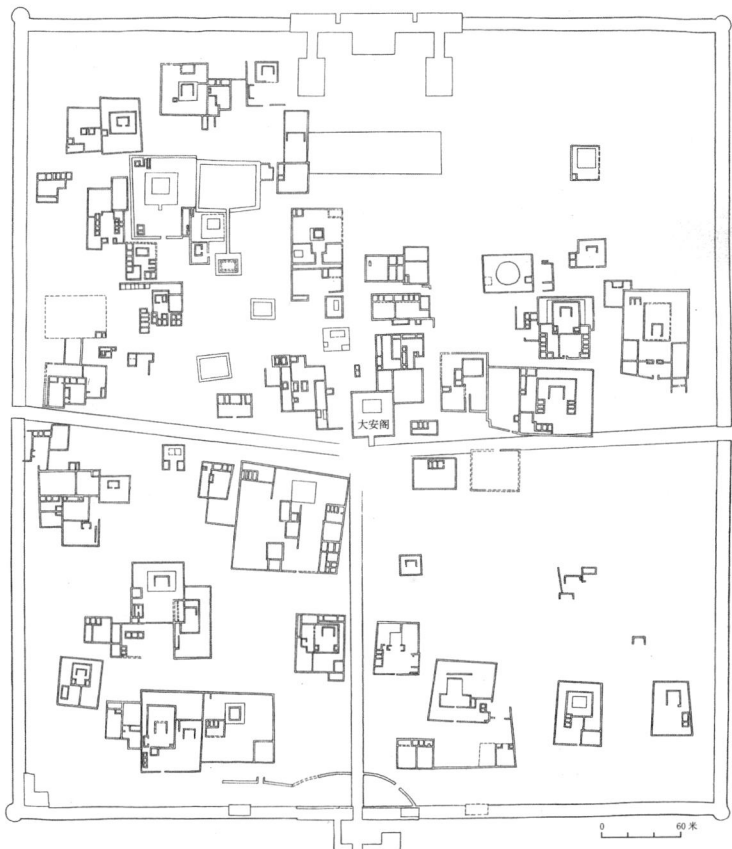

图34 元上都宫城平面图

（文献[63].）

229

结合山水地形的元大都城市十字定位与中心区布局研究

2）北中书省

再者，元钟楼与中书省的位置有关。《析津志》载："凤池坊在斜街北。[1]（至元四年）四月甲子，筑内皇城，位置公定方隅，始于新都凤池坊北立中书省。其地高爽，古木层荫，与公府相为樾荫，规模宏敞壮丽。奠安以新都之位，置居都堂于紫薇垣。"[2] 又：

"钟楼，京师北省东，鼓楼北。"[3]北省实际上是以金兀术府邸而为，《宸垣识略》载："元时翰林院，以金兀珠第为之，其地在凤池坊北，钟楼之西。"[4]而且，元代欧阳玄有诗云："翰林老屋势深雄，犹是金家兀术宫。定鼎初年曾作省，至今门径凤池通。"[5]

至元四年（1267年）所立中书省，在至顺二年（1331年）七月十九日改为翰林院，中书省则迁至皇城南五云坊[6]，故原省有北省之称。北省在凤池坊北，应理解为凤池坊内的北部，而不是在凤池坊之北的招贤坊内，欧阳玄诗句"至今门径凤池通"也能说明此问题。而且，《析津志》载"招贤坊，在翰林院西北"，足见招贤坊与翰林院之间尚有足够距离。

综上文献所述，关于北省位置可以归纳出以下关键词：凤池坊北、地势高爽、古木葱郁、金兀术府邸、规模宏敞。因为缺乏确切的记载，所以

[1] 文献[18]：3.

[2] 文献[18]：8.

[3] 文献[41].卷五十四.

[4] 文献[38].卷五.

[5] 文献[25].卷之三.

[6] 文献[18]：8-9.

关于北省的位置，只能根据上述特征来结合有关因素进行推测。

根据谷歌地形图，在斜街之北有三处地势较高的地块，现状海拔均在55米以上。其一在今关岳庙一带，其二在今小石桥胡同以南竹园宾馆一带，其三在铸钟胡同一带。

首先，关岳庙的前身为光绪十七年（1891年）建立的醇贤亲王庙，在此之前，根据《乾隆京城全图》所示，为佑圣寺及观音庙，地势也比较开阔，但距离城市中轴线较远，与"钟楼，京师北省东，鼓楼北"❶的说法不相符，显然钟楼与北省之间东西相隔不远。

其次，赵正之先生认为：从街道图来看，今小黑虎胡同以西，北起小石桥胡同以南，南至西魏胡同南口附近，西至新开路甘水桥以东，东至铸钟厂胡同以西的这块面积，应为元代京师北省之所在。❷

然而，这个地段由于斜街南绕的原因，地势比较局促，用于规模宏敞的深宅大院，似乎不太符合。而且，永乐年间曾在此铸造大钟，从《乾隆京城全图》中察看，该部位胡同肌理零碎，不太像由大规模的宅院建筑转变而来。

第三，竹园宾馆附近的地块，在谷歌地形图上，微地形有束气起凸、回龙顾祖的特征，与常见选址地形相合。竹园宾馆，本是一座古典式的庭院建筑，在《乾隆京城全图》中，此处可见中轴布置的深宅大院（图35）；清末以来，不少显赫人士，如盛宣怀、王荫泰、马汉三、董必武、康生等，都曾居住于此。此外，鉴于元代北省之地有古木葱郁的特征，今在斜街以北，也就是竹园宾馆附近，树木生长更为茂盛（图36）。此处地势高爽而开阔，适合建造大规模的院落组群建筑；且在豆腐池胡同之西，与钟楼位置的相互关系能够吻合。

因此，推测元代北省（翰林院）位置在今竹园宾馆附近更为合理；大致在前马厂胡同以北、大石桥胡同以南、旧鼓楼大街以西、新开胡同小区以东地段。

3）中心台与中心阁

在所有记载可能位于城市中心的建筑中，中心台的可能性是最大的。无论是大都钟鼓楼建筑，还是中心阁寺院、原庙建筑，其功能都是很明确的，但中心台"实都中东南西北四方之中"❸，正南位置碑刻"中心之台"❹，并用垣墙单独围绕起来。从此做法看，它的确是一座城市中心点的标识性建筑。这与传统选址天心十字之"穴法有天心十字，乃四应之至中是也"❺，二者如出一辙。从此角度推断，中心台应在今钟楼的位置，即在元大都天心十字上。

对照历史文献，关于中心台存在两种说法。一是以《析津志》为源头的文献，记载中心台在中心阁之西，或因缺漏方位之字而不明确，见于《析津志辑佚》和《日下旧闻考》。二是以《明一统志》[天顺五年（1461年）

❶ 文献[41].卷五十四.

❷ 文献[46]：20.

❸ 文献[18]：104.
❹ 文献[18]：104.
❺《谢和卿神宝经·总论》，参见：文献[31]：383。

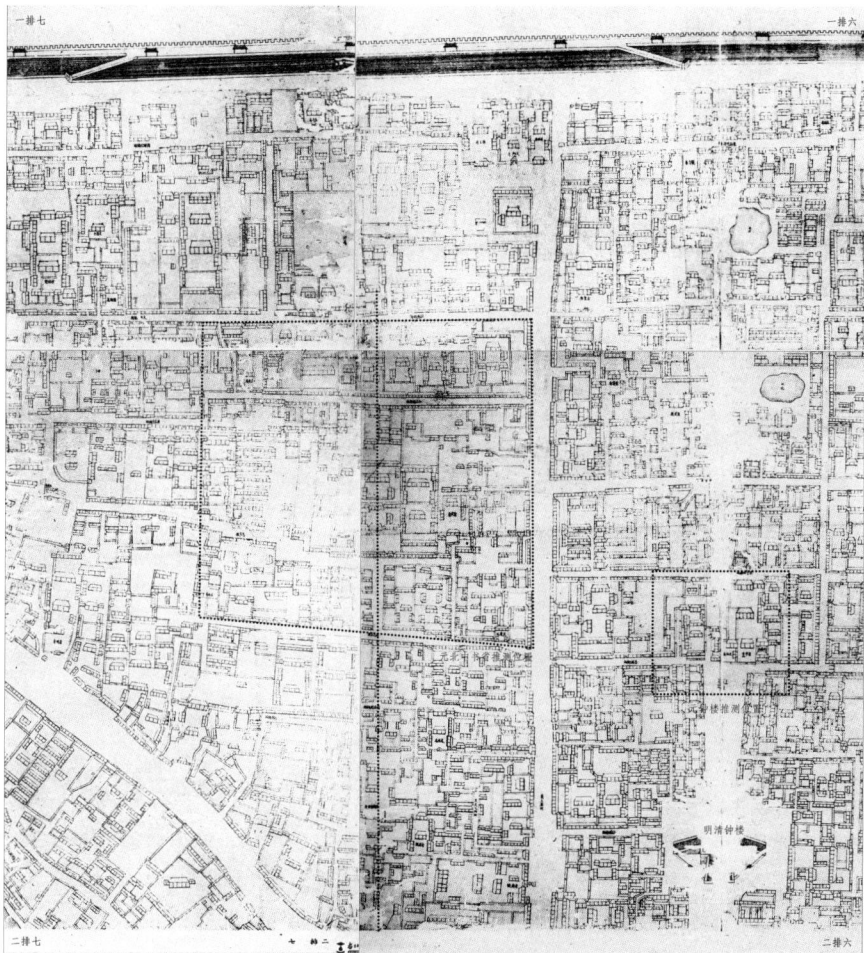

图 35　乾隆京城图北省位置分析
（底图来自文献 [65]）

刊行] 为源头的文献，记载中心台在中心阁之东，进而又为明清多种文献转载，如《万历顺天府志》、《光绪顺天府志》、《日下旧闻考》等。

《析津志辑佚》："中心台，在中心阁西十五步。其台方幅一亩，以墙缭绕。正南有石碑，刻曰：中心之台。实都中东、南、西、北四方之中也。在原庙之前。" ❶

《日下旧闻考》引《析津志》："增：中心台，在中心阁十五步。其台方幅一亩，以墙缭绕。正南有石碑，刻曰：中心之台。实都中东、南、西、北四方之中也。析津志。"

《明一统志》："中心阁在府西，元建，以其适都城中，故名。阁东十余步，有台缭以垣，台上有碑刻'中心台'三字。" ❷

基于前文初定中心阁在齐政楼东北方向，若中心台在中心阁东十五步（约 23 米），则中心阁还要在其东面。本来东城相距中轴线的距离已经较短，若中心台还在中心阁以东，则偏离东西城墙距离之中更远了，这与中心台

❶　文献 [18]：104.

❷　文献 [27]．卷一.

231

结合山水地形的元大都城市十字定位与中心区布局研究

图 36　竹园宾馆附近树木葱郁现象
（根据腾讯地图绘制）

的标识意义不符。

　　至于"在原庙前"的说法，在《日下旧闻考》的转引中无此句，而其本身就与前句"在中心阁西十五步"相矛盾。除了笔误，还可能因为中心阁是大德九年所造万宁寺千手千眼菩萨的楼阁，为万宁寺的中心建筑；而"原庙"为"成宗神御殿"[1]，为"影堂"，又在中心阁之后；犹如元世祖影堂不可能就在大万安寺白塔处一样。

　　参照北京妙应寺格局，其白塔前尚有数进院落，白塔至山门距离为190米，至道路200米，相当于今钟鼓楼二楼之间的距离。如果万宁寺轴线长度与万安寺相当，则中心阁当在今钟楼以东的位置上。今见《乾隆京城全图》的万福寺（即万宁寺）部分，很可能仅是万宁寺中心阁前寺院部分。故中心阁大略位于今钟楼之东90—100米（约60元步）附近的万宁寺中轴线上（图37）。

　　元钟楼的建筑形制为"四阿檐三重"，略与今鼓楼所见相仿，但与今钟楼形制相异。明永乐十八年（1420年）所建钟楼，后毁于火；目前所见钟楼为城台之上的重檐歇山建筑，为清乾隆十年（1745年）重建形制；其原址应为元代的中心台，而不是中心阁。

❶《元史·泰定帝本纪》："（泰定四年五月）作成宗神御殿于天寿万宁寺。"参见：文献[14]。

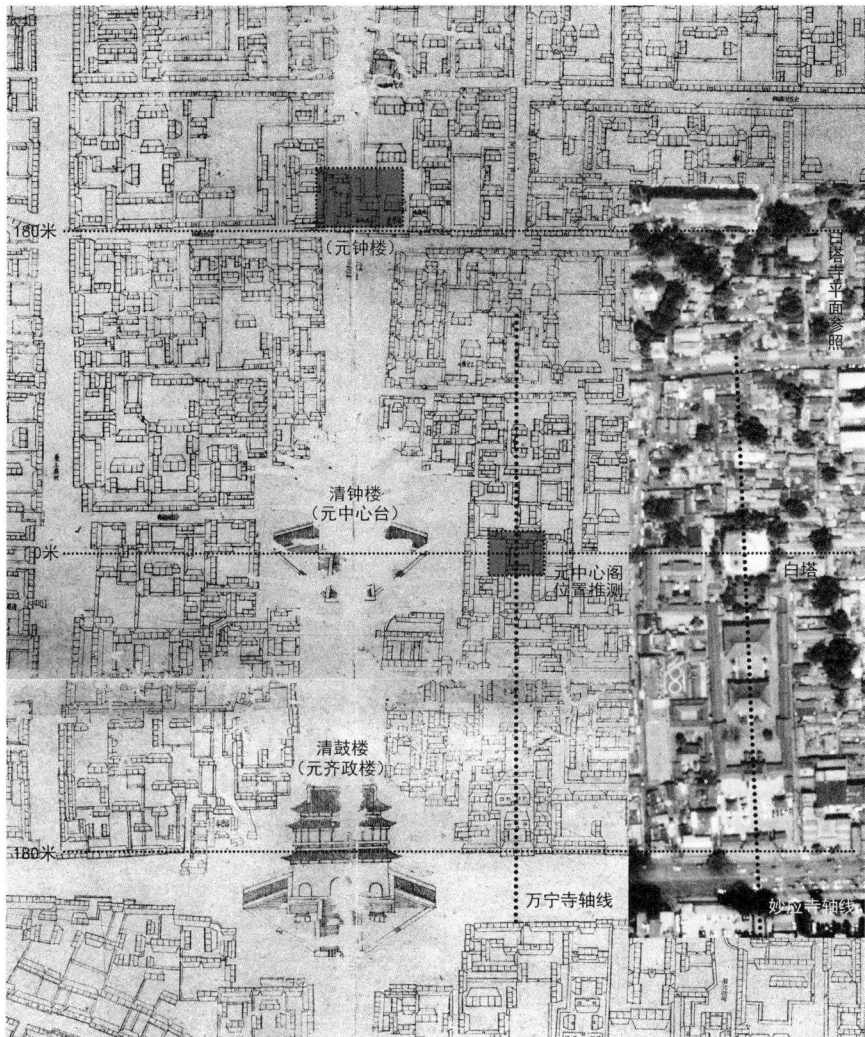

图 37　参照北京妙应寺格局的中心阁分析
（底图来自文献 [65]）

4）附记

在宋元之际，华北地区有在衙署建筑轴线后端构筑高台建筑的先例。《松隐集》载："上经郓州，馆于州治，圃有榭曰飞仙台。"❶《河朔访古记》载："（彰德路总管府治）惟飞仙台基在府治敏公堂后，今构观音堂其上；台北十余步踰小巷，后园有休逸台基，面山亭基，金节度完颜熙载作养素堂其上，今废。"❷上述记载反映了宋代相州治的平面布局情况，目前飞仙台尚存，称为高阁寺，在安阳市文峰南街之南，旧衙之北。这种衙署之后的高台建筑，在战乱频发的年代，起到了登高瞭望的作用；而这种建筑轴线空间构成，与元大都宫殿在前、台阁在后的城市布局如出一辙，故引为参考（图 38）。

综上分析，绘制出元大都中心区重要建筑布局的研究推想图如图 39。

❶　文献 [68]. 卷二十九.

❷　文献 [69]. 卷中.

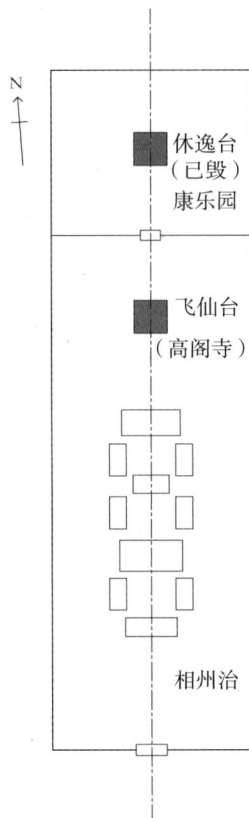

图 38　宋代相州治
平面示意图
（作者自绘）

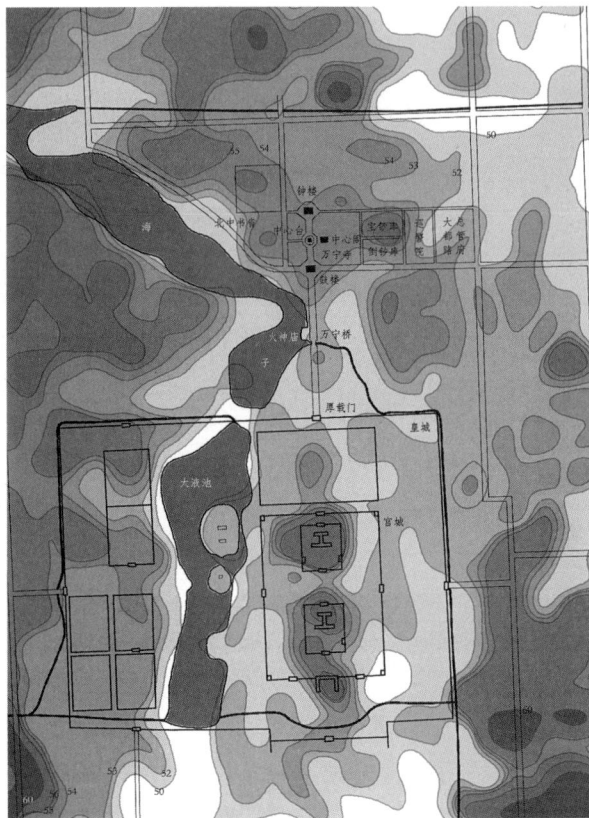

图 39　元大都中心区布局研究推想图 ❶
（作者自绘，皇城布局据前人成果绘制）

中国建筑史论汇刊·第壹拾柒辑

❶　图中标出火神庙，因为数种文献皆载，其庙唐贞观年间已有，元代至正六年建，明代因旧址增修。《帝京景物略》："殿后水亭望北湖建，庙北而滨湖焉，以水济而胜厌也"；又引袁宗道《赠火神庙道士》诗句："事火道人事，翻来水上居"。参见：文献 [36]. 卷一。故连同什刹海和玉河，火神庙至少是一个北、西、南三面临水的建筑组群。

五、余语

结合地形山水，不仅可以很大程度上将城市天心十字定位的细节呈现出来，还可以结合成熟历史时期的城市格局和肌理对古代城市设计作一些深入思考。

元大都天心十字确定是复杂的，是综合各种因素权衡的结果，但地形山水是其重要条件。在积水潭南北两侧，实际上均存在"个"字地形，但北面"个"字地形（黄寺一带）尺度较小，且无太液池那样的更为美好的景致，当不是主要宫殿布置的首选之处。至于元大都南部皇城，其"个"字地形更为完美。先前学者多有讨论元大都皇城位于南部的原因，实际上对照微观地形来看，很容易理解为何如此。

推定在现存钟楼处的元大都天心十字，与北京总体地形特征和山水格局具有更高的吻合度。当初的中心台若切实在此，中心区空间关系也更为合理；但是由于佐证文献的缺乏，而并非最后的定论。以上结合山水地形的城市设计探索性研究，提供方家研究参考，并求指正！

参考文献

[1] 周易 [M]. 四部丛刊景宋本.

[2] ［秦］吕不韦. 吕氏春秋 [M]. 四部丛刊景明刊本.

[3] ［汉］司马迁. 史记 [M]. 清乾隆武英殿刻本.

[4] ［汉］佚名. 三辅黄图 [M]. 四部丛刊三编景元本.

[5] ［晋］陈寿. 三国志 [M]. 卷四十七. 吴书二. 百衲本景宋绍熙刊本.

[6] ［南北朝］郦道元. 水经注 [M]. 清武英殿聚珍版丛书本. 卷十四.

[7] ［晋］郭璞. 葬书 [M]. 清文渊阁四库全书本.

[8] ［唐］杨筠松. 撼龙经 [M]. 清文渊阁四库全书本.

[9] ［宋］张洞玄. 玉髓真经 [M]. 明嘉靖刻本. 卷十九.

[10] ［宋］方仁荣. 景定严州续志 [M]. 卷一. 清文渊阁四库全书本.

[11] ［宋］陈公亮，修.［宋］刘文富，纂. 淳熙严州续志 [M]// 中华书局编辑部. 宋元方志丛刊（第5册）. 北京：中华书局，1990.

[12] ［宋］陈耆卿. 嘉定赤城志 [M]// 中华书局编辑部. 宋元方志丛刊（第7册）. 北京：中华书局，1990.

[13] ［元］脱脱. 金史 [M]. 百衲本景印元至正刊本.

[14] ［明］宋濂. 元史 [M]. 清乾隆武英殿刻本.

[15] ［清］万斯同. 明史 [M]. 清钞本.

[16] ［元］孛兰肹，等，著. 赵万里，校辑. 元一统志 [M]. 北京：中华书局，1966.

[17] ［元］苏天爵. 滋溪文稿 [M]. 民国适园丛书本. 卷二十二.

[18] ［元］熊梦祥，著. 北京图书馆善本组，辑. 析津志辑佚 [M]. 北京：北京出版社，2015.

[19] ［元］陆文圭. 墙东类稿 [M]. 清文渊阁四库全书本. 卷十二.

[20] ［元］刘秉忠. 平砂玉尺经 [M]. 呼和浩特：内蒙古人民出版社，2010.

[21] ［元］许有壬. 至正集 [M]. 卷二十. 清文渊阁四库全书补配清文津阁四库全书本.

[22] （法）沙海昂，注. 冯承均，译. 马可波罗行纪 [M]. 北京：中华书局，2004.

[23] ［元］李好文. 长安志图 [M]. 清经训堂丛书本.

[24] ［元］陶宗仪. 南村辍耕录 [M]. 四部丛刊三编景元本.

[25] ［元］欧阳玄. 圭斋文集 [M]. 四部丛刊景明成化本.

[26] ［明］佚名. 永乐顺天府志 [M]. 清光绪十二年（1886）江阴缪氏艺风堂抄本 // 北京大学图书馆. 北京大学图书馆藏稀见方志丛刊（1）. 北京：国家图书馆出版社，2013.

[27] ［明］李贤. 明一统志 [M]. 清文渊阁四库全书本.

[28] [明]徐善继,徐善述,著.郑同,点校.绘图地理人子须知（上）[M].北京：华龄出版社，2012.

[29] [明]徐善继,徐善述,著.郑同,点校.绘图地理人子须知（下）[M].北京：华龄出版社，2012.

[30] 郑同.堪舆（上册）[M].北京：华龄出版社，2008.

[31] 郑同.堪舆（下册）[M].北京：华龄出版社，2008.

[32] [明]马理,等,纂.董健桥,等,校注.陕西通志[M].西安：三秦出版社，2006.

[33] [清]管竭忠,张沐.康熙开封府志[M].开封市地方志办公室据清康熙三十四年（1695年）刊本整理.

[34] [明]邢云路.古今律历考[M].卷九历代一.清文渊阁四库全书本.

[35] [明]杨荣.文敏集[M].卷一.清文渊阁四库全书本.

[36] [明]刘侗.帝京景物略[M].明崇祯刻本.

[37] [清]嵇璜.续通志[M].清文渊阁四库全书本.

[38] [清]吴长元.宸垣识略[M].清乾隆池北草堂刻本.

[39] [清]郭元釪.全金诗[M].清文渊阁四库全书本.卷十三.

[40] [清]孙承泽.春明梦余录[M].清文渊阁四库全书本.

[41] [清]于敏中.日下旧闻考[M].清文渊阁四库全书本.

[42] 张杰.中国古代空间文化溯源（修订版）[M].北京：清华大学出版社，2016：358.

[43] 京都市内外城地图(1917年)[Z]// 中国国家图书馆.北京古地图集.北京：测绘出版社，2010：276.

[44] [清]周培春.北京城市记忆系列之北京地里全图[Z].北京：中国地图出版社，2014.

[45] [民国]京师内外城二十区警察署,测绘.京师警察厅总务处，制.中国书店,整理.京师内外城详细地图（1928年）[Z].北京：中国书店，2014.

[46] 赵正之,遗著.元大都平面规划复原的研究[A]// 建筑史专辑编辑委员会.科技史文集.第2辑.建筑史专辑.上海：上海科学技术出版社，1979：14-27.

[47] 侯仁之.北京历史地图集·政区城市卷[M].北京：北京出版社，2013.

[48] 侯仁之.北京城的生命印记[M].北京：三联书店，2009.

[49] 史念海.西安历史地图集[M].西安：西安地图出版社，1996.

[50] 徐苹芳.中国历史考古学论丛[C].台北：允晨文化实业股份有限公司，1995.

[51] 郭超.北京中轴线变迁研究[M].北京：学苑出版社，2012.

[52] 蔡蕃.北京古运河与城市供水研究[M].北京：北京出版社，1987：34.

[53] 孙秀萍,赵希涛.北京平原永定河古河道[R].科学通报.1982（16）：1004-1007.

[54] 北京市地方志编纂委员会.北京志·地质矿产水利气象卷·水利志[M].

北京：北京出版社，2000：112-113.

[55] 王璞子. 元大都城平面规划述略 [J]. 故宫博物院院刊，1960（00）：61-82+196.

[56] 中国科学院考古研究所，北京市文物管理处元大都考古队. 元大都的勘察和发掘 [J]. 考古，1972（1）：19-28.

[57] 王灿炽. 元大都钟鼓楼考 [J]. 故宫博物院院刊，1985（4）：23-29.

[58] 姜舜源. 故宫断虹桥为元代周桥考——元大都中轴线新证 [J]. 故宫博物院院刊，1990（4）：31-37.

[59] 曾武秀. 中国历代尺度概述 [J]. 历史研究，1964（3）：163-182.

[60] 岳升阳，马悦婷. 元大都海子东岸遗迹与大都城中轴线 [J]. 北京社会科学，2014（4）：103-109.

[61] 夏玉润. 中国古代都城"钟鼓楼"沿革制度考述 [J]. 中国紫禁城学会会议论文集，2010-09-26：602-637.

[62] 姜东成. 元大都城市形态与建筑群基址规模研究 [D]. 清华大学，2007.

[63] 魏坚，等. 元上都 [M]. 北京：中国大百科全书出版社，2008.

[64] 北京海王村拍卖有限责任公司. 北京内外城平面图（法文）[EB/OL] http://pmgs.kongfz.com/item_pic_93627. 2009-11-22/2017-06-06.

[65] 老北京网海外版. 乾隆京城全图 [EB/OL]. http://www.obj.cc. 2014-10-31/2015-06.06.

[66] 1943 年北京城航拍图 [EB/OL]. http://biz.godeyes.cn/info.html. 2017-06-06.

[67] [东汉] 班固. 前汉书 [M]. 清文渊阁四库全书本.

[68] [宋] 曹勋. 松隐集 [M]. 清文渊阁四库全书本.

[69] 河朔访古记 [M]. 清文渊阁四库全书本.

建筑文化研究

规矩方圆　浮图万千

——中国古代佛塔构图比例探析 [1]（下）

王　南

（清华大学建筑学院）

摘要：佛塔是中国古建筑中造型最为丰富多样的建筑类型之一，本文旨在探讨中国古代佛塔的构图比例。在前人研究的基础上，本文通过对 6 大类型（楼阁式塔、密檐式塔、单层塔、覆钵式塔、金刚宝座塔、楼阁与覆钵混合式塔）共计 41 座佛塔实例进行几何作图与实测数据分析，发现并指出中国历代佛塔的平、立、剖面设计中广泛运用了基于方圆作图的 $\sqrt{2}$ 构图比例；除此之外，佛塔的总高与首层塔身的周长、通面阔（或总宽、直径）、边长之间，通常具备清晰而简洁的比例关系。本文的"附录"则通过对 9 座日本楼阁式木塔的构图比例分析，试图证明 $\sqrt{2}$ 比例以及佛塔总高与首层通面阔之间的清晰比例关系，不仅是中国古代佛塔的基本构图手法，更影响传播到日本，成为日本楼阁式木塔的普遍构图规律。以上看似简单的构图法则，却最终演化出中国古代佛塔千姿百态的造型，正是"一法得道、变法万千"的生动诠释。而如果将佛塔中大量运用的方圆作图比例与北宋《营造法式》第一幅插图即"圆方方圆图"相互参照，结合距今五千年的辽宁牛河梁红山文化圜丘遗址中已经包含精确的方圆作图比例这一事实，我们将会对中国古代建筑设计中的方圆作图比例及其所反映的中国古人特有的"天圆地方"的宇宙观念以及追求天、地、人和谐的文化理念有进一步的深刻认识。

关键词：佛塔，构图比例，规矩方圆，$\sqrt{2}$，日本楼阁式木塔

Abstract: Buddhist pagodas appear in a myriad of forms throughout traditional Chinese architecture. This paper explores the rules in composition of Chinese Buddhist pagodas based on previous research and the new analysis of the geometric relationships of forty-one measured pagodas classified into six categories: multi-storied (*lougeshi*), densely-placed-eaves (*miyanshi*), single-story (*danceng*), stupa-style (*fuboshi*), vajra-throne (*jingang baozuo*), and mixed (multi-storied stupa-style; *louge yu fuboshi huheshi*). The paper then suggests that the square root of two ($\sqrt{2}$) —the basic proportional rule of all circle and square drawings—was applied in plan, elevation, and section design of Buddhist pagodas during different dynasties. Additionally, clear proportional relationships often existed between the pagoda height and the first-floor circumference, width (or the first-floor pagoda depth, diameter), and side length. The analysis of eleven Japanese multi-storied wooden pagodas in the appendix confirms the ratio of $\sqrt{2}$ and the ratio between the total height and the first-floor width as two effective design measures that became common proportional rules for the construction of multi-storied wooden pagodas in China and the Chinese sphere of influence. But in practice, these simple geometric rules generated thousands of different pagoda profiles and shapes, as described in the traditional saying "once a common method is extracted, there are thousands of ways to put it into practice". Even more fascinating is that the first illustration (*Yuanfang fangyuan tu* [Rounded-square, squared-circle map]) recorded in the Northern Song government manual *Yingzao fashi*, and the remains of the five-thousand-year-old circular mound altar (dating from the neolithic Hongshan

---

❶　本论文为"《营造法式》研究与注疏"（批准号：17ZDA185）项目支持成果。

culture) in Niuheliang region, Liaoning province, also demonstrate these proportional design rules. This is not a coincidence but rather stems from the ancient Chinese belief in a dome-shaped (round) heaven and a flat, square earth (*tianyuan difang*) and the notion of harmonizing heaven, earth, and man.

Keywords: Buddhist pagoda, ratio, rules of circle and square, $\sqrt{2}$, Japanese multi-storied wooden pagoda

四、单层塔

前文所言楼阁式塔，如果塔刹下仅一层塔身与屋檐，则为单层塔。在大同云冈石窟浮雕中或敦煌莫高窟壁画中，单层塔形象均颇多见。单层塔多为僧人墓塔，神通寺四门塔是少见的例外。

1. 山东历城神通寺四门塔（隋大业七年，611 年）

神通寺四门塔为方形单层石塔，是现存单层塔之最早实例，塔身四面各开一券门，因此得名。塔身以上叠涩出檐，再以反叠涩作攒尖顶，顶上立刹。塔内中央有塔心柱，四面各置一佛像，中心柱外有环廊一周，上部为人字坡顶。

通过对黄国康《四门塔的维修与研究》[❶] 一文的实测图进行几何作图以及实测数据分析，可得如下结论。

（1）正立面

总高（15.04 米）∶塔身边长（7.4 米）=2.03 ≈ 2（吻合度 98.5%）。

总高的二分之一位于檐口，即叠涩出挑最远的一层砖下皮（图 49）。

（2）剖面

总高∶塔心柱以上高 = $\sqrt{2}$（图 50）。

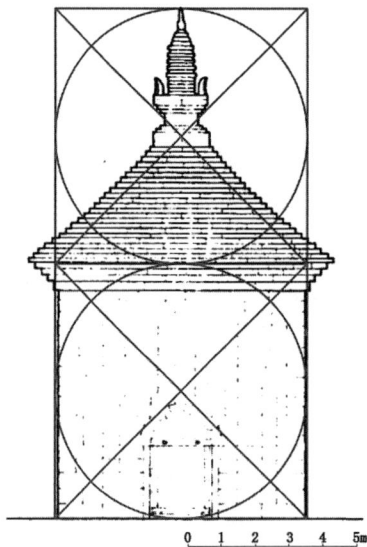

图 49 山东历城神通寺四门塔正立面分析图
（底图来源∶文献 [33]）

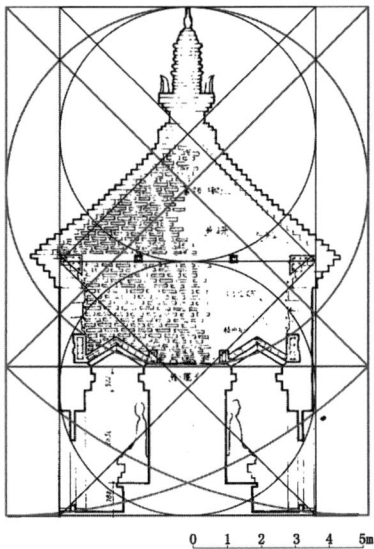

图 50 山东历城神通寺四门塔剖面分析图
（底图来源∶文献 [33]）

---

❶ 文献 [33].

（3）平面

塔身边长（7.4 米）：墙厚（0.82 米）=9.024≈9（吻合度 99.7%）。

此外，塔四面叠涩出檐均为 0.82 米，故全塔平面以墙厚 A=0.82 米为基本模数，塔室边长 7A，塔身边长 9A，屋檐边长 11A（图 51）。

2. 山东长清灵岩寺慧崇塔（唐天宝年间，742—756 年）

长清灵岩寺慧崇塔为方形单层重檐石塔，全塔由须弥座、塔身、两层叠涩出檐（之间有一段极短的塔身）和塔刹组成，通高 8.52 米（取 1 尺 =29.4 厘米，合 2.9 丈）。塔身东、南、西三面辟门，其中南门为真门，可由此进入塔内；东、西二门为石雕半掩门，雕有一侍女探出半身状，为墓室中常见之形式，在佛塔中却不多见。

通过对黄国康《灵岩寺慧崇塔的修缮及其特点》❶一文的实测图进行几何作图以及实测数据分析，可得如下结论。

（1）正立面

总高（须弥座以上，7.35 米）：塔身总宽（3.75 米）=1.96≈2（吻合度 98%）。

总高（须弥座以上）的二分之一位于首层檐口（即叠涩出檐最远一层砖下皮）——其正立面构图手法与隋代的四门塔可谓一脉相承。

总高（须弥座以上，7.35 米）：须弥座上枋宽（5.25 米）❷=1.4=7 ：5≈$\sqrt{2}$（吻合度 99%，即"方五斜七"）（图 52）。

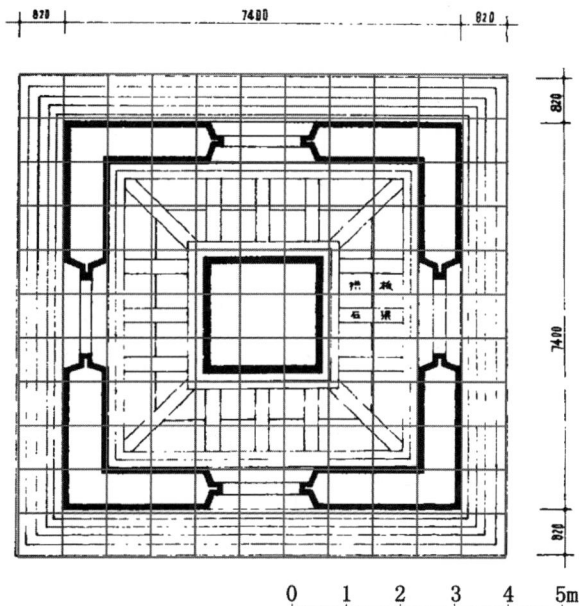

图 51　山东历城神通寺四门塔平面分析图
（底图来源：文献 [33]）

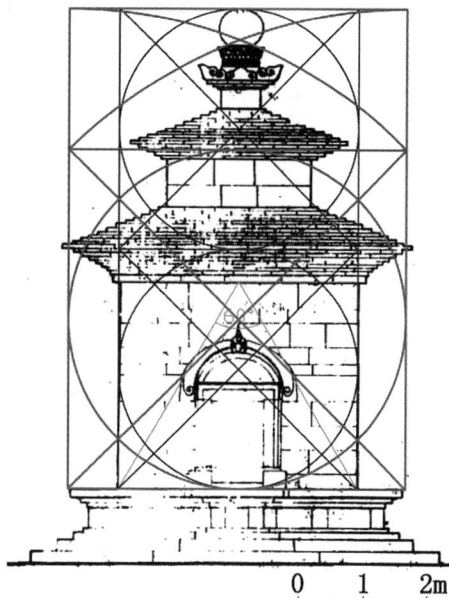

图 52　山东长清灵岩寺慧崇塔正立面分析图
（底图来源：文献 [34]）

❶ 文献 [34].

❷ 须弥座数据为笔者 2013 年 1 月实测所得。

（2）平面

须弥座上枋宽（5.25 米）：塔身总宽（3.75 米）=1.4=7：5≈$\sqrt{2}$（吻合度 99%，即"方五斜七"）。

塔身总宽（3.75 米）：墙厚（0.74 米）=5.068≈5（吻合度 98.6%）。

须弥座上枋宽（5.25 米）：墙厚（0.74 米）=7.095≈7（吻合度 98.6%）。

故全塔平面以墙厚 A=0.74 米为模数，须弥座上枋宽 7A，塔身边长 5A，塔室边长 3A——与神通寺四门塔手法相同（图 53）。

综上可知，慧崇塔总高（须弥座以上）：须弥座上枋宽：塔身总宽 =2：$\sqrt{2}$：1，比例关系清晰而完美。

3. 山西运城泛舟禅师塔（唐贞元九年，793 年）

泛舟禅师塔为圆形单层砖塔，自下而上分作基座、小须弥座、塔身、叠涩的塔檐和屋顶、塔刹。通过对《山西古建筑》（2015 年）一书中的实测图进行几何作图，可得如下结论。

（1）总高：台基直径 =2；总高的一半约位于叠涩出檐起始处。

（2）总高：塔身直径 =2$\sqrt{2}$；台基直径：塔身直径 =$\sqrt{2}$。

（3）塔刹高 = 塔身直径（图 54）。

综上可知，塔身直径（等于塔刹高）、台基直径与总高形成 1：$\sqrt{2}$：2$\sqrt{2}$之比例关系，共同塑造出这座圆形塔完美的造型。

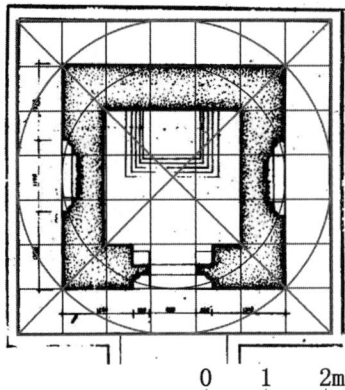

图 53　山东长清灵岩寺慧崇塔平面分析图
（底图来源：文献 [34]）

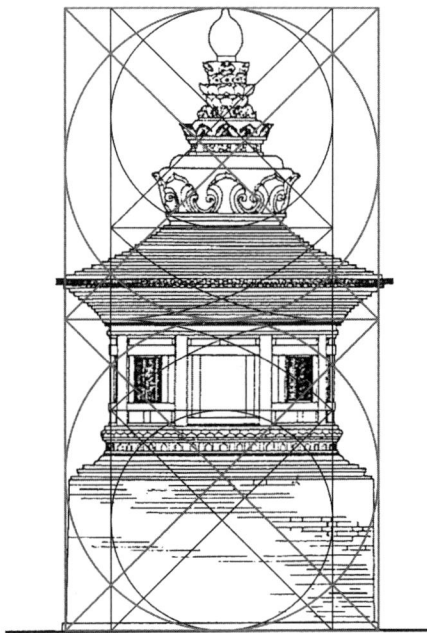

图 54　山西运城泛舟禅师塔正立面分析图
（底图来源：文献 [38]）

4. 山西平顺海会院明惠禅师塔（唐乾符四年，877 年）

海会院明惠禅师塔为方形单层石塔，自下而上分作基座、须弥座、塔身、雕作雀眼网造型的铺作层、屋顶和造型极其优美的塔刹。通过对《中国古代建筑史》（第二版，1984 年）一书中实测图进行几何作图，可得如下结论。

（1）正立面模数网格

取 A= 总高的 1/10 作为立面模数网格，则：

塔总高 10A，其中基座高 2A，须弥座、塔身和屋顶共高 4A，塔刹高 4A（其中下两层带山花蕉叶的须弥座各高 A），台基总宽 4A，塔身边长 2.5A，塔身底部至檐口距离 2.5A。

（2）正立面

总高：须弥座以上高 $= \sqrt{2}$。

总高：塔身边长 = 4 ——塔高与塔围（取塔身周长）相等。

总高：基座总宽（等于屋檐总宽）=5 ∶ 2（图 55）。

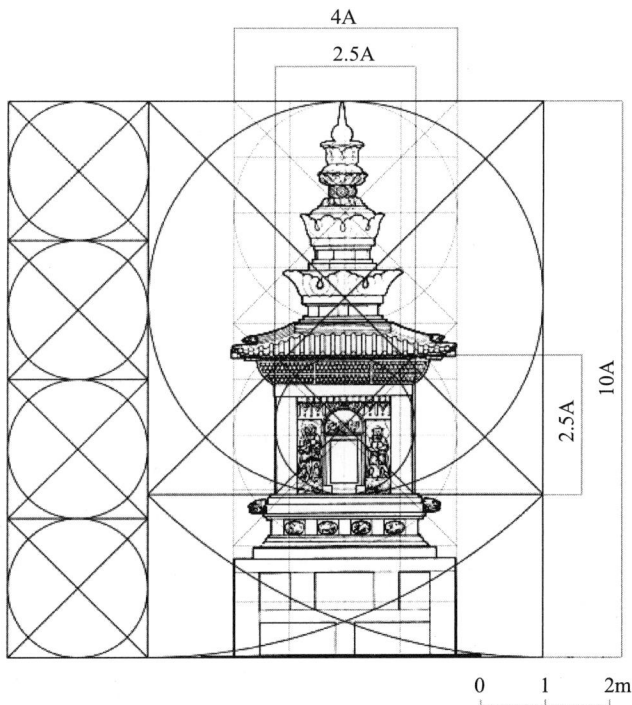

图 55 山西平顺海会院明惠禅师塔正立面分析图
（底图来源：文献 [21]）

综上可知：海会院明惠禅师塔是一座综合运用 $\sqrt{2}$ 构图比例和立面模数网格的杰作，同时考虑了总高与塔围（即塔身周长）、总高与基座总宽的比例关系。

五、覆钵式塔（即喇嘛塔）

覆钵式塔即喇嘛塔，因元代藏传佛教的流行而开始广为建造。覆钵式塔下部通常建须弥座两层（清代多为一层），平面常作复杂的"亞"字形（有时为圆形）；须弥座上置覆莲或金刚圈；其上为覆钵形塔身（不同于印度原始窣堵坡的半球形，而是上部比下部宽的瓶形）；再上又是平面为"亞"字形（或圆形）的小须弥座，其上为圆锥形的"十三天"（即相轮）及宝盖、宝珠。刘敦桢认为覆钵式塔"全体形制所保存印度佛塔的成分，较我国任何一种塔为多"；他还指出印度阿旃陀石窟中"有些塔的覆钵上部反较下部稍宽；而公元6世纪以后，相轮的数目已增到十三层。此二者传入印度北部的尼泊尔（Nepal）和我国的西藏，便演变成喇嘛塔的塔肚子和十三天。"❶

梁思成在《中国建筑史》中总结了喇嘛塔在元、明时期与清代所发生的变化："此式佛塔自元代始见于中国，至清代而在形制上发生显著之巨变。元塔须弥座均上下两层相叠，明因之，至清乃简化为一层，其比例亦甚高大，须弥座以上，元、明塔均作莲瓣以承塔肚，清塔则作比例粗巨之金刚圈三重。元、明塔肚肥矮，外轮线甚为圆和，清塔较高瘦梗涩，并于前面作眼光门以安佛像或佛号。元、明塔脖子及十三天比例肥大，其上为圆盘及流苏铎，更上为宝珠，至清塔则塔脖子十三天瘦长，其上施天盘地盘，而宝珠则作日月火焰。此盖受蒙古喇嘛塔之影响，而在各细节上有此变动也。"❷

1. 北京妙应寺白塔（元至元十六年，1279 年）

妙应寺（即白塔寺）白塔是北京现存最大的覆钵式塔，也是老城区内仅存的元代佛塔，可视作元大都的象征。妙应寺白塔由尼泊尔匠师阿尼哥主持修建，明《长安客话》称其"制度之巧，盖古今所罕有矣"。❸

白塔建在一个"凸"字形的巨大台座上，台四周有围墙，四角有角亭，有转经道可供信徒绕塔诵经。塔的最下层为"亞"字形台座，四角各有五个转角。台座上是重叠两层的巨大须弥座，平面形式与台座相同。须弥座以上是覆莲，覆莲以上为略近似鼓形的塔身。塔身之上又是一层须弥座，再上是圆锥形的"十三天"，最上是"天盘"和宝顶——宝顶造型其实是一座缩微的喇嘛塔。塔身从凸字形台面至宝顶总高 50.86 米。

通过对清华大学建筑学院中国营造学社纪念馆藏中国营造学社实测图以及《中国古代建筑史》（第二版，1984 年）中实测图进行几何作图以及实测数据分析，可得如下结论。

（1）白塔及大台基构成的正立面整体

总高（含大台基）：大台基总宽 = $\sqrt{2}$（图 56）。

❶ 参见：刘敦桢.中国之塔 [M]// 刘敦桢.刘敦桢全集（第四卷）.北京：中国建筑工业出版社，2007:79-91。

❷ 梁思成.梁思成全集（第四卷）[M].北京：中国建筑工业出版社，2001：197.

❸ [明] 蒋一葵.长安客话 [M].北京：北京古籍出版社，1994：26.

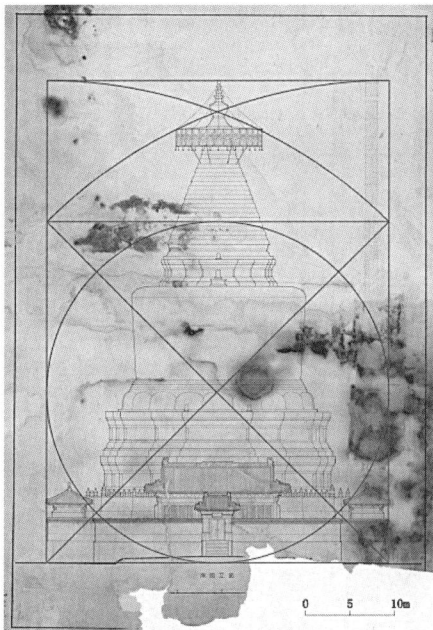

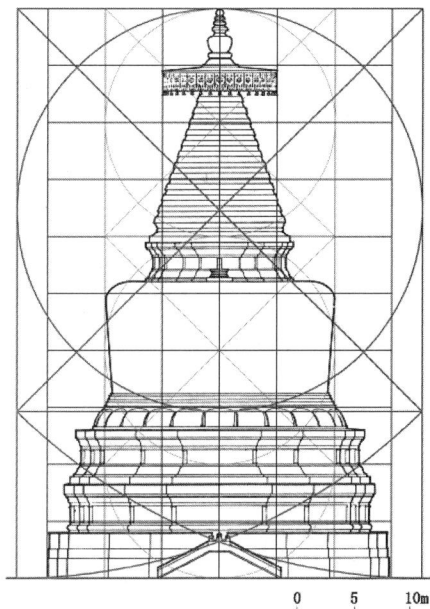

图 56 北京妙应寺白塔正立面分析图（一）
（底图来源：清华大学建筑学院中国营造学社纪念馆藏）

图 57 北京妙应寺白塔正立面分析图（二）
（底图来源：文献 [21]）

（2）白塔正立面

总高：覆莲以上高 =10 ∶ 7 ≈ $\sqrt{2}$（"方七斜十"）。

总高：台基总宽 =5 ∶ 3。

总高：塔身直径（即覆钵最宽处）=5 ∶ 2。

十三天加天盘加宝顶高 = 塔身直径（图 57）。

（3）正立面模数网格

总高 =50.86 米，取元代 1 尺 =31.75 厘米，合 16 丈。

如果以 1.6 丈作为正立面模数网格，则：

总高 10 格，台基总宽 6 格，塔身直径 4 格，天盘宽 2 格，台基、须弥座及覆莲总高 3 格，塔身加上部小须弥座高约 3 格，十三天高约 3 格，宝顶高 1 格。总高的二分之一大约位于塔身轮廓线由直线向弧线的转折处。

（4）正立面各部分之比例关系

设须弥座加台基总高为 A，则：

塔身（含覆莲）高 =A；

台基宽（取四角间距）=2A；

塔身上部小须弥座总宽 =A；

塔刹总高 =（2$\sqrt{2}$ −1）A——其中，天盘以下高 $\sqrt{2}$ A，天盘以上高（$\sqrt{2}$ −1）A。

由上可知：除了 1.6 丈，塔身（含覆莲）高 A 为立面设计的另一个基本模数（图 58）。

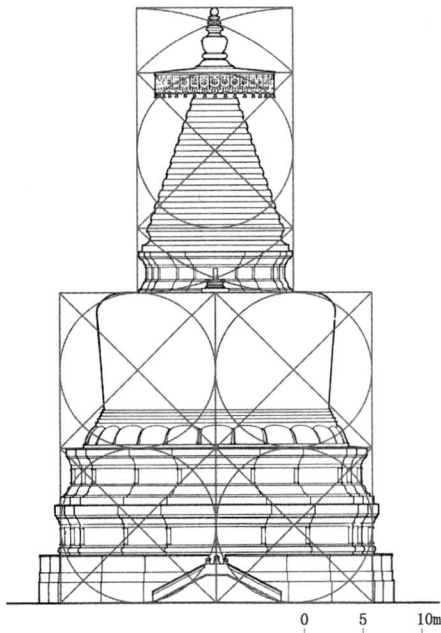

图 58　北京妙应寺白塔正立面分析图（三）
（底图来源：文献 [21]）

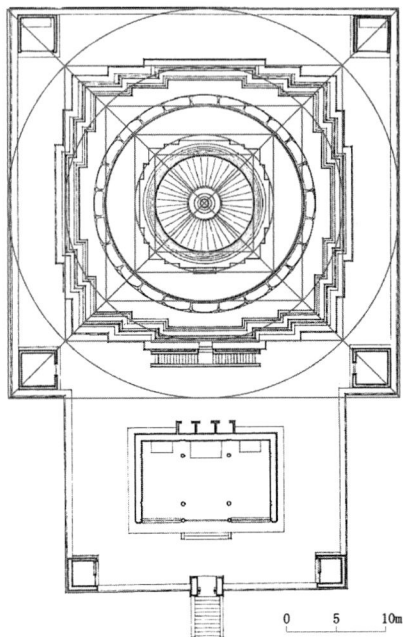

图 59　北京妙应寺白塔平面分析图
（底图来源：文献 [21]）

（5）平面

大台基边长：下层须弥座边长（取最宽处）= $\sqrt{2}$；

下层须弥座边长（取最宽处）：塔身直径（取最宽处）= $\sqrt{2}$；

塔身直径（取最宽处）：天盘直径 =2。

全塔平面呈环环相套之格局。

此外，月台面阔：大台基边长 =1 ：$\sqrt{2}$（图 59）。

综上可知：妙应寺白塔是在平、立面设计的整体到局部皆巧妙运用 $\sqrt{2}$ 比例的杰作。

2. 山西五台山塔院寺白塔（元大德五年，1301 年）

塔院寺白塔为五台山台怀建筑群的标志，同样出自阿尼哥之手，形制与北京妙应寺白塔极为接近，但整体比例更趋瘦高。通过对《中国古建筑测绘十年：2000—2010 清华大学建筑学院测绘图集》（上册，2011 年）一书中的实测图进行几何作图及实测数据分析，可得如下结论。

（1）总高（55.155 米）：塔身直径（16.175 米）=3.41 ≈ 2+ $\sqrt{2}$（吻合度 99.9%）。

总高（大台基以上 54.105 米）：塔身直径（16.175 米）=3.34 ≈ 10 ：3（吻合度 99.8%）。

（2）塔总高 55.155 米，取 1 尺 =31.75 厘米，合 17.37 丈，约 17.4 丈（吻合度 99.8%）；

总高（大台基以上）54.105 米，合 17.04 丈，约 17 丈（吻合度 99.8%）；

塔身直径 16.175 米，合 5.09 丈，约 5.1 丈（吻合度 99.8%）。

设塔身直径（5.1 丈）=A，则：

塔总高（$2+\sqrt{2}$）A——其中覆钵式塔身加上部小须弥座高 A，十三天、天盘及宝顶高 A，塔身以下高 $\sqrt{2}$ A。

塔身加塔刹高：塔身以下基座总高 $=2A : \sqrt{2} A = \sqrt{2}$。

（3）总高：十三天底部以下高 $=(2+\sqrt{2})A : (1+\sqrt{2})A = \sqrt{2}$——即塔总高与十三天以下高之比为 $\sqrt{2}$（下文许多覆钵式塔皆运用此构图手法）（图 60）。

（4）以塔身直线与曲线转折处为界，上部高 $\sqrt{2}$ A，下部高 2A，二者之比为 $1 : \sqrt{2}$。

塔下大台基总宽 ≈ 2A（图 61）。

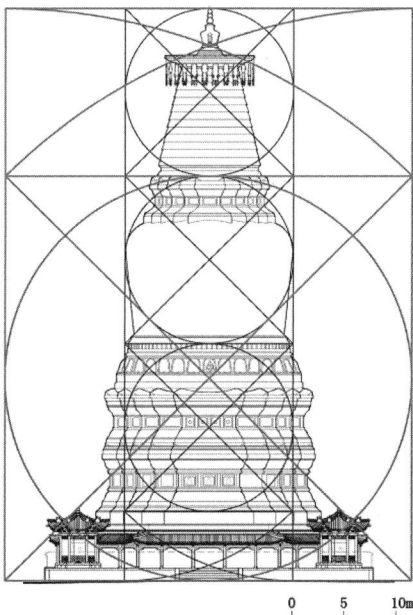

图 60　五台山塔院寺白塔正立面
分析图（一）
（底图来源：文献 [51]）

图 61　五台山塔院寺白塔正立面
分析图（二）
（底图来源：文献 [51]）

北京妙应寺白塔与五台山塔院寺白塔皆出自阿尼哥之手，可谓名副其实的姊妹篇。二者都在整体和局部综合运用 $\sqrt{2}$ 比例构图，体现了一脉相承的设计手法。但由于前者采用 5：2（2.5）的总高宽比，后者采用（$2+\sqrt{2}$）：1（3.41）的总高宽比（不含大台基则高宽比为 10：3 即 3.33），因而前者雄浑，后者挺秀，具有不同的造型与气质。

圆　浮图万千——中国古代佛塔构图比例探析（下）

耐人寻味的是，来自尼泊尔的大匠阿尼哥，带来罕见的覆钵式喇嘛塔，但却能与汉地建筑群取得"和而不同"的效果，运用基于方圆作图的$\sqrt{2}$比例应该是一个重要原因。至于阿尼哥使用这套方法是尼泊尔的传统手法，或者是源自藏传佛教的"曼荼罗"构图手法（同样包含方圆相涵的构图与$\sqrt{2}$比例），还是和汉人工匠互相交流的结果，是一个值得深入探究的引人入胜的课题。

3. 山西代县阿育王塔（元至元十二年，1275年）

山西代县阿育王塔原为圆国寺主要建筑，今寺已不存，仅余此塔。塔平面圆形，下为双重圆形须弥座（最下有地栿和覆莲各一层），其上为覆莲座、金刚圈及覆钵塔身，再上为一层"亞"字形小须弥座及一层圆形小须弥座、十三天、天盘及宝珠。梁思成曾称此塔"可以说是中国现存瓶状塔中比例最好的一座"。❶

通过对《山西古建筑》（下册，2015年）一书中的实测图（引自《柴泽俊古建筑文集》）进行几何作图，可得如下结论。

（1）总高：十三天以下高$\approx\sqrt{2}$。
（2）塔刹高（小须弥座、十三天及宝珠总高）：塔刹以下高$=1:\sqrt{2}$。
（3）总高：须弥座总宽（取下栿）$=2$。
（4）总高：塔身直径≈4（图62）。

图62　山西代县阿育王塔正立面分析图

（底图来源：文献[38]）

中国建筑史论汇刊·第壹拾柒辑

❶　梁思成.梁思成全集（第八卷）[M].北京:中国建筑工业出版社,2001:166.

❶ 刘敦桢猜测东塔为元代建，西塔稍晚，但至迟亦在明中叶以前。参见：刘敦桢.北平护国寺残迹//中国营造学社汇刊.第六卷第二期，1935。

❷ 文献[39].

4. 北京护国寺双塔（元或明）❶

北京护国寺东、西舍利塔均为典型覆钵式塔，西塔较东塔比例纤秀，二塔今已不存，但通过对刘敦桢《北平护国寺残迹》❷一文中实测图进行几何作图，可得如下结论。

西塔

（1）总高：须弥座总宽 ≈ $1+\sqrt{2}$。

（2）十三天以下高：十三天以上高 = $\sqrt{2}$；十三天加宝珠高 ≈ 基座总宽（图63）。

东塔

（1）十三天以下高：十三天以上高 = $\sqrt{2}$——构图手法与西塔相同。

（2）十三天加宝珠高 = 覆钵塔身加两重小须弥座高（图64）。

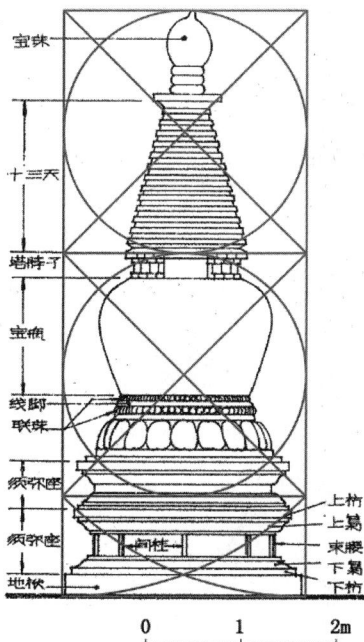

图63　北京护国寺西塔正立面分析图
（底图来源：文献[39]）

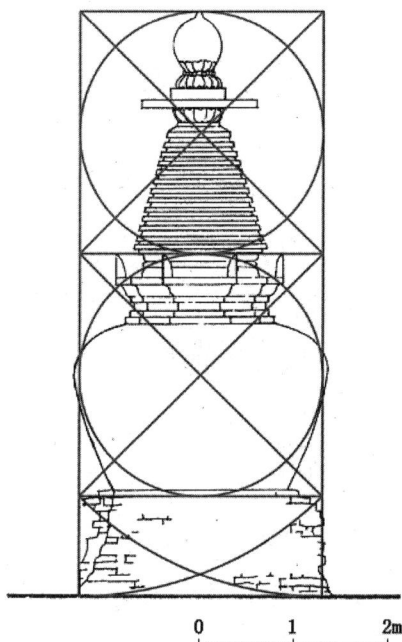

图64　北京护国寺东塔正立面分析图
（底图来源：文献[39]）

综上可知，二塔之共同点是以十三天底部为界，分上下两部分高度为 $1 : \sqrt{2}$。可惜东塔基座残缺，无法分析其整体高宽比。

5. 北京北海永安寺白塔（清顺治八年，1651年）

永安寺白塔伫立北海琼华岛之巅，为古都北京之重要标志。白塔下为高大的"亚"字形须弥座，上为金刚圈三重，其上为覆钵状塔身，塔身正面作龛形壶门，曰"眼光门"。塔身之上为小须弥座承仰莲，上为十三天、圆盘二重及日月火焰宝珠。通过对《中国古建筑测绘大系·园林建筑:北海》（2015年）一书中的实测图进行几何作图，可得如下结论。

（1）总高（台基以上）：须弥座总宽（取上枋）=2。

（2）总高（台基以上）：金刚圈下皮以上高 = $\sqrt{2}$。

（3）总高（台基以上）：塔刹高 =$2\sqrt{2}$。

（4）塔身总宽：塔身高 = $\sqrt{2}$。

综上可知，北海白塔与妙应寺白塔一样，皆是从整体到局部综合运用 $\sqrt{2}$ 构图比例之杰作（图65）。

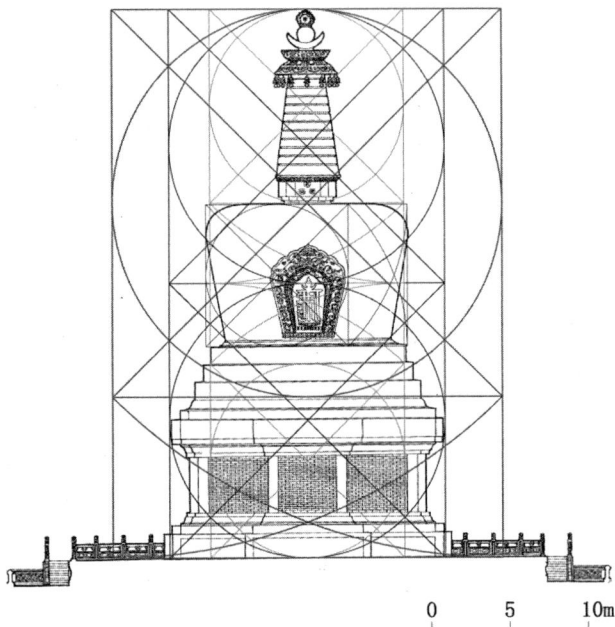

图65　北京北海永安寺白塔立面分析图

（底图来源：文献[40]）

6.北京颐和园须弥灵镜四塔（清）

北京颐和园须弥灵境仿西藏桑耶寺曼荼罗（坛城）布局，其中大殿四角为四座颜色各异的喇嘛塔，分别为黑塔、白塔、绿塔和红塔，象征佛教的不同智慧(一说象征四大天王)。通过对《中国古建筑测绘大系·园林建筑:颐和园》（2017年）一书中的实测图进行几何作图以及实测数据分析，可得如下结论。

西北塔（白塔）

（1）总高（13.333米）：基座总宽（4.798米）=2.779 ≈ 2.8（吻合度99.3%）；2.779 ≈ $2\sqrt{2}$（吻合度98.3%）。

（2）基座高 ≈ 基座总宽 ≈ 塔刹高；总高的二分之一约位于葫芦形塔身中央须弥座下皮（图66）。

东北塔（黑塔）

总高（13.128 米）：基座总宽（4.81 米）=2.729≈2.8（吻合度 97.5%）（图 67）。

图 66 北京颐和园须弥灵境西北塔立面
分析图

（底图来源：文献 [41]）

图 67 北京颐和园须弥灵境东北塔
立面分析图

（底图来源：文献 [41]）

西南塔（绿塔）

（1）总高（14.184 米）：基座总宽（4.82 米）=2.943≈3（吻合度 98.1%）。

（2）总高：十三天以下高 = $\sqrt{2}$。

（3）基座总宽（4.82 米）：基座总高（4.841 米）=0.996≈1（吻合度 99.6%）（图 68）。

东南塔（红塔）

（1）总高（14.127 米）：基座总宽（4.82 米）=2.931≈3（吻合度 97.7%）。

（2）总高：十三天以下高 = $\sqrt{2}$。

（3）基座总宽（4.82 米）：基座总高（4.841 米）=0.996≈1（吻合度 99.6%）（图 69）。

综上可知：须弥灵境四塔立面均以基座总宽为基本模数，高度分别为其 2.8（约 $2\sqrt{2}$）和 3 倍，东南、西南塔总高与十三天以下高之比均为 $\sqrt{2}$。

图 68　北京颐和园须弥灵境西南塔立面
　　　　分析图
（底图来源：文献 [41]）

图 69　北京颐和园须弥灵境东南塔立面
　　　　分析图
（底图来源：文献 [41]）

7. 五台山龙泉寺普济和尚墓塔（民国）

　　龙泉寺普济和尚墓塔是五台山重要的石构覆钵式塔。最下层为方形须弥座，绕以石栏杆，其上为双重八角须弥座、仰莲、覆钵式塔身、石雕的斗栱承托八角屋檐、塔刹。一段屋檐的加入算是一个勉强的创新，使得全塔略显怪异，但整体比例还是继承了传统手法。

　　通过对《中国古建筑测绘十年：2000—2010 清华大学建筑学院测绘图集》（上册，2011 年）一书中的实测图进行几何作图及实测数据分析，可得如下结论。

　　（1）如果以 A=0.652 米（合 2 尺）作为正立面模数网格，则：

　　塔总高 20A，塔刹高 7A，塔身（含下部仰莲及其基座）高 7A，双重八角形须弥座高 4A、宽 5A；方形大须弥座高 2A、宽 10A。

　　（2）总高：双重须弥座以上高 =20 ：14≈$\sqrt{2}$（"方七斜十"）。

　　（3）总高：方形大须弥座总宽 =2。

　　（4）总高：八角形须弥座宽 =4（图 70）。

六、金刚宝座塔

　　所谓金刚宝座塔，是在高大的方形或矩形高台（即金刚宝座）之上，建塔五座，一座居中央，四座分居四隅，中央一塔体形最大，其余四塔为

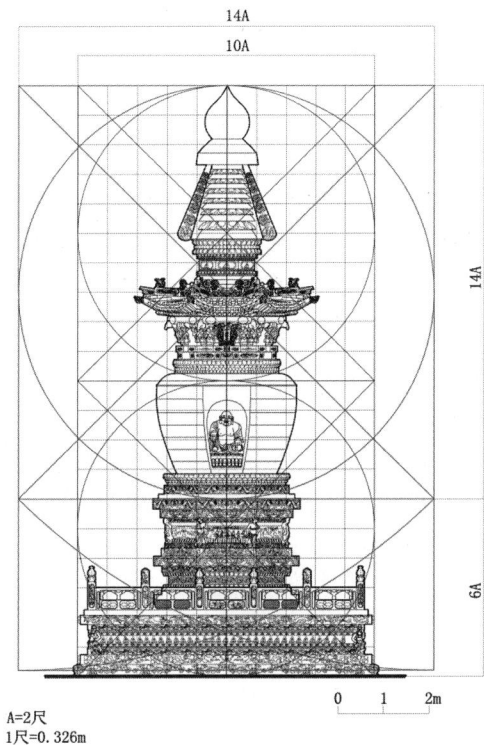

图 70　五台山龙泉寺普济墓塔正立面分析图

（底图来源：文献 [51]）

同一尺度且均小于中央大塔，对中央大塔呈簇拥之势。五塔之形制既有密檐式，亦有覆钵式。金刚宝座塔形制极有可能受印度佛陀伽耶塔（亦称"菩提伽耶大塔"）之影响，其构图则为佛教密宗的"曼荼罗"格局。❶ 形制完整的金刚宝座塔主要于明代传入中土，虽然数量远较前几类佛塔稀少，却也独树一帜。

1. 北京正觉寺金刚宝座塔（明成化九年，1473 年）

正觉寺（亦称"真觉寺"、"五塔寺"）金刚宝座塔据说依印度僧人班迪达带来的印度金刚宝座塔样式建成，下垒金刚宝座，上建五塔，建成于明成化九年（1473 年）。

金刚座最下为须弥座，须弥座以上划分为五层，各层以石雕屋檐为界，龛列佛像，最上端冠以女墙，石台南、北面正中各辟券门一道，为登台入口。由内部台阶可"左右蜗旋而上"台顶。台上五塔，一大塔居中，四小塔居四隅，各塔平面均为方形，形制皆为单层密檐塔，四小塔十一重檐，中央大塔十三重檐。❷ 除五塔外，中塔南侧尚有方形重檐小殿一座，下檐方，上檐圆，覆黄、绿二色琉璃瓦，为登塔台阶之出入口。

通过对笔者 2013 年的实测图进行几何作图及实测数据分析，可得如下结论。

❶　参见：王世仁. 佛国宇宙的空间模式 [J]. 古建园林技术，1991（2）：22-28。

❷　金刚宝座塔的样式源自印度，据说象征释迦牟尼悟道成佛的宝座。大塔居中，小塔分列四隅，象征金刚界五方佛：中央大塔代表大日如来佛，其余四塔分别代表阿閦佛、宝生佛、阿弥陀佛和不空成就佛。五方佛又各有坐骑：分别为大日狮子座、阿閦象座、宝生马座、阿弥陀孔雀座、不空成就迦楼罗（即金翅鸟王）座，所以正觉寺金刚宝座塔的宝座和五塔的须弥座四周均都雕有狮子、象、马、孔雀、金翅鸟王这五种动物形象。

（1）全塔总高由中央大塔塔刹顶至金刚宝座底共计21.968米，取明中期1尺＝31.84厘米计，合6.9丈；

金刚宝座高9.492米，合2.98丈，约3丈（吻合度99.3%）；

金刚宝座总宽（取须弥座上枋，15.756米），合4.95丈；

中央大塔高13.096米，合4.11丈，约4.1丈（吻合度99.8%）；

四隅小塔高10.138米，合3.18丈，约3.2丈（吻合度99.4%）。

（2）总高（大台基以上，21.968米）：金刚宝座总宽（取须弥座上枋，15.756米）=1.394≈7：5（吻合度99.6%）；1.394≈$\sqrt{2}$（吻合度98.6%）。故金刚宝座塔高宽比为7：5，约$\sqrt{2}$（即"方五斜七"）。

（3）金刚宝座高（9.492米）：金刚宝座总宽（15.756米）=0.602≈3：5（吻合度99.7%）。

（4）总高（大台基以上，21.968米）：大台基总宽（21.894米）=1.003≈1（吻合度99.7%）（图71）。

中国建筑史论汇刊·第壹拾柒辑

图71 北京正觉寺金刚宝座塔正立面分析图

（底图来源：王南、王军、贺从容、司薇、孙广懿、王希尧、池旭、蔡安平测绘）

值得一提的是，许多文献均称正觉寺金刚宝座塔完全按照印度样式建造。如明《帝京景物略》称"成祖文皇帝时，西番班迪达来贡金佛五躯，金刚宝座规式……成化九年，诏寺准中印度式，建宝座，累石台五丈，藏级于壁，左右蜗旋而上，顶平为台，列塔五，各二丈……"；《明宪宗御制真觉寺金刚宝座记略》则称"创金刚宝座，以石为之，基高数丈，上有五佛，分为五塔，其丈尺规矩与中印土之宝座无以异也。" ❶

❶ ［清］于敏忠，等．日下旧闻考 [M]. 北京：北京古籍出版社，1983：1290-1291.

然而总体观之，正觉寺金刚宝座塔虽然是以印度佛塔（佛陀伽耶塔）为蓝本，但同时明显融合了中国工匠的建筑、雕刻技艺，并增加了中国传统的密檐方塔、琉璃方亭等元素，成为中印建筑文化结合的典范。特别是依据以上构图分析，此塔也运用了中国古代佛塔中广泛出现的$\sqrt{2}$构图比例，这究竟直接源自印度金刚宝座塔构图（很可能基于密宗"曼荼罗"方圆相涵的图式），还是中国工匠融入了自身惯用的构图手法——这一疑问与前文所述阿尼哥设计北京妙应寺白塔和五台山塔院寺白塔的情况类似，尚待深入研究。

2. 湖北襄阳广德寺金刚宝座塔（明弘治七至九年，1494—1496 年）

湖北襄阳广德寺多宝塔为金刚宝座塔样式，下为八角形金刚宝座，上建五塔及东侧楼梯间方亭。中央大塔为覆钵式塔（喇嘛塔），其余四塔分居东南、西南、东北、西北四个方向，皆为六角密檐式塔。

通过对高介华《广德寺多宝佛塔》❶一文中实测图进行几何作图及实测数据分析，可得如下结论。

❶ 文献 [44].

（1）金刚宝座高以上高（10 米）：金刚宝座高（7 米）=10 ： 7 ≈ $\sqrt{2}$（吻合度 99%，即"方七斜十"）。

（2）上部大塔总高：须弥座总宽（取上枋）= $2\sqrt{2}$。

（3）上部大塔基座总高（须弥座加金刚圈加覆莲）= 十三天加宝珠高 = 须弥座总宽（取上枋）（图 72）。

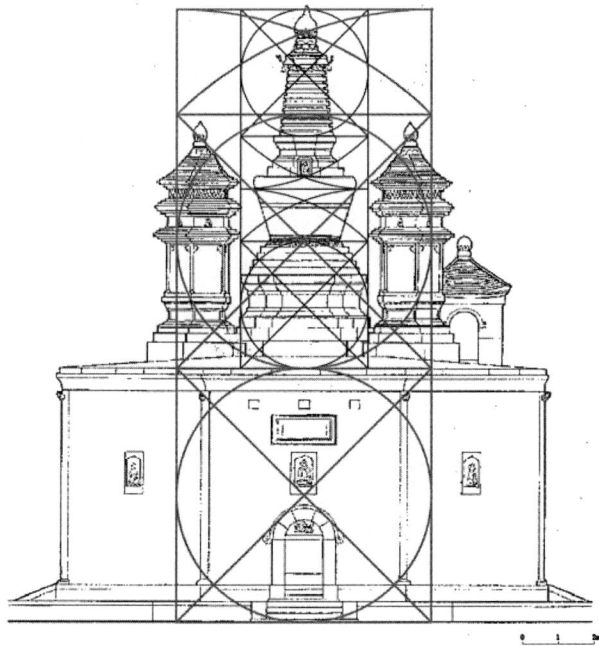

图 72　湖北襄阳广德寺金刚宝座塔正立面分析图

（底图来源：文献 [52]）

七、楼阁与覆钵混合式塔

中国古代佛塔中还有一类极为独特的复合式造型，即下部为普通的楼阁式塔（或单层塔），上部加一座覆钵式塔，本文称之为"楼阁与覆钵混合式塔"——北京云居寺北塔、天津蓟县观音寺白塔皆为此类塔之代表；还有些此类佛塔，甚至在覆钵式塔身上附加层层叠叠之小塔，俗称"花塔"，河北正定广惠寺华塔、北京房山万佛堂花塔及丰台镇岗塔皆为典型代表。

1. 北京云居寺北塔（辽重熙年间，1032—1055年）

云居寺北塔又称罗汉塔，创建于辽重熙年间（1032—1055年），为混合式砖塔，下部为楼阁式，上部为覆钵式。塔基为双层八角形须弥座，上承平坐，但平坐周边无栏杆，上建八角形楼阁式砖塔两层，各面分设拱门或仿木构直棂窗，并雕出仿木构斗栱、屋檐等。塔内中空，塔心有八角形塔心柱，绕柱有砖阶可攀登。二重楼阁之上为喇嘛塔式，自下而上依次为八角形须弥座、覆钵、小须弥座、"十三天"（实为圆锥形九层相轮）和宝珠。

通过对笔者2013年用激光三维扫描仪的实测图进行几何作图和实测数据分析，可得如下结论。

（1）总高（31.42米）：十三天以下高（取覆钵上小须弥座上皮，22.135米）＝1.419≈$\sqrt{2}$（吻合度99.6%）。

（2）下部楼阁高（取二层腰檐屋脊上皮，15.601米）：上部覆钵式塔高（15.819米）＝0.986≈1（吻合度98.6%）（图73）。

图73　北京云居寺北塔正立面分析图（一）
（底图来源：王南、张晓、王军、卢清新测绘）

（3）总高（31.42米）：一层腰檐以上高（取一层腰檐屋脊上皮，22.147米）=1.419≈$\sqrt{2}$（吻合度99.6%）。

（4）覆钵式塔塔身以下高：塔身以上高=$\sqrt{2}$（图74）。

（5）设覆钵式塔塔身直径=A，则：

总高=（2+2$\sqrt{2}$）A。其中，一层楼阁高$\sqrt{2}$A；二层楼阁高A；覆钵（包含上下须弥座）高A；十三天及宝珠高$\sqrt{2}$A（其中十三天高A）——整个立面构图以总高的中线（即楼阁式塔与覆钵式塔的分界线）为界，呈镜像对称，极具匠心，充满了音乐般的韵律感。基于方圆作图的$\sqrt{2}$比例以及精妙的镜像对称构图，将下部二层楼阁与上部覆钵式塔统一成水乳交融的整体，实在令人赞叹（图75）。

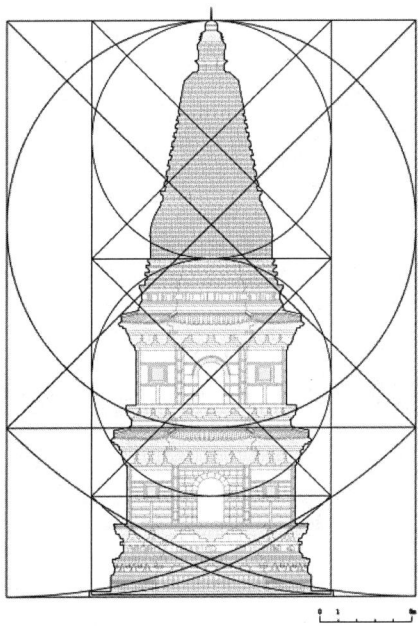

图74　北京云居寺北塔正立面分析图（二）
（底图来源：王南、张晓、王军、卢清新测绘）

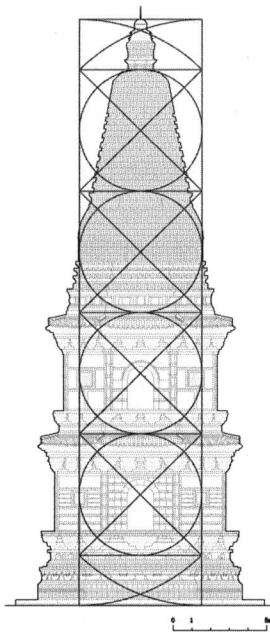

图75　北京云居寺北塔正立面分析图（三）
（底图来源：王南、张晓、王军、卢清新测绘）

八、结语：一法得道，变法万千

通过上述分析与讨论，可知在中国古代佛塔设计中，基于方圆作图的$\sqrt{2}$比例广为运用，而佛塔总高与首层塔身（或台基）通面阔（或总宽、直径）、边长之间常常具有清晰的比例关系，塔身高度与首层柱高或中间层边长也常存在模数关系。这些看似简单的"规矩"，在中国历代匠人们的巧妙运用下，却创造出千变万化的佛塔造型，真正达到了"从心所欲不逾矩"之境地，是古人所谓"一法得道、变法万千"的生动诠释。

以下先扼要总结本文所探讨的中国古代佛塔主要的构图比例，再简析其构图手法背后蕴含的重要文化内涵。

1. 佛塔构图比例小结

（1）高宽比：总高与首层塔身通面阔（或总宽、直径）成清晰比例关系

从前文分析可知，中国古代各类佛塔之总高与首层塔身通面阔（或总宽、直径）之比例关系非常密切，主要包含如下常见比例（表1）。

中国建筑史论汇刊·第壹拾柒辑

260

表1　中国古代佛塔常见高宽比实例列表

高宽比（总高：首层塔身总宽）	佛塔实例	备注
$\sqrt{2}$	北京妙应寺白塔（含大台基）*；北京正觉寺金刚宝座塔*	
2	山西五台山佛光寺祖师塔；山东历城神通寺四门塔；山东长清灵岩寺慧崇塔°；山西运城泛舟禅师塔*；山西代县阿育王塔*；北京北海永安寺塔°*；山西五台山龙泉寺普济墓塔*	
$\sqrt{2}+1$	北京护国寺西塔*	
2.5	西安慈恩寺大雁塔；北京妙应寺白塔（不含大台基）°；山西平顺海会院明惠禅师塔*	
$2\sqrt{2}$	山西应县木塔；山西运城泛舟禅师塔°；杭州闸口白塔*；北京天宁寺塔°*；颐和园须弥灵境西北塔*；颐和园须弥灵境东北塔*；湖北襄阳广德寺金刚宝座塔中央主塔°*	
3	山西云冈石窟第21窟塔心柱；山西云冈石窟第2窟塔心柱；内蒙古宁城县辽中京大明塔°；北京慈寿寺塔*；颐和园须弥灵境西南塔*；颐和园须弥灵境东南塔*	
$2+\sqrt{2}$	山西五台山塔院寺白塔	总宽取覆钵最宽处
3.5	河南登封嵩岳寺塔；北京万松老人塔；颐和园花承阁琉璃塔*	
4	山西平顺海会院明惠禅师塔；山西代县阿育王塔	阿育王塔总宽取覆钵最宽处
5	山西灵丘觉山寺塔	
$4\sqrt{2}$	颐和园花承阁琉璃塔°	
6	杭州闸口白塔°；大理佛图寺塔°；大理宏圣寺塔°	
7	大理崇圣寺千寻塔°	
8	大理崇圣寺南塔	总高如果取台基以上，则高宽比为7.5

注：表中带"*"的实例总宽取台基总宽；带"°"的实例总高取台基以上高。

特别值得注意的是，上述常见佛塔高宽比中，与$\sqrt{2}$比例相关的包括$\sqrt{2}$（2例）、$\sqrt{2}+1$（1例）、$2\sqrt{2}$（7例）、$2+\sqrt{2}$（1例）、$4\sqrt{2}$（1例），共计12例。

此外，高宽比为3的实例有6例，或许体现了"周三径一"的比例关系（古人将圆周率π近似认为3），也可以看作是方圆关系之一种，即圆

形周长与其外接正方形边长之比。

（2）总高与局部高度之√2比例

除了12例高宽比直接运用√2比例的佛塔之外，本文分析的大量佛塔均存在总高与局部高度呈√2比例的情况，主要包括以下6种类型：

上檐构图甲——总高∶顶层檐口以下高 = √2；

上檐构图乙——总高∶顶层檐柱柱头以下高 = √2；

下檐构图甲——总高∶首层檐口以上高 = √2；

下檐构图乙——总高∶首层檐柱柱头以上高 = √2；

塔刹构图——总高∶塔刹以下高 = √2；

基座构图——总高∶基座以上高 = √2。

本文实例中符合此6类构图比例的佛塔见表2。

表2 中国古代佛塔6种√2构图典型实例列表

构图类型	佛塔实例	备注
上檐构图甲	福建泉州开元寺仁寿塔；山东长清灵岩寺慧崇塔。	
上檐构图乙	山西应县木塔	
下檐构图甲	山西大同云冈石窟第21窟塔心柱；北京颐和园花承阁琉璃塔；河南登封嵩岳寺塔；山西灵丘觉山寺塔；北京天宁寺塔。；北京万送老人塔	
下檐构图乙	山西五台山佛光寺祖师塔；北京慈寿寺塔。	
塔刹构图	大同云冈石窟第2窟塔心柱；五台山塔院寺白塔；山西代县阿育王塔；北京颐和园须弥灵境东南、西南塔；北京护国寺东塔、西塔	后6例塔刹高取十三天（相轮）以上；此外，本文附录中有8座日本佛塔均为此构图
基座构图	山西平顺海会院明惠禅师塔；北京妙应寺白塔。；北京北海永安寺塔。；五台山龙泉寺普济墓塔；云居寺北塔	

注：表中带"。"的实例总高取台基以上高。

此外，还有一些佛塔是总高方向上被分成1∶√2的两段，如安徽蒙城万佛塔（以第七层楼面为界）、大理佛图寺塔（以第九层檐下皮为界）、大理宏圣寺塔（以第十层檐上皮为界）、五台山塔院寺白塔（以覆钵底部为界）、代县阿育王塔（以塔刹底部为界）、云居寺北塔（以覆钵底部为界），共计6例。

以上各类总高与局部高度、局部高度之间运用√2比例的实例共计29例（有个别案例同时运用多种构图手法），更进一步证明√2比例在佛塔设计中运用手法之丰富。

（3）平面之√2比例

平面设计中运用，使得平面布局呈环环相套格局的实例包括：泉州开元寺仁寿塔、五台山佛光寺祖师塔、苏州虎丘云岩寺塔、河北定州料敌塔、嵩岳寺塔、山西灵丘觉山寺塔、山东长清灵岩寺慧崇塔、山西平顺海会院明惠禅师塔、北京妙应寺白塔，共计9例。

（4）总高与首层塔身边长成清晰比例关系

佛塔总高常为首层塔身边长的倍数（类似《营造法原》的记载）。其中，许多八角形塔总高为首层塔身边长的8倍（即与首层塔身周长相等），如内蒙古巴林右旗辽庆州释迦佛舍利塔、定州开元寺料敌塔、苏州虎丘云岩寺塔及泉州开元寺仁寿塔4例。嵩岳寺塔总高为首层塔身边长的12倍（平面为独一无二的十二边形）。此外，还有一些总高与首层塔身边长呈其他比值的情况，如苏州罗汉院双塔（15倍）、安徽蒙城万佛塔（14倍）、颐和园花承阁琉璃塔（10.5倍）、北京天宁寺塔（9倍）等。

2.《营造法式》第一图

基于方圆作图的$\sqrt{2}$比例在佛塔以外的各类型中国古建筑中也广为运用，且有着悠久的历史和深刻的文化内涵。

尤其耐人寻味的是，中国现存最重要的古代建筑专书——北宋的《营造法式》一书中，出现在图版中的第一幅插图即是"圆方方圆图"，分别为一幅"圆方图"（绘一圆与其内接正方形）与一幅"方圆图"（绘一正方形与其内切圆）（图76）。该图不仅是全书第一幅插图，也是"总例"中的唯一插图——这幅图的重要性远非一般，作者李诫的这一编排实际上含义深远。结合《营造法式》"总例"的文字可知，此图实为李诫所引《周髀算经》之插图（图77），与此图密切配合的文字，是《营造法式》正文开篇即"营造法式看详"[❶]第一条目"方圆平直"下所引《周髀算经》中的一段话：

"数之法出于圆方。圆出于方，方出于矩，矩出于九九八十一。万物周事而圆方用焉，大匠造制而规矩设焉。"

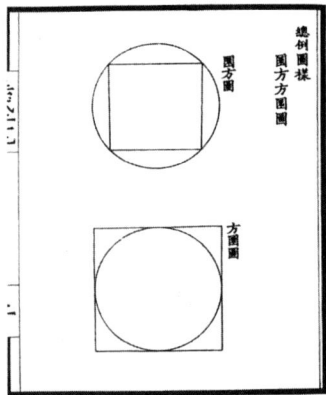

图76 北宋《营造法式》第一图："圆方方圆图"

（《营造法式》"陶本"）

图77 《周髀算经》中的"圆方图"与"方圆图"

（宋嘉定六年本《周髀算经》）

过去研究《营造法式》的学者们常常表示遗憾，该书虽然详细阐明了木结构建筑（特别是大木作制度）"以材为祖"的要义，对于理解中国古代建筑的"材分°"模数制意义重大，然而除此之外，对建筑单体设计中十分重要的总轮廓及开间、进深、柱高等重要尺寸及比例关系（即书中所谓"屋宇之高深"）却鲜有提及。❶ 其实，李诫对这些建筑设计中的重要内容虽未明言，却所幸还是在"总例"的字里行间和这幅重要的"圆方圆图"中，为我们研究中国古代建筑（包括城市）的基本构图比例留下了一条极其重要的线索。

其实，《营造法式》所引《周髀算经》"圆方图"和"方圆图"中所包含的方圆作图手法，正是中国古代都城规划、建筑群布局与建筑设计中重要而根本的设计方法，而其背后所蕴含的则是中国古人"天圆地方"的宇宙观与追求天、地、人和谐的文化理念。《周髀算经》的另一段话正好诠释了"圆方图"和"方圆图"所代表的文化内涵及基于此的方圆作图法：

"方属地，圆属天，天圆地方。方数为典，以方出圆。"

《周髀算经》中所谓"万物周事而圆方用焉，大匠造制而规矩设焉"，则为基于"圆方图"、"方圆图"这两幅最基本的方圆作图而衍生的一系列重要构图比例——这一中国历代匠师（大匠之传人）所遵循与恪守的"规矩"之道——写下了注脚。

其实，古人对于方圆作图及$\sqrt{2}$比例之谙熟与运用，远比《周髀算经》成书之时要早得多。据冯时研究指出：辽宁牛河梁红山文化圜丘的三环石坛，直径分别为 11 米、15.6 米、22 米，构成十分精确的 $1:\sqrt{2}:2$ 的比例关系，即每一环石坛与其内环石坛直径之比值皆为$\sqrt{2}$。而这一构图比例恰恰可以通过反复运用"方圆图"和"圆方图"所示的方圆作图手法来获得，并且具有了"天圆地方"的象征意义——这样的构图比例和象征意义都与圜丘作为祭天的场所密切相关 ❷ （图 78）。与红山文化圜丘约略同时期的、公元前 3000 年左右的良渚文化玉琮即为方圆相涵的造型（断面犹如《周髀算经》的"方圆图"），并且明显带有天圆地方、天地贯通的象征含义。

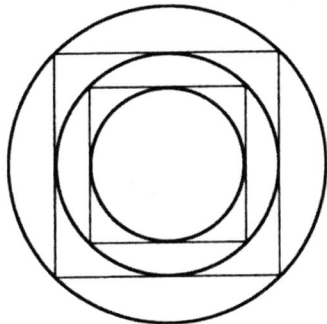

图 78 冯时所绘辽宁牛河梁红山文化圜丘分析图，三环石坛直径之比为 $1:\sqrt{2}:2$
（文献 [45]）

规矩方圆 浮图万千——中国古代佛塔构图比例探析（下）

❶ 如陈明达在《营造法式大木作制度研究》一书中指出："在《法式》第四、五两卷中，对大木作的各个部分、各种构件——即'名物之短长'——虽然都严密地规定了份数，而对于房屋的最基本的尺度——间广、椽架平长、柱高、檐出等——即'屋宇之高深'——却缺少明确的材份规定……显然是一项重大的遗漏。"参见：陈明达. 营造法式大木作制度研究（上册）[M]. 北京：文物出版社，1981：7。

❷ 此外，冯时还从天文学立表测影、观象授时的视角指出：红山文化圜丘本身便是一幅说明两至两分日行轨迹的"盖天图解"，内、中、外三环（三衡）分别为夏至、春分、秋分和冬至日道。参见：冯时. 中国古代的天文与人文 [M]. 北京：中国社会科学出版社，2006：288–306。

本文列举的许多佛塔平面构图也呈现出与红山文化圜丘极其相似的环环相套的构图——中国古代佛塔平面多为方形、八角形、六角形，少数覆钵式塔平面带有圆形构图，平面内外各重方形、八角形、六角形或圆形直径（或边长）之间常常呈$\sqrt{2}$比例关系（或1：2关系）——目前笔者所知的运用这一手法最早的佛塔平面是著名的北魏洛阳永宁寺塔，通过对其遗址平面实测图进行几何作图和实测数据[1]分析可知：永宁寺塔第一圈立柱通面阔（5.25米）：第二圈立柱通面阔（10.75米）：第四圈立柱通面阔（21米）：第五圈立柱通面阔（30米）≈1：2：4：$4\sqrt{2}$，基于方圆作图的比例关系一目了然（图79）。

值得一提的是，方圆作图比例的文化渊源，除了源自中国古人的"天圆地方"宇宙观念以外，在佛塔这一来自印度的特殊建筑类型中，不得不提到佛教密宗的"曼荼罗"宇宙图式，该图式常呈现为方圆相涵构图——与《周髀算经》、《营造法式》中的"圆方图"、"方圆图"可谓异曲同工[2]（图80）。因此在上述中国历代佛塔，尤其是更接近印度（或西藏）原型的覆钵式塔和金刚宝座塔的设计中，究竟源自中国匠师古已有之的方圆作

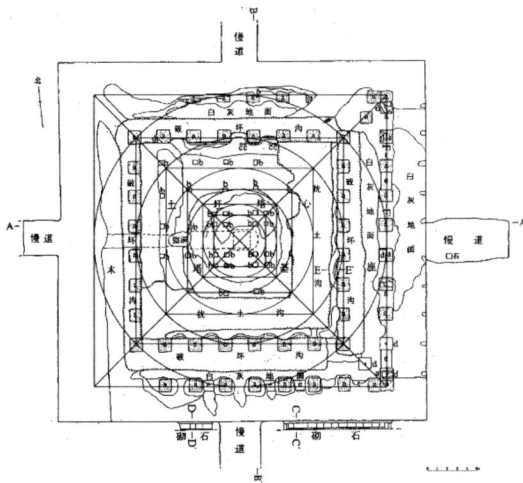

图79　北魏洛阳永宁寺塔平面分析图——与牛河梁红山文化圜丘平面构图一脉相承
（底图来源：文献[46]）

图80　江孜白居寺十万佛塔壁画中的"曼荼罗"（坛城），呈一系列方圆相涵构图
（王南　摄）

---

❶　中国社会科学院考古研究所．北魏洛阳永宁寺1979–1994年考古发掘报告[M]．北京：中国大大百科全书出版社，1996．
❷　王贵祥曾经指出："在中国佛教密宗中，特别是藏传佛教中所推崇的神秘图式——曼荼罗，就是一个由方与圆所构成的具有宇宙象征意义的图形。其基本的概念是'方圆相涵'，藏传密教寺院承德普乐寺用圆殿与方城所造成的巨大曼荼罗式建筑，即是一个典型的例证。其建筑的比例中是否也用了方圆相涵的关系，尚需作进一步的研究分析，但其在造型观念上，用方圆的形式，创造某种宇宙象征的意义，却与我们所分析的唐宋建筑比例问题是相通的。"参见：王贵祥．唐宋单檐木构建筑比例探析[M]//营造（第一辑：第一届中国建筑史学国际研讨会论文选辑）．北京：文津出版社，1998：226–247。

图手法（可以追溯至 5000 年前的红山文化圜丘）占主导地位，还是源自印度或藏传佛教密宗的"曼荼罗"图式更为根本，这里面涉及大量建筑文化传播与交流的复杂课题，非本文所能回答。本文主旨在于探析中国古代佛塔之构图比例，至于这些构图手法背后可能包含的更加丰富而引人入胜的文化渊源，则有待未来继续探索。

最后需要指出的是，中国古代浮图何止万千，本文所列实例中，虽然包括中国古代建筑史上许多赫赫有名的作品，然而对于探索蔚为大观的中国古塔而言，本文仍不过是一次小规模的粗浅尝试；文中所揭示出的一系列构图比例和提出的初步论证，则需要经过更多专家学者的验核、批评与斧正。希望拙文能够对中国古代佛塔之构图比例研究起到抛砖引玉的作用。

附录　日本典型楼阁式木塔构图比例简析

下面对 9 座日本典型楼阁式木塔（年代范围相当于中国唐代至明代）进行构图比例分析，与前文对中国古代佛塔的研究类似，重点着眼于两个方面：即 $\sqrt{2}$ 构图比例的运用以及总高与首层通面阔比例关系之探讨。

此前已有一些中国学者对日本楼阁式木塔的构图比例进行过研究，并取得了相当具有启发性的成果。

傅熹年曾经对日本飞鸟、奈良时期的木构佛塔进行了构图分析，并指出塔高与首层柱高（或副阶柱高）H1 的模数关系，通常五重塔高 7H1，三重塔高 5H1。除了首层柱高之外，中间层通面阔也是一个常用的模数。❶ 此外，张十庆的《中日古代建筑大木技术的源流与变迁》（2004 年）、肖旻的《唐宋古建筑尺度规律研究》（2006 年）、张毅捷的《中日楼阁式木塔比较研究》（2012年）等论著也对日本楼阁式木塔之构图比例做出了重要探索，尤其对木塔设计中的基准长（模数）进行了深入研究。❷

在前人研究基础上，本文进一步发现，日本楼阁式木塔普遍运用 $\sqrt{2}$ 比例（尤其是总高与塔刹以下高常为 $\sqrt{2}$: 1 关系），并且总高与首层通面阔常为整数倍或半数倍关系。

以下逐一分析 9 座日本楼阁式木塔实例。

❶　下文所引述傅熹年对日本佛塔之研究成果，均引自：傅熹年. 日本飞鸟、奈良时期建筑中所反映出的中国南北朝、隋、唐建筑特点 [J]. 文物，1992（10）：28–50；傅熹年. 中国古代城市规划、建筑群布局及建筑设计方法研究（上册）[M]. 北京：中国建筑工业出版社，2001：184–187。

❷　日本学者已经研究发现法隆寺五重塔与金堂皆以 0.75 高丽尺作为建筑平面设计的基准长，傅熹年结合《营造法式》大木作制度"以材为祖"的原则，指出五重塔、金堂中以 0.75 高丽尺（等于材广）为基准长的现象正是"以材为祖"的模数化设计手法。肖旻则指出法隆寺五重塔、法起寺三重塔、药师寺东塔、海龙王寺五重小塔、元兴寺极乐坊五重小塔、室生寺五重塔中不仅运用了基准长作为设计模数，而且底层柱高、塔身高、塔刹高皆为基准长的整数倍或半数倍。参见：肖旻. 唐宋古建筑尺度规律研究 [M]. 南京：东南大学出版社，2006. 使用基准长作为模数进行设计的手法，日本称"木割法"。张毅捷结合前人的研究指出法隆寺五重塔、法起寺三重塔、海龙王寺五重小塔、元兴寺极乐坊五重小塔、当麻寺东塔与西塔、净琉璃寺三重塔、室生寺五重塔、一乘寺三重塔的平面设计均使用了"木割法"。同时，她在对共计 11 座早期日本楼阁式木塔的实测数据分析中发现，椽间距与木塔设计基准长之间存在更加密切的关系，甚至超过材广与基准长之间的关系，因此相比于在《营造法式》中具有重要意义的"材广"而言，"椽间距"是日本早期楼阁式木塔中更重要的模数。此外，张毅捷在傅熹年研究基础上进一步证实，日本早期木塔的高度设计中大量运用首层柱高或中间层通面阔作为模数。参见：张毅捷. 中日楼阁式木塔比较研究 [M]. 上海：同济大学出版社，2012：92–93，97–102，118–120。

1. 奈良法隆寺五重塔（约710年）

奈良法隆寺于公元607年由日本圣德太子创建，670年毁，680年以后重建，约710年左右完成。法隆寺五重塔为世界最古老的木塔之一，中立通高刹柱以承塔刹，围绕刹柱建5层木构塔身，一至四层每面三间，五层每面二间，一层带副阶一周。

傅熹年在日本学者研究基础上指出，五重塔以0.75高丽尺（1高丽尺=1.186日本曲尺=0.359米）为材广，各层面阔与塔高以材广为模数（与法隆寺金堂相同）。若设N=0.75高丽尺，则一层各间面阔7N、10N、7N；二层各间面阔6N、9N、6N；三层各间面阔5N、8N、5N；四层各间面阔4N、7N、4N；五层各间面阔6N、6N；总高（台基以上）120N，塔身高84N，一层柱高12N。总高（台基以上）为10倍一层柱高，塔身高为7倍一层柱高，故一层柱高为立面设计的扩大模数。张十庆进一步指出，五重塔各层通面阔呈1：0.875：0.75：0.625：0.5比例关系，而底层明间面阔和梢间面阔之比为10：7，即$\sqrt{2}$比例关系（"方七斜十"）。❶

通过对张毅捷《中日楼阁式木塔比较研究》（2012年）一书中的实测图进行几何作图，结合该书及傅熹年《中国古代城市规划、建筑群布局及建筑设计方法研究》（2001年）中所载实测数据分析，可得如下结论。

（1）立面、剖面

总高（112.395曲尺）：塔刹以下高❷（80.43曲尺）=1.397≈7：5（吻合度99.8%）；1.397≈$\sqrt{2}$（吻合度98.8%）——由此可知，塔刹以下高与塔总高为"方五斜七"比例关系（图81）。

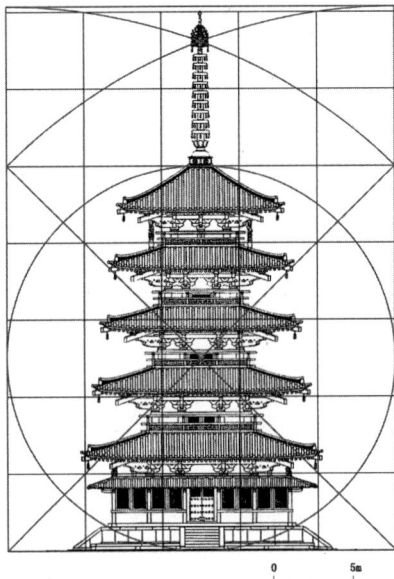

图81　法隆寺五重塔立面分析图（一）

（底图来源：文献[50]）

❶ 张十庆. 中日古代建筑大木技术的源流与变迁[M]. 天津：天津大学出版社，2004：63-66.

❷ 本文对日本佛塔分析中，"塔刹以下高"指塔刹刹座底部至地坪距离，"塔身高"指塔刹刹座底部至台明距离。此外，笔者在2018年夏天与日本著名建筑史学者、东京大学藤井惠介教授交流此项研究成果时，藤井教授特别提醒应该注意日本楼阁式木塔台基高度的实测值与原始设计值可能存在差别（主要由于地面提升之故）。因此必须特别指出的是，本文中探讨佛塔构图比例时，包含台基的构图比例虽然真实反映了现状情况，但仍有待未来的考古工作加以进一步验证；相比之下，不包含台基的构图比例则相对更加可靠一些。

总高（台基以上，107.44 曲尺）：塔身高（75.475 曲尺）=1.424 ≈ 10：7（吻合度 99.7%）；1.424 ≈ $\sqrt{2}$（吻合度 99.3%），即塔身高与总高（台基以上）呈"方七斜十"比例关系——与傅熹年指出的首层柱高 H1，塔总高（台基以上）10H1（合 120 材），塔身高 7H1（84 材）的结论一致——实际上是令刹柱加塔刹总高与刹柱高之比为 10：7。

总高（台基以上，107.44 曲尺）：首层通面阔（含副阶，35.8 曲尺）=3（图 82）。

总高（台基以上，107.44 曲尺）：首层通面阔（不含副阶，21.18 曲尺）=5.073 ≈ 5（吻合度 98.5%），其中总高 120 材，通面阔 24 材（图 83）。

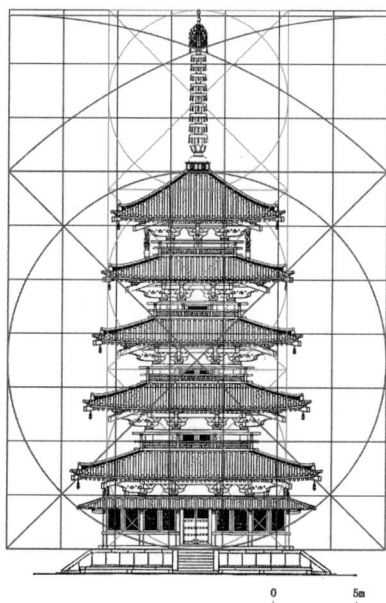

图 82　法隆寺五重塔立面分析图（二）
（底图来源：文献 [50]）

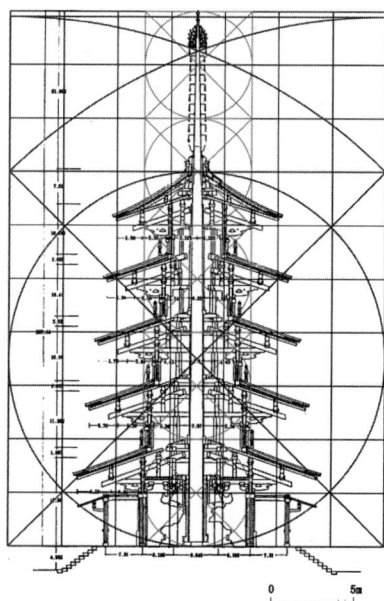

图 83　法隆寺五重塔剖面分析图
（底图来源：文献 [50]）

（2）平面

首层明间面阔（8.84 曲尺）：次间面阔（6.17 曲尺）=1.433 ≈ 10：7（吻合度 99.7%）；1.433 ≈ $\sqrt{2}$（吻合度 98.7%）——如转化成高丽尺，则明间面阔 7.5 高丽尺，次间面阔 5.25 高丽尺，二者恰呈"方七斜十"关系。

综上可知：法隆寺五重塔以 0.75 高丽尺为材广，总高（台基以上）合 120 材，塔身高 84 材，塔身高与总高（台基以上）呈"方七斜十"比例（即 1：$\sqrt{2}$）——这也是日本古代木塔的一般构图规律（详见下文）；此外，首层通面阔 24 材，为总高（台基以上）的 1/5；首层通面阔（含副阶）为 40 材，为总高（台基以上）的 1/3；首层柱高 12 材，为总高（台基以上）的 1/10；各层通面阔分别为 24 材、21 材、18 材、15 材和 12 材，逐层递减 3 材；首层梢间（7 材）与明间面阔（10 材）同样呈"方七斜十"比例关系。全塔一方面严格遵循"以材为祖"的原则，一方面又巧妙运用了 $\sqrt{2}$ 及 1 ： 3、1 ： 5 构图比例来控制整体造型。

2. 奈良法起寺三重塔（706 年）

奈良法起寺三重塔为木构 3 层方塔，一、二层面阔三间，三层面阔二间，中立上下贯通之木刹柱。傅熹年指出，此塔与法隆寺五重塔相同，以 N=0.75 高丽尺为模数（但不等于材广），各层通面阔分别为 24N、18N、12N；塔身高为一层柱高的 5 倍。

通过对傅熹年《日本飞鸟、奈良时期建筑中所反映出的中国南北朝、隋、唐建筑特点》（1992 年）及张毅捷《中日楼阁式木塔比较研究》（2012 年）中所载实测图进行几何作图及实测数据分析，可得如下结论。

（1）总高（25.342 米）：塔刹以下高（18.009 米）=1.407 ≈ $\sqrt{2}$（吻合度 99.5%）；总高（台基以上，24.267 米）：塔身高（16.934 米）=1.433 ≈ 10 ： 7（吻合度 99.7%）；1.433 ≈ $\sqrt{2}$（吻合度 98.7%）——与法隆寺五重塔构图手法完全相同。

（2）总高（25.342 米）：首层通面阔（18 高丽尺，合 6.462 米）=3.922 ≈ 4（吻合度 98.1%）。

（3）首层明间面阔：次间面阔 = $\sqrt{2}$（图 84）。

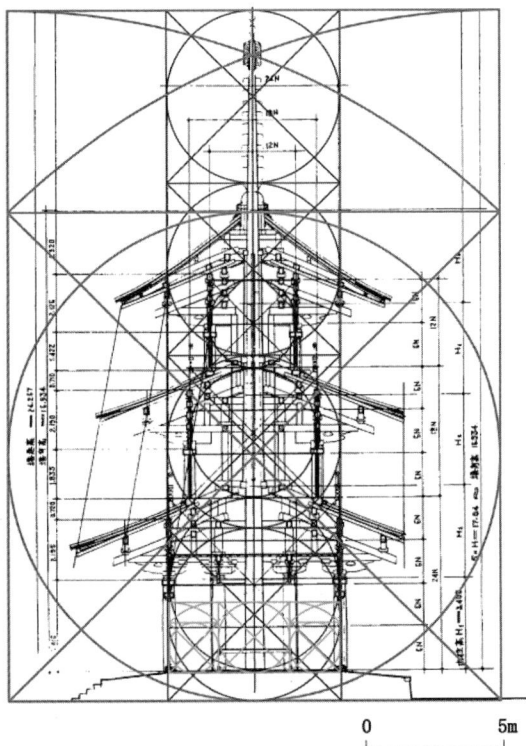

图 84　法起寺三重塔剖面分析图

（底图来源：文献 [11]）

3. 奈良药师寺东塔（730 年）

奈良药师寺东塔为日本白凤样式建筑，为木结构 3 层方塔，中立刹柱，但因屋檐采用"裳阶"（即副阶）形式，故外观 6 层檐。傅熹年研究指出：此塔不仅以材为模数，还以分° 为分模数，且塔身高为一层柱高的 5 倍，与法起寺同。

通过对《药师寺东塔及南门修理工事报告书》（1956 年）中的实测图进行几何作图及实测数据分析，结合张毅捷《中日楼阁式木塔比较研究》（2012 年）一书中的实测数据，可得如下结论。❶

（1）总高（115.465 曲尺）：塔刹以下高（81.335 曲尺）=1.42 ≈ $\sqrt{2}$（吻合度 99.6%）。

（2）总高（台基以上，112.65 曲尺）：塔身高（78.52 曲尺）= 1.435 ≈ 10 : 7（吻合度 99.6%）；1.435 ≈ $\sqrt{2}$（吻 98.5%）。

（3）总高（115.465 曲尺）：首层通面阔（23.4 曲尺）= 4.934 ≈ 5（吻合度 98.7%）。

（4）首层通面阔（23.4 曲尺）：首层柱高（16.33 曲尺）=1.433 ≈ 10 : 7（吻合度 99.7%）；1.433 ≈ $\sqrt{2}$（吻合度 98.7%）（图 85）。

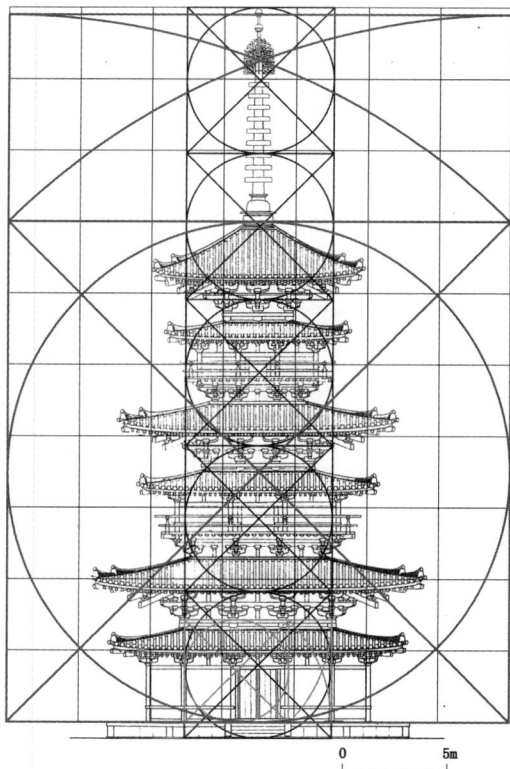

图 85　药师寺东塔立面分析图

（底图来源：文献 [53]）

❶ 笔者 2018 年夏参观奈良药师寺东塔大修工地时，日方工地负责人介绍，药师寺东塔的原始地面大约低于现在地面 1 米左右，于是在此次重修中依据考古发现的新数据加高了台基。故本文的分析是基于此次大修前的 1956 年修理工事报告书中的实测图及数据，至于对大修后的药师寺东塔立面构图的进一步分析，唯有待最新的报告发表，特此说明。

4. 奈良海龙王寺五重小塔（奈良时代，约 645–780 年）

海龙王寺小塔是一座五重塔木模型，陈设于海龙王寺西金堂内。傅熹年研究指出：此塔塔身高为一层柱高的 7 倍，总高约为一层柱高的 10 倍，与法隆寺五重塔同。

❶　文献 [11].

通过对傅熹年《日本飞鸟、奈良时期建筑中所反映出的中国南北朝、隋、唐建筑特点》❶ 中的实测图进行几何作图，结合张毅捷《中日楼阁式木塔比较研究》（2012 年）一书所载实测数据分析，可得如下结论。

（1）总高（台基以上，13.235 曲尺）：塔身高（9.42 曲尺）=1.405 ≈ $\sqrt{2}$（吻合度 99.4%）。

（2）总高（14.195 曲尺）：首层通面阔（2.55 曲尺）=5.567 ≈ 5.5（吻合度 98.8%）——高宽比略大于法隆寺五重塔（图 86）。

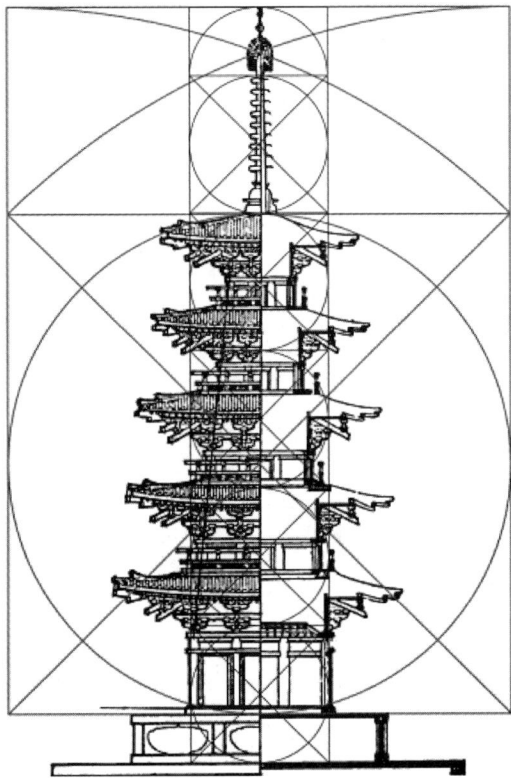

图 86　海龙王寺五重小塔立、剖面分析图

（底图来源：文献 [11]）

5. 奈良室生寺五重塔（奈良时代末期）

奈良室生寺五重塔为木构 5 层方塔，每层方三间。傅熹年研究指出，此塔同样以分° 为分模数，并以第三层通面阔 A 为扩大模数，塔身高约 6A。

通过对傅熹年《日本飞鸟、奈良时期建筑中所反映出的中国南北朝、隋、唐建筑特点》[1]及张毅捷《中日楼阁式木塔比较研究》（2012 年）所载实测图进行几何作图及实测数据分析，可得如下结论。

（1）总高（台基以上, 53.34 曲尺）：塔身高（38.26 曲尺）=1.394 ≈ 7：5（吻合度 99.6%）；1.394 ≈ $\sqrt{2}$（吻合度 98.6%）。

（2）总高（56.54 曲尺）：首层通面阔（8.08 曲尺）=6.998 ≈ 7（吻合度接近 100%）（图 87）。

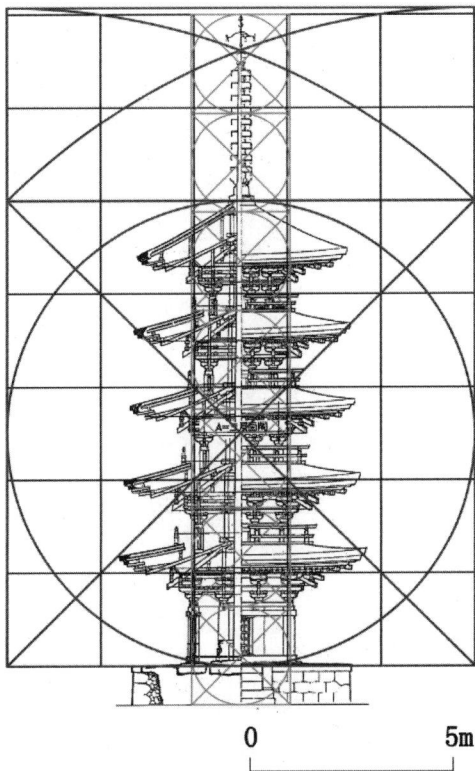

图 87　室生寺五重塔立、剖面分析图
（底图来源：文献 [11]）

6. 奈良当麻寺东塔（奈良时代末期）

当麻寺东塔为木构 3 层方塔，各层均方三间。通过对张毅捷《中日楼阁式木塔比较研究》（2012 年）一书所载实测数据进行分析，可得如下结论。

（1）总高（83.134 曲尺）：塔刹以下高（59.403 曲尺）=1.399 ≈ 7：5（吻合度接近 100%）；1.399 ≈ $\sqrt{2}$（吻合度 99%）。

（2）总高（台基以上，80.45 曲尺）：塔身高（56.713 曲尺）=1.419 ≈ $\sqrt{2}$（吻合度 99.6%）。

（3）总高（台基以上，80.45 曲尺）：首层通面阔（17.56 曲尺）=4.581 ≈ 4.5（吻合度 98.2%）。

规矩方圆　浮图万千——中国古代佛塔构图比例探析（下）

7. 京都醍醐寺五重塔（951 年）

醍醐寺五重塔为木构 5 层方塔，各层均方三间。通过对张毅捷《中日楼阁式木塔比较研究》（2012 年）一书所载实测图进行几何作图及实测数据分析，可得如下结论。

（1）总高（131.72 曲尺）：塔刹以下高（87.69 曲尺）=1.502 ≈ 3 ∶ 2（吻合度 99.9%）。

（2）总高（131.72 曲尺）：首层通面阔（21.89 曲尺）=6.017 ≈ 6（吻合度 99.7%）（图 88）。

（3）顶层檐口以下高：顶层檐口以上高 ≈ $\sqrt{2}$。

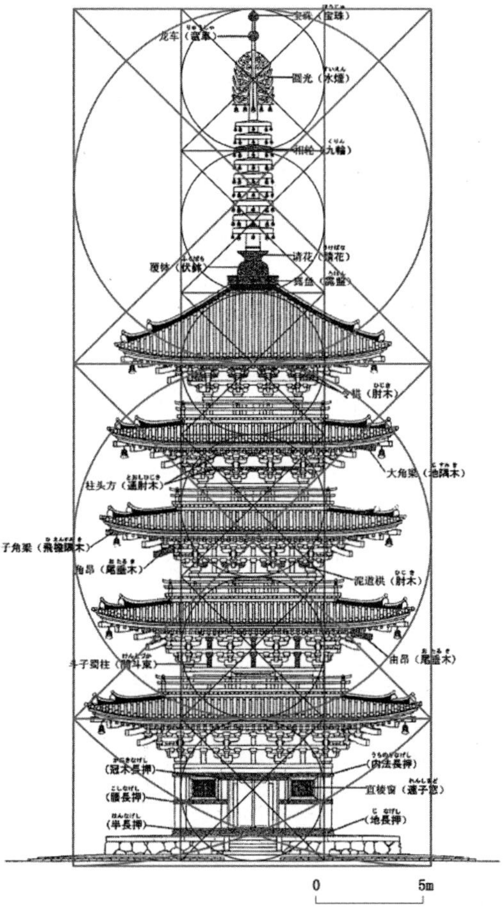

图 88　醍醐寺五重塔立面分析图
（底图来源：文献 [50]）

8. 奈良兴福寺三重塔（镰仓时期）

兴福寺三重塔为木构 3 层方塔，各层均方三间。傅熹年指出其塔身高为一层柱高的 5 倍。通过对傅熹年《日本飞鸟、奈良时期建筑中所反映出的中国南北朝、隋、唐建筑特点》❶一文中的实测图进行几何作图，可得如下结论。

（1）总高：塔刹以下高 $=\sqrt{2}$。

（2）总高：首层通面阔 =4（图89）。

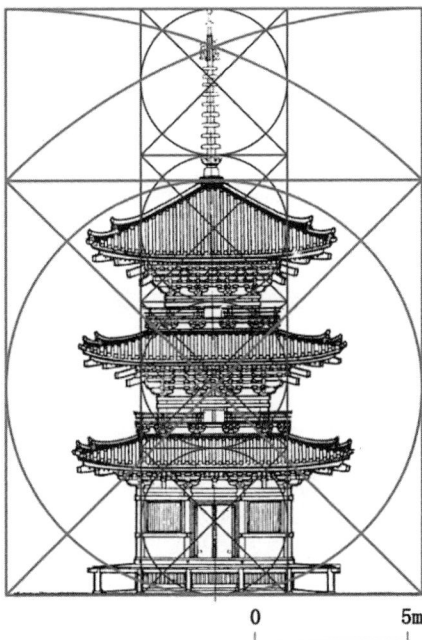

图89 兴福寺三重塔立面分析图

（底图来源：文献 [11]）

9. 石川县那谷寺三重塔（1642年）

那谷寺三重塔为木构3层方塔，各层均方三间。通过对张十庆《中日古代建筑大木技术的源流与变迁》（2004年）一书中实测图进行几何作图，可得如下结论。

（1）总高：塔刹以下高 $=\sqrt{2}$（图90）。

综上所述，日本楼阁式木塔形制比较一贯，正如日本学者滨岛正士指出的："楼阁式木塔自其传入以来直至江户时代其形式没有大的变化，可以说是传统性非常强的一种建筑类型。"[1]

上述9座木塔，除了醍醐寺五重塔之外，其余8座皆满足总高与塔刹以下高 [或总高（台基以上）与塔身高] 之比为 $\sqrt{2}$，构图手法高度一致——与中国大多数古塔相比，日本楼阁式木塔的塔刹占总高的比例极高（约占2/7或3/10）。此外，除那谷寺三重塔外，其余8座塔的总高与首层通面阔之比皆为整数倍或半数倍，见表3。

从表3可知，本文所分析的9座木塔，总高与首层通面阔之比包括3、4、4.5、5、5.5、6、7共计7种比例，其中高宽比为5.5、6、7均为五重塔；高宽比为5的实例为法隆寺五重塔和药师寺东塔（三重塔）；高宽比为4、4.5均为三重塔；高宽比为3仅有法隆寺五重塔（总宽取副阶通面阔）1例。[2]

規矩方圓　浮圖萬千——中國古代佛塔構圖比例探析（下）

[1] 滨岛正士《日本佛塔集成》（2001），转引自张毅捷. 中日楼阁式木塔比较研究. 上海：同济大学出版社，2012：26

[2] 需要指出的是，法隆寺五重塔副阶为后世所加，因此3:1并不反映原始设计的高宽比，故高宽比等于5（宽度取不含副阶的首层通面阔）更能反映法隆寺五重塔的原始设计构图比例。至于增加副阶之后，总高（台基以上）与副阶通面阔呈3:1的高宽比，颇有可能是因为加建的副阶通面阔与首层通面阔呈5:3比例关系所致。

图90　那谷寺三重塔立面分析图

（底图来源：文献 [48]）

表3　日本楼阁式木塔总高与首层通面阔比例列表

总高：首层通面阔	佛塔实例	备注
3	法隆寺五重塔（含副阶）	通面阔取副阶
4	法起寺三重塔；兴福寺三重塔	
4.5	当麻寺东塔（三重塔）	
5	法隆寺五重塔；药师寺东塔（三重塔）	
5.5	海龙王寺五重小塔	
6	醍醐寺五重塔	
7	室生寺五重塔	

　　傅熹年曾经将日本飞鸟、奈良时期木塔中包含的以材、分° 为基本模数，以柱高或中间层面阔为扩大模数的手法与中国唐、宋、辽木构建筑加以比较，来探索中国南北朝、隋、唐建筑可能存在的设计规律。同样，通过上文分析我们可以推想：这批深受中国南北朝、隋、唐建筑影响的日本木塔，在构图比例上大量运用√2比例，且总高与首层通面阔皆有着清晰简洁的比例关系，也极可能是中国南北朝及隋、唐方形木塔中曾经运用的构图手法（北魏永宁寺平面及云冈石窟塔心柱立面皆是例证），与本文正文所列举的中国现存古塔有着一脉相承之关系。

（感谢故宫博物院王军先生，东京大学藤井惠介、包慕萍老师，清华大学建筑学院姜铮博士对本文提出的宝贵意见。）

参考文献

[1] 梁思成.梁思成全集（第八卷）[M].北京：中国建筑工业出版社，2001.

[2] 刘敦桢.中国之塔[M]// 刘敦桢.刘敦桢全集（第四卷）.北京：中国建筑工业出版社，2007：79-91.

[3] 梁思成.山西应县佛宫寺辽释迦木塔[M]// 梁思成.梁思成全集（第十卷）.北京：中国建筑工业出版社，2007.

[4] 梁思成.浙江杭县闸口白塔及灵隐寺双石塔[M]//梁思成.梁思成文集（第二卷）.北京：中国建筑工业出版社，1984：136-151.

[5] 刘敦桢.河北定县开元寺塔[M]// 刘敦桢.刘敦桢全集·第十卷.北京：中国建筑工业出版社，2007：109-124.

[6] 陈明达.应县木塔[M].北京：文物出版社，1980.

[7] 龙庆忠.中国建筑与中华民族[M].广州：华南理工大学出版社，1990.

[8] 《龙庆忠文集》编委会.龙庆忠文集[M].北京：中国建筑工业出版社，2010.

[9] 王寒枫.泉州东西塔[M].福州：福建人民出版社，1992.

[10] 傅熹年.中国古代城市规划、建筑群布局及建筑设计方法研究（上下册）[M].北京：中国建筑工业出版社，2001.

[11] 傅熹年.日本飞鸟、奈良时期建筑中所反映出的中国南北朝、隋、唐建筑特点[J].文物，1992（10）：28-50.

[12] 王世仁.北京天宁寺塔三题[M]//吴焕加，吕舟.建筑史研究论文集.北京：中国建筑工业出版社，1996.

[13] 马鹏飞，陈伯超.典型辽塔尺度构成及各部比例关系探究[J].华中建筑，2014（8）：160-164.

[14] 王南.规矩方圆，佛之居所——五台山佛光寺东大殿构图比例探析[J].建筑学报，2017（6）：29-36.

[15] 王贵祥.$\sqrt{2}$ 与唐宋建筑柱檐关系[M]// 中国建筑学会建筑历史学术委员会.建筑历史与理论（第三、四辑）.南京：江苏人民出版社，1984：137-144.

[16] 王贵祥.唐宋单檐木构建筑平面与立面比例规律的探讨[J].北京建筑工程学院学报，1989（12）：49-70.

[17] 王贵祥.唐宋单檐木构建筑比例探析[M]// 营造（第一辑：第一届中国建筑史学国际研讨会论文选辑）.北京：文津出版社，1998：226-247.

[18] 王贵祥，刘畅，段智钧.中国古代木构建筑比例与尺度研究[M].北京：中国建筑工业出版社，2011.

[19] 张十庆.《营造法式》材比例的形式与特点——传统数理背景下的古代建

筑技术分析 [M]// 贾珺 . 建筑史（第 31 辑）. 北京：清华大学出版社，2013：9–14.

[20] 小野胜年 . 日唐文化关系中的诸问题 [J]. 考古，1964（12）

[21] 刘敦桢 . 中国古代建筑史（第 2 版）[M]. 北京：中国建筑工业出版社，1984.

[22] 王军，李钰，靳亦冰 . 陕西古建筑 [M]. 北京：中国建筑工业出版社，2015.

[23] 郭黛姮 . 中国古代建筑史 · 第三卷：宋、辽、金、西夏建筑（第 2 版）[M]. 北京：中国建筑工业出版社，2009.

[24] 张汉君 . 辽庆州释迦佛舍利塔营造历史及其建筑构制 [J]. 文物，1994（12）：65–72.

[25] 河南省古代建筑保护研究所 . 登封嵩岳寺塔勘测简报 [J]. 中原文物，1987（12）：7–20.

[26] 曹汛 . 嵩岳寺塔建于唐代 [J]. 建筑学报，1996（6）：40–45.

[27] 云南省文化厅文物处，中国文物研究所，姜怀英，邱宣充 . 大理崇圣寺三塔 [M]. 北京：文物出版社，1998.

[28] 云南省文物工作队 . 大理崇圣寺三塔主塔的实测和清理 [J]. 考古学报，1981（2）：246–267.

[29] 邱宣充 . 大理崇圣寺三塔 [J]. 中国文化遗产，2008（6）：58–62.

[30] 刘敦桢 . 云南之塔幢 // 中国营造学社汇刊 . 第七卷第二期，1945.

[31] 王春波 . 山西灵丘觉山寺辽代砖塔 [J]. 文物，1996（2）：51–62.

[32] 姜怀英，杨玉柱，于庚寅 . 辽中京塔的年代及其结构 [J]. 古建园林技术，1985（2）：32–37.

[33] 黄国康 . 四门塔的维修与研究 [J]. 古建园林技术，1996（6）：53–56.

[34] 黄国康 . 灵岩寺慧崇塔的修缮及其特点 [J]. 古建园林技术，1996（3）：49–51.

[35] 顾铁符 . 唐泛舟禅师塔 [J]. 文物，1963（4）：50–52.

[36] 梁思成 . 梁思成全集（第四卷）[M]. 北京：中国建筑工业出版社，2001.

[37] [明] 蒋一葵 . 长安客话 [M]. 北京：北京古籍出版社，1994.

[38] 李会智，王金平，徐强 . 山西古建筑（下册）[M]. 北京：中国建筑工业出版社，2015.

[39] 刘敦桢 . 北平护国寺残迹 // 中国营造学社汇刊 . 第六卷第二期，1935.

[40] 王其亨，王蔚 . 中国古建筑测绘大系 · 园林建筑：北海 [M]. 北京：中国建筑工业出版社，2015.

[41] 王其亨 . 中国古建筑测绘大系 · 园林建筑：颐和园 [M]. 北京：中国建筑工业出版社，2015.

[42] 王世仁 . 佛国宇宙的空间模式 [J]. 古建园林技术，1991（2）：22–28.

[43] [清] 于敏忠，等 . 日下旧闻考 [M]. 北京：北京古籍出版社，1983.

[44] 高介华 . 广德寺多宝佛塔 [J]. 华中建筑，1996（3）：61–63.

[45] 冯时 . 中国古代的天文与人文 [M]. 北京：中国社会科学出版社，2006.

[46] 中国社会科学院考古研究所 . 北魏洛阳永宁寺 1979–1994 年考古发掘报告 [M]. 北京：中国大大百科全书出版社，1996.

[47] 日本建筑学会 . 日本建筑史图集（新订第三版）[M]. 东京：彰国社，2011.

[48] 张十庆 . 中日古代建筑大木技术的源流与变迁 [M]. 天津：天津大学出版社，2004.

[49] 肖旻 . 唐宋古建筑尺度规律研究 [M]. 南京：东南大学出版社，2006.

[50] 张毅捷 . 中日楼阁式木塔比较研究 [M]. 上海：同济大学出版社，2012.

[51] 王贵祥，贺从容，廖慧农 . 中国古建筑测绘十年：2000–2010 清华大学建筑学院测绘图集（上册）[M]. 北京：清华大学出版社，2011.

[52] 潘谷西 . 中国古代建筑史·第四卷：元、明建筑（第 2 版）[M]. 北京：中国建筑工业出版社，2009.

[53] 奈良县教育委员会文化财保存课 . 药师寺东塔及南门修理工事报告书 . 奈良：共同印刷工业株式会社，1956.

英文论稿专栏

Ernst Börschmann's *Chinesische Architektur* and Chinese Building Standards—A Race Lost by a Twist of Fate?[❶]

Alexandra Harrer

（School of Architecture Tsinghua University ,China）

Abstract：The paper re-examines the pioneering research of Ernst Börschmann (1873-1949), the first German professor of Asian architecture, in light of today's knowledge about Chinese construction technology. His 1925 book *Chinesische Architektur* (2 vols.) shaped the Western perception of China's tangible and intangible heritage in a lasting way through the twentieth century. Given his neglect of the official standards that lead to institutionalized conformity and graded standardization in official-style, government-sponsored architecture of imperial China, this paper suggests possible reasons for the cultural misconception and investigates if this *faux-pax* was a question of *zeitgeist* or one of author intent. To address this query, this paper presents a chronology of the Western knowledge about historical building codes available at the time of Börschman's writing *Chinesische Architektur*. Specifically, I consider Börschman's relationship with Chinese building treatises as exemplified by the two technical manuals *Yingzao fashi* (Building standards; 1103, 1145) and *Gongcheng zuofa* (Engineering manual; 1734) that Liang Sicheng (1901-1972) and his colleages from the Society for Research in Chinese Architecture (Zhongguo Yingzao Xueshe) would ultimately decipher after the publication *Chinesische Architektur*.

Keywords：Ernst Börschmann, *Chinesische Architektur*, *Yingzao fashi*, *Gongcheng zuofa*, twentieth-century Western knowledge

摘要：结合 21 世纪对中国建筑和营造的技术知识，本文对德国第一位亚洲建筑学教授恩斯特·鲍希曼（1873—1949 年）的开拓性研究进行了重新审视。他 1925 年出版的《中国建筑》（2卷）一书在 20 世纪以持久的方式塑造了西方对中国物质和非物质遗产的看法。鉴于他忽视了导致官式建筑中的制度化整合和等级标准化的官式营造标准，本文提出了造成文化误解的可能原因，并调查了这一误解是时代精神问题还是作者意图问题。为解决这一问题，本文给出了鲍希曼撰写《中国建筑》时西方人有关中国历史建筑法规的知识，以《营造法式》（1103,1145）和《工程做法》（1734）两本技术手册为例子。

关键词：鲍希曼，《中国建筑》，《营造法式》，《工程做法》, 20 世纪初西方人对中国建筑史的知识

❶ This study was supported by the National Science Foundation of China (project titled "*Yingzao fashi* yanjiu yu zhushu" , no. 17ZDA185) and by Tsinghua Unversity (project titled "*Yingzao fashi* yu Song Liao Jin jianzhu anli yanjiu", no. 2017THZWYX05).

Introduction

Figure 1 *Chinesische Architektur*, linen–bound edition (Photo by Alexandra Harrer)

Ernst Börschmann (1873-1949) was the first German professor of East Asian architecture and a pioneer of German building survey documentation. Among his prolific writings, the 1925 monograph entitled *Chinesische Architektur* stands out in several ways. (Fig. 1) It was his first attempt to go beyond the simple act of visually recording one monument after another—as he had done in *Picturesque China* (1923) in which he had captured through photography the architecture and landscape he had seen on his journey through twelve provinces. It was also the first German-language attempt by a trained architect to discuss in a condensed form the formal aspects of architecture on a broader, more abstract level without focusing on a specific site only—as Börschmann had done in *Die Baukunst und die religiöse Kultur der Chinesen* (1911 [P'u T'o Shan] and 1914 [Gedächnistempel Tzé Táng]). Thanks to the author's established reputation as the leading Western expert in the field, ❶ *Chinesische Architektur* soon became a standard reference work around the world several years before the seminal writings of Liang Sicheng (梁思成 ; 1901-1972), the most distinguished Chinese architectural historian of the First Generation, ❷ and maintained this status until late in the twentieth century.❸

---

❶ For example, in 1920, Paul Demiéville (戴密微 ; 1894-1979), a Swiss-born sinologist and leading French expert in Chinese studies, praised Börschmann's first comprehensive work on architecture and religious culture entitled *Die Baukunst und die religiöse Kultur der Chinesen* (2 vol) as an "excellent ouvrage" ("Che-yin Song Li Ming-tchong *Ying tsao fa che*" 214).

❷ For a recent reprint of his collected works, see Liang Sicheng, *Liang Sicheng quanji*.

❸ Ernst Wasmuth Publishers encouraged by the success of Börschmann's earlier books had printed at least a thousand copies that were sold worldwide (Kögel, *The Grand Documentation* 435). Contemporary scholars versed in related fields of art history knew about Börschmann's studies and used *Chinesische Architektur* as reference literature in their bibliographies: e.g. Father Andre Eckardt (1884-1974), a Benedictine missionary and founder of Korean studies in Germany, who devoted two chapters in his 1929 *Geschichte der Koreanischen Kunst* exclusively to architecture.

Börschmann's *Chinesische Architektur* also provided inspiration for erecting Chinese buildings outside of China. The On Leung Building (today Pui Tak Center) in the Chinatown of Chicago, designed by the architectural firm Michaelson and Rognstad between 1926-1928, builds on the self-explanatory images of this book (Kögel, *The Grand Documentation* 447).

And yet, what becomes immediately apparent to the modern reader is Börschmann's faux pas of downplaying authoritative, prescriptive texts as a decisive factor in the evolution of architectural form and meaning over time. Börschmann mentions only one of the two extant monographs compiled under imperial court patronage prior to the twentieth century, woks that have been treated with unimpaired importance by generations of architectural historians ever since.❶ Probably because of this, Boerschmann's achievements fell short of the expectations of his contemporary Chinese colleagues from the Society for Research in Chinese Architecture (Zhongguo Yingzao Xueshe; 中国营造学社) who canonized the study of 'grammatical' rules specified in the twelfth-century *Yingzao fashi* (Building standards) and the eighteenth-century *Gongcheng zuofa* (Engineering manual; 工程做法). Wilma Fairbank (1909-2002) recalls Liang's passing judgment on Börschmann for describing historical buildings without comprehending the essence of the fundamentals.❷

But can we reduce that easily *Chinesische Architektur* to an unsuccessful historiographical attempt that demonstrates objective particulars but not the underlying principles and categorize it as a coffee-table book stripped off any academic value? In this article I will argue otherwise and look for reasons for his reserved approach. A close examination of the knowledge about normative literature exemplified by *Yingzao fashi* and *Gongcheng zuofa,* available to Börschmann at the time of his writing will help to understand if he even had a chance to access all the information necessary for a truly comprehensive survey of building theory and practice (a question of time/*zeitgeist*). Based on this, I will then try to find answers to the hypothetical question if more information would have improved Börschmann's methodical analysis (a question of author intent). That is to say, I will re-examine how more knowledge could have enhanced his understanding of the architectural 'essence' (*Wesen*) of imperial China, a catchy phrase that he so often invokes in his writing and one that Liang saw in the generic mechanism encoded in dynastic building standards. Since Börschmann's work reflects the problematic situation of Western scholarship on Chinese architecture in the twentieth century, this discussion will prove helpful in identifying and explaining a cultural misconception about building codes

283

Ernst Börschmann's *Chinesische Architektur* and Chinese Building Standards—A Race Lost by a Twist of Fate?

---

❶ Börschmann mentions only *Gongcheng zuofa* (Engineering manual, 工程做法 ; 1734) by the Qing-dynasty Ministry of Works but not *Yingzao fashi* (Building standards, 营 造 法 式 ; 1103, 1145) by the Song-dynasty government official Li Jie (李诚 ; courtesy name [字] Mingzhong [明仲]; ?-1110).

❷ Comparing him with the eminent Swedish Sinologist Osvald Sirén (1879-1966), Liang famously said:
     Neither knew the grammar of Chinese architecture; they wrote uncomprehending descriptions of Chinese buildings. But of the two Sirén was better. He used the *Ying-tsao fa-shih*, but carelessly." (Fairbank, *Liang and Lin* 29)

and the official standards that lead to institutionalized conformity and graded standardization. This misconception has existed over the last four centuries in Western writing and, unfortunately, still partly persists today.[1]

De-facto knowledge of *Yingzao fashi* in 1925

At the time when Börschmann published *Chinesische Architektur*, Liang was still in the United States studying at the University of Pennsylvania from 1924 to 1928. Although Liang received a copy of *Yingzao fashi* while still in Philadelphia, his research on the Song manual neither started immediately, nor had it begun after he had entered the Society for Research in Chinese Architecture (Zhongguo Yingzao Xueshe) in 1931. He and his colleagues first focused on the Qing dynasty (1644-1912) architecture.[2] They had therefore not yet discovered any buildings from or close to the Northern Song dynasty (960-1127) that could serve as a practical reference to understand the intricate methodology and terminology of the Song building standards. If, in 1925, even the most renowned Chinese architectural historian of the twentieth century lacked the necessary means to decode the mystery of traditional Chinese architecture, then how can we expect a German architect do so?

Before the 1930s, when the Society started to engage in research, observation of Chinese building standards was often limited to an external perspective and passive recording, although three outstanding European scholars were actively involved in the study of *Yingzao fashi*. The earliest reference to the text comes from the leading French expert on Dunhuang manuscripts, Paul E. Pelliot (1878-1945), who noted the significance of a 'treatise on architecture' named *Ying tsau fa che* (營造法式 [*Yingzao fashi*, 营造法式]; title given in old phonetic transcription and traditional characters) in his descriptive notes on the bibliography compiled by 'Lou Sin-Yuan' (陸心

[1] See especially the seminal seventeenth-century work by Joan Nieuhof (1618-72), *Het gezandtschap Der Neêrlandtsche Oost-Indische Compagnie*. And for a more recent example, see the erroneous quote of Malone's 1929 article "Current Regulations for Building and Furnishing Chinese Imperial Palaces" as a rare discussion of *Gongcheng zuofa* on the website of Oxford Bibliographies Online, entitled "Chinese Architecture", accessed December 18, 2018, http: //www.oxfordbibliographies.com, DOI: 10.1093/ OBO/9780199920082-0034.

[2] Liang Sicheng, *Liang Sicheng quanji* 7: 10. Liang first travelled China in search of historical architecture in 1932, and he published his first book on official-style Qing engineering methods in 1934 based on textual study and the practical knowledge of carpenters from the Forbidden City in Beijing. By then, the Society still had not yet discovered any buildings from or close to the Song dynasty that could serve as a practical reference to understand the intricate methodology and terminology of the older twelfth-century building standards. See Li Shiqiao, "Reconstituting Chinese Building Tradition".

源 [Lu Xinyuan, 陆心源]; 1838-1894), a famous private book collector during the late Qing dynasty.[1] But he wrongly attributes it to 'Li Tch'eng' (李誠 [Li Cheng, 李诚]) instead of 'Li Kiai' (李誡 [Li Jie, 李诫]). His bibliographic essay was eventually published in 1909 in the *Bulletin de l'Ecole française d'Extrême-Orient* in Hanoi, the hub for conducting Chinese area studies in the French language at the time. A decade later, in 1919, the Ding manuscript (丁本) of *Yingzao fashi* was discovered in the National Library of Nanjing, Zhejiang province by Zhu Qiqian (朱启钤 ; 1872-1964), father of Liang Sicheng and an eminent literati scholar and art collector.[2] The first modern facsimile reprint of *Yingzao fashi* was published in 1919, the second one in 1920 by the Chinese Commercial Press.[3] In 1925, Paul Demiéville (1894-1979), a Swiss-born Sinologist and co-editor of the influential Dutch journal *T'oung Pao*, wrote the first scholarly article in a Western language focusing on the Song-dynasty manual, finally 'introducing' *Yingzao fashi*, or more precisely, the 1920 photolithographic reprint, to the international academic community.[4] His article was reprinted in *Zhongguo yingzao xueshe huikan* (中国营造学社汇刊) 2.2 (1931) with a Chinese translation, and was one of the few contributions of Western scholars to the Society's journal. Interestingly, Demiéville uses Börschmann's images published in his earlier books to decipher the text of *Yingzao fashi*.[5] He also interviewed local craftsmen in Hanoi, where he was living while writing the article, and asked them to produce ceramic glaze according to the specifications in the text.[6] Although it left out the chapters on large-scale carpentry, his review is still referred to as "the most scholarly

---

[1] Lu stored a copy of *Yingzao fashi* in his library Bisonglou (皕宋楼). Pelliot, "Notes de bibliographie chinoise" 244.

[2] For the influence of this discovery and the establishment of the Society for Research in Chinese Architecture in the 1930s, see Cui Yong, *Zhongguo yingzao xueshe yanjiu*. See also the twenty-three volumes of *Zhongguo yingzao xueshe huikan* (中国营造学社汇刊) published by the Society.

[3] Glahn, "On the Transmission of the *Ying-tsao fa-shih*" 255. And Li Shiqiao, "Reconstituting Chinese Building Tradition" 475.

[4] Demiéville, "Che-yin Song Li Ming-tchong *Ying tsao fa che*".

[5] Ibid. 241.

[6] Demiéville described the transmission of the text and the biography of Li Jie but because he did not have Li Jie's tomb inscription, there were some mistakes in his treatment of both textual transmission and biographical details. He discussed the "General Terminology" (看相) chapters one and two. Of chapter three on moats, walls, and stonework he gave a translation and detailed discussion. He basically skipped over the chapters four and five on large-scale carpentry. The chapters on small joinery are reviewed and the terminology discussed. On chapter twelve about carvings in wood Demiéville gives much valuable information concerning the meaning of the figures and decorations and their connection with Buddhist symbolism. He also provides interesting information on chapter twenty-seven about the fabrication of bricks and tiles, probably because he was living in Hanoi, Vietnam, while writing where he interviewed local craftsmen and asked them to produce ceramic glaze (琉璃) according to *Yingzao fashi*.

article on Chinese architecture published in the West".[1] Finally, the British physician and art historian W. Perceval Yetts (1878-1957) assisted in editing the 1925 Tao edition (陶本) of *Yingzao fashi*, which was bound into eight volumes with silk thread binding, exquisitely done in the scholarly tradition of restoring classics. In 1927, he published an article about his work ("A Chinese Treatise on Architecture") in which he discloses the great difficulties the editors had in correcting the text.[2] In 1930, he rediscovered eighteen folios of illustrations of the color-painting system (*Yingzao fashi*, *juan* 34) from fragments of chapter 18244 of *Yongle dadian* (永乐大典 ; completed 1406), rescued during the Boxer Rebellion by Charles Henry Brewitt-Taylor (1857-1938) and stored in the British Museum.[3] Yetts ultimately published his findings in the *Bulletin of the School of Oriental Studies* in the same year.[4]

Time ultimately was a decisive factor in creating awareness of *Yingzao fashi* among the general public in the West, and we cannot but wonder if Börschmann was familiar at all with the twelfth-century treatise, 'lost' until 1919.[5] What strikes one immediately is that the 1925 publication date of *Chinesische Architektur* coincides with the date of Demiéville's discussion

---

[1] The famous quote derives from Glahn's article, "On the Transmission of the *Ying-tsao fa-shih*" 261. Demiéville, "Che-yin Song Li Ming-tchong *Ying tsao fa che*" 246.

[2] Yetts, "A Chinese Treatise on Architecture" . Yetts introduced the new 1925 edition; his article is mainly an extract of the postface by Tao Xiang (陶湘), chief editor of the 1925 edition, who describes the transmission of the manuscript, the sources on which the new edition relies, and the principles for its editing.

[3] This chapter was part of the set kept in the Hanlin Academy, copied in 1567 from the 1406 manuscript. In his 1930 article ("A Note on the 'Ying tsao fa shih'"), Yetts compared these drawings with those in the 1925 edition and proved that the drawings from the *Yongle dadian* resembled the original Song style more than any other images in all existing copies of *Yingzao fashi*. The lines from the characters designating the colors lead to exactly defined areas.

[4] Yetts, "A Note on the 'Ying tsao fa shih'" .

I will just make a brief comment on the further development of research of *Yingzao fashi* after 1930. The field owes much to Else Glahn (1921-2011), "founding mother" and first teacher at the Department of East Asian Studies at the University of Arhus, Denmark. In 1975 she wrote an excellent paper on the transmission of *Yingzao fashi* in which she discussed the whereabouts of the text starting from the compilation of the manuscript in the late eleventh century and the first and second print editions (1103; 1145) to copies and citations in Song, Yuan, Ming, and Qing works and to modern twentieth-century reprints. In 1981, she wrote another scholarly article on the content of *Yingzao fashi* in which she focuses on large-scale carpentry, more precisely on rules and regulations for bracketing, and on modularity to facilitate all different aspects of construction ranging from serial mass production to on-site assemblage of pre-fabricated building components. The virtue of having units and sections rather than specific measurements in feet and inches, of course, is that proportional descriptions are applicable to a structure of any kind and size. (Glahn, "Chinese Building Standards in the Twelfth Century" 170.)

[5] To be precise, the Japanese historian Naitō Konan (内藤湖南, 1866-1934) started research on *Yingzao fashi* in 1905, using the text he had copied from the *Comprehensive Library of the Four Treasuries* (Siku quanshu, 四库全书) stored at Wenjinge (文津阁) in Chengde.

of the 1920 photolithographic reprint. Could Börschmann have heard about the thrilling discovery of the Ding manuscript and could he have read the first scholarly article in a Western language written in 1925? The idea is intriguing but on closer inspection, this was not the case. In a letter dated March 2, 1926, Gustav Ecke (1896-1971), professor of Chinese art and later, co-founder of the seminal magazine *Monumenta Serica*, offered to send Börschmann a copy of Demiéville's article.[1] Interestingly, Börschmann declined the offer on June 3, 1926, because he had already received the object in question, namely the revised and reprinted 1925 Tao edition of *Yingzao fashi*, through Max Nössler's German bookshop in Shanghai as he explains in his reply.[2] In the same letter, Börschmann revealed the actual publishing date of *Chinesische Architektur*: in January 1926, two months before this exchange of correspondence, he had organized a photographic exhibition at Ernst Wasmuth's in Berlin on the occasion of the publication of his book, so that we can set the publishing date to fall/winter 1925. This is crucial because, at closer inspection, it was factually impossible that Börschmann could have read Demiéville's article. Although included in volume number 25 issue number 1-2 of the *Bulletin École Française d'Extrême Orient* that was 'circulating' in 1925, it was eventually published in Hanoi in early 1926, and thus, after the publication of *Chinesische Architektur* in late 1925.

To draw a preliminary conclusion, by a twist of fate and several months—a 'matter of moments' in the light of the nearly thousand-year history of *Yingzao fashi*—Börschmann was unable to benefit from the centuries-old wisdom handed down by generations of craftsmen before being officially codified in the Song building manual *Yingzao fashi*. Table 1 summarizes the historical events related to Börschmann's encounter with *Yingzao fashi*. (Tab. 1) Thus, it was beyond his ability to incorporate relevant information in his 1925 discourse *Chinesische Architektur*.

Table 1   Timeline of *Yingzao fashi* and Ernst Börschmann

1103	First Publication of *Yingzao fashi (YZFS)* in Kaifeng
1145	Revised reprint of *YZFS* in Hangzhou
1909	Pelliot article mentions *YZFS*
June 4 – July 20, 1912	Exhibition of 400 drawings and photos (with catalogue) at the Royal Museum of Decorative Arts in Berlin, Germany

---

[1]   Walravens, ed, *Und der Sumeru meines Dankes* 103.

[2]   Ibid. 104-105.

1919	Discovery of the *YZFS* Ding manuscript
1919	Photolithographic edition of the *YZFS* Ding manuscript
1920	Photolithographic reprint / facsimile of the *YZFS* Ding manuscript by Shanghai Commercial Press
1925	Revised comprehensive reprint of *YZFS* called *Tao edition*
1925	Publication of *Chinesische Architektur* by Ernst Wasmuth
January 1926	Exhibition in the context of his book publication at the Wasmuth publishing house in Berlin, Germany
Early (January or February) 1926	First Western article on *YZFS* in French on the *YZFS Ding manuscript* by Paul Demiéville published in *Bulletin École Française d'Extrême Orient* 25 (1925.1-2) but printed in Hanoi in early 1926
Letter from March 2, 1926	Gustav Ecke offers a copy of Demiéville's article
March 2 – June 3, 1926	Börschmann receives 1925 Tao edition of *YZFS* through Max Nössler
Letter from June 3, 1926	Börschmann declines Ecke's offer
Oct 24 – Nov 11, 1926	Exhibition of same content as 1912 (with privately reprinted 1912 catalogue) at the Kunstverein in Frankfurt am Main, Germany
1927	Perceval Yetts who had assisted in editing the 1925 Tao edition published an article in English about his work
1930	Lexicon entry with reference to three historical texts—*YZFS, Gongcheng zuofa (GCZF)*, and *Yuanye*❶
1930	Founding of the Society for the Study of Chinese Architecture (Zhongguo Yingzao Xueshe)
1931	Liang Sicheng and Börschmann became members of the Society
1934	Börschmann meets with Liang in Beijing and receives Liang's study of *GCZF*
1935	Rudolf Kelling publishes his thesis about Chinese houses in Tokyo, written in the early 1920s and partly based on 1912, 1923, and 1929 manuscripts/editions of *YZFS*
1935	Gustav Ecke publishes his study of the twin pagodas with reference to *YZFS*
1936	Börschmann writes a critical review of Rudolf Kelling's book

To complicate matters, Börschmann's factual knowledge of Chinese architecture did not correlate with the state of the field at the time of publication of *Chinesische Architektur*. Rather, it reflects the situation in Europe more than a decade prior to the publication. His research relies heavily on the material

---

❶ To be precise, Börschmann lists a Ming-dynasty text titled *De tien gung*, which is a phonetic transcription into Chinese (*Duotiangong*, 夺天工) of the Japanese name for *Yuanye* (园冶, *Craft of gardens*; 1631) by Ji Cheng (记成; 1582-1642).

that he collected during his first two stays in the China, i.e., when he served as a building inspector of the German Imperial Colonial Office from 1902 to 1904, and the three-year survey expedition of Chinese architecture starting in 1906.[1] During his visits, he travelled around fourteen of the eighteen provinces (*Kulturprovinzen*, 文化省), and in the time available and prevailing local conditions, he visited an impressive number of buildings.[2] The appendix to the second volume of *Chinesische Architektur* lists some two dozen sites for the historically-important province of Shanxi that are part of the textual discussion.[3] However, this number becomes less meaningful if compared to the several hundred National Priority Protected Sites (Quanguo zhongdian wenwu baohu danwei, 全国重点文物保护单位) in Shanxi designated over the years by the State Administration of Cultural Heritage, starting in 1961.[4]

Obviously, Börschmann did not have access to all the data now available, not only in terms of quantity but also in terms of quality. He neither visited the prime showcases and magnificent, high-rank architecture of the prestigious Tang, Liao, or Jin dynasties in northern Shanxi nor the distinct modest halls in the secluded regions of the southeast (Jingdongnan, 晋东南) that still bear witness to centuries-old local building styles.[5] This can of course be partly

289

Ernst Börschmann's *Chinesische Architektur* and Chinese Building Standards—A Race Lost by a Twist of Fate?

---

[1] Jäger, "Ernst Börschmann (1873-1949)" and Walravens, *Und der Sumeru meines Dankes* 99-101.

In Nov 1912, he finished his six years of service for the ministry of war and was automatically appointed as a government building officer (*Baurat*); he became bestowed with the title of government building officer with the personal rank of the councilor of the fourth class. (Kögel, *The Grand Documentation* 380)

[2] He visited fourteen *Kulturprovinzen*, namely Zhilin 直隶, Henan 河南, Shanxi 山西, Shandong 山东, Shaanxi 陕西, Sichuan 四川, Hubei 湖北, Hunan 湖南, Jiangxi 江西, Guangxi 广西, Guangdong 广州, Fujian 福建, Zhejiang 浙江, and Jiangsu 江苏. He did not come through Gansu 甘肃, Guizhou 贵州, Yunnan 云南, and Anhui 安徽. (Börschmann, "Architektur- und Kulturstudien in China".)

[3] Börschmann, *Chinesische Architektur* 2: 65.

[4] To date, the State Administration of Cultural Heritage has designated seven batches of key national units as cultural relics with the first group announced on 4 March 1961, the second on 23 February 1982, the third on 13 January 1988, the fourth on 20 November 1996, the fifth in 2001, the sixth on 25 May 2006, and the seventh on May 3 2013. Additionally, several hundred sites are protected on a provincial or city level. See the website of the National Cultural Heritage Adminsitration (Guojia Wenwuju, 国家文物局), entitled "Quanguo zhongdian wenwu baohu danwei" (全国重点文物保护单位), accessed December 18, 2018, http://www.sach.gov.cn.

[5] To give just a few examples, although he went to Jinci (晋祠) in Taiyuan, central Shanxi, he did not visit the eminent Liao-Jin monasteries of North China, especially in Datong Shanhuasi (善化寺) and Huayansi (华严寺), or in Shuozhou, the pinnacle of medieval Jin dynasty craftsmanship, the Chongfu Monastery (崇福寺). Similarly, he seems not to have discovered the secluded Foguang Monastery (佛光寺), even though he spent some time at Wutaishan (五台山) in 1908. In 2012, Hartmut Walravens posthumously published Börschmann's notes on Wutaishan that included the Foguang monastery and the research the Society had conducted in the meantime, next to the description of more than seventy other temples located also at this sacred Buddhist mountain. (Börschmann, *Lagepläne des Wutaishan und Verzeichnisse seiner Bauanlagen in der Provinz Shanxi*.)

explained by the fact that in 1925, the earliest surviving wooden relics of China, i.e. those dating prior to the Yuan dynasty, had not yet been discovered and were thus unknown to the international academic community.[1] At the end of volume one of *Chinesische Architektur*, Börschmann explains that all the drawings were prepared and reworked under his guidance from 1910 to 1912 based on his on-site sketches and measurements, probably by the young draftsman Karl Kraatz who had worked with him for the 1912 exhibition.[2] Therefore, these drawings reflect the situation as of 1909 (end of field survey) and 1912 (end of revision).[3] Given the early date of production of *Chinesische Architektur*—antedating the first photolithographic reprint of Song building standards, the first scholarly article discussing them, and the discovery of buildings implementing and enforcing them—it becomes even less likely that Börschmann's floor plans and sections would have reflected the architectural information contained in *Yingzao fashi*.

Why Qing not Song?

The textual study of *Yingzao fashi*, enriched through comparison with actual pre-Yuan- examples, is critical for any discussion of Chinese architectural history today. But Börschmann's goal was neither the past (i.e. vestiges of the past preserved in books) nor the future, but the present. His admiration for the history of Asian (Chinese) culture was firmly rooted in the here and now, and the historical timeframe that was immediately relevant for him comprises the last days of China's more than two-thousand-year-long imperial history and more specifically, the final stage of the last Chinese dynasty, the Manchu-led Qing dynasty. Most of the architecture that he encountered was the direct

---

[1]   In chronological order, in 1931, the Japanese scholar Sekino Tadashi (關野貞 ; 1867-1935) found the main hall and gatehouse of Dulesi (独乐寺 ; 984, Liao dynasty) near Tianjin. In 1933, a team of Chinese researchers led by Liang Sicheng rediscovered the showcase of Northern Song architecture in North China, the Moni Hall (摩尼殿 ; 1052) of Longxingsi (隆兴寺) in Zhengding, Hebei province. In 1937, they accidentally stumbled across the east hall of Foguang Monastery (佛光寺 ; 857) on Wutaishan, Shanxi province, which is still the only high-ranking timber structure of the Tang dynasty in China. Interestingly, "less than ten percent of the survey materials collected between 1932 and 1937—over twenty-two hundred 'units' of studies in more than two hundred counties—was published by 1947" (Li Shiqiao, "Reconstituting Chinese Building Tradition" 484).

[2]   The 1926 catalogue was a private reprint of the 1912 catalogue. Kögel, *The Grand Documentation* 341, 375.

[3]   The relevant German text reads:

   Das hier gegeben Bild der chinesischen Architektur spiegelt mithin den altchinesischen Stil wieder in dem Zustande der Baudenkmäler bis zum Jahre 1909. Bilder aus spätere Zeit sind in dem Werk nicht enthalten. (Börschmann, *Chinesische Architektur* 1: 86)

expression of its time, reflecting Qing building regulations. Qing building standards were closer to Börschmann's time and thus, both conceptually and practically, within reach. Hence, why should he have looked at Song building culture at all even if he had known about it. The historical relevant text that he should have considered is not *Yingzao fashi* but *Gongcheng zuofa*.

In compliance with Gongcheng zuofa

Doubtless, Börschmann knew about the 1734 *Gongcheng zuofa*, the newer of the codices dating to the Qing dynasty. The schematic drawing entitled "*Schema eines chinesischen Binder-Querschnittes nach den Bauregeln im* Kung ch'eng tsuo fa (*Gongcheng zuofa*; 工程作法) " perfectly illustrates a wooden post-and-beam framework of official-style, government-sponsored construction.[1] (Fig. 2) Although the drawing lacks some typical features of Qing carpentry like *shunfuchuan* (顺栿串), tie-beams installed between columns in the same direction as the principal beams above, it is still very obvious that Börschmann depicts here a typical Qing framework as recorded in *Gongcheng zuofa*, most likely a figure from *juan* twenty. (Fig. 3)

Gongcheng zuofa records two kinds of structural carpentry systems, namely *xiaoshi* (小式) and *dashi* (大式), with four frameworks in *xiaoshi-*

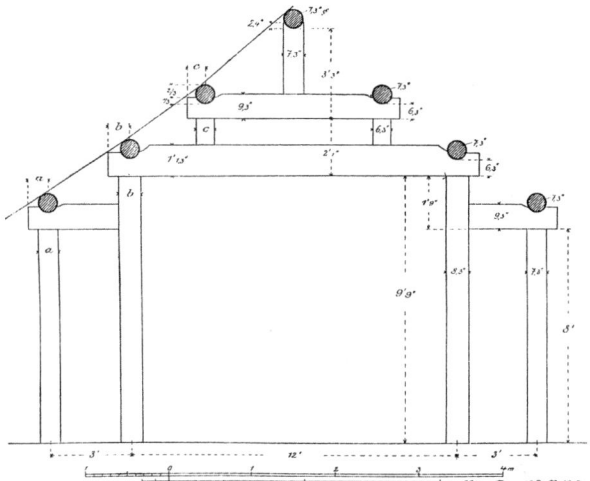

Figure 2   Schematic drawing titled "*Schema eines chinesischen Binder–Querschnittes nach den Bauregeln im* Kung ch'eng tsuo fa"
(Börschmann, *Chinesische Architektur* 1: 61, figure 21)

[1] Börschmann, *Chinesische Architektur* 1: 61.

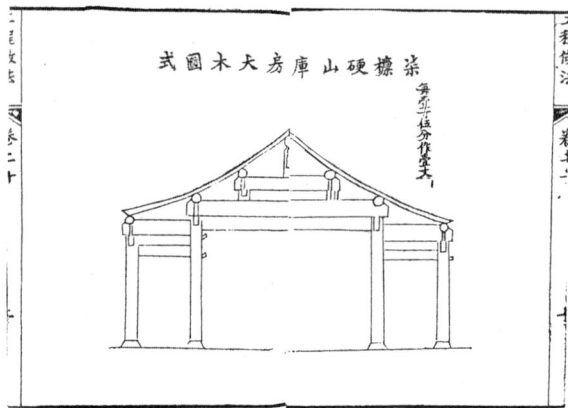

式圖木大房庫山硬檩柒

20.《工程做法》卷二十圖樣

Figure 3   Structural framework titled *qilin yingshan kufang damu tushi* (七檩硬山庫
房大木图式) for a hall with seven purlins and gable roof
(Wang Puzi, *Gongcheng zuofa zhushi* 400, figure 20)

中国建筑史论汇刊 · 第壹拾柒辑

style and twenty-three buildings in *dashi*-style.[1] In *xiaoshi*, or small-scale style architecture, the distinction between column framework, bracketing layer, and roof layer becomes blurred and length-and cross-wise beams and joists directly penetrate the column shafts rather than forming a detached horizontal layer. (Fig. 4) *Dougong* (斗 栱 ; bracket sets) are not structurally necessary here as the equilibrium of forces in the building is otherwise achieved.[2] Although bracketing was not the only mark of distinction between the two styles, it nevertheless represents the most visually embodiment of this philosophy. To complicate matters, only six of the *Gongcheng zuofa* drawings of *dashi*-style architecture eventually depict bracket sets. One reason for the pictorial simplification is that the craftsmen were able to understand the meaning inherent in these drawings without words. Their expertise and experience made it possible for them, if necessary, to fill in the missing parts and complete the construction down to the finest detail, including the installation of simple bracket-block clusters.

The framework design from *juan* twenty that is visually most similar to Börschmann's drawing is listed under *dashi* or large-scale style in *Gongcheng zuofa*. More precisely, it belongs to the seventeen drawings that visually omit *dougong* but still operate according to the logical rules of *dashi*-style construction. This is interesting for several reasons, one of which is the fact that

---

[1]   For the definition of *dashi* and *xiaoshi*, see Fu Xinian, *Zhongguo kexue jishushi, jianzhujuan* 772. Also, Sun Dazhang, ed, *Zhongguo gudai jianzhushi* 5: 402-411
[2]   The technical achievements in the carpentry system that occurred since the Northern Song dynasty affected the development of column-top *dougong* and thus their design.

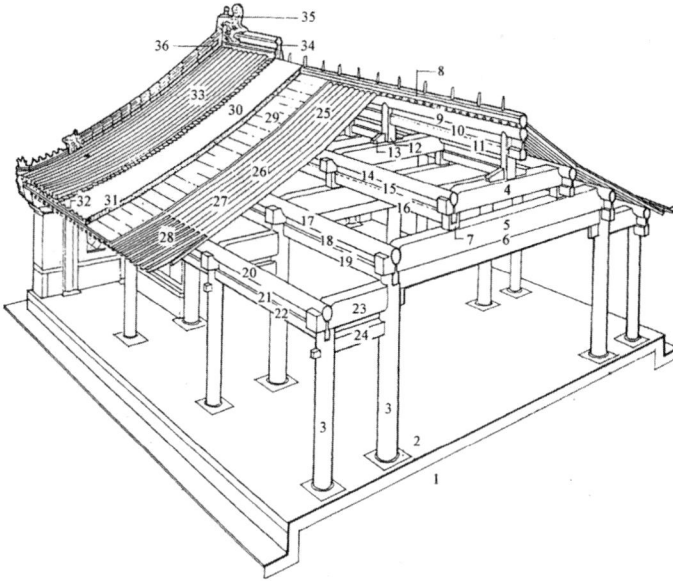

1. 台基　2. 柱础　3. 柱　4. 三架梁　5. 五架梁　6. 随梁枋　7. 瓜柱　8. 扶脊木　9. 脊檩
10. 脊垫板　11. 脊枋　12. 脊瓜柱　13. 角背　14. 上金檩　15. 上金垫板　16. 上金枋
17. 老檐檩　18. 老檐垫板　19. 老檐枋　20. 檐檩　21. 檐垫板　22. 檐枋　23. 抱头梁
24. 穿插枋　25. 脑椽　26. 花架椽　27. 檐椽　28. 飞椽　29. 望板　30. 苦背　31. 连檐
32. 瓦口　33. 筒板瓦　34. 正脊　35. 吻兽　36. 垂兽

Figure 4　Schematic drawing of a post–and–beam framework in *xiaoshi* style
(Sun Dazhang, ed. *Zhongguo gudai jianzhushi* 5: 403)

Börschmann, probably unintentionally, mixes the two styles as the information (structural logic) communicated visually in the drawing (depicting *dashi* style) is not fully consistent with the explanation given in his accompanying text (describing *xiaoshi* style). That is to say, on closer inspection, Börschmann emphasizes the structural principles of *xiaoshi*-style throughout the whole text, neglecting to mention in his discussion the high-ranking timber halls in *dashi* or large-scale style, with their horizontally distinctive division into structural layers and prestigious use of bracketing.❶ (Fig. 5) As an interesting side note, consequently, he comes to the erroneous conclusion that corbel-bracket clusters,

---

❶ The relevant German text reads:

Besteht das Grundgerüst der chinesischen Halle aus einer klaren Stützenstellung und dem Gebälk, so ist nachdrücklich darauf hinzuweisen, dass bei den meisten und den besten Beispielen Säulen und Gebälk nicht wie bei dem griechischen Tempel, zwei tektonisch scharf voneinander geschiedene Einheiten darstellen, sondern dass sie in China in innigster Verbindung und Durchdringung stehen, auseinander herausgewachsen und organisch in den Dachstuhl und in die Dachfläche übergehen. Dieses wird durch zwei Grundsätze erreicht. Einmal liegen die Architrave, entgegen dem griechischen Gebrauch, nicht auf den Säulen auf, die in China keine ausgebildeten Kapitäle tragen, sondern sie spannen sich zwischen die Säulenhäupter und tragen mit diesen gemeinsam und unmittelbar die Fußfette für die Dachsparren oder das zwischengeschobene Konsolengesims oder endlich, im Inneren, die starken Rahmen für die großen Felder der Kassettendecken. (Börschmann, *Chinesische Architektur* 1: 60)

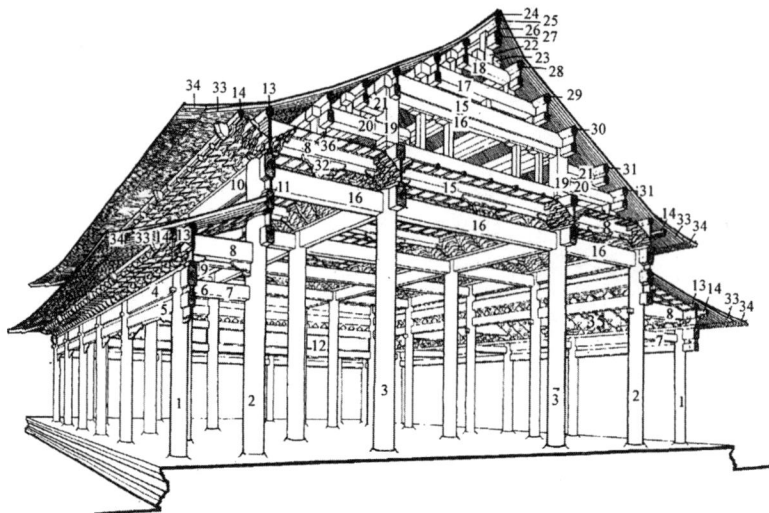

1. 檐柱　2. 老檐柱　3. 金柱　4. 大额坊　5. 小额坊　6. 由额垫板　7. 桃尖随梁　8. 桃尖梁
9. 平板枋　10. 上檐额坊　11. 博脊枋　12. 走马板　13. 正心桁　14. 挑檐桁　15. 七架梁
16. 随梁坊　17. 五架梁　18. 三架梁　19. 童柱　20. 双步梁　21. 单步梁　22. 雷公柱
23. 脊角背　24. 扶脊木　25. 梁桁　26. 脊垫板　27. 脊枋　28. 上金桁　29. 中金桁
30. 下金桁　31. 金桁　32. 隔架科　33. 檐椽　34. 飞檐椽　35. 溜金斗檐　36. 井口天花

Figure 5　Schematic drawing of a post–and–beam framework in *dashi* style
(Sun Dazhang, ed. *Zhongguo gudai jianzhushi* 5: 403)

the icon of traditional Chinese architecture, never played a crucial role in Chinese building practice and construction technology.[1]

Furthermore, in the light of today's knowledge, Börschmann's drawing includes detailed measurements that are in line with those recorded in the Qing building standards for *xiaoshi* style (and not for *dashi* style). I will give but a few examples of the size of characteristic features like columns and roof purlins.[2] To start with, we can introduce the variable D, which is equal to the diameter of the eaves column (檐柱径) in *xiaoshi* style, as the basic unit of measurement. Then we will find that the diameter and height of the eaves

---

[1]　The relevant German text reads:

Doch haben die Chinesen diesen Schritt zu einem richtigen Kapitäl niemals tun können, weil die Konstruktion des Gebälks und des Daches sie stets an dem innigen Übergang von Säule zu Gebälk festhalten ließ. Allerdings finden sich gelegentlich Ansätze zu Kapitälen. Bei lamaistischen Hallen sind an den Säulenköpfen aus den Konsolen heraus, Maskenköpfe, Widder, Stiere oder Tanzmasken entwickelt, die zwar nur ein ornamentales Glied darstellen, immerhin schon den Gedanken des Kapitäls andeuten (Tafel 93). Tektonisch aber ist das Kapitäl als ein Bündel von Konsolen richtig gebildet, wenn laengs- und Querbalken in gleicher Ebene sich überschneiden und gleichmäßige Unterstützungen verlangen (Tafel 93-3). Jedoch trifft diese besondere Verbindung nur ganz vereinzelt auf,. Sie wurde auch schon aus dem Grund nicht weiterverfolgt, weil die isolierten Punkte der Säulenkapitäle nicht entwicklungsfähig und nicht genug beweglich waren und deshalb dem Chinesen in der Ordnung seiner gebundenen Fassade höchst unerwünscht sein mussten. (Börschmann, *Chinesische Architektur* 1: 67)

[2]　Sun Dazhang, *Zhongguo gudai jianzhushi* 5: 405-406.

columns given in Börschmann's drawing match the required dimensions:

Eaves column diameter in *Gongcheng zuofa*: 1 *D*

Eaves column diameter in *Chinesische Architektur*: 7.3 *cun* (寸) = 1 *D*

Eaves column height in *Gongcheng zuofa*: 11 *D*

Eaves column diameter in *Chinesische Architektur*: 8 *chi* (尺) = 80 *cun*, which is equal to the formula 11 x *D* (7.3) = 80.3 *cun*

Then, interior columns should increase by 1 *cun* compared to the eaves columns, which is also fulfilled in Börschmann's drawings where they measure 8.3 *cun* (or expressed in terms of D, they are equal to 1 *D* + 1 *cun*).

Next, roof purlins should be 1 *D* in diameter, and Börschmann's drawings eventually gives the dimension for the diameter of the purlin with 7.3 *cun* which his exactly the measurement of 1 *D*. Additionally, the five-purlin (four-rafter) beams should be 7.7-9.92 *cun* tall. After a complex calculation based on the actual measurement given in Börschmann's drawing, we can know that the actual height of the beams is 8.7 *cun* and thus, within the possible measurement range.

Finally, if we look at the curve of the roof, which is characteristic for Chinese architecture and representative for the construction method of a specific dynasty, we can calculate the vertical rise of the roof (*jugao,* 举高), a method of roof construction that differs from the previous Song-dynasty method known as "raising and depressing the roof" (*juzhe* 举折).❶ To do so, we need the height differences between purlins. For a Qing building with seven purlins (equal to a width of six rafter spans), the height differences between the eave-raising beam and lower purlin, between the lower and upper purlins, and between the upper and ridge purlins should be 0.5 *B,* 0.7 *B,* 0.93 *B* respectively, with B as the horizontally projected distance between two purlin axes. In Börschmann's drawing, *B* is given with 3 *chi*, and we can determine the height difference of the purlins accordingly as 1.9 *chi*, 2.1 *chi,* and 3.3 *chi* respectively. Here, Börschmann's measurements differ somewhat from the required Qing dimensions of 1.5 *chi*, 2.1 *chi*, and 2.79 *chi*, which results in a roof with a slightly steeper curve than the standard Qing roof.

This is a small detail but one that immediately attracts the eye of the expert versed in late-Qing architecture. This becomes significant given that *Gongcheng zuofa* was published in 1734, the twelfth reign year of the fifth Qing emperor Yongzheng (雍正 ; r. 1722-1735), and thus after just one century of the three-hundred-year-long Qing rule that ended in 1912, exactly three

---

❶ Guo Daiheng, *Zhongguo gudai jianzhushi* 3: 666.

years after Börschmann had left China. It gives rise to the assumption that Börschmann's drawing is based on his fieldwork and the actual measurements of late-Qing buildings that he had surveyed rather than on in-depth study of the original text of the manual that reflects early to mid Qing construction. This then suggests that Borschmann was familiar with *Gongcheng zuofa* in name only. Perhaps he knew it by hearsay or from secondary sources in European languages, but he has probably neither studied nor even seen the actual historical document.

The idea is reinforced by his mixing and confusing *xiaoshi* and *dashi* styles and by the fact that he mentions *Gongcheng zuofa* (*Kung ch'eng tsuo fa*) only once by name throughout the whole discussion, giving the title of the manual as reference in the caption text for this schematic drawing (without further elaboration or explanation in the accompanying text). Nevertheless it is noteworthy that Börschmann includes the Chinese characters for the name of the manual, which gives more weight and significance to his source, evoking the impression that he was more familiar with the text than he probably was. We now need to ask if, even on a purely hypothetical basis, there was a realistic chance for Börschmann to learn about the manual and Qing building standards from literature written in European languages.

Western awareness of Gongcheng zuofa *in 1925*

It remains an irony of history that *Gongcheng zuofa* was known long before *Yingzao fashi* in the West, but that it attracted less scholarly attention in terms of specialist content discussion during the twentieth century (apart form the work of the Society and occasional mentioning of its name). Moreover, today it somehow fell into oblivion, probably because it was pushed to the fringes by the all-outshining *Yingzao fashi* that is not only culturally and technologically significant but also literarily sophisticated.❶

A four-volume printed version (74 *juan*) of *Gongcheng zuofa* in excellent condition and with exquisite and clear illustrations has been stored in the department of manuscripts at the National Library of France (*Bibliothèque nationale de France*). (Figs. 6, 7) Given with its Pinyin title of *Gong cheng zuo fa* (name separated into syllables) followed by simplified Chinese characters (工程做法), the manuscript is now listed as (*cote) Chinois* 2389-2392, which corresponds to the old classification (*ancienne cote; nouveau fonds*) number 375 in the inventory of Chinese, Korean, and Japanese books stored in the

---

❶ Even today there is not a single study solely focusing on *Gongcheng zuofa* in a Western language.

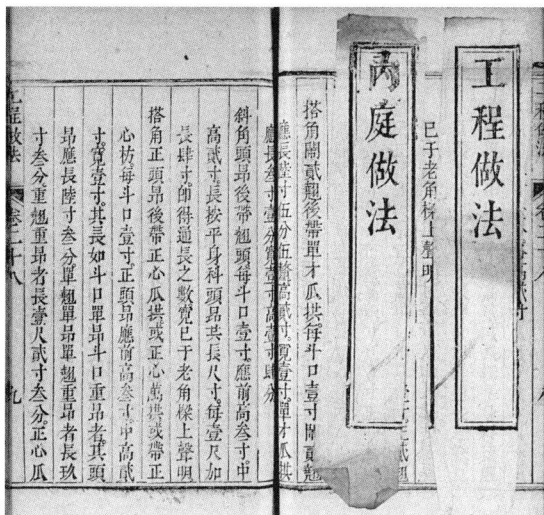

Figure 6   Title plaque, *Bibliothèque nationale* edition
of *Gongcheng zuofa*
(Qing gongbu, *Gongcheng zuofa, juan* 28: 8–9)

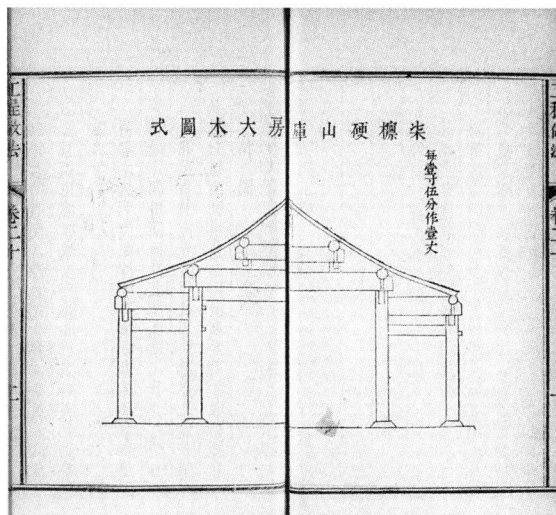

Figure 7   *Bibliothèque nationale* edition of *Gongcheng
zuofa*
(Qing gongbu, *Gongcheng zuofa, juan* 20: 1–2)

national library compiled by Maurice Courant (1865–1935), professor of Oriental languages and translator at the French embassy in Beijing, in 1902. The manuscript has an imprint of king Louis-Philippe I (r. 1830-1850), which sets the historical timeframe for the date of acquisition, although it is still somewhat unclear how it became part of the collection.❶ (Fig. 8)

The French historian and diplomat Maurice Paléologue (1859-1944) mentions the existence of a treatise on the art of building (*traité de l'art de bâtir*) named *Kong-tching-tso-fa* in his 1887 survey of Chinese art (*L'art chinois*), without the inclusion of Chinese characters.❷ In 1927, Demiéville complains that the manuscript still lacks in-depth (Sinological) research, as none of the English-language standard textbooks lists it. ❸ James Fergusson (1808-1886) most likely never saw the manual. In contrast to Boerschamnn's,

---

❶   Courant, *Catalogue des livres chinois, coréens, japonais* 145.

❷   Paléologue, *L'art chinois* 92, footnote 2.

❸   The relevant French text reads:

⋯et nous voyons M. Auguste Choisy, dans son Histoire de l' Architecture, se référer uniquement, pour ce qui concerne la Chine, à un recueil de planches dessinées au XVIIP siècle par un architecte anglais, Chambers, et à un ouvrage chinois intitulé *Kong tch'eng tso fa*, dont je ne sache pas qu'aucun sinologue se soit occupé jusqu'ici. (Demiéville, "Che-yin Song Li Ming-tchong *Ying tsao fa che*" 214)

In the same paper (page 225), Demiéville mentions that the National Library of France has a "une grande Règlements des travaux et méthode des ouvrages du Ministère des Travaux (*K'in ting kong pu kong tch'eng tso fa*; 钦定工部工程做法) dont une part considérable doit se rapporter à l'architecture; un exemplaire en est conservé à la Bibliothèque Nationale de Paris" —and thus a copy of it. He has this information from Paléologue's *L'art chinois*.

Figure 8   Imprint of king Louis–Philippe I, *Bibliothèque nationale* edition of
Gongcheng zuofa
(Qing gongbu, *Gongcheng zuofa, juan* 58: 61)

his illustrations in *The History of Indian and Eastern Architecture* (1876; revised in 1910) include no reference to the schematic framework designs specified in *Gongcheng zuofa*. For example, the sectional drawing of the Hall of Supreme Harmony in the Forbidden City added in the revised 1910 edition (labeled "Tai-ho Hall"), a prime example that lends itself to a discussion of Qing dynasty building standards, depicts a blank space for the beam framework, showing only the details of the roof construction (interior ceiling) that are visible to the eye of the visitor from below.[1] (Fig. 9) Bannister Fletcher's (1866-1953) *A History of Architecture on the Comparative Method: for Students, Craftsmen and Amateurs* (first published in 1896, directly inspired by Fergusson, and subsequently revised) includes only questionable images of Chinese construction copied from Chambers and Fergusson.[2] (Fig. 10)

---

[1]   Fergusson, *History of Indian and Eastern Architecture* (1910) 478.

[2]   Fletcher, *A History of Architecture on the Comparative Method*, see for example page 643 in the 1905 edition. This criticism has been voiced by Yetts:

The continued publication of uninformative or actually misleading notices in encyclopaedic works indicates our prevailing neglect of the subject. An example is to be found in Sir Banister Fletcher's History of Architecture. Few of the illustrations represent typical Chinese buildings, and at least one appears to be the invention of an European artist. (Yetts, "Writings on Chinese Architecture" 123)

中国建筑史论汇刊 · 第壹拾柒辑

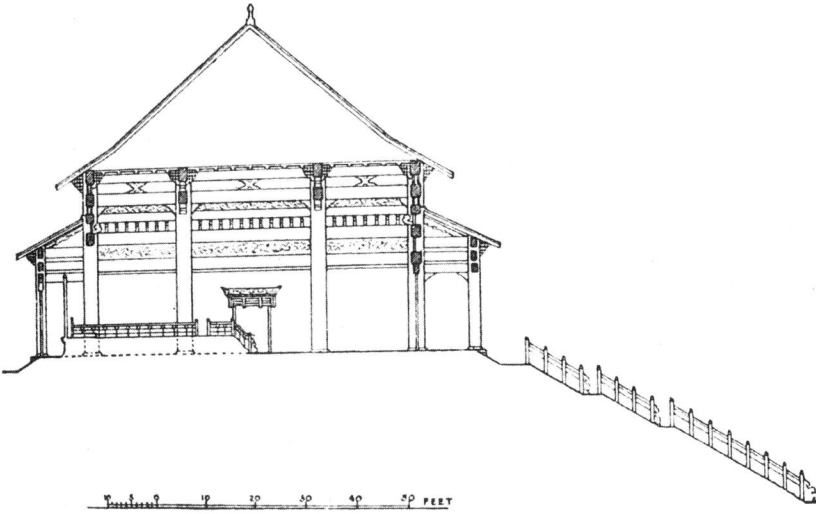

505.   The Tai-ho Hall, Pekin.

Figure 9   Hall of Supreme Harmony ("Tai–ho Hall")
(Fergusson, *History of Indian and Eastern Architecture* [1910] 478, figure 505)

299

Ernst Börschmann's *Chinesische Architektur* and Chinese Building Standards—A Race Lost by a Twist of Fate?

The only other Western work published by 1925 that has schematic drawings reminiscent of those in the Qing manual is the monumental dictionary *Historie de l'architecture* (1899) compiled by the French historian Auguste Choisy (1841-1909).[1] (Fig. 11) His figure 6 (labeled "combinaisons de charpenterie d'après *Kong-ching-tso-fa*") shows three simplified, stylized sections of Chinese buildings with crossbeams reduced to single lines and longitudinal beams to small circles.[2] Two illustrations (the central one and the right side one) are very similar to the original drawings of official-style architecture in *Gongcheng zuofa*, if considering artistic freedom and other interfering factors for Choisy's misrepresentation. The left-side drawing shows a regional building style. The name *Kong-tsching-tso-fa*, not followed by Chinese characters, is listed as the source in the accompanying text.[3]

The striking thing here is the use of two Romanization systems to represent the Chinese characters of the name of the Qing manual in Latin script—*Kong-tching-tso-fa* by the French historians Paléologue (1887) and Choisy (1899); *Kung ch'eng tsuo fa* by the German architect Börschmann

---

[1] Many scholars including Demiéville (1925), Yetts (19127), Needham (1954), and Glahn (1975) have recognized Choisy's connection to China and his knowledge of *Gongcheng zuofa*.

[2] Choisy, *Historie de l'architecture* 1: 185.

[3] Loc.cit.

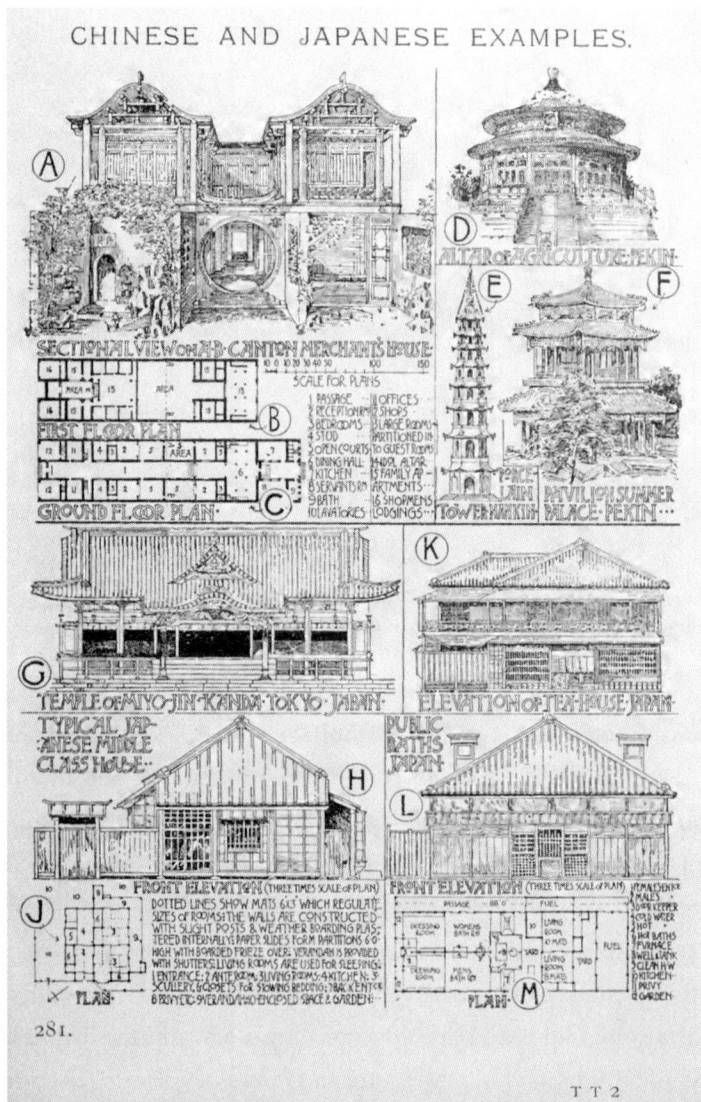

Figure 10　Sections and elevations of Chinese and Japanese buildings
(Fletcher, *A History of Architecture on the Comparative Method* [1905] 643, figure 6)

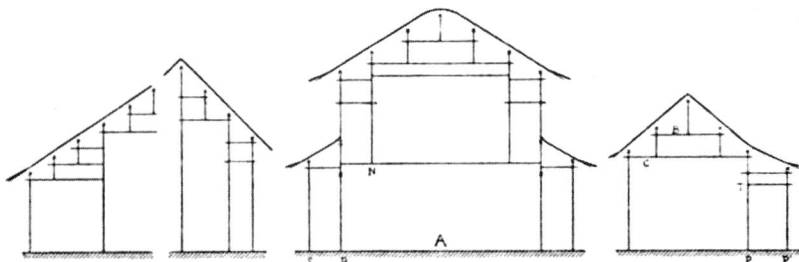

Figure 11　Structural carpentry after *Gongcheng zuofa* ("combinaisons de
charpenterie d'après *Kong-ching-tso-fa*")
(Choisy, *Historie de l'architecture* [1899] 1: 185, figure 6)

(1925). Different phonetic transcriptions provide a challenge to the untrained eye, as it is difficult to understand that they refer to the same thing. Börschmann was not a Chinese philologist. This allows the presumption that he had new sources of information that clarify, confirm, and elaborate the information obtained from French books, probably having discussed relevant construction methods and their origin with local workers during his stay in China (but most likely, without having seen the original text). They might have told him about the existence of official building standards in written form, and explained the basic content of the work, and probably even showed him how to write the name in Chinese, as neither Paléologue nor Choisy includes characters in their discussion. Just as a reminder, Demiéville's 1925 article that introduces a third transcription—*Kong tch'eng tso fa*—followed by awkwardly large, printed characters (工程做法) reached Börschmann too late, as I have shown in the previous section.

"What if" or "Why not"

Before I am in a position to draw a conclusion, I would like to refer back to the second question I posed in the introduction. What would have happened had Börschmann had full access to historical documents and knew how to work with them ("What if?"). We should not forget, Börschmann was a pioneer of German building survey documentation, helping open up a new line of thought and method of preservation of significant resources by visually recording historic buildings, structures and landscapes.[1] All of Börschmann's publications directly reflect his first-hand experience of China's living heritage through graphic data and today, still assist in the management of historic resources that have already been lost or destroyed.[2] Precisely because of this, we have to give him credit for his professional visualizations of such high quality such that they can still hold their own with modern illustrations. This is even more so for *Chinesische Architektur* because this book developed out of an exhibition of four hundred drawings and photos (with catalogue) held at the Royal Museum of Decorative Arts in Berlin, Germany, in June and July 1912, and so we are not surprised to find

301

Ernst Börschmann's *Chinesische Architektur* and Chinese Building Standards—A Race Lost by a Twist of Fate?

---

[1] German scholarship is still leading in the development of this discipline among history studies.

[2] Kögel, *The Grand Documentation* 436. The same goal is formulated by Münsterberg:

In dem Bestreben, durch möglichst viele Abbildungen ein reiches Anschauungsmaterial zu geben, musste ich bei dem festgelegtem Umfange des Buches den Text sehr beschränken. (Münsterberg, *Chinesische Kunstgeschichte* 2: ix)

supreme illustrative material (three hundred and forty plates) as the starting point of Börschmann's formal analysis that outshines the text in length, content, precision, complexity, and degree of coherence.❶ What is important here is that Börschmann believes architecture – and Chinese architecture is no exception – can only be perceived through the senses but not by written words, leading him to question the use of historical sources in research. This is evident in the critical review Börschmann wrote about Rudolf Kelling a decade later (*Das chinesische Haus*, 1935), pointing to the temptation to use the seemingly obvious illustrations included in the 1920 reprint of *Yingzao fashi* without comprehending them.❷ In fact, these illustrations have been proved wrong as they erroneously explain Song carpentry by using later Qing terminology. This scepticism against historical documents may have been nourished by the new way of thinking that swept the German empire nourished by the hermeneutic philosopher Wilhelm Dilthey (1833-1911),❸ who called for an empirical (psychological) expansion of consciousness beyond a historized past (writing as an old means for recording information). Photography now played a prominent role in transmitting

---

❶ *Chinesische Architekur* consists of two volumes, three hundred and forty plates, and one hundred and sixty-two pages of text. These plates include two hundred and seventy collotype plates that are based on five hundred and ninety-one photographs and seventy drawings, six colored plates and thirty-nine text illustrations. Volume 1 has ninety-four pages and one-hundred and seventy plates, and volume 2 has sixty-eight pages and one-hundred and seventy plates. There are also introductory remarks（ "Das Gebiet der Chinesischen Architekturformen"）, conclusions（ "Das Wesen der Chinesischen Architektur"）, and several appendices. The main body of text is loosely arranged into twenty chapters about specific building types ranging from city walls to pagodas alternate with episodes on construction methods or descriptions of certain individual features such as roof decorations or beams and columns. Chapter titles are as follows, I "Stadtmauern", II "Eingangstore", III "Die Chinesische Halle", IV "Massivbau", V "Pavillons", VI "Türme", VII "Zentralbauten", VIII "Gebälk. Säulen", IX "Dachschmuck ", X "Geschnitzte Hausfronten", XI "Brüstungen", XII "Sockel. Friese", XIII "Mauern", XIV "Glasierte Terrakotta", XV "Reliefs", XVI "Wegaltäre", XVII "Gräber", XVIII "Denkmalsteine", XIX "P'ailou", and finally XX "Pagoden".

❷ In his review of Kelling's *Das chinesische Haus* Börschmann states:
Dieses Bewusstsein um die Gleichheit geistiger Grundlagen mit allen sichtbaren Erscheinungen beherrscht noch heute das ganze Leben der Chinese, ihr gesamtes Schaffen, vor allem ihre Kunst, und hier wieder vornehmlich die Baukunst in allen ihren Verzweigungen, von monumentalen Schöpfungen bis zum Wohnbau. Es ist darum kein Wunder, wenn jeder, der auch nur in den Vorhof dieser besonderen Welt eintrat und imstande ist, die hiesige Sprache zur Deutung zu verwerten, sofort von der Macht jener Symbolik ergriffen wird und mit ihrer Hilfe die Erkenntnis anstrebt, die eine nur formale oder konstruktive Betrachtung niemals vermitteln kann. (Börschmann, "Review of Rudolf Kelling" 141)

❸ Among others, Otto Franke (1863-1946), the holder of the first German chair for Sinology set up at the *Kolonialinstitut* in Hamburg in 1909, visited Dilthey's lectures (Hans-Wilm Schüette, *Asienwissenschaften* 77). For Dilthey see for example, Makkreel, Rudolf A., *Dilthey: Philosopher of the Human Studies*, Princeton: Princeton University Press, 1993.

knowledge because this new medium and the geometrically precise science of photogrammetry in particular (making measurements from photos) could "standardize a fully anonymous, precise, and faithful visual reconstitution of monuments and history" and allowed stratigraphic viewing as in the related field of archaeology.[1] Additionally, accurate geometric survey drawings rose to increasing importance as they allowed collecting and storing data for later use, a far-sighted method of monument preservation initiated by Heinrich Hildebrand (1855-1925), Secret Government Building Officer of the German empire in China and author of an illustrative monograph on a Beijing temple, and expanded by Börschmann.[2]

In other words, Börschmann's reserved attitude stems to a significant extent from an unwillingness to accept texts as a means to understand the spiritual foundation—to Börschmann, the essence—of Chinese architecture. At the end of the second volume of *Chinesische Architektur* he added a concluding chapter with the same title. This provides the thread joining the one hundred and sixty-two pages of text all together, as the book is only loosely arranged into twenty sections about specific building types ranging from city walls to pagodas alternating with episodes on construction methods or descriptions of certain individual features such as roof decorations or beams and columns. Börschmann tackles the question of essence by looking at visual and environmental similarities i.e. that what he experienced with his five senses during site survey. He suggests the existence of an underlying set of simple, strict rules for the resemblance in layout, design, and size of historical buildings, which he explains in a rather vague way through the close relationship between nature and man.[3] For him, harmony is the supreme principle to maintain a balanced order all under heaven and expressed in the worldly realm in numbers

303

Ernst Börschmann's *Chinesische Architektur* and Chinese Building Standards—A Race Lost by a Twist of Fate?

---

[1]   Naginski, "Riegl, Archaeology, and the Periodization of Culture" 149. And see also Meyer, ed., *Albrecht Meydenbauer: Baukunst in historischen Fotografien.*

[2]   Kögel, *The Grand Documentation* 72. ("Whereas Baltzer tried to introduce the technical aspects of traditional Japanese architecture, Hildebrand also focused on the religious conditions, the spatial arrangement, the history of the temple.") Hildebrand, *Der Tempel Ta-Chüeh-sy.*

[3]   The relevant German text reads:

Die Größe und Klarheit einer Baugesinnung, die aus den großen Gesetzen der Natur selbst abgeleitet wurde, beherrscht auch die Formgebung der einzelnen Baugebilde, ihren Grundriss und Aufbau bis in die schmückenden Teile hinein. So wird die Grundform des Ständerbaues mit dem eingespannten Gebälk und einem mächtigen Dach für die Hallen fast durchweg beibehalten und selbst bei mehrgeschossigen Gebäuden nur wenig bereichert. [...] Die gleiche Beobachtung einfacher und strenger Gesetze erkennt man an den Grundlinien aller, auch der kleinsten Bauten und Bauteile und Schmuckformen, selbst wenn sie im ersten Eindruck überladen oder gar bizarr erscheinen. (Börschmann, *Chinesische Architektur* 2: 49)

and geometric relationships regulating architectural elements and ensembles.❶ To illustrate his point, he refers to the basic form of frame construction with fixed beams (*Grundform des Ständerbaues mit dem eingespannten Gebälk*) and massive roof used for wooden halls that is almost consistently retained and only slightly enhanced for multi-storied buildings. But his theoretical premise left the expert reader unconvinced sensing that Börschmann was trying to explain something he could not explain yet.❷ The most obvious reason is the lack of a satisfactory generic mechanism that would allow arranging the basic architectural ingredients into specific proportions, relations, and forms while illustrating the symbolic relationship between architecture and society numerically. A decade later Liang Sicheng would highlight the two extant government manuals as the grammar (*wenfa*, 文法 ; logical arrangement, structural principles) that constitutes a regulative system fundamental to the understanding of Chinese constructional logic.❸ Nancy S. Steinhardt suggests that by the 1950s, the Four Outstanding—Liang, his wife Lin Huiyin (1904-1955), Yang Tingbao (1901-1982), Tong Jun (1900-1983), and Liu Dunzhen (1987-1968) —would elaborate this idea into a powerful canon for writing a

---

❶ Börschmann, *Chinesische Architektur:*

Im Wesen der Baukunst sehr der Chinese, gerade wie im Menschen selbst und in seinen sozialen Einrichtungen, ein Abbild des Kosmos, und er ist bestrebt, sie nach diesem Gedanken zu gestalten...Die Harmonie des Alls...haben die Chinese seit den ältesten Zeiten als Grundlage unseres Seins empfunden und in sichtbaren Symbolen festgelegt, unter denen die Symbole der Zahlen eine überragende Bedeutung gewannen. Gerade die Zahlen, weiterhin aber die Linien, Flächen und Räume in ihren mannigfaltigen Einteilungen und gegenseitigen Abhängigkeiten, die uns aus der Gewohnheit und den Bedürfnissen des täglichen Lebens vertraut sind, bilden die Elemente der Baukunst und werden in ihr in harmonischer und rhythmischer Anordnung verwendet. Diese enge Beziehung zwischen einer rhythmischen Auffassung der Welt und deren bewusster Übertragung in die eigene Lebensgestaltung kann in ihrer Bedeutung für die Ausbildung der Bauanlagen nach festen geometrischen Gesetzen gar nicht überschätzt werden. (Börschmann, *Chinesische Architektur* 2: 49)

❷ In 1927, Yetts, one of the few contemporary Western scholars versed in Chinese architecture, delivered a harsh critique disguised as praise (acknowledging only the value of the photographic material):

Nevertheless, students cannot but regret that Dr. Börschmann did not plan his book on more ambitious and comprehensive lines, and utilize his extensive knowledge and abundant material to give within the covers of one work a digest of all he had to say on the subject. This would have provided a much-needed repertory of Chinese architecture. (Yetts, "Writings on Chinese Architecture" 124)

Furthermore, Alfred Salmony (1890-1958), a German-born scholar of Asian studies and an authority on Chinese jade, took it a step further and openly blamed Börschmann for lacking convincing art historical evidence and scientific methodology in every aspect except in his discussion on profane buildings ("Review of Ernst Boerschmann: Chinesische Architektur").

❸ The relevant English text reads:

As this system matured through the ages, a well-regulated set of rules governing design and execution emerged. To study the history of Chinese architecture without a knowledge of these rules is like studying the history of English literature before learning English grammar. (Liang, *A Pictorial History of Chinese Architecture* 14)

linear narrative history of Chinese architecture that succeeding generations of scholars would continue meticulously.[1] Today, the fixed number of two grammar books—key to this canon—is nevertheless questionable, considering the number of systematic standards and codes that, although today lost, have been compiled in China over almost two millennia.[2] In any case, the heart of the matter is the importance of normative literature in general, as such texts, to borrow Liang's linguistic analogy, provide ways in which architectural elements are put together like words to form constituents. Without them, we are lost in what the Scottish architectural historian James Fergusson (1808-1886) once dubbed "an ill-digested mass of incoherent facts".[3]

This short discussion has shown that the essential question is not so much what if Börschmann had read *Yingzao fashi* and *Gongcheng zuofa*, but rather, why he would not have benefitted from them even if he had come across either of the two manuals ("Why not?"). As he was highly skeptical of historical sources, he would have been less inclined to read them because of his viewpoint. More information about the architectural theory and practice in imperial China probably would not have helped Börschmann to broaden his perspective and perhaps, overcome his doubt concerning theoretical texts rooted in his fondness for practical field survey work. Therefore, the question seems to be less a "what if" and more of a "why not".

Conclusions

At the time when *Chinesische Architektur* was published, even Liang Sicheng, who later would became an authority in *Yingzao fashi* studies, could not make sense of the precious Song text when first holding the 1925 edition in his hands. It took him almost a decade to decipher the encrypted text and understand its intrinsic value.

305

Ernst Börschmann's *Chinesische Architektur* and Chinese Building Standards—A Race Lost by a Twist of Fate?

---

[1] Steinhardt, "Chinese Architectural History in the Twenty-First Century" 52.

[2] I cannot fully abide by the canon as I question the fixed number of two grammar books. Nonetheless, in this paper I analyze Western writings mainly against the background of *Yingzao fashi* and *Gongcheng zuofa*, not because they were the only imperially commissioned handbooks setting technical standards but because they were recognized as sole representatives of the Chinese architectural theory tradition by twentieth-century Western scholarship. Although well known, *Zhouli Kaogongji* (周礼考工记; Artificer's record of the Rites of Zhou; 770-476 BCE) turns out to be not helpful in clarifying visual and conceptual similarities of architecture, as it gives no hint of practical rules on modular design and pre- and mass-fabricated assemblage on site.

[3] Elwall, "James Fergusson" 393, quoting Fergusson's famous sentence from *Builder* 50 (16 Jan, 1886): 114.

Hence what mattered was time. Even on a purely hypothetical basis, Börschmann could not have read the major publications in English or French on either of the two extant Chinese manuals on government-sponsored construction. Demiéville's insightful article on *Yingzao fashi* was published a few months after *Chinesische Architektur*, and as Börschmann was not a Sinologist, we can hardly expect him to have conceived in its complete dimension Pelliot's short notice (from 1909) on the existence of the Song government manual. The value of *Gongcheng zuofa* was recognized even later in the West although a copy of the eighteenth-century manuscript circulated in Paris (at least) since the early nineteenth century.

Since content choice and analysis reflect time specific issues, Börschmann's discussion revolves around well-known geographic regions and, intentionally or otherwise, establishes a highly selective group of examples in the context of daily life in the late Qing dynasty, not least because actual timber buildings in remote regions dating prior to the late fourteenth century had not yet been discovered by the Society for Research in Chinese Architecture nor had authoritative, normative literature with strict technical content become a topic of scholarly research. What is more, Börschmann's mind was firmly rooted in the present, although as an additional twist, this present was frozen in time. Despite its publication date of 1925, *Chinesische Architektur* gives an distorted and exaggerated view of what was known about Chinese architecture in the West with a delay of almost thirteen years, as Börschmann uses visual material he collected and reworked during or immediately after his two stays in China (with the deadline being his 1912 Berlin exhibition of Chinese architecture).

Paradoxically, the examples given in *Chinesische Architektur* still abide by the authoritative rules outlined in Qing building standards. The book includes for example, a schematic drawing of a framework design for a wooden hall that is in line with *xiaoshi*-style construction specified in *Gongcheng zuofa*. Although Börschmann had probably not seen the original text of the imperially commissioned manual, the figures still match the required dimensions to the greater extent because the actual buildings he surveyed (that served as a starting point for his discussion) were built in accordance with the state regulations.

Unfortunately, on account of the early point in time, Börschmann lacks essential material to explain the underlying mechanism of formation that generates visual and conceptual similarities among architectural sites through standardized, systematized, and institutionalized modular design and mass production. Like many other Western scholars before and after him, Börschmann was at a loss for words when describing what he saw and instinctively knew thanks to his practical training as a professional architect (and his trained eye for balanced proportion) —the striking resemblance among traditional Chinese buildings. In this respect, the normative texts commissioned by the imperial court could have provided a much-needed reference framework for architectural classification (according to the degree of divergence from the standard design) and for socio-cultural interpretation. This is the case because technical guidelines were not only formulated to facilitate official-style government sponsored construction but also to allow distinction between social classes for more than three thousand years (and in the narrower sense of buildings codes, for more than one thousand and five hundred years), by attaching a symbolic meaning to construction that reflects the patron's status in the traditional Chinese society.[1] Architecture—the built environment—then was the material embodiment and physical reflection of these principles that embodied the century-old stratification of China's Confucian society as a graded or ranked series.

In the end, Börschmann's great achievement was to give a German-language survey of Chinese architecture in its synchronic and purely formal dimensions, focusing attention to a particular moment (the last years of China's last dynasty) and not a chronological development over time. Despite the obvious non-historical approach, the book becomes historical evidence in itself. It is truly a contemporary document of early-twentieth-century German methodology, as it reflects the formalism of the Swiss art historian Heinrich Wölfflin (1864-1945) and the empirical hermeneutics of Dilthey. It is also a valuable document of the changing sentiment in the Sino-Western intercultural dialogue, announcing the shift away from European cultural superiority toward a new openness for and serious appreciation of Chinese arts. But without the necessary frame of historiographical reference, and without the awareness of a century-long normative textual culture to which only later studies drew attention, Börschmann could not but misjudge the complex nature of Chinese architecture and the significant role technology played in generating different architectural forms and meanings depending on social hierarchy and the idea of an ordered universe.

References

Börschmann, Ernst (1873-1949). *Die Baukunst und die religiöse Kultur der Chinesen. Einzeldarstellungen auf Grund eigener Aufnahmen während dreijähriger Reisen in China*, 2 vols. Vol. 1: P'u T'o Shan, die heilige Insel der Kuan Yin, der Göttin der

[1] And often, they were written down in form of supervision and accounting manuals to prevent corruption and waste through quota control and prefabrication of material.

307

Ernst Börschmann's *Chinesische Architektur* and Chinese Building Standards—A Race Lost by a Twist of Fate?

Barmherzigkeit. Berlin: Georg Reimer Verlag, 1911.

——. *Die Baukunst und die religiöse Kultur der Chinesen. Einzeldarstellungen auf Grund eigener Aufnahmen während dreijähriger Reisen in China*, 2 vols. Vol. 2: Gedächnistempel Tzé Táng. Berlin: Georg Reimer Verlag, 1914.

——. *Baukunst und Landschaft in China. Eine Reise durch Zwölf Provinzen*. Berlin 1923. (English translation: Pictur*esque China. Architecture and Landscape. A Journey Through Twelve Provinces*. Berlin und Zürich: Atlantis Verlag, 1925.)

——. *Chinesische Architektur*. 2 vols. Berlin: Ernst Wasmuth Verlag, 1925.

——. "Architektur- und Kulturstudien in China." *Zeitschrift für Ethnologie* (1910): 390-426.

——. "Review of Rudolf Kelling, *Das chinesische Haus* (1935)." *Ostasiatische Zeitschrift* 3-4 (1936): 141-143.

——. *Lagepläne des Wutaishan und Verzeichnisse seiner Bauanlagen in der Provinz Shanxi. Edited by Hartmut Walravens*. Wiesbagden: Harrassowitz, 2012.

Cui Yong (崔勇). *Zhongguo yingzao xueshe yanjiu* (中国营造学社研究). Nanjing: Dongnan daxue chubanshe, 2004.

Choisy, Auguste (1841-1909). *Histoire de l'architecture*, 2 vols. Paris: Baranger 1899.

Courant, Maurice (1865-1935). *Catalogue des livres chinois, coréens, japonais*. Paris: Leroux, 1902-1903.

Eckardt, Andre (1884-1974). *Geschichte der Koreanischen Kunst*. Leipzig: Hiersemann, 1929.

Elwall, Robert. "James Fergusson (1808-1886): A Pioneering Architectural Historian." *RSA Journal* 139.5418 (1991): 393-404.

Demiéville, Paul (1894-1979). "Che-yin Song Li Ming-tchong *Ying tsao fa che*." *Bulletin École Française d'Extrême Orient* 25 (1925): 213-264. Rpt. in *Zhongguo yingzao xueshe huikan* (中国营造学社汇刊) 2.2 (1931) with a Chinese translation, and with some corrections and additions in *Choix d'Études Sinologiques* (1921-1970), 575-626. Leiden: Brill, 1973.

Fairbank, Wilma (1909-2002). *Liang and Lin: Partners in Exploring China's Architectural Past*. Philadelphia: Pennsylvania: University of Pennsylvania Press, 1994.

Fergusson, James (1808-1886). *The Illustrated Handbook of Architecture, being a Concise and Popular Account of the different Styles of Architecture prevailing in all Ages and Countries*. London: J. Murray, 1855. Republished as *A History of Architecture in all Countries from the Earliest Times to the Present Da*y, 1865; Asian chapters turned into the fourth volume of the 1865 *History of Architecture*, entitled *The History of Indian and Eastern Architecture*, 1876; rev. rpt. 1910 in 2 vols.

Fletcher, Banister (1866-1953). *A History of Architecture...Being a Comparative View of the Historical Styles from the Earliest Period*. London: B.T. Batsford, 1896, with subsequent editions; a.o. the 1905 rev. rpt.

Fu Xinian (傅熹年). *Zhongguo kexue jishushi, jianzhujuan* (中国科学技术史，建筑卷). Beijing: Kexue chubanshe, 2008.

Glahn, Else (1921-2011). "On the Transmission of the Ying-tsao fa-shih". *T'ong Pao* 61 (1975): 232-265.

——. "Chinese Building Standards in the Twelfth Century." *Scientific American* 244.10 (1981): 162-173.

Guo Daiheng (郭黛姮), *Zhongguo gudai jianzhushi: Song, Liao, Jin, Xixia jianzhu* (中国古代建筑史：宋辽金西夏建筑). Vol. 3. Beijing: Zhongguo jianzhu gongye chubanshe, 2003.

Hildebrand, Heinrich (1855-1925). *Der Tempel Ta-Chüeh-sy*. Asher: Berlin, 1897.

Jäger, Fritz (1886-1957). "Ernst Börschmann (1873-1949)." *Zeitschrift der Deutschen Morgenländischen Gesellschaft* 99/N.F.24 (1945-1949/1950): 150-156.

Kelling, Rudolf. *Das chinesische Haus*. Tokyo: Deutsche Gesellschaft für Natur und Völkerkunde Ostasiens, 1935.

Kögel, Eduard. *The Grand Documentation*. Berlin: De Gruyter, 2015.

Liang Sicheng (梁思成；1901-1972). *Liang Sicheng quanji* (梁思成全集), 9 vols. Beijing: Zhongguo jianzhu gongye chubanshe, 2001.

Li Jie (李诫；courtesy name [字] Mingzhong [明仲]; ?-1110). *Yingzao fashi* (Building standards, 营造法式). Kaifeng, 1103. Rev. rpt. Nanjing, 1145. Mod. rpt. Taipei: Taiwan Commercial Press, 1956.

Li Shiqiao. "Reconstituting Chinese Building Tradition: The Yingzao fashi in the Early Twentieth Century". *Journal of the Society of Architectural Historians* 62.4 (2003): 470-489.

Malone, Carroll B. (1886-1973). "Current Regulations for Building and Furnishing Chinese Imperial Palaces." *Journal of the American Oriental Society* 49 (1929): 234-243.

Meyer, Rudolph ed. *Albrecht Meydenbauer: Baukunst in historischen Fotografien*. Leipzig: VEB, 1985.

Naginski, Erika. "Riegl, Archaeology, and the Periodization of Culture." *RES: Anthropology and Aesthetics* 40 (2001): 135-152.

Nieuhof, Joan (1618-1672). *Het gezandtschap Der Neêrlandtsche Oost-Indische Compagnie, aan den grooten Tartarischen Cham, den tegenwoordigen Keizer van China*. Amsterdam: Meurs, 1665.

309

Ernst Börschmann's *Chinesische Architektur* and Chinese Building Standards—A Race Lost by a Twist of Fate?

Pelliot, Paul (1878-1945). "Notes de bibliographie chinoise. III. L'œuvre de Lou Sin-Yuan (Lu Xinyuan)." *Bulletin de l'Ecole française d'Extrême-Orient* 9 (1909): 221-249.

Paléologue, Maurice (1859-1944). *L'art chinois*. Paris: Maison Quantin, 1887. Rpt. Paris: Alcide Picard, 1910.

Qing gongbu 清工部 (Ministry of works of the Qing dynasty. *Gongcheng zuofa zeli* (Engineering manual; 工程做法则例). Beijing, 1734. Mod. rpt. Shanghai: Shanghai guji chubanshe, 1995-1999.

Needham, Joseph (1900-1995*). Science and Civilization in China*, vol 4: Physics and Physical Technology, part 3 Civil Engineering and Nautics. New York: Cambridge University Press, 1954.

Salmony, Alfred (萨尔莫尼; 1890-1958). "Review of Ernst Boerschmann: *Chinesische Architektur*." *Artibus Asiae* 3.2/3 (1928-1929): 178-179.

Schüette, Hans-Wilm. *Asienwissenschaften in Deutschland*, Hamburg: IFA, 2004.

Sun Dazhang (孙大章), ed. *Zhongguo gudai jianzhushi*: Qingdai jianzhu (中国古代建筑史：清代建筑). Vol. 5. Beijing: Zhongguo jianzhu gongye chubanshe: 2002.

Thilo, Thomas. *Klassische chinesische Baukunst, Strukturprinzipien und soziale Funktion*. Leipzig: Koehler & Amelang, 1977.

Walravens, Hartmut, ed. *Und der Sumeru meines Dankes würde wachsen. Beiträge zur ostasiatischen Kunstgeschichte in Deutschland (1896-1932). Briefe des Ethnologen und Kunstwissenschaftlers Ernst Große an seinen Freund und Kollegen Otto Kümmel sowie Briefwechsel zwischen dem Kunsthistoriker Gustav Ecke und dem Architekten Ernst Börschmann*. Wiesbaden: Harrassowitz, 2010.

Wang Guixiang (王贵祥). "Fei lishide yu lishide: Bao Ximan de beilingluo yu Liang Sicheng de zaoqi xueshu sixiang" (非历史的与历史的：鲍希曼的被冷落与梁思成的早期学术思想). *Jianzhushi* 2 (2011): 76-86.

Wang Puzi (王璞子). *Gongcheng zuofa zhushi* (工程做法注释). Beijing: Zhongguo jianzhu gongye chubanshe, 1995.

Yetts, Perceval W. (1878-1957). "A Chinese Treatise on Architecture." *Bulletin of the School of Oriental Studies University of London* 4.3 (1927): 473-492.

——. "A Note on the '*Ying tsao fa shih*'." *Bulletin of the School of Oriental Studies, University of London* 5.4 (1930): 855-860.

——. "Writings on Chinese Architecture." *The Burlington Magazine for Connoisseurs* 50.288 (1927): 116, 119-121, 123-124, 126-129, 131.

Zhongguo yingzao xueshe huikan (中国营造学社汇刊). 23 vols. Beijing: Zhongguo yingzao xueshe. Rpt. Beijing: Zhishi chanquan chubanshe, 2006.

古建筑测绘

山西高平炎帝中庙测绘图

何文轩（整理）

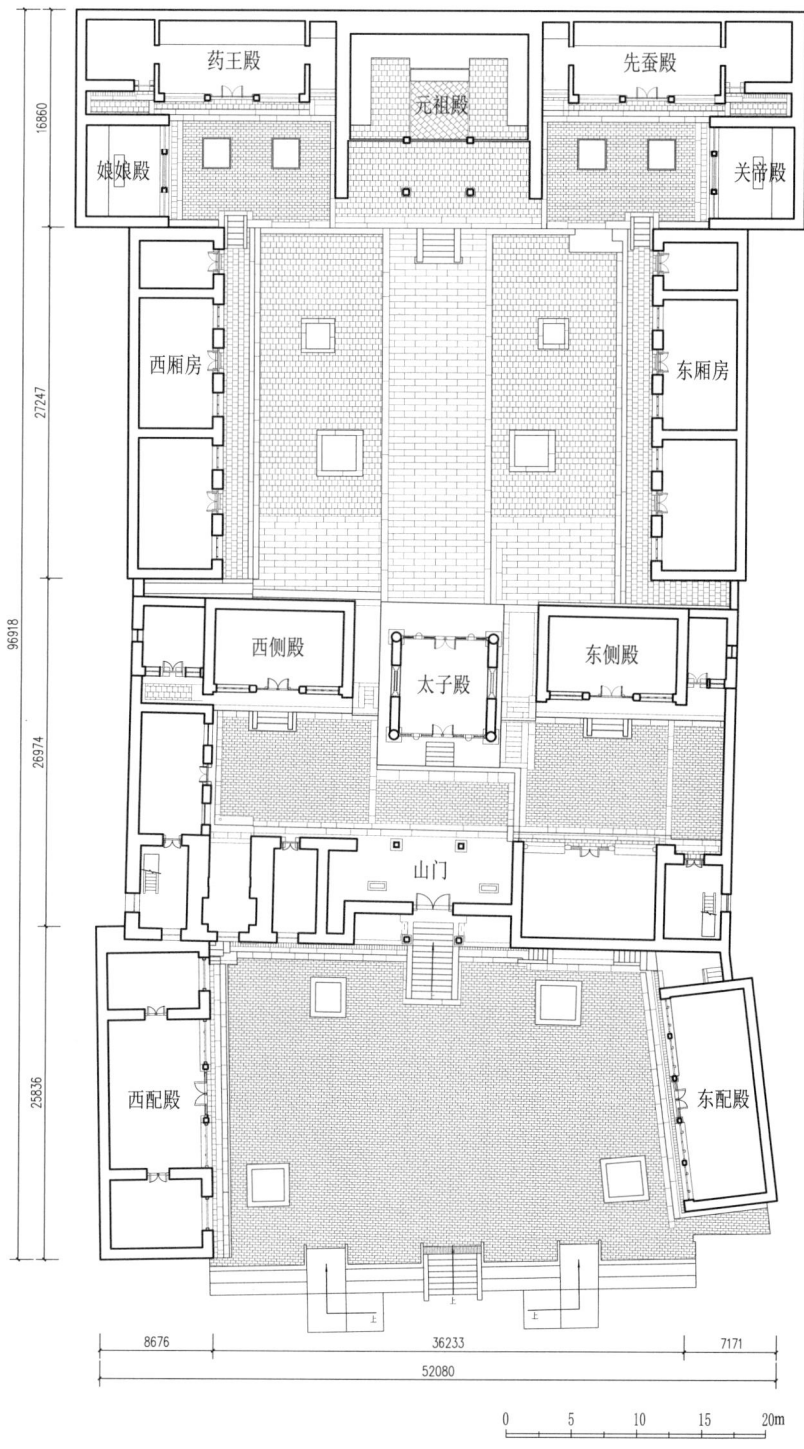

图 1　高平炎帝中庙总平面图

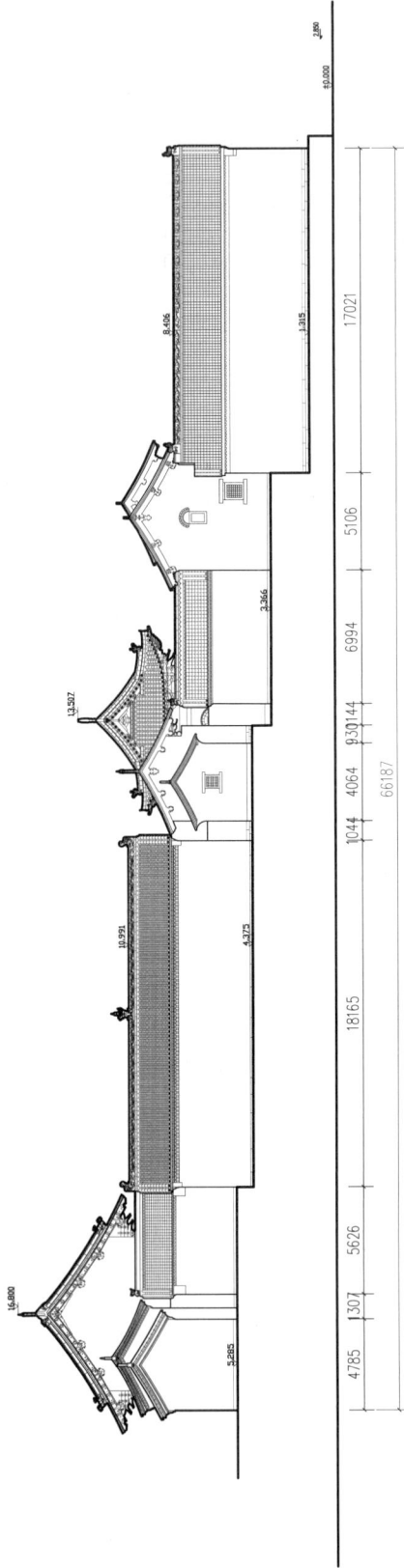

图 2 高平炎帝中庙西立面图

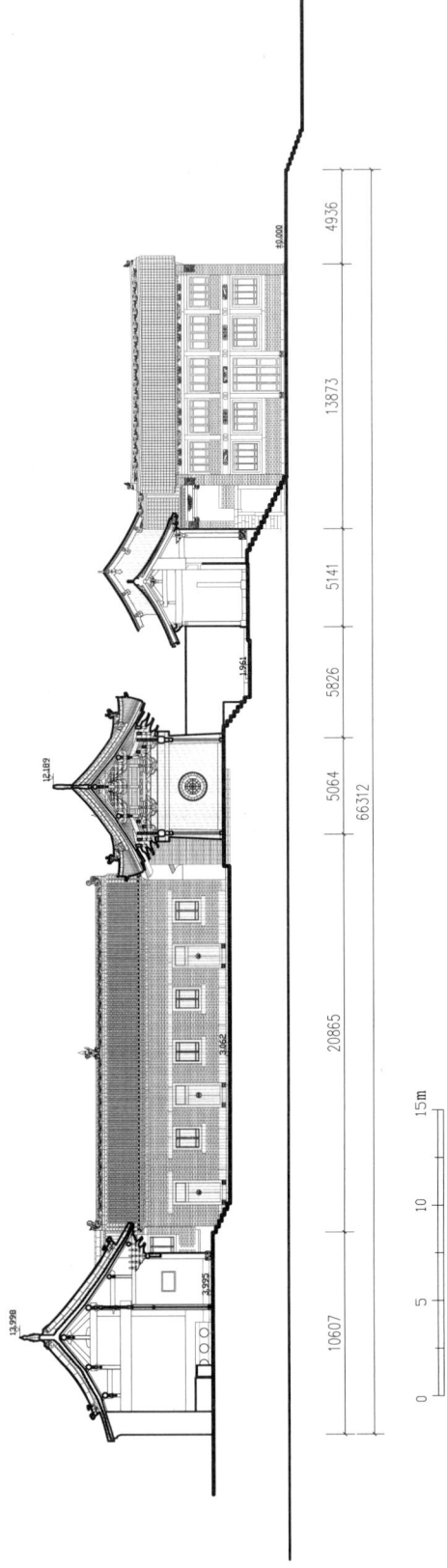

图 3 高平炎帝中庙轴向总剖面图

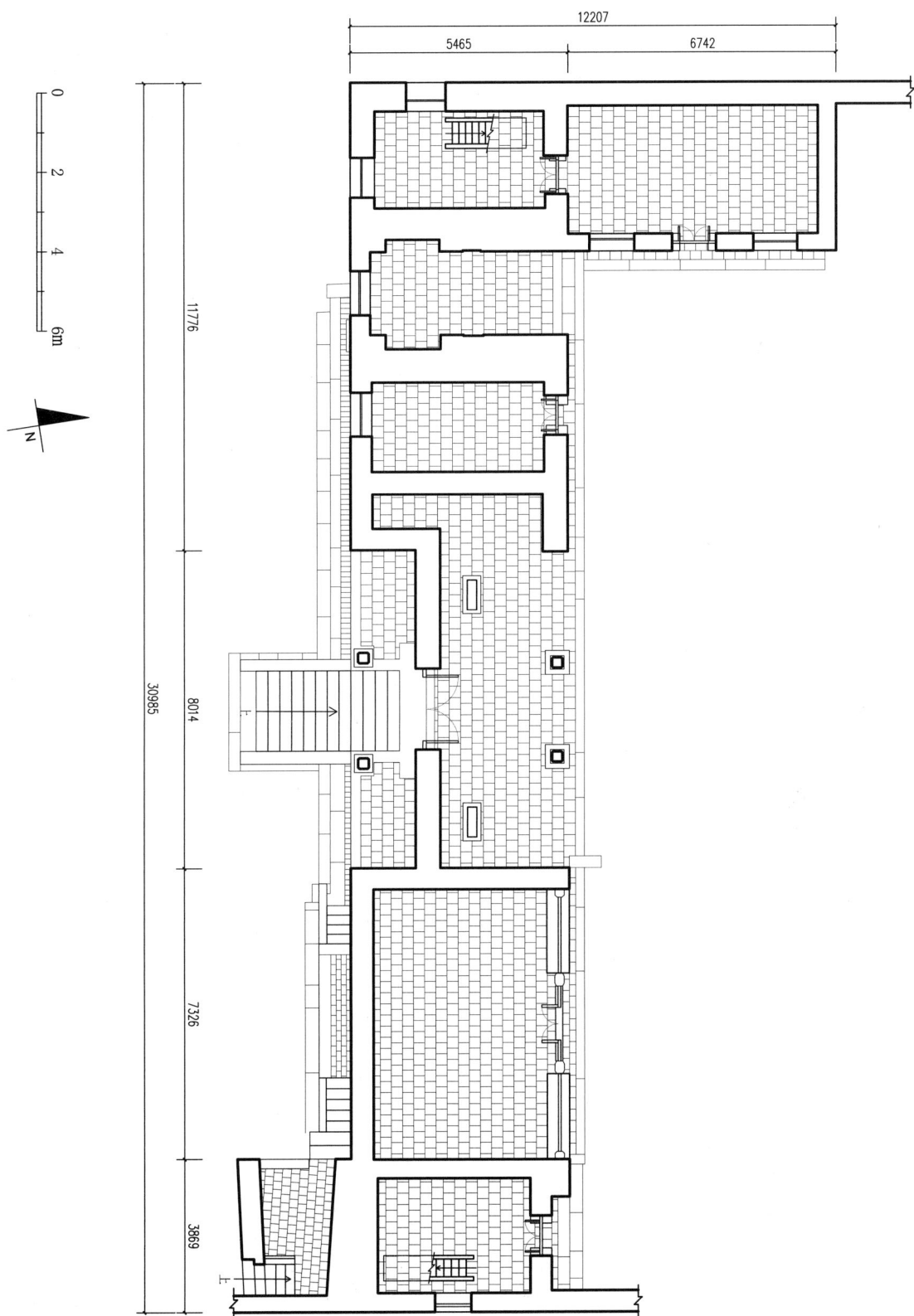

图4　高平炎帝中庙山门平面图

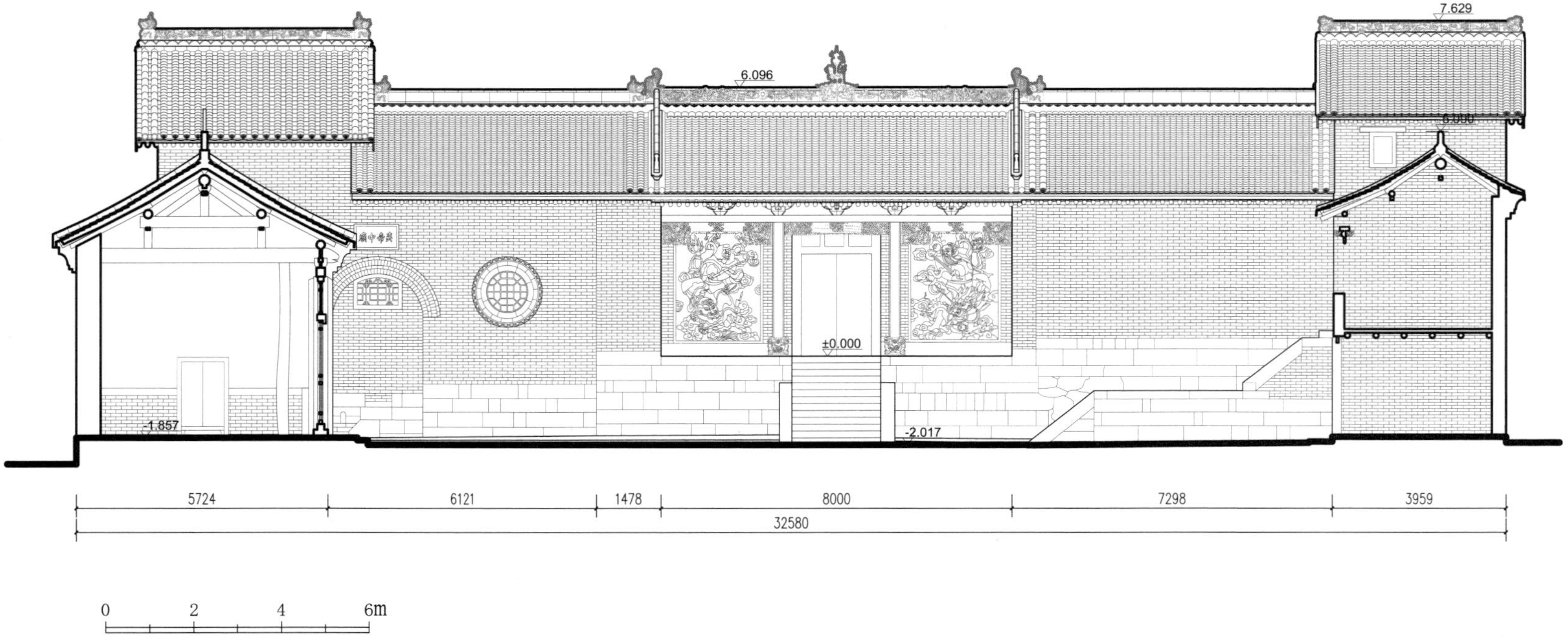

图 5　高平炎帝中庙山门南立面图

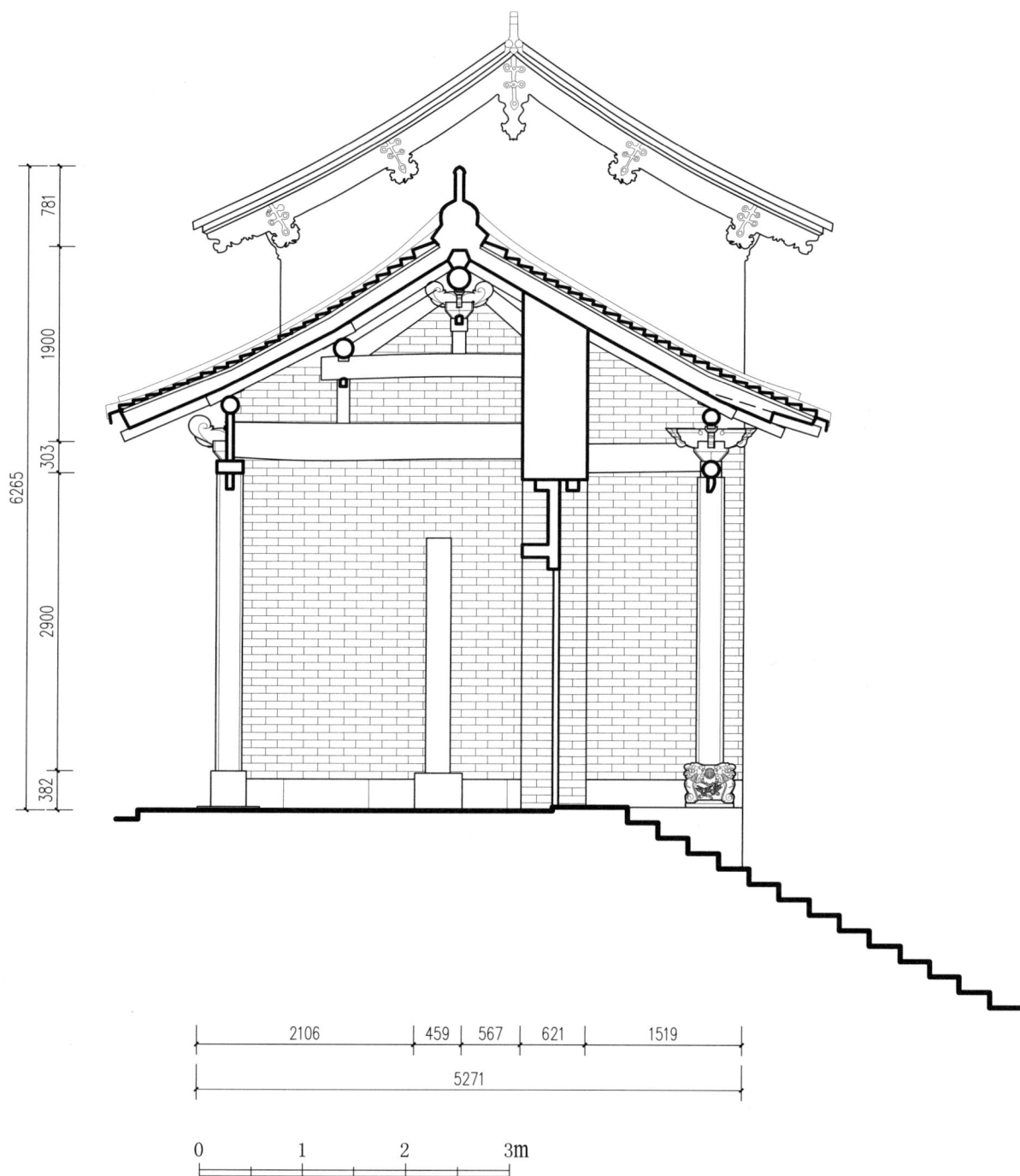

图 6　高平炎帝中庙山门南北向剖面图

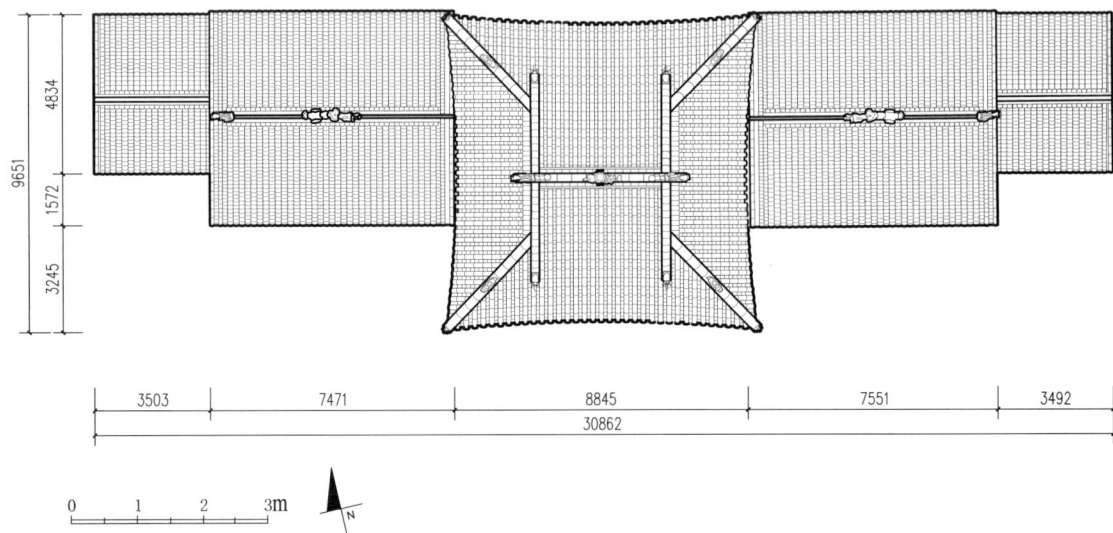

图 7　高平炎帝中庙太子殿屋顶平面图

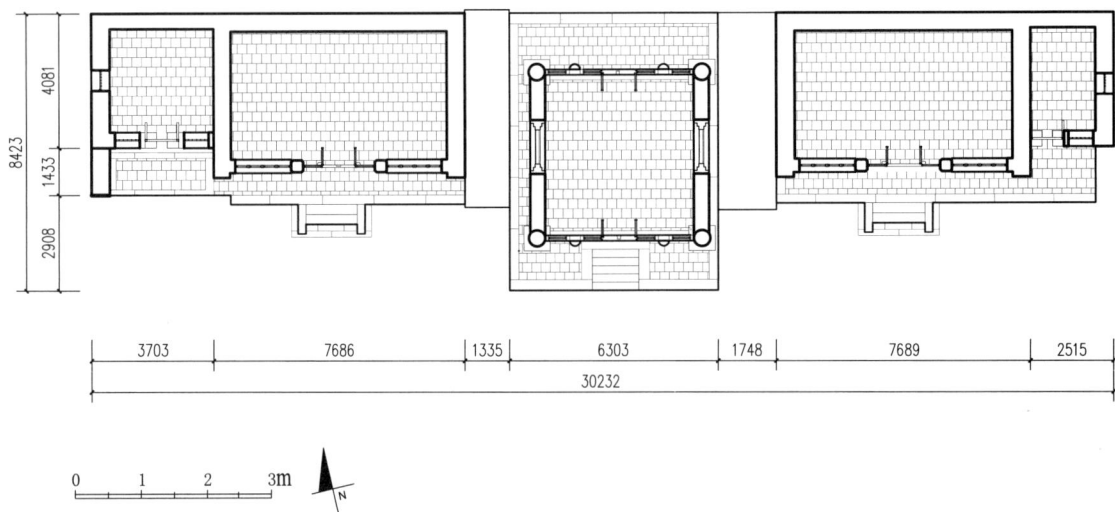

图 8　高平炎帝中庙太子殿平面图

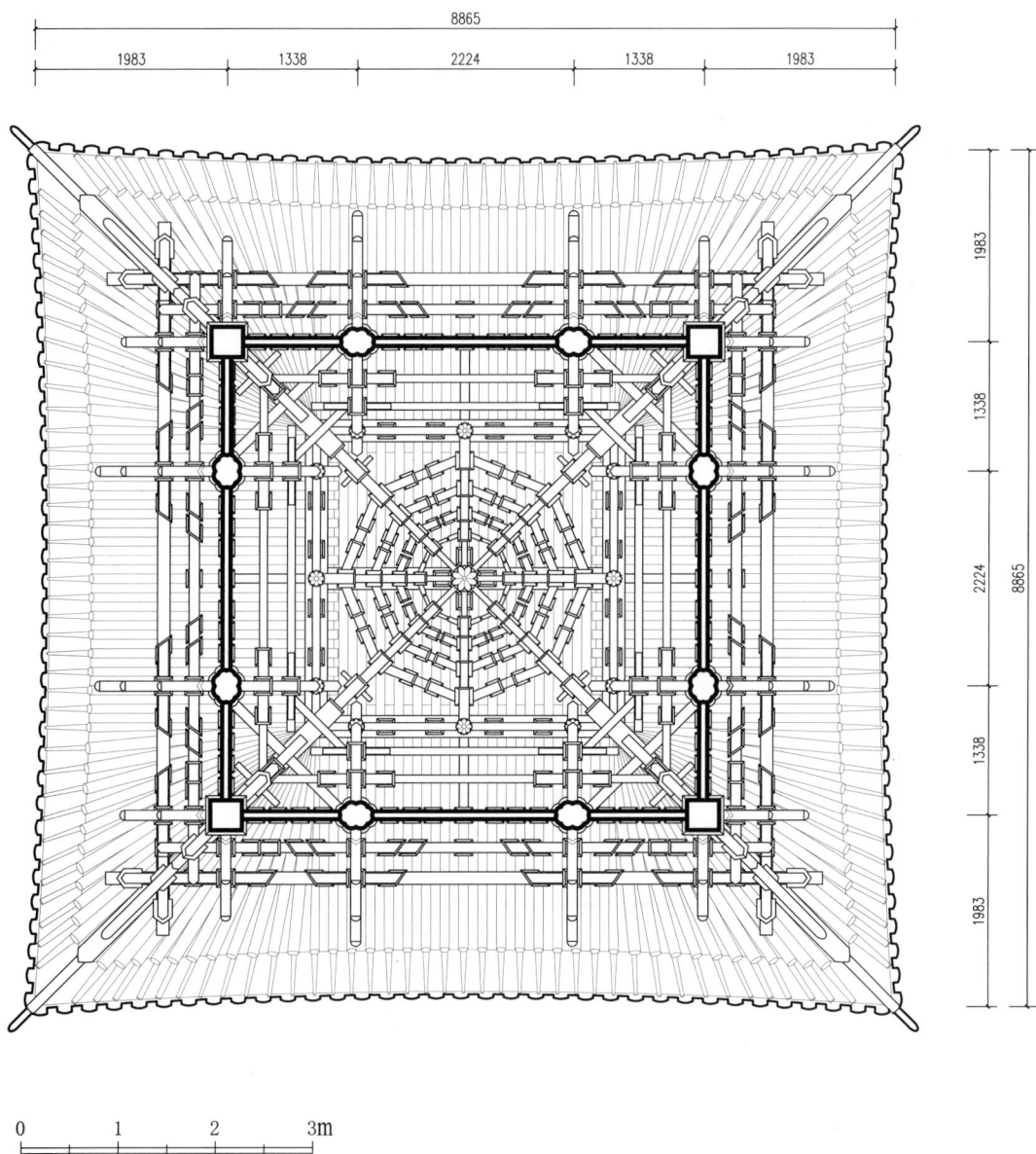

8865

1983　1338　2224　1338　1983

1983　1338　2224　1338　1983

8865

0　1　2　3m

图9　高平炎帝中庙太子殿仰视平面图

+9.101 宝顶

+8.880 正吻最高点

+7.909 正脊

221

971

3737

+4.172 飞椽

+2.883 横梁

1289

2883

+0.299 柱础

±0.000 台明

1075

-1.260 室外地坪

185

1460 722 1148 2676 1148 606 1500

9260

0   1   2   3m

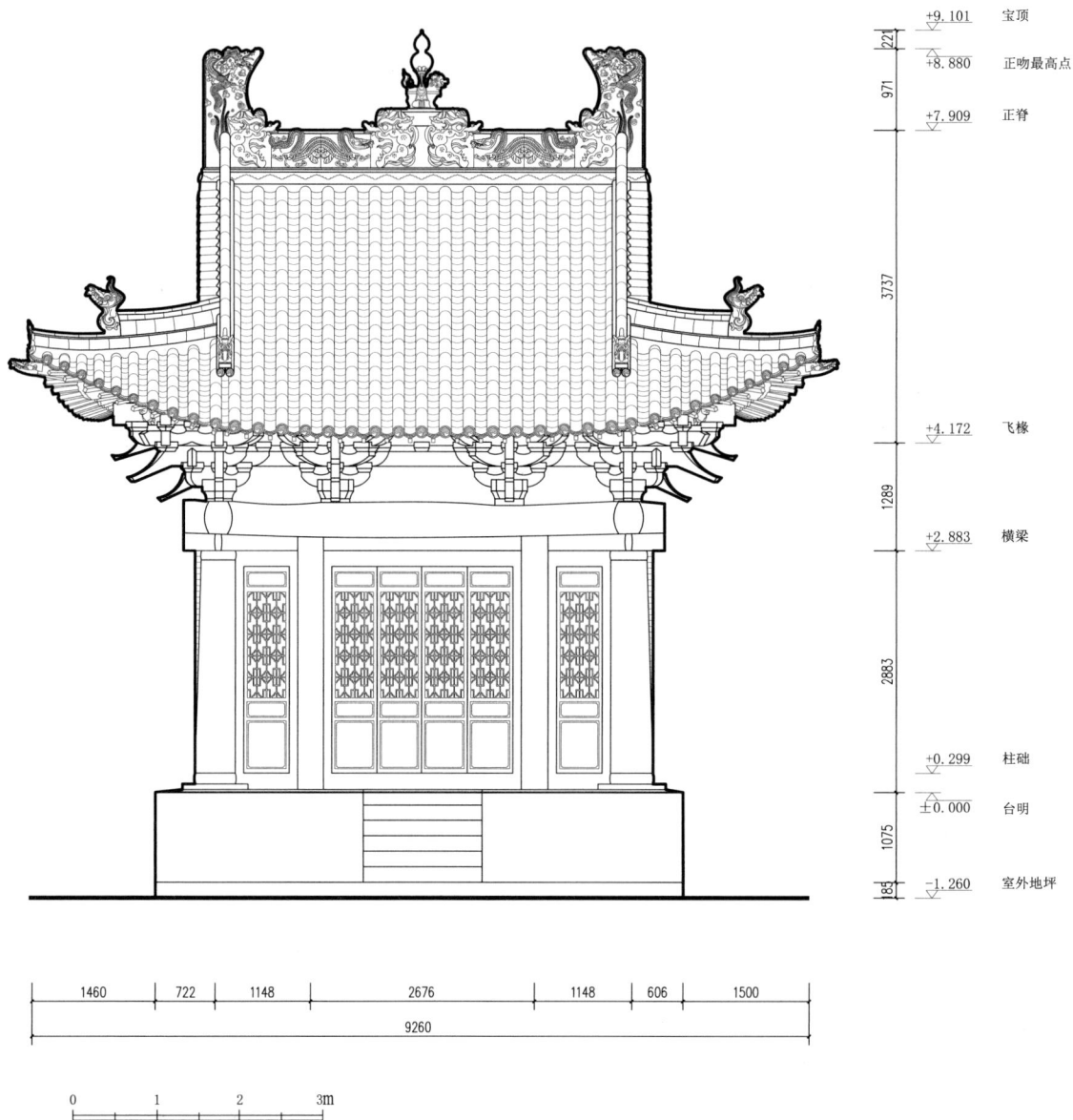

图 10　高平炎帝中庙太子殿南立面图

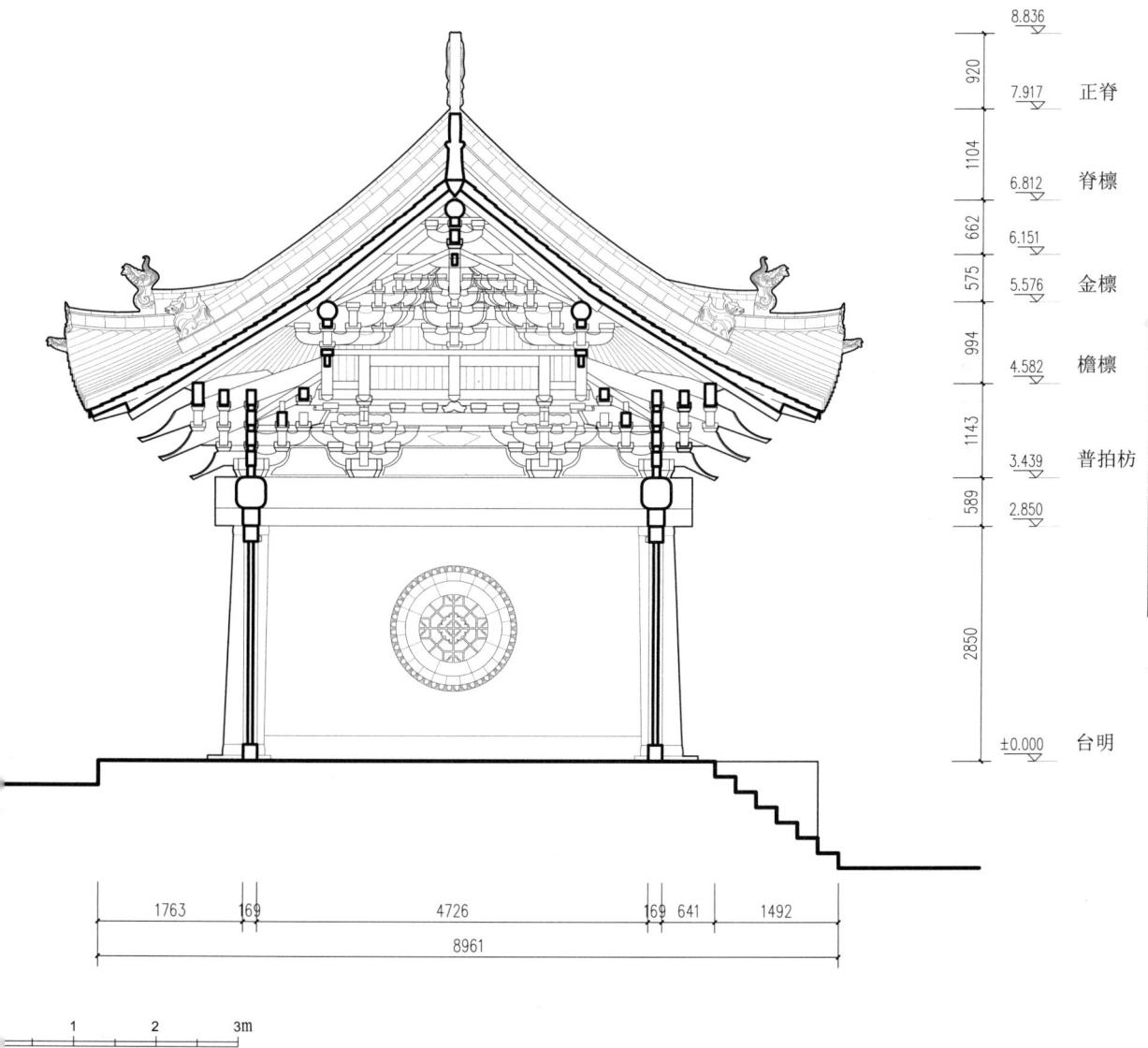

8.836

920

7.917 正脊

1104

6.812 脊檩

662

6.151

575

5.576 金檩

994

4.582 檐檩

1143

3.439 普拍枋

589

2.850

2850

±0.000 台明

1763 169 4726 169 641 1492

8961

1 2 3m

图 11 高平炎帝中庙太子殿明间剖面图

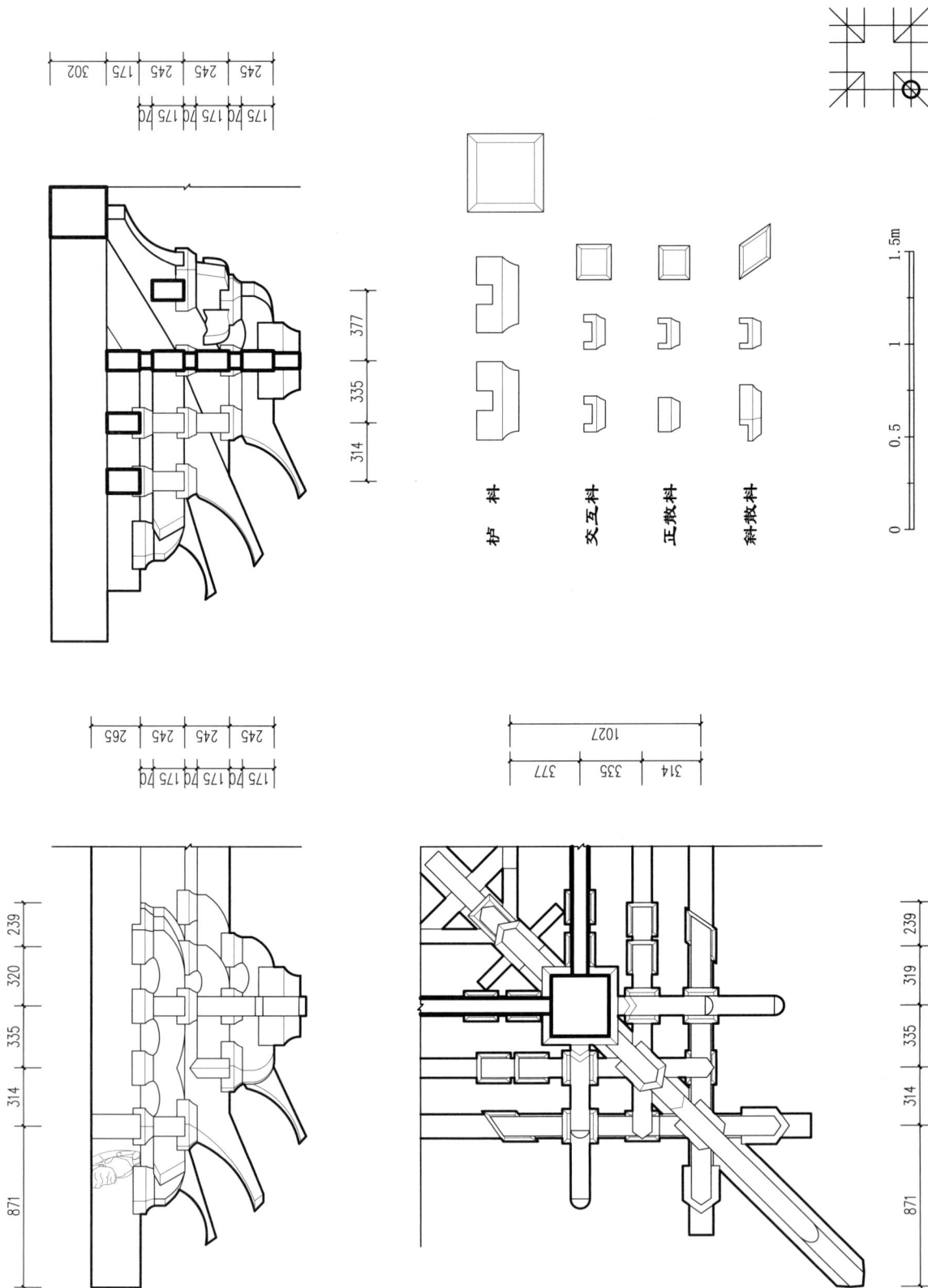

图12 高平炎帝中庙太子殿斗栱大样图（转角）

4977

591

11532

5964

5736 7438 11706 7438 5936

38254

0 2 4 6m

N

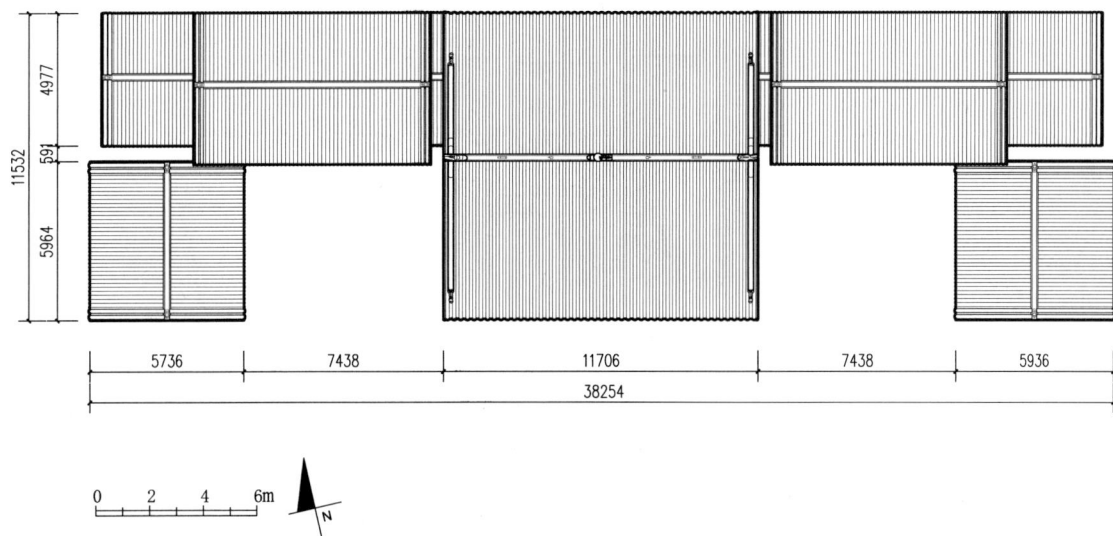

图 13　高平炎帝中庙元祖殿群屋顶平面图

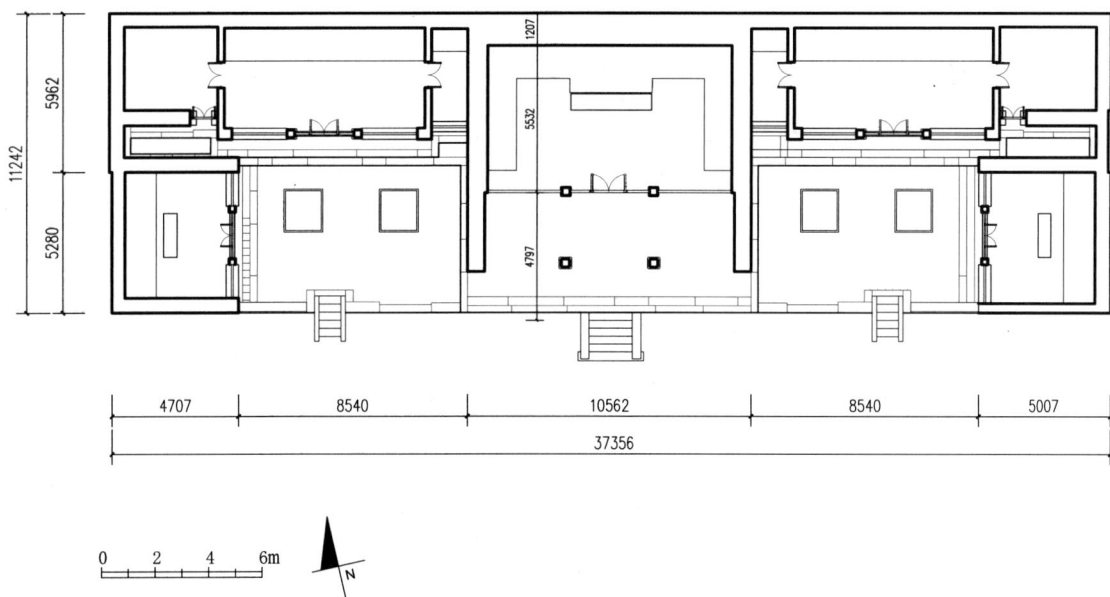

1207

5962

5532

11242

5280

4797

4707 8540 10562 8540 5007

37356

0 2 4 6m

N

图 14　高平炎帝中庙元祖殿群平面图

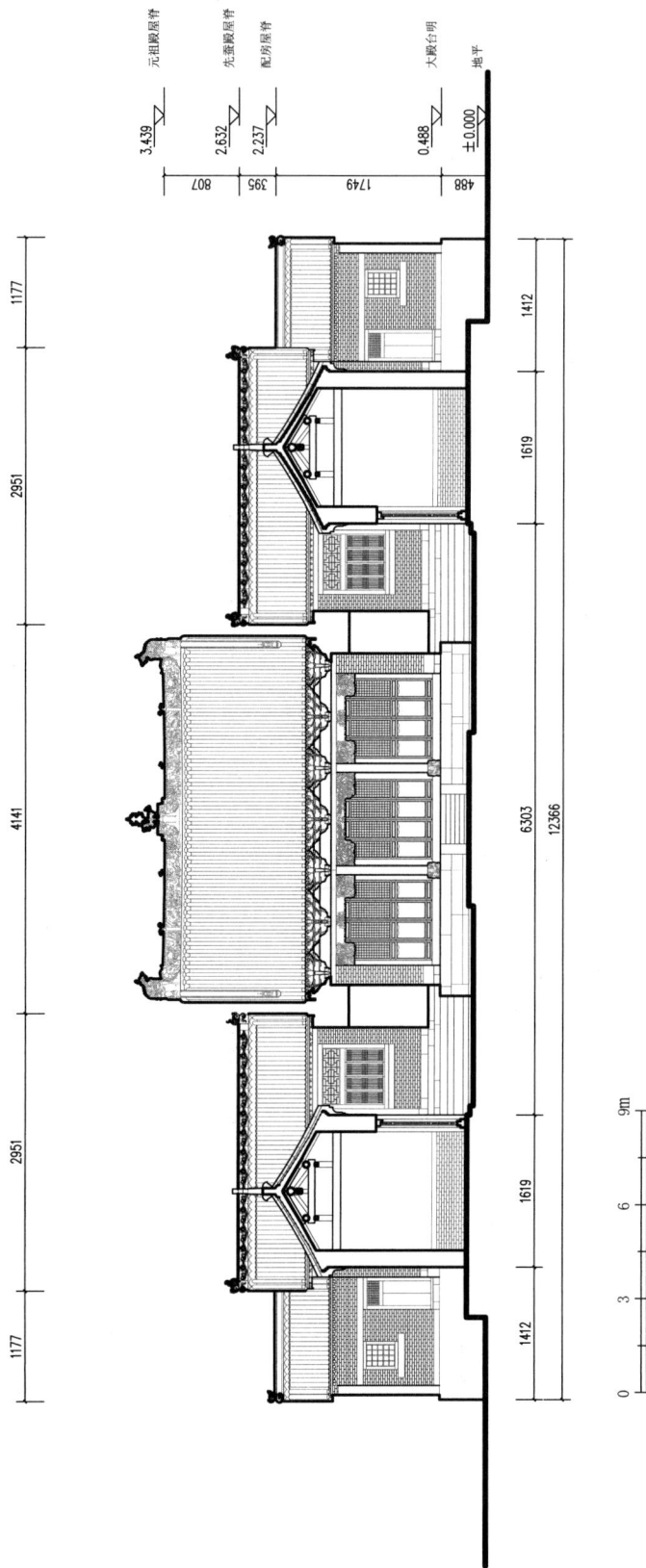

图 15 高平炎帝中庙元祖殿群立面剖面图

鸱吻最高点 10.014

正脊上沿 8.805

脊槫 7.630

上金槫 6.345

下金槫 5.285

檐槫 4.252

栌斗下皮 3.482

大殿台明 ±0.000

1209
1209
1285
1060
1025
777
3482
933

1525
1202
2687
12107
5487
1206

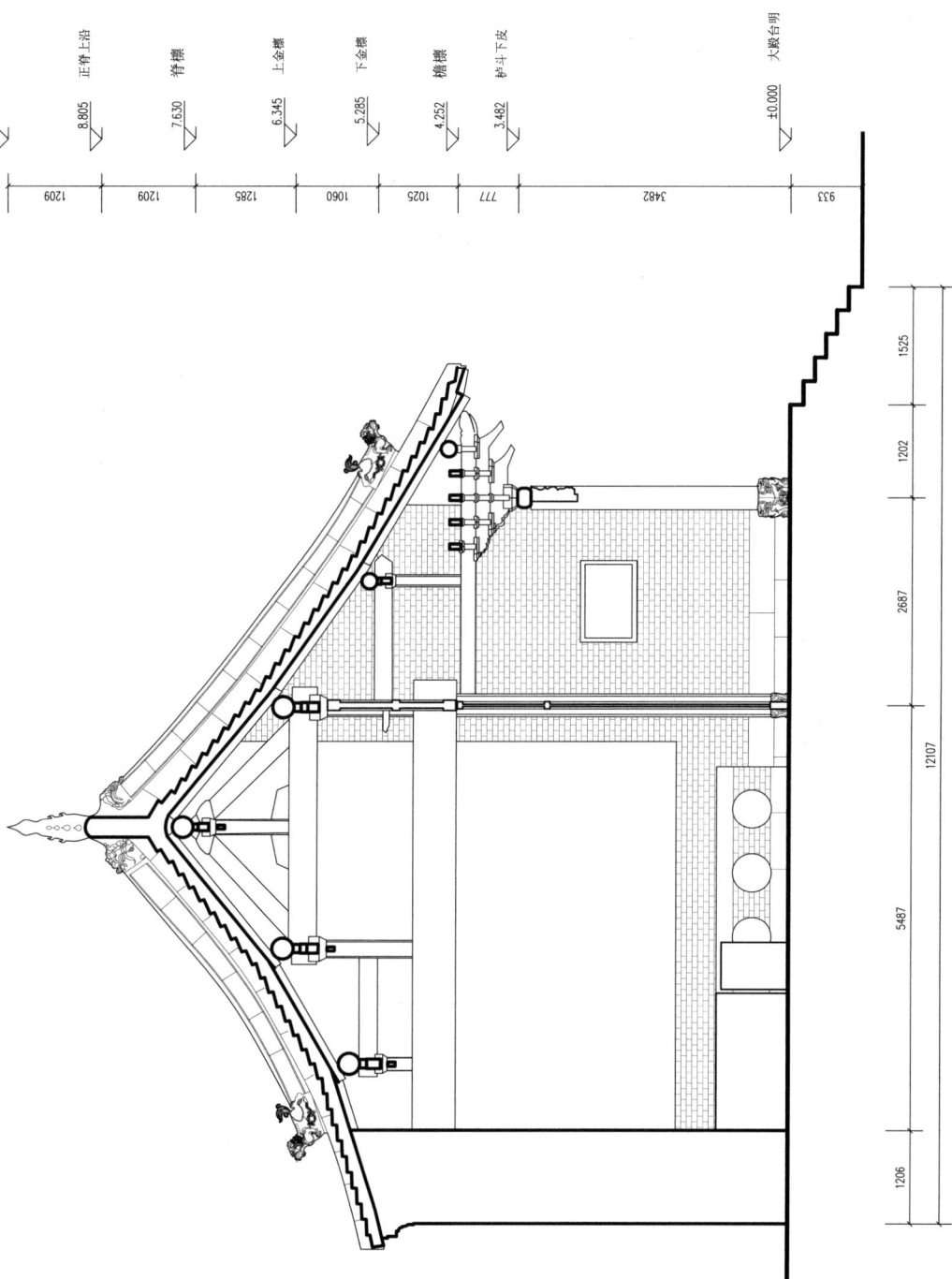

图16 高平炎帝中庙元祖殿明间剖面图

0 1 2 3m

《中国建筑史论汇刊》稿约

一、《中国建筑史论汇刊》是由清华大学建筑学院主办，清华大学建筑学院建筑历史与文物建筑保护研究所承办，中国建筑工业出版社出版的系列文集，以年辑的体例，集中并逐年系列发表国内外在中国建筑历史研究方面的最新学术研究论文。刊物出版受到华润雪花啤酒（中国）有限公司资助。

二、宗旨：推展中国建筑历史研究领域的学术成果，提升中国建筑历史研究的水准，促进国内外学术的深度交流，参与中国文化现代形态在全球范围内的重建。

三、栏目：文集根据论文内容划分栏目，论文内容以中国的建筑历史及相关领域的研究为主，包括中国古代建筑史、园林史、城市史、建造技术、建筑装饰、建筑文化以及乡土建筑等方面的重要学术问题。其着眼点是在中国建筑历史领域史料、理论、见解、观点方面的最新研究成果，同时也包括一些重要书评和学术信息。篇幅亦遵循国际通例，允许做到"以研究课题为准，以解决一个学术问题为准"，不再强求长短划一。最后附"古建筑测绘"栏目，选登清华建筑学院最新古建筑测绘成果，与同好分享。

四、评审：采取匿名评审制，以追求公正和严肃性。评审标准是：在翔实的基础上有所创新，显出作者既涵泳其间有年，又追思此类问题已久，以期重拾"为什么研究中国建筑"（梁思成语，《中国营造学社汇刊》第七卷第一期）的意义，并在匿名评审的前提下一视同仁。

五、编审：编审工作在主编总体负责的前提下，由"专家顾问委员会"和"编辑部"共同承担。前者由海内外知名学者组成，主要承担评审工作；后者由学界后辈组成，主要负责日常编务。编辑部将在收到稿件后，即向作者回函确认；并将在一月左右再次知会，文章是否已经通过初审、进入匿名评审程序；一俟评审得出结果，自当另函通报。

六、征稿：文集主要以向同一领域顶级学者约稿或由著名学者推荐的方式征集来稿，如能推荐优秀的中国建筑历史方向博士论文中的精彩部分，也将会通过专家评议后纳入文集，论文以中文为主（每篇论文可在2万字左右，以能够明晰地解决中国古代建筑史方面的一个学术问题为目标），亦可包括英文论文的译文。自2019年1月1日起，除特邀作者的文章外，稿件发表后原则上不再付稿费，亦不收取版面费。

七、出版周期：以每年1~2辑的方式出版，每辑11~15篇，总字数为50万字左右，16开，单色印刷。

八、编者声明：本文集以中文为主，从第捌辑开始兼收英文稿件。作者无论以何种语言赐稿，即被视为自动向编辑部确认未曾一稿两投，否则须为此负责。本文集为纯学术性论文集，以充分尊重每位作者的学术观点为前提，唯求学术探索之原创与文字写作之规范，文中任何内容与观点上的歧异，与文集编者的学术立场无关。

九、入网声明：为适应我国信息化发展趋势，扩大本刊及作者知识信息交流渠道，本刊已被《中国学术期刊网络出版总库》及CNKI系列数据库收录，其作者文章著作权使用费与本刊稿酬一次性给付，免费提供作者文章引用统计分析资料。如作者不同意文章被收录入期刊网，请在来稿时向本刊声明，本刊将做适当处理。

来稿请投：E-mail：xuehuapress@sina.cn；或寄：清华大学建筑学院新楼503室《中国建筑史论汇刊》编辑部，邮编：100084。

本刊博客：http://blog.sina.com.cn/jcah

《中国建筑史论汇刊》编辑部

Guidelines for Submitting English—language Papers to the *JCAH*

The *Journal of Chinese Architecture History* (*JCAH*) provides art opportunity for scholars to Publish English—language or Chinese—language papers on the history of Chinese architecture from the beginning to the early 20th century. We also welcome papers dealing with other countries of the East Asian cultural sphere. Topics may range from specific case studies to the theoretical framework of traditional architecture including the history of design, landscape and city planning.

JCAH is strongly committed to intellectual transparency, and advocates the dynamic process of open peer review. Authors are responsible to adhere to the standards of intellectual integrity, and acknowledge the source of previously published material Likewise, authors should submit original work that, in this manner, has not been published previously in English, nor is under review for publication elsewhere.

Manuscripts should be written in good English suitable for publication. Non—English native speakers are encouraged to have their manuscripts read by a professional translator, editor, or English native speaker before submission.

Starting with January 1, 2019, authors are not paid for publishing scholarly articles in the journal, except for invited authors; authors are not charged a publication or layout fee.

Manuscripts should be sent electronically to the following email address: xuehuapress@sina.cn
For further information, please visit the *JCAH* website, or contact our editorial office:
English Editor: Alexandra Harrer 荷雅丽
JCAH Editorial office
Tsinghua University, School of Architecture, New Building Room 503 / China, Beijing, Haidian District 100084
北京市海淀区 100084/ 清华大学建筑学院新楼 503/JCAH 编辑部
Tel (Ms Zhang Xian 张弦 /Ms Li Jing 李菁): 0086 10 62796251
Email: xuehuapress@sina. cn
http: //blog. sina. corn. cn/ jcah

Submissions should include the following separate files:

1) Main text file in MS-Word format (1abeled with "text" + author's last name) It must include the name (s) of the author (s), name (s) of the translator (s) if applicable, institutional affiliation, a short abstract (1ess than 200 words), 5 keywords, the main text with footnotes, acknowledgment if necessary, and a bibliography. For text style and formatting guidelines, please visit the *JCAH* website (mainly Chicago Manual of Style, 16th Edition, *Merriam-webster Collegiate Dictionary*, 11th Edition)

2) Caption file in MS-Word format (1abeled with "caption" + author's last name).It should list illustration captions and sources.

3) Up to 30 illustration files preferable in JPG format (1abeled with consecutive numbers according to the sequence in the text+ author's last name). Each illustration should be submitted as an individual file with a resolution of 300 dpi and a size not exceeding 1 megapix.

Authors are notified upon receipt of the manuscript. If accepted for publication, authors will receive an edited version of the manuscript for final revision.

图书在版编目（CIP）数据

中国建筑史论汇刊 . 第壹拾柒辑／王贵祥主编 .—北京：中国建筑工业出版社，2019.4
ISBN 978-7-112-23325-0

Ⅰ．①中… Ⅱ．①王… Ⅲ．①建筑史—中国—文集 Ⅳ．①TU-092

中国版本图书馆 CIP 数据核字（2019）第 030013 号

责任编辑：董苏华 李 婧
责任校对：王 烨

中国建筑史论汇刊 第壹拾柒辑
王贵祥 主 编
贺从容 李 菁 副主编
清华大学建筑学院主办
＊
中国建筑工业出版社出版、发行（北京海淀三里河路9号）
各地新华书店、建筑书店经销
北京雅盈中佳图文设计公司制版
北京中科印刷有限公司印刷
＊
开本：787×1092毫米 1/16 印张：21 字数：523千字
2019 年 4 月第一版 2019 年 4 月第一次印刷
定价：95.00元
ISBN 978-7-112-23325-0
（33620）